中国石油安全监督丛书

采油（气）专业
安全监督指南

中国石油天然气集团有限公司质量安全环保部　编

石油工業出版社

内容提要

本书依据采油（气）专业相关法规标准，针对采油（气）专业的安全生产实际，从安全监督内容、主要监督依据、监督控制要点、典型“三违”行为、事故案例分析等方面进行了介绍。本书主要包括采油（气）专业安全监督管理概述、采油（气）作业安全监督工作要点、安全管理基础知识、安全技术与方法四部分内容，附录部分为采油（气）专业相关法律法规、标准规范及中国石油天然气集团有限公司规章制度的目录。

本书可作为采油（气）专业安全监督培训教材，同时也可作为采油（气）专业 HSE 管理人员及员工的参考用书。

图书在版编目（CIP）数据

采油（气）专业安全监督指南 / 中国石油天然气集团有限公司质量安全环保部编 .—北京：石油工业出版社，2020.5（2024.6 重印）

（中国石油安全监督丛书）

ISBN 978-7-5183-3881-8

Ⅰ.①采… Ⅱ.①中… Ⅲ.①油气开采－安全生产－指南 Ⅳ.①TE38-62

中国版本图书馆 CIP 数据核字（2020）第 026965 号

出版发行：石油工业出版社

（北京安定门外安华里 2 区 1 号　100011）

网　址：www.petropub.com

编辑部：（010）64523550　　图书营销中心：（010）64523633

经　销：全国新华书店

印　刷：北京中石油彩色印刷有限责任公司

2020 年 5 月第 1 版　2024 年 6 月第 3 次印刷

787×1092 毫米　开本：1/16　印张：31.75

字数：610 千字

定价：98.00 元

（如出现印装质量问题，我社图书营销中心负责调换）

《采油（气）专业安全监督指南》
编　写　组

主　　编：郭喜林

副 主 编：齐俊良　王　丽

编写人员：胡月亭　谢国忠　常宇清　李献勇　靳　鹏　黄力维
王新春　杨　芳　丁树成　石明杰　王　游　李国庆
卢连鑫　张翊锋　赵捍卫　杜国玉　朱振国　杨中党
王　文　李相涛　李冬毅　罗利平　鲁中林　刘　鑫
于治国　汪　峰　朱凤琴　周小煜　马　佳　刘新军
王庆华　王庆荣　周　鹏　马盼群　高文军　张凌坤
关琳琳　董经武　郭宝珠　陈小峰　毛玉江　任彦斌
马云鹏　刘建峰　盖珊珊　鞠　磊　朱立新

前言

安全“责任重于泰山”。无论你在什么岗位，无论职位高低，都肩负着对国家、对社会、对企业、对朋友、对亲人的安全责任。每一个人都应充分认识到安全的极端重要性，不辜负社会之托、企业之托、亲人之托，都应将安全责任感融于自己的一切行为之中。

细节决定成败，正是那些被忽视的细节、不起眼的隐患苗头，往往酿成重大的安全事故。“千里之行，始于足下”，人人都要从自己熟悉的、天天发生的操作细节入手，从看似简单、平凡的事情做起，扎实做好每一件事情，小心谨慎地排除每一个隐患，做到“不伤害自己、不伤害他人、不被他人伤害、保护他人不被伤害”，要做到管理到位、措施到位、责任到位和监督到位，“勿以恶小而为之，勿以善小而不为”，从点滴做起，杜绝违章，减少隐患，规范自己的一切行为。

安全监督是安全管理各项制度、规定、要求和各类风险控制措施在基层落实的一个重要控制关口，是安全监督人员依据安全生产法律法规、规章制度和标准规范，对生产作业过程是否满足安全生产要求而进行的监督与控制活动，是从安全管理中分离出来但与安全管理又相互融合的一种安全管理方式，是中国石油天然气集团有限公司（以下简称“集团公司”）对安全生产实施监督、管理两条线，探索异体监督机制的一项创新。

采油（气）是油气田勘探开发的重点和核心专业，是油气田开发工程的重要组成部分，是衔接油藏工程、钻井工程和地面建设工程，实现油田开发的重要手段。采油（气）专业系统庞大、点多面广，整个过程具有密闭化、连续化和机械化的特点，生产介质为易燃易爆的石油和天然气，具有很高的危险性。由于自身的特点，采油（气）生产容易导致油气井喷、机械伤害、火灾爆炸、触电、中毒、窒息、灼伤、物体打击、高处坠落、雷击等事故的发生。按照采油（气）相关法规标准对安全生产的要求，在集团公司质量安全环保部的精心组织与指导下，中国石油大庆职业学院联合中国石油大庆油田有限责任公司、中国石油长庆油田公司、中国石油西南油气田公司、中国石油大港油田公司、中国石油吉林油田公司、中国石油华北油田公司、中国石油辽河油田公司等单位，从提高采油（气）作业现场安全监督人员的能力和监督技巧出发，结合采油（气）专业领域安全监督工作的实际，共同编写了本书，期望能进一步规范采油（气）专业安全监督工作，为安全监督人员提供工作指导。

本书紧密结合中国石油安全生产实际，紧紧围绕油气田开发，以油气生产、检维修作业与施工现场等为落脚点，描述了采油（气）专业安全监督工作的管理、作业常见风险、常见未遂事件和典型事故案例、有关 HSE 知识和 HSE 管理工具等内容，并针对几类典型的关键工序制订了安全监督技术性指南。特别是本书从安全监督人员有针对性地开展监督工作、提高监督工作的权威性和有效性等角度出发，在编制内容上体现安全监督工作的技术性。在每项工序、每个作业现场，既给出了具体的监督工作内容，又提供了每项监督所依据的标准规范的具体要求，一方面能方便安全监督人员了解监督工作内容，另一方面有助于安全监督人员熟悉本专业安全相关的标准规范及相关制度。本书内容丰富而翔实，具有很强的实用性、操作性和很好的参考价值，除了可作为采油（气）专业安全监督人员的工具书使用以外，还可用于培训，是一本实用的安全监督学习参考用书。

由于编写人员水平有限，难免有不足和错误之处，希望读者在使用过程中多提宝贵意见，以利于在今后的实践应用和理论探索中不断改进。

《采油（气）专业安全监督指南》编写组

2019 年 6 月

目录

第一章　采油(气)专业安全监督管理概述

安全监督是安全监督机构和安全监督人员依据安全生产法律法规、标准规范和规章制度,对生产经营单位和作业人员在生产作业过程中,是否满足安全生产要求而进行监督与控制的活动。安全监督是从安全管理中分离出来,但又与安全管理相互融合的一种安全管理方式,是对安全生产工作实施监督、管理两条线(即监管分离),以及探索异体监督机制的一项创新。安全管理与安全监督机构相互补充、相互支持、互不替代。

安全监督是与安全管理相辅相成的约束机制,其形式通常由业主(甲方)向承包商(乙方)派驻安全监督人员,或总承包商向分承包商派驻安全监督人员,上级主管部门向项目或作业现场派驻安全监督人员等多种监督运作方式。安全监督是安全工作的重要组成部分,是作业现场减少违章行为、保护员工生命健康的重要保障。在监督作业现场及监督范围内,作业人员应主动接受安全监督人员的监督检查,对安全监督人员提出的事故隐患和问题要主动沟通,并及时整改。企业各级领导应正确处理好生产管理与安全监督的关系,支持、理解和配合安全监督机构和人员开展工作,树立安全监督机构和监督人员的权威性,确保安全监督人员正常履行职责,减少各类违章行为和生产安全事故的发生。

第一节　安全监督机构及人员管理

根据《中国石油天然气集团公司安全监督管理办法》(中油安〔2010〕287号)的有关要求,企业应当根据生产经营特点、从业人员数量、作业场所分布、风险程度等实际情况,对安全监督机构的地位、设置和职责等做出规定,对安全监督人员能力、质量和数量等提出要求,建立安全监督的方式、内容、考核与责任等管理制度,对安全监督机构及人员实施有效管理。

一、安全监督机构与职责

根据《中国石油天然气集团公司安全监督管理办法》(中油安〔2010〕287号)的有关规定,集团公司及所属企业要按照有关规定设置安全总监(含安全副总监),统一负责集团公司、所属企业安全监督工作的组织领导与协调。油气田、炼化生产、工程技术服务、工程建设等企业要设立安全监督机构,其他企业根据安全监督工作需要可以设立安全监督机构,并为其履行职责提供必要的办公条件和经费；所属企业下属主要生产单位和安全风险较大的单位，可以根据需要设立安全监督机构；安全监督机构对本单位行政正职、安全总监负责，接受同级安全管理部门的业务指导。

因此，采油（气）企业必须设置安全监督机构，各分公司也都应根据作业场所分布、风险程度等实际设置必要的安全监督机构（如安全监督站）。安全监督机构是本单位安全监督工作的执行机构，主要职责包括制订并执行年度安全监督工作计划；指派或者聘用安全监督人员开展安全监督工作；负责安全监督人员考核、奖惩和日常管理；定期向本单位安全总监报告监督工作，及时向有关部门通报发现的生产安全事故隐患和重大问题，并提出处理建议。

二、安全监督机构运行管理

各油气田根据自身特点和生产运行模式，选择适合于生产需要的监督运行模式。

安全监督机构要定期对作业现场安全监督人员的工作情况进行检查和考核，协调解决监督人员工作中遇到的困难和问题。

（一）安全监督人员的聘任程序

安全监督机构提出聘任监督人员的需求；人事部门会同安全监督机构审查、考核拟聘监督人员；人事部门批准，下达聘任文件或者与受聘监督人员签订聘任合同。

（二）安全监督人员的资格培训与资质认可

安全监督资格培训由集团公司授权的培训机构组织，经考试、考核合格后发给培训合格证书。安全监督人员资格培训时间不少于120学时，其中现场培训不少于40学时。取得安全监督资格的人员应当由企业每年组织再培训，培训时间不少于40学时。

集团公司对安全监督实行资格认可制度，安全监督人员由所属企业组织审查和申报，经集团公司组织专业培训和考核，合格后颁发安全监督资格证书，取得上岗资格。安全监督资格每3年进行一次复审，考核合格的继续有效，不合格的取消其资格。

（三）安全监督工作的检查与考核

安全监督机构要定期对安全监督人员的日常工作进行检查、考核，每年对安全监督人员至少进行一次综合业绩考评，并根据监督工作的业绩、现场表现与专业水平等考核结果，评定监督人员资质并兑现奖惩。对监督业绩突出、保持安全生产无事故的安全监督人员，要给予表彰奖励。

企业每年对安全监督人员的工作业绩要至少进行一次考核，考核结果应当作为资格评定和年度考核的依据，对严格履行职责、工作表现突出的，或在保护人员安全、减少财产损失及预防事故中取得显著效果的安全监督人员，应当给予表彰奖励。

集团公司对所属企业每年进行一次安全监督工作考核，考核结果作为评选集团公司安全生产先进企业、先进安全监督机构的重要依据。

（四）会议及培训

安全监督机构定期组织召开监督例会，通报安全监督现场工作情况，传达上级文件，对监督工作提出要求。新聘任的安全监督人员或较长时间未从事监督工作的安全监督人员重新上岗前，安全监督机构必须对其进行岗前培训。

安全监督机构应定期对安全监督人员集中业务培训，主要培训内容包括：安全监督技能及监督技巧、上级要求及急救、防灾知识等。安全监督机构应对培训考核结果进行评价。

（五）安全监督沟通协调与异议处理

安全监督机构和现场监督人员应建立与被监督单位的工作沟通和协调渠道，通过会议、座谈和情况通报等方式，监督与被监督双方互通工作信息，协调双方的各项工作。需要其他部门和单位支持、配合的，应当通知相关部门和单位，相关部门和单位应当予以支持和配合。

被监督单位或者人员对安全监督结果产生异议的，可以向安全监督人员所在监督机构提出复议。复议结果仍有异议的，向监督机构所在单位的安全总监申请裁决。

三、安全监督人员职责

安全监督人员的主要职责是接受委派并负责作业现场安全监督，对被监督单位执行法律法规、标准规范、规章制度和操作规程等情况进行监督，查纠“三违”行为，督促隐患整改，执行安全监督日志制度，做好监督记录，定期报告工作情况等。

具体职责主要包括以下四条：

（1）对被监督单位遵守安全生产法律法规、规章制度和标准规范情况进行检查。

（2）督促被监督单位纠正违章行为、消除事故隐患。

（3）及时将现场检查情况通知被监督单位，并向所在安全监督机构报告。

（4）安全监督机构赋予的其他职责。

四、安全监督人员的权力

安全监督人员所能行使的主要权力有：

（1）在监督过程中有进入现场检查、调阅有关资料和询问有关人员权。

（2）对监督过程中发现的违章指挥、违章操作、违反劳动纪律的行为，有批评教育、责令改正或按规定进行处罚权。

（3）对发现的隐患有责令整改权，在整改前或整改过程中无法保证安全的，有暂时停止作业或停工权。

（4）发现危及员工生命安全的紧急情况时，有立即停止作业或停工并责令作业人员立即撤出危险区域权。

（5）对被监督单位安全生产工作的业绩考评有建议权。

需要特别说明的是，依据《安全生产监管监察职责和行政执法责任追究的暂行规定》（国家安全生产监督管理总局2009年第24号令）第十九条，以及《中国石油天然气集团公司安全监督管理办法》（中油安［2010］287号）第三十九条的规定，如果被监督单位及其员工拒不执行安全监督指令，而导致发生生产安全事故，安全监督机构和安全监督人员将不承担责任。

五、安全监督人员的基本条件

采油（气）作业安全监督人员应当具有大专及以上学历，从事采油（气）专业相关的技术工作5年及以上；接受过安全监督专业培训，掌握安全生产相关法律法规、规章制度和标准规范，并取得安全监督资格证书；热爱安全监督工作，责任心强，有一定的组织协调能力和文字、语言表达能力。

安全监督人员应当遵纪守法、尊重民俗；信守合同、保守秘密；敬业诚信、恪尽职守；严以律己、敢于负责；客观公正、文明服务。

六、安全监督人员的主要工作内容

采油（气）专业安全监督人员的工作可分为日常工作和专项工作。

（一）日常工作

日常工作主要包括常规施工作业安全监督、非常规施工作业安全监督、关键设备设施安全监督和辅助生产设备设施安全监督，内容如下：

（1）常规施工作业安全监督：主要是对油气田地面建设中新建和改扩建管道施工、原油处理、集输场站设备和工艺管网安全施工的监督检查。

（2）非常规施工作业安全监督：主要是对与原油气生产有关的工业动火作业、临时用电作业、移动式吊装作业、高处作业、进入受限空间作业、挖掘作业、管线打开等作业现场安全措施落实的监督检查。

（3）关键设备设施安全监督：主要包括抽油机、输油泵、储罐、石油管道、专用容器、加热设备、湿蒸汽发生器、原油装卸栈桥（台）、注水泵等设备设施安全运行、安全防护措施落实的监督检查。

（4）辅助生产设备设施安全监督：主要包括变配电系统、低压电气线路、动力（照明）配电箱（柜、板）与用电设备、接地系统、防雷防静电设施、手持电动工具、移动电器设备、消防设备设施、自动控制系统、危险化学品库、工业梯台、起重机械、空气压缩机运行安全措施及安全防护措施落实的监督检查。

（二）专项监督

安全监督人员专项监督工作是按照生产需求和年度监督计划开展专项监督检查。如井控、防火防爆、消防、交通安全、集输管道、油气充装站、危险化学品、防雷防静电、防硫化氢、应急物资等专项监督。

七、监督检查的方式

（一）旁站监督

要求监督人员从作业开始到结束不离开现场，包括高风险作业监督和其他重要作业监督。

高风险作业包括：工业动火作业、临时用电作业、移动式吊装作业、高处作业、进入受限空间作业、挖掘作业、管线打开等。

其他重要作业是指油气生产中风险较大的作业和活动，主要包括重要装置投产、开停车和天然气净化（处理）装置检修、集气站检修、轻烃厂及化工装置检修、更换天然气井口无控制阀门作业、油气站库改扩建施工作业、清管作业、危险化学品装卸及处理作业、特殊天气出车、公众聚集场所大型活动等。

（二）巡视监督

要求监督人员在作业前准备和作业过程的关键阶段，至少到作业现场监督检查 1 次。巡视监督的范围为油气田重要生产设施、重要油气服务生产设施。

（三）专项监督

要求监督人员根据公司要求和安排，组织开展针对某一特殊时段和生产领域的安全生产监督，或派人参加公司组织的一些专项检查。主要是指节假日、生产启动、重要工作、特殊天气、季节交替等特殊敏感时期和公司阶段性重要工作安排的安全监督检查活动。

第二节　安全监督人员的工作程序

一、监督准备

按照生产需求或年度监督工作计划，选派具备相应资质的安全监督人员实施监督工作。

安全监督人员进驻现场前，监督机构应对其进行培训，对重点工作进行提示和要求。包括以下内容：

（1）信息准备：了解和掌握被监督项目的基本信息，包括所在地气候、环境、人文、地理条件和项目安全评价、环境评价报告；项目施工设计、施工方案和 HSE “两书一表”；HSE 组织机构和 HSE 监管人员；主要风险及控制措施；作业票证管理；HSE 设备设施；检测仪器配备；执行的相关法律法规、规章制度和标准规范等。

（2）工器具准备：根据检查项目的情况做好检查器材的准备，器材准备应考虑到检查项目所涉及的工器具和个人防护装备。

（3）监督依据的准备：主要包括法律法规、标准规范、企业规章、监督项目相关文件资料、检查表等，监督依据应覆盖整个检查项目。

（4）安全交底：对监督项目风险分析和安全事项交底，交代监督地区道路状况、天气情况，提示异地行车安全事项，明确检查小组成员和分工等。

二、编制监督方案

监督人员在开展监督活动前，要编制监督方案，监督方案的主要内容包括：

（1）监督目的。

（2）监督依据（适用的法律、法规、标准、规范、企业文件及项目合同等）。

（3）监督内容。

（4）辨识监督过程中的风险。

（5）必要的培训。

（6）必要的专项会议。

（7）交流反馈。

（8）个人工作纪律及 HSE 要求。

三、监督实施

现场监督的方式及内容主要包括下列内容。

（一）现场检查

（1）现场安全管理：主要包括安全组织机构建设、安全规章制度建立与执行、安全生产责任制落实和员工安全培训，以及风险管理等情况。

（2）安全生产条件：主要包括安全防护设施齐全完好，以及作业环境满足安全生产要求等情况。

（3）安全生产活动：主要包括现场生产组织，作业许可与变更手续办理，以及员工持证上岗等情况。

(4)安全应急准备:主要包括应急组织建立、应急预案制修订、应急物资储备、应急培训和应急演练开展等情况。

(二)观察与沟通

(1)现场观察员工的行为,决定如何接近员工,并安全地阻止不安全行为。

(2)对员工的安全行为进行表扬。

(3)与员工讨论观察到的不安全行为、状态和可能产生的后果,鼓励员工讨论更为安全的工作方式。

(4)如何安全地工作与员工取得一致意见,并取得员工的承诺。

(5)引导员工讨论工作地点的其他安全问题。

(6)对员工的配合表示感谢。

(三)查阅资料

(1)基础资料管理:站场基础资料应包括但不限于HSE管理体系文件、设施设备档案、生产数据、巡回检查记录、施工技术交底记录、安全联系记录、安全学习记录、文件、规章制度、仪器仪表检测记录、防雷检测记录、应急预案、隐患整改记录、作业许可制度的执行等。

(2)检查各类基础资料是否建立完善及妥善保存,记录是否如实填写,确保其真实性、完整性、时效性和可追溯性。

(四)问题确认

监督人员针对现场检查过程中发现的问题,对照标准进行辨识与评估,并填写隐患(问题)整改通知单。

四、交流反馈

安全监督人员对发现的问题、隐患及违章行为,应当采取责令改正、限期整改、停工等措施进行处理,并及时通知被监督单位,要求受检单位按隐患(问题)整改通知单的时间要求组织整改,受检单位及时将问题整改情况反馈至监督机构。

五、编写监督报告

在监督工作结束后,向被监督单位和安全监督机构提交监督报告,主要内容包含监督场所、监督时间、监督人员、监督方式、查出的问题、整改意见、整改时间、反馈时间等。

六、跟踪验证

监督人员根据受检单位反馈的整改情况及时验证,进行问题销项。

第二章　采油(气)作业安全监督工作要点

第一节　采油(气)作业主要风险与控制措施

本节主要是对采油(气)作业中的主要危险有害因素进行分析,针对这些风险制订相应的控制措施,将风险降低到可以接受的程度。

一、采油生产作业过程

采油生产过程中产生的原油存在易燃、易爆、易挥发、易泄漏、易产生静电、易受热膨胀和沸溢、有毒等特性;伴生气体存在易燃、易爆和有毒等特性;使用的设备设施存在高速旋转、高温高压等特点。参照 GB 6441《企业职工伤亡事故分类》,结合采油现场生产岗位的危害因素特点,辨识出生产现场在工艺流程设备设施正常运行、岗位员工日常操作和设备维修保养过程中可能存在火灾、触电、机械伤害、高处坠落、物体打击、化学性爆炸、物理性爆炸、中毒和窒息、坍塌、淹溺、灼烫及其他伤害等 12 类危害因素,其主要描述见表 2–1。

表 2–1　采油作业风险辨识

序号	危害因素	系统描述
1	火灾	失去控制并对财物和人身造成损害的燃烧现象
2	化学性爆炸	可燃性气体、粉尘与空气混合形成爆炸性混合物,在接触引爆能源时发生的爆炸事故(包括气体分解、喷雾爆炸)
3	物体打击	物体在重力或其他外力的作用下产生运动,打击人体造成人身伤亡事故,不包括因机械设备、车辆、起重机械、坍塌等引发的物体打击
4	机械伤害	机械设备运动(静止)部件、工具、加工件直接与人体接触引起的夹击、碰撞、剪切、卷入、绞、碾、割、刺等伤害,不包括矿山、井下透水淹溺
5	触电	人体触及带电体,电流会对人体造成各种不同程度的伤害,其中包括雷击伤亡事故
6	高处坠落	在高处作业中发生坠落造成的伤亡事故,不包括触电坠落事故
7	中毒和窒息	包括中毒、缺氧窒息、中毒性窒息
8	物理性爆炸	包括锅炉爆炸、容器超压爆炸、轮胎爆炸等

续表

序号	危害因素	系统描述
9	坍塌	物体在外力或重力作用下，超过自身的强度极限或因结构稳定性被破坏而造成的事故，如挖沟时的土石塌方、脚手架坍塌、堆置物倒塌等，不适用于车辆、起重机械、爆破引起的坍塌
10	淹溺	包括高处坠落淹溺，不包括矿山、井下透水淹溺
11	灼烫	指火焰烧伤、高温物体烫伤、化学灼伤（酸、碱、盐、有机物引起的体内外灼伤）、物理灼伤（光、放射性物质引起的体内外灼伤），不包括电灼伤和火灾引起的烧伤
12	其他伤害	除上述以外的危害因素，如摔、扭、挫、擦、刺、割伤和碰撞、扎伤等

（一）采油井场

采油井场主要承担油气举升、分离、加热输出等任务。中国石油大多数采油现场的油气举升方式有自喷采油、气举采油及游梁式抽油机、螺杆泵、电潜泵等机械采油方式，以游梁式抽油机深井泵抽油为主。游梁式抽油机深井泵抽油装置主要是靠电动机将电能转化为高速旋转的动能，再经过抽油机减速箱变速，输出轴带动曲柄作低速旋转运动，最终转变为抽油机驴头上下往复运动带动深井泵抽汲地层原油。采油井场主要可能涉及的设备设施有工艺流程设备、抽汲及动力辅助设备、油气分离存储设备及加热设备等。

1. 工艺流程设备

工艺流程设备主要包括采油树、阀门和油气生产管网。工艺流程设备正常运行过程中，可能因振动、密封不良、超温超压运行、锈蚀、设备出厂质量等因素影响，导致油气泄漏引发火灾、中毒和窒息等事故，同时还可能因超压、设备出厂质量、锈蚀老化等因素影响，导致阀门丝杆飞出、手轮及其他紧固设备弹落引发物体打击事故。设备日常操作和维护保养过程中，可能因人员“三违”（违章指挥、违章操作和违反劳动纪律）、操作不当、防护缺陷、产品质量等因素引发物体打击、火灾、化学性爆炸、中毒和窒息、机械伤害、高处坠落及其他伤害等事故。

2. 抽汲及动力辅助设备

抽汲及动力辅助设备主要有抽油机、螺杆泵、电动机、电力控制柜、电缆、变压器等。抽汲及动力辅助设备正常运行过程中，可能因锈蚀、振动、磨损、高温、防护缺陷、产品质量等因素，引发触电、物体打击、火灾等事故。抽汲及动力辅助设备在日常操作和维护保养过程中，可能因人员“三违”、操作不当、防护缺陷、产品质量等因素，引发触电、火灾、物体打击、机械伤害、高处坠落、化学性爆炸、中毒和窒息等事故。

3. 油气分离存储设备

油气分离存储设备主要有分离器、缓冲罐、高架罐、单井储油罐等。分离存储设备正常运行时，可能因密封不良、超压、锈蚀、设备超期运行、安全附件失灵、安全阀泄压等因素影响，导致油气泄漏引发火灾、化学性爆炸、中毒和窒息、物体打击等。分离存储设备在日常操作和维护保养过程中，可能因人员“三违”、操作不当、防护缺陷等因素，引发火灾、触电、化学性爆炸、中毒和窒息、物体打击、高处坠落等事故。

4. 加热设备

井场加热设备主要有加热炉、电加热系统等。加热设备正常运行时，可能存在火灾、化学性爆炸、物理性爆炸、物体打击、触电、灼烧等事故。加热设备在日常操作和维护保养过程中，可能因人员“三违”、操作不当、防护缺陷等因素，引发火灾、物理性爆炸、化学性爆炸、高处坠落、灼伤等事故。

(二)集转(含计量、接转)油站

集转油站主要承担油气的聚集、计量、油气分离、加温、外输等任务。集转油站主要包含计量站、接收站、转油站、集油站等。在集转油站里，主要有工艺流程设备、计量存储设备设施、油气分离设备、加热设备、动力外输设备设施及其他辅助设备设施。原油、天然气汇集到集转油站成为集转油站，油气泄漏可能导致火灾、化学性爆炸、中毒和窒息、环境污染等多方面的风险。而油气分离、加温、外输又涉及高温、高压、用电、设备高速旋转等，同时还可能导致触电、物体打击、机械伤害、高处坠落、物理性爆炸等事故，见表2–2。

表2–2　集油站主要风险及防范措施

序号	区域/系统	设备/活动	风险描述	防范措施
1	工艺流程	阀门、丝杠、压力表、管网及其配件	阀门本体出现断口、裂缝、砂眼，钢圈出现刺漏、密封不严，丝杠、手轮压盖松动，压力表表盘破损、表接头渗漏，管网出现裂缝、砂眼；引发火灾、中毒、物体打击及环境污染事故	严把产品质量关，压力表及其附件要定期校验，按照要求做好日常维护保养，认真巡检、发现问题及时整改
		倒流程	流程倒错，开关阀门时，丝杠、手轮飞出；引发火灾、化学性爆炸、中毒、物体打击事故	倒流程前要先确定开关阀门顺序；开关阀门前，先检查阀门丝杠固定连接件是否完好紧固，手轮压帽是否紧固；开关阀门时，操作人员须侧身操作，开关时选用合适的工具，开启、关闭需缓慢
		更换压力表、更换阀门、更换法兰垫子	未泄压，油气中含有有毒有害物质；引发火灾、物体打击、中毒等事故	更换前，操作人员站在上风口，确认关闭前后两端控制阀门后，打开放空阀进行泄压，压力归零后再使用防爆工具进行更换工作。必要时进行工作场所气体检测并佩戴相应的防护用品

续表

序号	区域/系统	设备/活动	风险描述	防范措施
2	计量存储分离	缓冲罐、分离器	接地不合格，防爆电器设备不合格，安全附件未按要求校验且无效等；引发火灾、化学性爆炸、物体打击、中毒等事故	定期开展防雷防静电检测，定期对安全附件进行校验，定期开展防雷防静电和防爆电器设备的外观检查，封闭（密闭）环境应按要求设置易燃易爆、有毒有害气体检测报警仪并定期检测
		登高作业	引发物体打击、高处坠落等事故	室外五级及以上大风天气严禁登高，登高作业人员需佩戴安全帽和采取防坠措施，登高使用的工具要设置安全绳等防掉落措施，现场设置人员监护
		量油测气	流程倒错，量油工人擅自离岗，选择工具不防爆；引发火灾、化学性爆炸、物体打击和中毒事故。冒罐导致天然气系统充油可能引发其他次生事故	应使用防爆工具，开关阀门侧身操作，量油按照操作规程操作且不得脱岗、睡岗、离岗
		分离器冲砂、排污	打开排污阀，引发火灾、化学性爆炸、中毒等事故；如现场使用污油泵时还可能存在触电、窒息事故	冲砂前确保分离器的油气进出口阀门已经关闭，现场使用防爆工具，按照要求佩戴防护装备，现场使用的电器设备必须达到防爆要求
		拆装计量油气表、更换安全阀、更换玻璃管等附件	未泄压，含有有毒有害物质，选用工具不防爆；引发火灾、化学性爆炸、中毒、物体打击等事故	正确穿戴劳动防护用品，选用合适的防爆工具，更换前应确保前后两端控制阀门关闭，压力表归零后再进行更换工作
3	加热	加热炉（补充电子遥控智能加热炉）	电气设备老化、绝缘破损、误操作，供气系统天然气泄漏；引发触电、化学性爆炸	电气线路设置漏电保护装置，电缆出入户、穿越时加保护，操作间安装可燃气体检测报警仪并定期检测
4	动力外输	输油泵、电动机	高温、振动及电动机和泵旋转防护不合格、电气系统接地不合格、电缆等防爆设备未达到防爆要求、长发员工操作未佩戴工帽等；引发灼烫、机械伤害、火灾、化学性爆炸、触电等事故	巡检员工应正确穿戴劳动防护用品，电动机和泵的旋转部位要安装牢固的防护罩，电气系统应做好漏电防护和接地保护并定期检测，泵房内应按照规定安装可燃气体检测报警仪并定期检测，定期对输油泵进行维护保养，巡回检查重点查看泵及泵房内的防爆设备设施完好情况
		启、停泵	触摸电源开关，倒错流程；引发触电、火灾和化学性爆炸	启、停泵前先检查流程，启、停泵时严格按照操作规程操作，触摸电源开关时侧身，人站在绝缘垫上

续表

序号	区域/系统	设备/活动	风险描述	防范措施
5	辅助设备设施	配电间、配电柜、电气线路	触电/电气火灾	配电间内配置有效的绝缘鞋、绝缘手套及验电笔等有关工器具，配电间内水汽管网不设连接，配电间装设应急照明灯及检维修灯，杜绝“三违”行为，执行上锁挂牌制度，带控制面板的配电柜门安装等电位跨接线，电缆穿越设置护管，定期对防爆电气设备进行检查
		补水泵、循环泵、管网、电动机	旋转部位防护罩不牢固，电动机接地失效，管网刺漏；引发机械伤害、触电、物体打击、火灾等事故	旋转部位安装牢固的防护罩，定期对电动机接地进行检测，日常对接地进行外观检查，日常巡检时注意采暖管网的流程是否有渗漏现象
6	消防设施	灭火器、其他消防设施	消防设备设施配备不合理，不能有效扑救初期火灾	按照要求配备消防设备设施，灭火器要定期检查，消防设施要定期进行外观检查，严禁挪作他用

（三）联合站（含外输管线）

联合站是原油实现油气水三相最终分离，分别处理外输的集中转站。原油从集转油站通过外输管线输送到联合站，添加破乳剂经缓冲罐、分离器、三相分离器、脱水器等进行油气水三相多次分离。原油进入净化油罐、缓冲罐短时间存储，经加热炉加温，再通过外输泵直接外输。污水经过缓冲罐、斜板存储罐、浮选机、调节池、一级过滤、二级过滤，最后通过外输泵直接外输。天然气经过分离器再次油气分离，最后通过气阀组外输或者外供。联合站的主要设备流程可以分为：工艺流程设备、油气分离设备设施、原油脱水设备设施、加热设备、动力外输设备设施及其他辅助设备设施。原油、天然气汇积到联合站成了联合站内的重大危险源，油气泄漏可能导致火灾、化学性爆炸、中毒和窒息、环境污染等多方面的风险；原油及污水处理涉及高温、高压、用电、设备高速旋转、登高作业等，同时可能导致触电、物体打击、机械伤害、高处坠落、物理性爆炸等多方面的风险，见表2-3。

表2-3 联合站主要风险及防范措施

序号	区域/系统	设备/活动	风险描述	防范措施
1	原油脱水	加药设备（加药泵、电动机、储药间）	药品破乳剂具有低毒性，引发中毒事故；加药时使用加药泵，引发触电、机械伤害等事故	破乳剂要集中存放，存储间要确保通风，人员取用药品和操作时要正确佩戴个体劳动防护用品，定期检测加药泵接地装置，电动机及加药泵旋转部位要设置牢固的防护罩
		储油罐观察液位、储油罐取样	登高作业，引发高处坠落、物体打击；储油罐顶取样未使用防静电取样绳，引发化学性爆炸	五级及以上大风天气严禁登高作业，登高作业时佩戴安全帽和采取防坠落措施，取样使用的工具要设置安全绳等防掉落措施，现场设置人员监护，取样绳应为防静电取样绳，样桶材质应为有色金属

续表

序号	区域 / 系统	设备 / 活动	风险描述	防范措施
2	污水处理	过滤设备（一级过滤、二级过滤、电动机、搅拌机）	因登高和机械旋转，引发高处坠落、物体打击、机械伤害、触电等事故	室外五级以上不许登高作业，登高作业时佩戴安全帽和采取防坠落措施，登高使用的工具要设置安全绳等防掉落措施，现场设置人员监护，旋转部位要设置牢固的防护罩，长发员工要佩戴工帽，定期进行接地检测，日常进行接地外观检查
3	消防	消防泵、管网、消防设施、电动机、喷淋设备、泡沫产生器、消防水罐	启停泵，引发触电、机械伤害；检查水位与储罐泡沫产生时登高，引发高处坠落、物体打击；消防水罐、管网渗漏，消防补水不及时，引发次生事故	定期检查接地，启停泵时侧身站在绝缘板上，定期检查水罐水位，定期对消防泵进行盘泵，登高时佩戴安全帽和采取防坠落措施，定期检查水枪和连接管线完好情况，定期校验安全附件

本区域内的工艺流程、油气分离存储、加热、外输、辅助生产（配电系统、供暖系统）及消防的部分设备设施同井场、集油站的设施相同，共性的风险分析见前面部分，此处不再赘述。本区域的注（输）水设备风险分析参见注水（汽）井站的相关内容。

（四）注水（汽）井站

注水工艺主要是采用电动机将电能转化为高速运转的动能，带动注水泵、增压泵将地面水从注水井口注入地层。注汽工艺主要是采用锅炉将水加热成高温水蒸气，再依靠注汽泵将高温水蒸气从注汽井口注入地层。注水、注汽主要包含水汽前处理部分（沉淀过滤池、锅炉等设备）、水汽增压部分（注水泵、增压泵、增压工艺流程等设备）、注水（汽）工艺流程［井口、注水（汽）管网、阀门等设备］及配电、采暖、消防设备设施等。注水、注汽工艺中，主要存在物理性爆炸、灼烫、物体打击、机械伤害、触电、高处坠落、淹溺及其他事故等，见表 2–4。

表 2–4　注水（汽）井站主要风险及防范措施

序号	区域 / 系统	设备 / 活动	风险描述	防范措施
1	水汽前处理部分	沉淀过滤池	日常巡检操作时，引发淹溺事故	在沉淀过滤池周边添加围栏，防止巡检、操作时坠入
		锅炉锅筒	锅炉受压元件自身缺陷或损坏，因违章操作、锅炉安全附件失灵或安全联锁装置失效，使运行压力超过锅炉的承受压力，发生物理性爆炸	锅炉应定期检定，日常巡检时注意锅炉本体腐蚀、锈蚀等外观检查；定期检测压力测定仪器仪表，定期检定、检查安全附件完好情况及安全联锁装置，巡检观察压力仪器仪表完好情况及压力值
		锅炉炉膛	点炉时，炉膛内可燃气体浓度达到爆炸浓度极限，化学性爆炸引发炉膛爆裂	点炉前，炉膛内保证良好通风；严格按照点火操作规程操作

续表

序号	区域/系统	设备/活动	风险描述	防范措施
1	水汽前处理部分	电气系统	电气设备因绝缘、漏电、误操作、线路腐蚀磨损等引发触电	电气线路配置漏电保护器，电缆出、入户时，在进出口加防磨保护，过路、跨越时做好防护，操作时按规程操作
		供能燃烧系统	供气管线系统出现天然气泄漏，引发火灾、化学性爆炸事故	燃烧控制房内应装设可燃气体检测报警仪并定期检验，日常巡检时重点检查控制房内的燃料系统是否有渗漏
		停炉、点炉	停炉、点炉需接触操作电路系统引发触电事故，点炉时可能因燃料泄漏或不受控引发化学性爆炸和火灾等	操作柜定期进行接地检测，带操作面板柜门做等电位连接。电路系统及燃料系统要定期进行检查
		更换安全附件	更换安全附件涉及使用工具登高作业，引发物体打击、高处坠落事故	作业前要先对该管网段进行泄压，作业时要缓慢用力、平稳操作、防止打滑，锅炉下方严禁站人
2	水汽增压部分	电动机	电动机漏电、重复接地及漏电保护器失灵，引发触电事故；叶轮防脱键、叶轮防护罩松动、破损，叶轮飞出引发物体打击事故	定期检测漏电保护器完好及接地电阻值合格，对电动机电缆入户线设置防护套；巡检时检查叶轮防护罩是否完好，发现电动机有异响时，立即停机
		机泵设备	运转部件无护罩；设备漏电、接触不良、漏液、过载、运动部件飞出，长发女工防护不当，导致机械伤害，火灾、触电等	安装防护罩；巡回检查、定期维护保养、整改；严格执行操作规程；操作时严禁正对电动机旋转切线方向；长发女工应盘发于防护工帽内
		安全阀泄放口	安全阀泄放管安装位置选择错误，导致安全阀泄放对巡检操作人员造成物体打击事故	安全阀泄放管宜与系统流程相连；如不能相连，必须引至安全位置泄放
		开关阀门	阀门丝杆、手轮固定松动，承受振动和高压时可能丝杆、手轮飞出引起物体打击事故	倒流程前检查丝杆、手轮控制件是否完好、有无松动，倒流程时要侧身、缓慢
		更换皮带	更换皮带时，操作人员戴手套盘皮带，导致手被手套皮带一起带入皮带轮键槽中引发机械伤害（挤压）；更换皮带使用工具，发生物体打击事故	盘皮带时，操作人员禁止戴手套操作；工具、皮带摆放时要固定，使用时要平稳操作、防止打滑
		更换阀门 更换压力表、更换安全阀	未泄压，引发物体打击事故	更换前检查控制阀门是否已经关闭，并对连接压力表的承压段采取放空，保证压力归零；如果阀门悬空，距离水平面较高，需采取保护措施，防止滑落
		更换阀门手轮、添加密封填料	使用工具时用力过猛，发生物体打击事故	作业时，操作员工应站稳，握紧工具缓慢作业

其他设备设施的风险分析参见集转油站的相关内容，这里不再赘述。

二、采气生产作业过程

采气生产作业是将气田开采出的天然气进行收集、输送和初步加工处理的生产经营活动。它主要包括三个方面：一是采气站将气井采出的气液混合物经过管道输送进入集气站进行气液分离；二是集气站将初步分离的天然气输入计量站，由计量站进入天然气处理厂进行再次脱水或深加工；三是由处理厂或天然气压气站以不同的方式将处理合格的天然气外输给用户。

采气生产作业过程中最主要的危险是火灾爆炸、中毒和压力容器的物理爆炸，危害因素还包括高处坠落、触电、灼烫、机械伤害、物体打击等，见表 2–5。

表 2–5　采气作业风险辨识

序号	危害因素	系统描述
1	火灾爆炸	天然气井、工艺流程设施、管道等处，若出现了意外的焊缝开裂、接头处泄漏及跑冒滴漏现象，遇火源或静电可能发生火灾爆炸事故
2	物理性爆炸	压力容器和管道，当超压、超温或出现意外情况，在其薄弱处或承受极大压力，就可能发生物理爆炸
3	中毒和窒息	操作过程中人员防护设施不到位接触有毒有害物质，或者有毒有害物质泄漏，人体接触后会发生不同程度的中毒
4	机械伤害	压缩机动力驱动的传动件、转动部位，若防护罩失效或残缺，人体接触时有发生机械伤害的危险
5	触电	带电的设备、装置等的接地保护装置失效时，人体接触带电体漏电部位，有发生人员触电的危险
6	灼烫	加热设备或高温设备运行时，若操作不当或无隔离设施，有可能发生人员的灼伤事故
7	高处坠落	在高处作业中发生坠落造成的伤亡事故，不包括触电坠落事故
8	物体打击	物体在重力或其他外力的作用下产生运动，打击人体造成人身伤亡事故，不包括因机械设备、车辆、起重机械、坍塌等引发的物体打击

采气集输地面设施包括井口设施、单井管线、集气站、计量站、集气管线、外输管线等。下面分别从四个方面具体描述采气生产作业过程中的风险与控制。

（一）采气井场

采气生产是指天然气从地层进入采气井筒，通过井筒到达地面采油树井口，再由井口加热炉进入干线到达集气站的生产过程。为了有效地防止采气井安全事故的发生，应对采气生产全过程进行危险源排查，并制订措施进行风险消减，见表 2–6。

表 2-6　采气井场主要风险及防范措施

序号	区域 / 系统	设备 / 活动	风险描述	防范措施
1	井口区	采油气井口	天然气泄漏造成着火、爆炸或 H_2S 中毒	交接井时，严格把控井口装置并在接井后加强巡检，特别是对阀门各连接处进行验漏
			方井有残余油水，可造成燃烧，损坏井口密封件导致油井泄漏燃烧	作业后清除残余油水
			安全自动截断装置失效，造成井口失控、设备和流程损坏	检查、维护、整改，消除隐患
		注水井井口	泄漏造成设备损坏	保持井口闸门及连接处的密封性，执行井站的巡查制度
2	工艺流程区	分离器	安全阀失灵造成设备、流程超压损坏	定期校验安全阀
			内壁减薄，造成人身伤害、设备损害	定期检测、更换
		水套炉	加温不好导致冰堵，设备损坏	按操作规程执行
			缺水导致设备损坏	检查水位
		采气流程	天然气泄漏，造成设备损坏	加强巡检，及时整改，消除隐患
			安全阀失灵，造成流程和设备损坏	定期校验
			调压阀失灵，造成流程和设备损坏	定期检查调压阀
			疏水阀堵塞，造成设备损坏	加强巡检，及时整改，消除隐患

（二）集配气站

1. 集配气站

集配气站主要承担天然气采集、初步分离、外输等工作，主要设备有进站管汇、分离器、闪蒸罐、污水罐、阀组、外输管道、收发球筒、压缩机等，辅助设备设施有发电机、注醇作业车辆、机泵、电路、监测系统、消防设施等。天然气汇集到气站成为集气站内的重大危险源，天然气泄漏可能导致火灾、中毒和窒息、环境污染等多方面的风险。而发电机、压缩机、注醇作业车辆、机泵、外输又涉及高温、高压、用电、设备高速旋转等特点，同时还可能导致触电、物体打击、机械伤害、高处坠落、物理性爆炸等多方面的风险，见表 2-7。

2. 集配气管线

集配气管线储运易燃、易爆、易挥发和易于静电聚集的气体，有的还含有毒物质如硫化氢等，一旦泄漏可能引发火灾、爆炸和中毒等事故，见表 2-8。

表 2–7 集配气站主要风险及防控措施

序号	区域 / 系统	设备 / 活动	风险描述	防范措施
1	集输配单元	压力容器、管道	超压、泄漏，导致硫化氢中毒、火灾、爆炸、环境污染	严格按照操作规程进行维护保养、定期检测、巡回检查
		收发球筒	打开设备未进行湿式作业、空气置换速度和置换量不符合规范、设备泄漏等，导致硫化亚铁粉尘自燃、内燃引发爆炸、环境污染	严格按标准进行操作、检测合格
		安全阀	安全阀失灵、未投用；安全阀未调校、故障，导致硫化氢中毒、爆炸	及时调校、整改
2	供配电单元	发电机	发电机故障、柴油储备不足，影响生产，导致紧急停车、财产损失	定期巡检、维护、储备自发电所需柴油量
		配电房	绝缘工具老化、破损，失效；绝缘胶皮老化、积尘厚，导致电击、电伤、触电	管理制度、巡回检查、定期维护保养、检测、整改维修、更换
		设备、电线路	雷击、停电时 UPS 供电超过 30min；设备线路故障、断路；引起触电、紧急停车、财产损失	加强协调、保证供电平稳；紧急停车或应急启动；防雷检查及整改
		供电线路、电气设备	老化、漏电、短路、未定期检测，引起触电、火灾、人员伤害、财产损失等	严格按照操作规程进行维护保养、定期检测、巡回检查、安全用电
		变压器、配电屏	超欠压、缺相、漏油、避雷器失效、过载、配电柜门未常关，引起人员伤害、财产损失、触电、火灾	严格按照操作规程进行维护保养、定期检验、巡回检查；关闭配电柜门；安全提示标志
3	其他	火炬	放空含硫天然气未点火、排污操作不当，造成大气污染	严格执行放空点火要求
		消防器材配备	灭火器数量不足、失效；消防栓未定期保养、锈蚀，导致人员伤害、财产损失	管理制度、巡回检查、定期维护保养

表 2–8 集配气管线主要风险及防范措施

序号	区域 / 系统	设备 / 活动	风险描述	防范措施
1	阀组区	输气管道	外力（物）损伤引起管线破损（如深根植被、开山放炮、机械作业），输气管线腐蚀严重；天然气泄漏，引发火灾、爆炸和环境污染	巡线工定期开展检查；定期检测、监控、检查
		阀室	阀室超压爆破（或腐蚀破损），引起中毒、火灾、爆炸	加强各节点巡查、监控，定期检查、整改
		清管作业	投球压差过大，造成设备损坏和人身伤害	按操作规程执行，避免操作失误，杜绝事故发生的可能性

续表

序号	区域 / 系统	设备 / 活动	风险描述	防范措施
1	阀组区	清管作业	球阀未完全开启，造成憋压	按操作规程执行，避免操作失误，减少事故发生的可能性
			管道内存在硫化亚铁粉末时，管压操作不平稳，直接回收硫化亚铁，引发火灾	回收硫化亚铁时采取湿式作业
			含有甲、乙类可燃液体的清管污物，未密闭回收，引发火灾	应密闭回收可燃液体或在安全位置设置凝液焚烧坑
			含有 H_2S 的气体泄漏，引发中毒	作业人员配备防护用品，进行有毒气体检测
2	其他	压缩机组	天然气压缩机超速运转、润滑不良、冷却不足，造成高温，引发灼烫等事故；压缩机旋转部位防护罩不牢固，引发机械伤害	定期对压缩机组控制操作系统进行检查，加强对增压操作人员技术培训教育，设备定期维护保养
			长时间在天然气压缩机区工作，噪声大，易对人的听觉造成损害	在噪声大的区域进行操纵时，戴好耳罩

（三）天然气净化厂

天然气净化厂包括脱硫、脱水及硫黄回收和尾气处理等几个生产单元，生产运行过程中存在高温、高压，可能引发火灾、爆炸、灼烫、中毒、高处坠落、物体打击、机械伤害等事故，见表 2–9。

表 2–9　天然气净化厂主要风险及防范措施

序号	区域 / 系统	设备 / 活动	风险描述	防范措施
1	装置区 1	净化装置巡检	运转设备漏电、有毒有害气体泄漏、高空坠落物、动设备高速旋转等导致人员触电、中毒、物体打击和机械伤害等	按时巡检，严格按照操作规程操作
		净化装置泄漏	有毒气体、可燃气体、溶液泄漏等，可能引起中毒、灼烫、火灾、爆炸等	加强巡检，巡检时操作人员携带可燃气体检测仪，有毒气体检测仪，佩戴好空气呼吸器，发现问题及时汇报，及时处理
2	装置区 2	硫黄切片机	高温、硫黄粉尘，引发烫伤、中毒、爆炸	正确穿戴劳保用品，佩戴口罩、护目镜等防护用品
		蒸汽锅炉	汽水共沸、水击、爆管、水蒸气泄漏、高温污水排放等，可能引发灼烫、物理性爆炸	平稳操作，严禁超温超压，定期排污，定期检查超温超压报警装置
		清洗富液过滤器	含硫化氢的富胺液、氮气、污水，引起中毒和窒息，腐蚀伤害（皮肤、眼睛），环境污染	携带可燃气体检测仪、有毒气体检测仪，现场配备空气呼吸器等防护用品，确认好相关阀门的开关状态

续表

序号	区域/系统	设备/活动	风险描述	防范措施
2	装置区	流程倒换	流程误操作,造成超压、环境污染等	按操作规程操作,加强巡检,及时发现隐患问题,快速果断处理
		调节池、污水池	有毒废气、废液,造成中毒	携带可燃气体检测仪、有毒气体检测仪,佩戴空气呼吸器
3	其他	安全阀、调节阀、高压阀门	安全阀失灵、未投用,不能起跳;调节阀失灵、窜压;高压阀杆冲出;可能造成中毒、爆炸、物体打击等	安全阀定期校验,定期维护保养和外观检查;对调节阀和高压阀门加强巡检,定期维护保养
		离心泵、往复泵	泵旋转过程中,溢出的溶液(甲基二乙醇胺)溅到皮肤、眼睛等部位,造成皮肤损伤	操作人员按要求佩戴防护用品(护目镜)
			设备故障,引发机械伤害	正确穿戴劳保用品,启停时侧身小心,定期检查防护罩完好状态
		机泵切换、维修	漏电造成人员触电	严格执行定期检测用电设备
			憋压、密封件损坏等导致介质泄漏造成化学伤害(眼睛,皮肤),环境污染	正确穿戴劳保用品,严格按照操作规程操作
			设备固定不牢,机械运动部件脱落造成机械伤害	加强设备维护保养;正确穿戴劳保用品

(四)天然气凝液回收装置

天然气凝液是天然气回收的烃类物质的总称,一般包括乙烷、液化石油气和凝析油。通常采用冷凝分离工艺,装置一般由原料气压缩、原料气脱水、冷凝分离和凝液分馏等四部分组成,主要设备有原料气压缩机、膨胀机组、分馏塔、凝液泵、热交换器等。

在低温冷凝分离过程中,因低温极易造成分馏塔、热交换器及低温部分管线材质选择不当发生氢脆,或者因低温制冷系统工艺参数产生波动,冷剂介质泄漏,造成设备或管线冻堵、环境污染等,可能引发装置超压、天然气泄漏、着火爆炸、停产事故的发生。同时由于回收的天然气凝液密度比空气大,易在沟池等低洼地方聚集,与空气混合后遇点火源往往引起火灾或爆炸事故等,见表 2-10。

三、非常规作业过程

采油(气)生产过程中,非常规作业的一些临时性区域或活动若风险控制不到位,易演化为事故,以下对可能出现的区域或活动进行分析,并制订相应的防范措施,将非常规作业风险尽可能地降低到可以接受的程度。

(一)工业动火作业

工业动火作业主要风险及防范措施,见表 2-11。

表 2-10　天然气凝液回收装置主要风险及防范措施

序号	区域 / 系统	活动 / 设备	风险描述	防范措施
1	罐区	储罐	存在登高作业，防雷防静电接地不合格，引发高处坠落、物体打击、火灾、爆炸	正确穿戴防护用品，登高作业时佩戴安全帽和安全带、工具使用安全绳固定，定期开展防雷防静电检测，定期对罐体进行探伤检测和外观检查，操作时设专人监护
		充装	充装过程存在轻烃泄漏，引发火灾、爆炸	定期对接地进行检测，安装静电释放器，控制充装流速
2	工艺区	设备本体及管线阀门	因制造、安装、检修和焊接缺陷，密封损坏等原因导致开裂损坏或密封失效，介质腐蚀，设备超压运行；造成易燃易爆介质泄漏引发火灾、爆炸	严把产品质量关，投产前试压、检验，定期检查密封件及防腐层完好情况，设备严禁超压运行，安全附件定期校验、检查
		冷凝分离、凝液分馏设备	低温引发冻伤，低温脆断造成介质泄漏引发火灾、爆炸	操作人员按照要求穿戴防护用品；设备、管线等选材时严把质量关并定期进行相关数据检测
3	其他	电气设备、仪表	因接地设施失效、线路绝缘损坏、短路、接点接触不良，设备和线路、照明不符合防爆要求产生火花及电动仪表因能量聚积产生并泄放火花，引发触电、火灾、爆炸	操作维护保养时，正确穿戴防护用品，定期进行接地电阻检测，定期开展接地装置和防爆电气设备的外观检查
		运转设备	天然气压缩机组、膨胀机组、导热油泵、液化气回流泵、混烃泵、潜污泵等转动机械因防护罩不完善、操作人员违章操作引发机械伤害事故	操作员工正确穿戴防护用品，严格按照操作规程操作，机泵等旋转部位安装牢固防护罩

表 2-11　工业动火作业主要风险及防范措施

序号	区域 / 活动	风险描述	防范措施
1	施工人员擅自动火	未向作业批准方沟通工作区域、HSE 危害和基本要求，作业方擅自动火，导致火灾爆炸事故	办理动火许可证，进行工作前安全分析，制订动火作业方案，作业前进行安全技术交底，实行动火工作方案变更审批
2	误开关油气流程	误开关油气流程，使动火点可燃气体浓度达到爆炸极限，导致火灾爆炸事故	相连阀门上锁挂牌，生产设备设施由属地单位人员操作
3	监护人离开现场	监护人离开动火现场，对安全措施未有效落实，对违章行为未制止，导致火灾爆炸事故	实施动火过程监督，落实动火安全措施
4	无证操作	电气焊工无特种作业操作证，电气焊工具操作不当，导致火灾爆炸事故	培训合格，持证上岗
5	无关人员进入施工区域	意外碰撞	入场控制，设置动火警戒区域

续表

序号	区域/活动	风险描述	防范措施
6	在油气生产装置上动火	油气生产装置内存在油(气)品，遇明火、高温，导致火灾爆炸事故	切断动火流程物料并加盲板或断开，进行流程吹扫、清洗、置换，按规定要求进行可燃气体浓度检测
7	周围环境有油气泄漏	油气遇明火、高温，导致火灾爆炸事故	动火前对周围环境进行可燃气体浓度检测，对泄漏点采取相应处置措施
8	火花飞溅	焊接、切割等动火作业，火花飞溅，引燃周围可燃物，导致火灾事故	围隔控制焊接火花飞溅
9	气瓶随意摆放	动火作业时，氧气瓶、乙炔瓶等设备随意摆放，使防火安全距离不足，导致火灾爆炸事故	氧气、乙炔气瓶间隔大于5m，气瓶与动火点间隔大于10m，气瓶避免在烈日下曝晒
10	气瓶使用不当	乙炔瓶使用气压过低，发生回火导致火灾爆炸；气瓶无防震圈，不慎磕碰，可能发生爆炸	乙炔气瓶瓶阀出口处配置专用的减压器和回火防止器，气瓶防震圈等安全部件安装完好
11	未使用个人防护用品	焊接与切割时，作业人员在观察电弧时未使用带有滤光镜的头罩或手持面罩、安全镜、护目镜或其他合适的眼镜；焊工和切割工未佩戴耐火的防护手套，导致烧伤或灼伤	按规定佩戴个人防护用品
12	动火结束未确认清理现场	动火结束后，现场存留部分动火工具、火源，油气生产设施投用，导致火灾爆炸	按作业许可票程序进行确认关闭

（二）临时用电作业

临时用电作业主要风险及防范措施，见表2-12。

表2-12 临时用电作业主要风险及防范措施

序号	区域/活动	风险描述	防范措施
1	施工人员擅自接电	未向作业批准方沟通工作区域、HSE危害和基本要求，作业方擅自用电，导致触电、电弧灼伤事故	办理临时用电许可证，进行工作前HSE风险分析，制订临时用电HSE工作方案，作业前进行安全技术交底，严格送、停电操作次序
2	误分、合开关	误分、合开关，导致触电事故	上锁挂牌，用电设备实行“一机一闸”，拆、接临时用电线路时，上级开关断电上锁，室外临时配电盘、箱设安全锁具
3	监护人擅离职守	监护人未核实安全措施落实情况，对违章行为未制止，导致用电设备存在缺陷，发生触电事故	监护人由电气专业人员承担，核实用电前安全措施
4	无证操作	安装、维修、拆除临时用电线路的作业人员无相应电工作业知识能力，操作不当，导致触电事故	安装、维修、拆除临时用电线路的作业人员，应培训合格，取得相应资质，持证上岗

续表

序号	区域/活动	风险描述	防范措施
5	触摸带电体	用电线路、设备绝缘失效，带电体裸露等因素，造成用电线路、设备带电，人员接触后，导致触电事故	采用耐压等级合格的绝缘导线，对潮湿环境下使用的电气设备、工具绝缘性进行测试，接电部位确认并验电，特殊场所使用安全电压，装有电器的配电箱门和框架的接地端子间用裸编织铜线连接，设置遮挡或防护栏
6	不合理的架空和地面走线	架空和地面走线走向、位置不合理，受高温、振动、腐蚀、积水及机械损伤等外界因素影响，线路破损导致触电事故	根据现场环境，对走线合理设计
7	水气侵入设备	水气侵入设备，使设备外壳带电，导致触电事故	用电设备设置防雨、防潮措施，进行日常维护和使用前检查，选择合适的设备位置
8	使用设备过载	线路设备过载，产生高温，导致火灾事故	合理的用电设备选择，选择符合要求的自动开关和熔丝
9	使用失效的漏电保护器、接地保护装置	漏电保护器、接地保护装置对人员起到一定的防触电作用，失效后保护作用消失，导致触电事故	临时用电设备使用前，使用漏电保护器的试验按钮进行试验，并对接地保护的可靠性进行检查
10	未使用个人防护用品	拆接线时，不慎触摸周围带电体，导致触电事故	拆、接线路的工作人员按规定穿戴绝缘手套等个人防护用品
11	不正确使用手持电动工具	使用角磨机、手电钻、切割机等手持电动工具时，不安装防护罩等安全配件，导致机械伤害或灼伤事故	作业前检查手持电动工具完好性
12	将移动电源或外部自备电源接入电网	将移动电源或外部自备电源接入电网，使线路设备过载，产生高温，导致火灾事故	确保无移动电源或外部自备电源接入电网

（三）移动式吊装作业

移动式吊装作业主要风险及防范措施见表2-13。

表2-13　移动式吊装作业主要风险及防范措施

序号	区域/活动	风险描述	防范措施
1	施工人员擅自吊装	未向作业批准方沟通工作区域、HSE危害和基本要求，作业方擅自吊装，对环境因素认识不足，导致物体打击事故	办理吊装作业许可证，进行工作前HSE风险分析，制订吊装作业HSE工作方案，作业前进行安全技术交底
2	无证操作	起重指挥人员、司索人员、起重机司机无相应作业知识能力，操作不当，导致物体打击事故	起重指挥人员、司索人员、起重机司机应培训合格，取得相应资质，持证上岗

续表

序号	区域 / 活动	风险描述	防范措施
3	人员停留在吊装危险区域	人员进入吊装作业区域，在操作人员盲区，导致物体打击事故	起重机吊臂回转范围内设警戒带，避免在悬挂货物下工作、站立、行走
4	吊装指挥信号不清	吊装指挥信号不清，不明确，使操作错误，导致物体打击事故	起重作业指挥人应佩戴标志，并与起重机司机保持可靠的沟通，指挥信号应明确
5	超载吊装	吊装物品重量超过起重机或吊索吊装限制，使起重机侧翻或吊物脱落，导致物体打击事故	核实货物准确重量，确认吊车高度限位、力矩限制、重量指示、角度指示等安全装置有效，使用相应负荷的合格吊索
6	带载行走	起重机带载行走，吊物摆动滑脱，导致物体打击事故	安排专业监督
7	人员随货物或起重机械升降	吊物滑脱或人员滑跌，导致高处坠落事故	安排专业监督
8	使用老化失效的吊装设备	钢丝绳老化断裂，设备制动等安全装置存在缺陷、故障等，使吊物下落，导致物体打击事故	落实对起重机外观的经常、定期性检查制度，制订预防性维护计划并定期实施
9	旋转件	人员接触起重机旋转部件，导致机械伤害事故	人员可接触的运动件或旋转件安装保护罩或面板
10	吊钩	起重机行驶时未固定吊钩，吊钩摆动，导致物体打击事故	行驶中吊钩收回并固定牢固
11	地基不实	在地基不实的地面进行吊装作业，使起重机侧翻，导致物体打击事故	吊装作业前巡视工作场所，作业时起重机支腿按要求垫枕木
12	低可视度	作业环境可视度低，作业人员对现场观察不清，导致物体打击事故	合适的照明布局，制定沟通程序并监督实施
13	强风	风力过大，吊物摆动滑脱，导致物体打击事故	制订恶劣天气应对程序并监督实施，通过引绳来控制货物的摆动，使用带闭锁装置的吊钩
14	不合理系固吊物	吊物系固点选择不平衡或不可靠，系固点捆绑不牢靠，吊物脱落，导致物体打击事故	选择合理的吊点，吊点捆扎平衡、牢靠
15	未使用个人防护用品	吊物意外脱落，人员未戴安全帽等防护用品，导致物体打击事故	吊装操作人员按规定做好个人防护
16	电力线路附近使用起重机	起重机受作业场所限制，吊臂吊索意外接触电力线路，导致触电事故	起重机与电力线路的安全距离符合相关标准，必要时制订关键性吊装计划并严格实施

（四）高处作业

高处作业主要风险及防范措施，见表 2–14。

表 2-14　高处作业主要风险及防范措施

序号	区域 / 活动	风险描述	防范措施
1	施工人员擅自进行高处作业	未向作业批准方沟通工作区域、HSE 危害和基本要求，作业方擅自进行高处作业，对环境因素认识不足，导致高处坠落事故	办理高处作业许可证，进行工作前 HSE 风险分析，制订高处作业 HSE 工作方案，作业前进行安全技术交底
2	指派无作业资格人员作业	从事高处架设人员无操作资格，如，无“架子工操作证”人员搭拆脚手架，导致高处坠落事故	培训合格，取得相应资质，持证上岗
3	监护人擅离职守	监护人未核实安全措施落实，对违章行为未制止，导致高处坠落事故	落实作业过程监督，核实作业前安全措施
4	缺少坠落防护措施进行高处作业	未消除坠落危害或采取坠落预防和坠落控制等措施，冒险进行高处作业，导致高处坠落事故	坠落防护措施的优先选择顺序如下：尽量选择在地面作业；设置固定的楼梯、护栏、屏障和限制系统；使用工作平台，如脚手架或带升降的工作平台等；使用边缘限位安全绳，以避免作业人员的身体靠近高处作业的边缘；使用坠落保护装备，如配备缓冲装置的全身式安全带和系索。如果以上防范措施无法实施，不得进行高处作业
5	强风	风力过大，人员高处作业时身体不能保持平衡，导致高处坠落事故	制订恶劣天气应对程序并监督实施
6	工具、材料、零件随意抛接	随意抛接工具、材料、零件，人员脱手，物品下落，导致物体打击或高处坠落事故	遵守作业规程，工具设防掉绳，正确佩戴安全帽、安全带等个人防护用品
7	工具、材料、零件随意放置	在高处随意放置工具、材料、零件，物品不慎碰撞下落，导致物体打击或高处坠落事故	整洁的工作环境，合适的布局，垂直分层作业中间设隔离，作业点下方设警示隔离区
8	光滑的表面	高处作业平面光滑，人员滑跌，导致高处坠落事故	正确穿戴防滑鞋，选择防滑材料，制订工作环境要求并监督实施
9	接触带电体	高处作业区域存在用电线路等设施，人员接触，导致触电或高处坠落事故	落实作业面与带电体安全间距符合要求
10	作业面摆动	作业面摆动，人员身体不能保持平衡，导致高处坠落事故	合适的作业方案，工作场所、作业方式的规划
11	立足处小	作业立足处小，人员身体不能保持平衡，导致高处坠落事故	合适的作业方案，工作场所、作业方式的规划
12	低能见度	作业环境光线差、能见度低，造成操作失误，导致高处坠落事故	合适的照明布局，制订沟通程序并监督实施
13	患有疾病	患有心脏病、高血压、癫痫等疾病，从事高处作业，导致高处坠落事故	医疗检查，确认作业人员身体状况
14	使用不合格的防坠落装置	保护装置质量不过关，防护措施失效，导致高处坠落事故	作业前的装置检查，以及定期维护和保养
15	在不牢靠的结构上行走作业	结构的材料强度不足或老化，人员在上行走作业发生塌落，导致高处坠落	作业前的分析检查，按规定作业，落实过程监督，人员行为监督

（五）进入受限空间作业

进入受限空间作业主要风险及防范措施，见表 2–15。

表 2–15　进入受限空间作业主要风险及防范措施

序号	区域 / 活动	风险描述	防范措施
1	人员擅自进行受限空间作业	未向作业批准方沟通工作区域、HSE 危害和基本要求，作业方擅自进行受限空间作业，对环境因素认识不足，导致中毒或窒息事故	办理受限空间作业许可证，进行工作前 HSE 风险分析，制订受限空间作业 HSE 工作方案，作业前进行安全技术交底
2	监护人擅离职守	监护人未核实安全措施落实，对违章行为未制止，人员进行受限空间作业过程中，导致中毒或窒息事故	落实作业过程监督，核实作业前安全措施
3	人员未接受培训进行受限空间作业	人员未接受培训，对危害因素、监测防护装备、作业程序、职责、救援方式、沟通方法等知识不掌握，盲目施工，导致中毒或窒息事故	在进入受限空间前，与进入受限空间作业相关的人员都应接受培训
4	无关人员进入施工区域	无关人员误入危险场所，导致中毒或窒息事故	入场控制，在进入点附近设置警示标志
5	误开关电源或流程	受限空间外人员误开设备电源或流程阀门，导致受限空间内人员触电或中毒窒息事故	在相关设备、机械上挂牌上锁
6	进入通风不良区域	作业场所通风不良，导致窒息事故	制订通风程序并监督实施，选择合适的通风设备摆放和安装地点
7	低能见度	作业环境光线差、能见度低，造成操作失误，导致物体打击事故	合适的照明布局，制订沟通程序并监督实施
8	沟通不及时	沟通信号不清楚或不及时，发生意外不能第一时间采取措施，导致事故扩大	合理的沟通方式并监督实施。作业人员系安全可靠的保护绳
9	逃生通道限制	受限空间环境限制，在紧急情况下，人员不能及时撤离，导致中毒或窒息事故	配备安全绳、救生索、安全梯等应急设施
10	进入有害气体环境	受限空间作业前未采取准备措施，贸然进入，导致中毒或窒息事故	清理、清洗有害物，配备正压式空气呼吸器、长管呼吸器等防护装备，作业前进行气体监测，确认氧气、易燃易爆气体、有毒有害气体在允许浓度范围
11	有害气体意外泄漏	受限空间内，有毒有害气体意外泄漏，导致火灾、爆炸或中毒窒息事故	相连的附属管道断开或盲板隔离，按清单内容逐项核查隔离措施，保持气体监测
12	遗留工具、材料	油气设备内遗留工具、材料，设备启用后打火或堵塞流程，导致火灾爆炸事故	携入受限空间作业的工具、材料进行登记，作业结束清点

（六）挖掘作业

挖掘作业主要风险及防范措施，见表 2–16。

表 2-16　挖掘作业主要风险及防范措施

序号	区域/活动	风险描述	防范措施
1	人员擅自进行挖掘作业	未向作业批准方沟通工作区域、HSE危害和基本要求，作业方擅自进行挖掘作业，对地下油气管线或电缆走向不清楚，挖断油气管线或电缆，导致火灾爆炸或触电事故	办理挖掘作业许可证，进行工作前HSE风险分析，制订挖掘作业HSE工作方案，作业前进行安全技术交底
2	监督人擅离职守	监督人未核实安全措施落实，对异常危险征兆、违章行为未制止，导致火灾、爆炸、触电、坍塌事故	落实作业过程监督，核实作业前安全措施
3	无证操作	挖掘机械操作人员无相应作业知识能力，操作不当，导致物体打击事故	挖掘机械操作人员应培训合格，取得相应资质持证上岗
4	无关人员进入施工区域	意外碰撞	入场控制，设置挖掘警戒区域
5	采用不当的挖掘方式	对未辨明地上设施状况的区域，直接使用机械进行野蛮挖掘，导致火灾爆炸或触电事故	必要时采用探测设备进行探测，或应用手工工具（例如铲子、锹、尖铲）来确认1.2m以内的任何地下设施的正确位置和深度
6	地质条件差的环境下进行挖掘作业	对地质条件差，施工面积、深度较大的挖掘作业设计施工不合理，导致坍塌事故	根据土质的类别设置斜坡和台阶、支撑和挡板等保护系统。挖掘深度超过6m所采取的保护系统，由有资质的专业人员设计
7	挖掘处上方通过	人员、设备在挖掘处上方通过，因人员不慎或设备过重，导致高处坠落或坍塌事故	提供带有标准栏杆的通道或桥梁，并明确通行限制条件
8	挖掘处上方放置物料	在坑、沟槽的上方、附近放置物料和其他重物或操作挖掘机械、起重机、卡车时，因操作不慎或设备过重，导致高处坠落或坍塌事故	在边沿安装板桩并加以支撑和固定，设置警示标志或障碍物
9	雷雨天气下挖掘作业	挖掘面受雨水影响，导致坍塌事故	制订恶劣天气应对程序并监督实施，采取适当的支固、排水措施
10	低能见度	作业环境光线差、能见度低，造成操作失误，导致高处坠落事故	安装合适的照明设备
11	未使用个人防护用品	工器具意外磕碰，挖掘物料意外飞溅，导致物体打击事故	在坑、沟槽内作业正确穿戴安全帽、防护鞋、手套等个人防护装备
12	在危险区域休息	在坑、沟槽内，升降设备、挖掘设备下或坑、沟槽上端边沿休息，导致高处坠落或坍塌事故	培训安全知识，落实现场监督

（七）管线打开作业

管线打开作业主要风险及防范措施，见表2-17。

表 2-17 管线打开作业主要风险及防范措施

序号	区域 / 活动	风险描述	防范措施
1	人员擅自进行管线打开作业	未向作业批准方沟通工作区域、HSE 危害和基本要求，作业方擅自进行管线打开作业，导致火灾爆炸或中毒事故	办理管线打开作业许可证，进行工作前 HSE 风险分析，制订管线打开作业 HSE 工作方案，作业前进行安全技术交底
2	监督人擅离职守	监督人未核实安全措施落实，对违章行为未制止，导致火灾爆炸或触电事故	落实作业过程监督，核实作业前安全措施
3	无证操作	锅炉、压力容器作业人员未取得省级锅炉压力容器安全监察机构认证的资格证书，无相应锅炉压力容器作业知识能力，操作不当，导致灼伤、中毒、火灾、爆炸事故	作业队伍资质与项目相符，人员培训合格，取得相应资质
4	无关人员进入施工区域	设备管线放压时，介质意外喷溅，导致灼伤、中毒事故	入场控制，设置围栏、围绳等施工警戒区域
5	使用非防爆设备、工具	在爆炸危险区域使用非防爆设备、工具，打开管线，导致火灾爆炸事故	爆炸危险区域使用防爆设备、工具
6	未有效清理、隔离物料	未对管线或设备内高温、毒性、腐蚀性、易燃性的物料进行有效清理、隔离，管线打开时，导致灼伤、中毒、火灾爆炸事故	需要打开的管线或设备必须与系统隔离，其中的物料应采用排尽、冲洗、置换、吹扫等方法除尽，并进行可燃气体、有害有毒气体浓度检测
7	作业后未解除相关隔离设施	作业后，由于人员疏忽未解除相关隔离设施，流程启用后，设备管线憋压，导致火灾、爆炸事故	对所有隔离点进行标志，作业结束后，解除相关隔离设施，确认现场没有遗留任何安全隐患，申请人与批准人或其授权人签字关闭作业许可证
8	无个人防护装备作业	如对含有剧毒物料等可能对生命和健康产生危害的管线（设备）进行打开作业时，作业人员未穿戴个人防护装备，导致中毒事故	选择和使用合适的个人防护装备，使用前，由使用人员进行现场检查或测试，合格后方可使用
9	操作阀门	倒流程时，操作的阀门故障失效，丝杠受压飞出，导致物体打击事故	操作时，人要站在阀门侧面，避开丝杠、油气流可能射出的方位

（八）脚手架作业

脚手架作业主要风险及防范措施，见表 2-18。

表 2-18 脚手架作业主要风险及防范措施

序号	区域 / 活动	风险描述	防范措施
1	施工人员擅自进行脚手架作业	未向作业批准方沟通工作区域、HSE 危害和基本要求，作业方擅自进行脚手架作业，对环境因素认识不足，导致物体打击、高处坠落事故	办理脚手架作业许可证，进行工作前 HSE 风险分析，制订脚手架作业 HSE 工作方案，作业前进行安全技术交底
2	指派无作业资格人员作业	从事脚手架搭建、拆除、移动、改装人员未取得相应操作资格证书，无相应脚手架作业知识能力，操作不当，导致物体打击、高处坠落事故	培训合格，取得相应资质，持证上岗

续表

序号	区域/活动	风险描述	防范措施
3	监护人擅离职守	监护人未核实安全措施落实情况，对违章行为未制止，导致物体打击、高处坠落事故	落实作业过程监督，核实作业前安全措施
4	不正确使用防护用品	操作人员不正确使用安全帽、安全带、防滑鞋、工具袋等防护用品，导致物体打击、高处坠落事故	遵守作业规程，正确使用个人防护用品
5	无关人员进入施工区域	意外碰撞、高处坠落	入场控制，设置隔离警戒区域，实行绿色和红色标志管理
6	高空抛物	随意抛接工具、材料、零件，人员脱手，物品下落，导致物体打击或高处坠落事故	遵守作业规程，工具设防掉绳，禁止携带物品上下脚手架，所有物品应使用绳索或其他传送设施传递
7	工具、材料、零件随意放置在脚手架上	在脚手架上随意放置工具、材料、零件，物品不慎碰撞下落，导致物体打击或高处坠落事故。物品放置过载，超过脚手架承载许用最大载荷，导致脚手架坍塌事故	根据需求设置隔离区、警戒标志，禁止在脚手架上放置任何活动部件，脚手架外侧采用密目式安全网做全封闭。禁止将模板支架、缆风绳、泵送混凝土和砂浆的输送管等固定在脚手架上，严禁悬挂起重设备
8	光滑的表面	作业平面光滑，人员滑跌，导致高处坠落事故	正确穿戴防滑鞋，选择防滑材料，正确设置、使用防坠落装置，每一作业层的架体应设置完整可靠的台面、防护栏杆和挡脚板
9	接触带电体	脚手架作业区域存在用电线路等设施，人员接触，导致触电或高处坠落事故	脚手架与架空输电线路的安全距离、工地临时用电线路架设及脚手架接地措施符合要求
10	使用不合格的脚手架材料	脚手架材料的强度、形状、尺寸、性能等不符合要求，或存在裂缝、变形、滑丝和锈蚀等缺陷，导致脚手架坍塌事故	在入库前和使用前对脚手架材料和部件进行检查，妥善保管脚手架部件，定期进行承载试验
11	不按技术规范搭设脚手架	施工时为降低成本、赶抓工期，偷工减料、减少工序，使脚手架不可靠、牢固，导致脚手架坍塌事故	落实过程监督
12	患有疾病	患有心脏病、高血压、癫痫等疾病，从事脚手架作业，导致高处坠落事故	医疗检查，确认作业人员身体状况
13	在不牢靠的结构上行走作业	结构的材料强度不足或老化，人员在上行走作业发生塌落，导致高处坠落事故	作业前的分析检查，按规作业，落实过程监督，人员行为监督
14	低能见度	夜间等作业环境光线差、能见度低，造成操作失误，导致高处坠落事故	合适的照明布局，制订沟通程序并监督实施
15	雷雨风雪天气下作业	特殊恶劣天气下进行高处作业，导致触电、高处坠落事故	制订恶劣天气应对程序并监督实施

（九）大型装置开（停）车作业

大型装置开(停)车作业主要风险及防范措施，见表 2-19。

表 2-19　大型装置开(停)车作业主要风险及防范措施

序号	区域 / 活动	风险描述	防范措施
1	人员擅自进行大型装置开(停)车作业	未向作业批准方沟通工作区域、HSE 危害和基本要求，作业方擅自进行大型装置开(停)车作业，导致火灾、爆炸或中毒事故	进行工作前 HSE 风险分析，制订大型装置开(停)车作业 HSE 工作方案，制订紧急情况时的紧急停车程序和事故应急预案，并按照程序进行审批，作业前进行安全技术交底，人员清楚有关危害因素、开(停)车方案、操作规程、应急处置和救援方法
2	无证操作	特种作业人员未取得相应资格证书，无相应作业知识能力，操作不当，导致灼伤、火灾、爆炸或中毒事故	人员培训合格，取得相应资质
3	无关人员进入施工区域	设备管线放压时，介质意外喷溅，导致灼伤、中毒事故	人场控制，设置围栏、围绳等施工警戒区域
4	无个人防护装备作业	意外接触有害介质，作业人员未穿戴个人防护装备，导致灼伤、中毒事故	选择和使用合适的个人防护装备，使用前，由使用人员进行现场检查或测试，合格后方可使用
5	违规停车	不严格按方案确定的时间、顺序及安全措施停车，使设备卸压过快、急剧降温，导致火灾、爆炸或中毒事故	按规程操作，关键装置和要害部位的关键性操作采取监护制度
6	停车后进行管线打开作业	有毒有害介质外泄，导致火灾爆炸或中毒事故	参照管线打开作业措施要求
7	违规开车	不严格按方案确定的步骤、操作顺序、工艺变化幅度开车，使设备过载、憋压，导致火灾、爆炸或中毒事故	按规程操作，关键装置和要害部位的关键性操作采取监护制度

（十）化学清洗作业

化学清洗作业主要风险及防范措施，见表 2-20。

表 2-20　化学清洗作业主要风险及防范措施

序号	区域 / 活动	风险描述	防范措施
1	人员擅自进行化学清洗作业	未向作业批准方沟通工作区域、HSE 危害和基本要求，作业方擅自进行化学清洗作业，导致火灾爆炸或中毒事故	进行工作前 HSE 风险分析，制订化学清洗作业 HSE 工作方案，并按照程序进行审批，作业前进行安全技术交底，人员应清楚有关危害因素、作业方案、操作规程、应急处置和救援方法

续表

序号	区域 / 活动	风险描述	防范措施
2	无证操作	特种作业人员未取得相应资格证书，无相应作业知识能力，操作不当，导致灼伤、火灾爆炸或中毒事故	人员培训合格，取得相应资质
3	无关人员进入施工区域	设备管线放压时，介质意外喷溅，导致灼伤、中毒事故	人场控制，设置围栏、围绳等施工警戒区域
4	无个人防护装备作业	意外接触有害介质，作业人员未穿戴个人防护装备，导致灼伤、中毒事故	选择和使用合适的个人防护装备，使用前，由使用人员进行现场检查或测试，合格后方可使用
5	不使用工具搬运有害清洗剂	搬运浓酸、浓碱时，肩扛、手抱，导致灼伤事故	使用专用工具搬运
6	恶劣天气下作业	特殊恶劣天气下进行化学清洗作业，导致灼伤、中毒事故	制订恶劣天气应对程序并监督实施
7	废液乱排	化学清洗过程中的废液直接排入自然水体，导致污染事故	废液集中处理、达标排放
8	使用不合格的清洗系统	清洗系统未考虑质量、材料、密封等因素，清洗时有害物质外泄，导致灼伤、中毒事故	作业前的设备检查，备有耐腐蚀的用于包扎管道、阀门的材料

（十一）电力设施检维修作业

电力设施检维修作业主要风险及防范措施，见表 2–21。

表 2–21　电力设施检维修作业主要风险及防范措施

序号	区域 / 活动	风险描述	防范措施
1	人员擅自进行电力设施检维修作业	未向作业批准方沟通工作区域、HSE 危害和基本要求，作业方擅自进行化学清洗作业，导致火灾爆炸或中毒事故	进行工作前 HSE 风险分析，制订电力设施检维修作业 HSE 工作方案，实行工作票制度，作业前进行安全技术交底，作业人员清楚有关危害因素、作业方案、操作规程、应急处置和救援方法
2	无证操作	电力设备设施检维修、安装、试验的电气作业人员无有效“特种作业人员操作证”，不具备相应作业知识能力，操作不当，导致触电事故	人员培训合格，取得相应资质
3	监护人擅离职守	监护人未核实安全措施落实，对违章行为未制止，导致触电事故	落实作业过程监督，核实作业前安全措施
4	无关人员进入施工区域	无关人员进入施工区域接触带电体，导致触电事故	人场控制，设置施工警戒区域

续表

序号	区域/活动	风险描述	防范措施
5	使用失效的防护装备、安全用具	绝缘鞋、绝缘手套等防护装备抗压等级不足，导致触电事故	选择和使用合适的个人防护装备，并按规定定期检验，采用电压等级合格的工器具
6	恶劣天气下作业	特殊恶劣天气下进行电力设施检维修作业，导致触电事故	制订恶劣天气应对程序并监督实施
7	未判明停电设施是否带电进行作业	未将设备充分放电，未对停电设备验电，直接进行电力设施检维修作业，导致触电事故	按规程对停电设备放电和验电
8	未按规定使用携带型短路接地线	未按规定使用携带型短路接地线，检修线路意外送电，无保护措施，导致触电事故	工作接地线全部列入工作票中，拆接顺序正确
9	与带电部分安全距离不足	停电检维修时，人员与其他设施带电部分安全距离不足，意外接触，导致触电事故	增设临时围栏，使用合格劳动防护用品

（十二）含硫化氢场所作业

含硫化氢场所作业主要风险及防范措施，见表2–22。

表2–22　含硫化氢场所作业主要风险及防范措施

序号	区域/活动	风险描述	防范措施
1	未开展作业环境危险性告知进行含硫化氢场所作业	未向作业区域及周边人员进行有毒有害物质辨识宣传、逃生培训，产生硫化氢后，未及时采取防护、应急措施，导致硫化氢中毒事故	作业单位确认作业场所有毒有害物质影响范围，进行必要的风险告知和安全提示。作业前进行安全技术交底，作业人员清楚有关危害因素、作业方案、操作规程、应急处置和救援方法
2	无证操作	特种作业人员未取得相应资格证书，无相应作业知识能力，操作不当，导致硫化氢中毒事故	人员培训合格，取得相应资质
3	无关人员进入施工区域	无关人员进入风险区域，导致硫化氢中毒事故	入场控制，设置施工警戒区域
4	进入油气生产封闭场所巡检	设备管线老化，在油气生产封闭场所发生硫化氢泄漏聚集，导致中毒事故	保障硫化氢监测报警设备完好有效，救援设备完好待用，必要的通风措施，严格进出限制
5	发生硫化氢泄漏时人员随意疏散	发生硫化氢泄漏时，人员随意选择逃生方向，导致硫化氢中毒事故	在作业场所容易看见的地方设置风向标
6	含硫化氢设备管线	含硫油气对设备管线存在腐蚀性，易穿孔泄漏，且某些非密闭流程的工艺结构也易使含硫油气泄漏扩散，导致硫化氢中毒事故	设备管线选用耐硫化氢腐蚀材料，工艺流程采用本质安全设计

第二节　采油(气)作业关键设备设施安全监督工作要点

一、采油采气树

(一)监督内容

(1)检查井口装置的符合情况。

(2)检查油气井井口与周围设施防火间距的符合情况。

(3)检查油气井生产安全的符合情况。

(二)主要监督依据

GB 50183—2004《石油天然气工程设计防火规范》;

GB 50350—2015《油田油气集输设计规范》;

AQ 2012—2007《石油天然气安全规程》;

AQ 2017—2008《含硫化氢天然气井公众危害程度分级方法》;

AQ 2018—2008《含硫化氢天然气井公众危害防护距离》;

SY/T 4102—2013《阀门检验与安装规范》;

SY/T 5225—2019《石油天然气钻井、开发、储运防火防爆安全生产技术规程》;

SY/T 6137—2017《硫化氢环境天然气采集与处理安全规范》。

(三)监督控制要点

(1)检查井口装置应符合规范要求。

【关键控制环节】:

① 井口装置能够承受该井的最大关井压力。

② 采气井口装置阀门手轮齐全,开关灵活,表面清洁完好无明显损伤;连接部位螺栓紧固齐全,无漏气现象。

③ 高含硫气井采用抗硫采气井口装置。

④ 高压、含硫化氢及二氧化碳的气井应有自动关井装置。

> 监督依据:AQ 2012—2007《石油天然气安全规程》、SY/T 5225—2019《石油天然气钻井、开发、储运防火防爆安全生产技术规程》、SY/T 6137—2017《硫化氢环境天然气采集与处理安全规范》、GB 50350—2015《油田油气集输设计规范》。
>
> AQ 2012—2007《石油天然气安全规程》:

5.6.1 高压、含硫化氢及二氧化碳的气井应有自动关井装置。

SY/T 5225—2019《石油天然气钻井、开发、储运防火防爆安全生产技术规程》：

4.3.2 井口装置及其他设备应不漏油、不漏气、不漏电。当发生漏油、漏电时，应采取如下措施：

——井口装置一旦泄漏油、气、水时，应先放压，后整改；若不能放压或不能完全放压需要卸掉井口整改时，应先压井，后整改。

——地面设备发生泄漏动力油时，应采取措施予以整改；严重漏油时，应停机整改。

——地面油气管线、流程装置发生泄漏油、气时，应关闭泄漏流程的上、下游闸门，对泄漏部位整改。

——发现地面设备漏电，应断开电源开关。

4.3.9 用于高含硫气井井口、放喷管线及地面流程应符合防硫防腐设计要求。

SY/T 6137—2017《硫化氢环境天然气采集与处理安全规范》：

8.1.4 用于含硫天然气开发和气体加工处理的装置的材料要求能抗硫化物应力开裂。

GB 50350—2015《油田油气集输设计规范》：

6.6.1 气井井口应安装井口高低压紧急关断阀。

（2）检查油气井井口与周围设施的防火间距应符合规范要求。

监督依据标准：AQ 2018—2008《含硫化氢天然气井公众危害防护距离》、AQ 2017—2008《含硫化氢天然气井公众危害程度分级方法》、GB 50183—2004《石油天然气工程设计防火规范》。

AQ 2018—2008《含硫化氢天然气井公众危害防护距离》：

3.2 含硫化氢天然气井

天然气中硫化氢含量大于75mg/m^3（50ppm）且硫化氢释放速率不小于0.01m^3/s的天然气井。

4.1 含硫化氢天然气井公众安全防护距离要求见表4.1。

表4.1 含硫化氢天然气井公众安全防护距离要求

气井公众危害程度等级	距离要求
三	井口距民宅应不小于100m；距铁路及高速公路应不小于200m；距公共设施及城镇中心应不小于500m
二	井口距民宅应不小于100m；距铁路及高速公路应不小于300m；距公共设施应不小于500m；距城镇中心应不小于1000m
一	井口距民宅应不小于100m，且距井口300m内常住居民户数不应大于20户；距铁路及高速公路应不小于300m；距公共设施及城镇中心应不小于1000m

AQ 2017—2008《含硫化氢天然气井公众危害程度分级方法》：

3　含硫化氢天然气井公众危害程度分级方法

含硫化氢天然气井公众危害程度等级根据其硫化氢释放速率划分，见表3。

表3　含硫化氢天然气井公众危害程度等级

危害程度等级	硫化氢释放速率，m^3/s
一	$RR \geqslant 5.0$
二	$5.0 > RR \geqslant 1.0$

GB 50183—2004《石油天然气工程设计防火规范》：

4.0.7　油气井与周围建（构）筑物、设施的防火间距按表4.0.7的规定执行，自喷油井应在一、二、三、四级石油天然气站场墙以外。

表4.0.7　油气井与周围建（构）筑物、设施的防火间距（m）

名称		自喷油井、气井、注气井	机械采油井
一、二、三、四级石油天然气站场储罐及甲、乙类容器		40	20
100人以上的居住区、村镇、公共福利设施		45	25
相邻厂矿企业		40	20
铁路	国家铁路线	40	铁路
	工业企业铁路线	30	
公路	高速公路	30	公路
	其他公路	15	
架空通信线	国家一、二级	40	架空通信线
	其他通信线	15	
35kV及以上独立变电所		40	20
架空电力线	35kV以下	1.5倍杆高	
	35kV及以上		

注：1. 当气井关井压力或注气井注气压力超过25MPa时，与100人以上的居住区、村镇、公共福利设施及相邻厂矿企业的防火间距，应按本表规定增加50%；

2. 无自喷能力且井场没有储罐和工艺容器的油井按本表执行有困难时，防火间距可适当缩小，但应满足修井作业要求。

（3）检查油气井的生产安全应符合规范要求。

【关键控制环节】：

① 井口装置不漏油、不漏气、不漏电，井场无油污、无杂草、无其他易燃易爆物品。

② 含有硫化氢等腐蚀介质的气井应选用抗腐蚀性能的压力表。

③ 井场应有醒目的安全警示标志。

④ 气井解堵施工管线应安装单流阀，并无渗漏；施工作业车辆、污油（水）罐应距井口20m以上。

监督依据标准：SY/T 5225—2019《石油天然气钻井、开发、储运防火防爆安全生产技术规程》、AQ 2012—2007《石油天然气安全规程》、SY/T 4102—2013《阀门的检验与安装规范》、GB 50350—2015《油田油气集输设计规范》。

SY/T 5225—2019《石油天然气钻井、开发、储运防火防爆安全生产技术规程》：

5.1.2 施工作业的热洗清蜡车应距井口20m以上；污油池边离井口应不小于20m。

5.2.1 井口装置和计量站及其他设备应不漏油、不漏气、不漏电，井口无油污、无杂草、无其他易燃易爆物品。

AQ 2012—2007《石油天然气安全规程》：

5.6.4 油气井井场、计量站、集输站、集油站、集气站应有醒目的安全警示标志，建立严格的防火防爆制度。

5.6.5 井口装置及其他设备应完好不漏，油气井口阀门应开关灵活，油气井进行热洗清蜡、解堵等作业用的施工车辆施工管线应安装单流阀。施工作业的热洗清蜡车、污油（水）罐应距井口20m以上。

SY/T 4102—2013《阀门的检验与安装规范》：

3.2 外观检查

3.2.1 阀体上应有制造厂的铭牌，铭牌上应标明公称直径、公称压力、适用温度和适用介质等。阀体上其他相关标志应正确、齐全、清晰，并应符合现行国家标准《通用阀门标志》GB/T 12220的规定。

3.2.2 阀门外表不得有裂纹、砂眼、重皮、斑疤、机械损伤、锈蚀、缺件、铭牌及油漆脱落等现象，阀体内不得有积水、锈蚀、脏污、或损伤等缺陷。

3.2.6 止回阀的阀瓣或阀芯应动作灵活正确，无偏心、移位或歪斜现象。

7.0.1 阀门安装完毕后，应随管道系统一起进行复查验收，并应符合下列规定：

1 阀门的规格、型号必须符合设计文件规定。

2 阀门的安装质量、安装方向应符合规范要求和设计文件规定。

3 螺栓应紧固，螺纹应完好无损。

4 阀门的铅封、气动附件等应齐全完好。

5　阀门手轮、铭牌应齐全。

6　安全阀的安装应符合安全规定。

GB 50350—2015《油田油气集输设计规范》：

11.12.1　油气集输站场道路的设计应满足生产管理、维护维修和消防等通车的需要。

（四）典型“三违”行为

（1）未停抽油机的情况下，擦拭采油树。

（2）更换盘根时，未放空或放空不彻底。

（3）施工作业的热洗清蜡车距井口不足20m。

（五）事故案例分析

1. 事故经过

某油田某采油厂自2012年12月8日15时对某井开始油井解堵作业。12月9日11时左右，该厂第一修井分公司101队技术员段某到井口观察油井套管压力为9.5MPa。12时20分井口突然发生爆炸，井口及工艺流程被炸飞，正在倒液的3名员工紧急躲避后，寻找并发现段某已倒在距离井口约4m处，伤势严重，立即拨打120急救电话。13时20分救护车到达现场，医生确定段某已经死亡。

2. 主要原因

1）直接原因

井筒顶部的油套环形空间发生爆炸，爆炸产生的碎片和冲击波造成井口附近的段某受到爆震和击打伤害致死。

2）间接原因

一是解堵剂配方DX-1实际由6t 27.5%的过氧化氢加14t水混合配成，DX-2由3t氢氧化钠加7t甲醇加10t水混合配成。采取挤注30min、停住30min的间歇起泵挤液的方式，为过氧化氢等药剂催化分解反应，以及爆炸气相空间的形成提供了充分条件。

二是没有掌握解堵剂的配方和潜在爆炸风险，解堵工艺设计存在未明确解堵剂真实成分、未提示解堵过程可能出现的爆炸、未明确要求采用更高压力等级的采油树做施工井口等明显缺陷，为爆炸埋下隐患。

3. 事故教训

（1）提高设计水平既是直接的安全技术措施，也是实现施工作业和工艺设施安全运行的前提条件。

（2）保证工作和产品质量是杜绝隐患，控制风险，实现安全生产的重要基础。

（3）落实直线责任既是当前的实际需要，也是安全生产水平整体提升的关键。

（4）全面落实预防措施，深化风险管理是安全生产的核心工作。

（5）严格管理，严肃纪律，落实制度，常抓不懈才可以保证 HSE 管理体系有效运行。

二、抽油机

（一）监督内容

（1）检查抽油机的外观。

（2）检查生产单位按照规范安装抽油机的情况。

（3）督促作业人员按照规程使用与保养抽油机。

（4）督促作业人员按照操作规程进行抽油机作业。

（二）主要监督依据

GB/T 29021—2012《石油天然气工业　游梁式抽油机》；

GB 50350—2015《油气集输设计规范》；

SY/T 6320—2016《陆上油气田油气集输安全规程》；

SY/T 6518—2012《抽油机防护推荐作法》；

SY/T 6636—2005《游梁式抽油机用电动机规范》；

SY/T 6729—2014《无游梁式抽油机》。

（三）监督控制要点

（1）现场检查产品外观、出厂检验及刹车、护栏等附件应符合要求。

监督依据标准：GB/T 29021—2012《石油天然气工业　游梁式抽油机》、SY/T 6320—2016《陆上油气田油气集输安全规程》。

GB/T 29021—2012《石油天然气工业　游梁式抽油机》：

6.1.3　焊缝应均匀、平整、成形美观，不允许有裂纹、烧穿、咬边、夹渣、弧坑和间断等缺陷。应将焊缝处焊渣和金属飞溅等异物清除干净。

6.1.4　铸件不应有影响游梁式抽油机外观质量和降低强度的缺陷，减速器铸造齿轮轮缘上的疏松、缩孔及成型面上的缺陷不准补焊，减速器箱体上不应有导致渗漏现象的缺陷。

6.5.10　悬挂光杆的驴头采用侧转、上翻让位结构时，驴头铰链处转动应灵活、无阻滞现象；采用上挂驴头让位时，驴头应便于摘挂。

6.5.11　整机型式检验中除按额定值检验外，还应进行超额定值检验。在超额定值检验中或检验后应检查游梁式抽油机动作的正确性、整机及部件强度，不允许有屈服变形和焊缝开裂。

SY/T 6320—2016《陆上油气田油气集输安全规程》：

4.1.3　抽油机外露2m以下的旋转部位安装护栏。

4.1.4　当机械采油井场采用非防爆起动器时，距井口水平距离应不小于5m。

（2）督促作业人员按照操作规程正确使用与维护保养抽油机。

监督依据标准：GB/T 29021—2012《石油天然气工业　游梁式抽油机》。

8.2.2　抽油机的强制保养

8.2.2.1　一保

8.2.2.1.1　累计运转时间2000h进行一次。

8.2.2.2　二保

8.2.2.2.1　累计运转时间4500h进行一次。

8.2.2.3　三保

8.2.2.3.1　累计运转时间9000h进行一次。

（3）督促作业人员按照操作规程进行调冲程、冲次、平衡、防冲距等抽油机作业，以确保安全措施齐全。

监督依据标准：GB 50350—2015《油田油气集输设计规范》。

4.2.1　采油井场工艺流程的设计应满足下列要求：

1　应满足试运、生产（包括井口取样、油井清蜡及加药等）、井下作业与测试、关井及出油管道吹扫等操作要求。不同类型油井还应满足下列要求：

1）更换自喷井、气举井油嘴。

2）稳定气举井的气举压力。

3）套管气回收利用。

4）水力活塞泵井的反冲提泵。

2　应满足油压、回压、出油温度测量的要求。不同类型油井还应能测量下列数据：

1）自喷井、抽油机井、电动潜油泵井、螺杆泵井的套压。

2）气举井的气举气压力。

3）水力活塞泵井的动力液压力。

4）稠油热采井的蒸汽压力。

3 应满足不同集输流程的特殊要求。

4.2.2 连续生产的拉油采油井场应设储油罐，储存时间宜为2d～7d。

4.2.3 滩海陆采平台宜设置污油污水罐，其容积不应小于单井作业一次排液量。

4.2.4 当采油井距离接转站较远，集输困难时，可在采油井场或计量站设增压泵。

4.2.5 采油井场的标高和面积应能满足生产管理和井下作业的需要。

4.2.6 居民区内及靠近居民区的采油井场应设围栏或围墙保护措施。

4.2.7 井口保温与清蜡设施的设置应符合下列规定

1 严寒地区的采油井可设井口保温设施。井口保温设施应采用便于安装和拆卸的装配式结构。

2 严寒、多风沙和其他气候恶劣地区，采用固定机械清蜡的自喷井、电动潜油泵井，可设置清蜡操作房。

(四)典型“三违”行为

(1)在抽油机未停机的状态下，进行抽油机维护作业。

(2)在保养抽油机时，停机后未切断电控箱电源，未拉紧刹车和扣紧锁片。

(3)抽油机高处作业时，未采取防坠落措施或未戴安全帽。

(4)抽油机保养、调参、调平衡等作业时，驴头下方站人。

(五)事故案例分析

1. 事故经过

2018年3月3日，某油田某公司小修17队对某作业区某井进行检泵作业。3月6日，完井启抽后计量不出。3月11日12时30分，小修17队班长冯某、班员那某、张某3人完成整改后准备启动抽油机进行挂抽作业。挂抽过程中，冯某发现抽油机皮带打滑，用管钳敲击皮带，无效。那某爬上抽油机三角支架，用脚踩皮带，试图消除打滑，强行带动抽油机运转；因抽油机后驴头负荷过重，强行起抽失败；同时抽油机曲柄轴孔键槽根部存在裂纹缺陷，后驴头在失控下行的惯性作用下将抽油机两侧曲柄拉断，导致后驴头继续下行，将那某挤在抽油机三角支架之间致死。

2. 主要原因

(1)抽油机无法正常启动时，作业人员既没有卸去抽油机配重，也没有使用吊车辅助，那某站在抽油机三角支架上用脚踩踏抽油机传动皮带，强行使抽油机运转，带动后驴头上行，后驴头和配重在上行时因皮带打滑失控，下坠拉断曲柄。

(2)抽油机曲柄关键位置存在裂纹。

3. 事故教训

（1）理清工作任务，明确操作规程；强化培训、强化执行，用监督与教育反违章，杜绝自选动作。

（2）严把承包商人员、设备准入关，强化属地监督是保证安全的基础工作之一。

三、螺杆泵(站用)

(一)监督内容

（1）检查螺杆泵铭牌及安全附件的安装情况。

（2）检查施工队伍按照标准规范安装螺杆泵的情况。

（3）督促使用单位按照规程维护螺杆泵，操作员工按照规范操作设备。

（4）检查安全附件及辅机设备的运行情况。

(二)主要监督依据

GB/T 10886—2002《三螺杆泵》；

AQ 2012—2007《石油天然气安全规程》；

JB/T 8644—2017《单螺杆泵》；

JB/T 9087—2014《油田用往复式油泵、注水泵》；

SHS 01001—2004《石油化工设备完好标准》；

SHS 01013—2004《离心泵维护检修规程》；

SHS 01016—2004《螺杆泵维护检修规程》；

SY/T 5536—2016《原油管道运行规范》；

SY/T 6320—2016《陆上油气田油气集输安全规程》；

SY/T 6503—2016《石油天然气工程可燃气体检测报警系统安全规范》。

(三)监督控制要点

（1）检查螺杆泵铭牌及安全附件应符合规范要求。

监督依据标准：JB/T 9087—2014《油田用往复式油泵、注水泵》。

4.4　泵应能在安全阀开启压力及额定转速下安全运转。

7.6　泵的随机文件应包括安装图、使用说明书、装箱单、合格证。文件应包装在不透水的塑料袋内，并置于包装箱内。

7.1 泵的标牌应固定在泵的明显部位。标牌应包括下列内容：

a）制造厂名称及商标。

b）泵型号和名称。

c）主要参数：额定流量，m^3/h；额定排出压力，MPa；额定吸入压力，MPa；泵速，min^{-1}；原动机功率，kW；重量，kg。

d）出厂编号。

e）出厂年月。

7.5 泵应做油漆或防锈处理。所有通大气的通道应封住。法兰面和焊接坡口应加罩壳。管径较小的辅助管路应拆下或加临时支架。

（2）检查施工队伍安装螺杆泵应符合标准规范的要求。

【关键控制环节】：

① 泵体、电动机、变速箱安装牢靠。

② 基础牢固，运行中不颤动。

③ 旁通阀、安全阀、润滑系统等设备完好，工作正常可靠。

④ 泵房电气线路、电气设施等布设、安装符合规范，符合防爆要求。

⑤ 可燃气体检测报警器安装符合规定。

⑥ 泵房通风措施、设施完备。

⑦ 安全操作规程、岗位责任制等制度齐全、正确，并张挂合适。

监督依据标准：GB/T 10886—2002《三螺杆泵》、SHS 01001—2004《石油化工设备完好标准》、SY/T 5536—2016《原油管道运行规范》、SY/T 6320—2016《陆上油气田油气集输安全规程》、SY/T 6503—2016《石油天然气工程可燃气体检测报警系统安全规范》、JB/T 8644—2017《单螺杆泵》、JB/T 9087—2014《油田用往复式油泵、注水泵》。

SY/T 6320—2016《陆上油气田油气集输安全规程》：

5.5.1 电动往复泵、螺杆泵和齿轮泵等容积式泵的出口管段阀门前，应装设安全阀（泵本身有安全阀的除外）及卸压和联锁保护装置。

5.5.3 新建输油泵房应使用防爆电机。

SHS 01001—2004《石油化工设备完好标准》：

1.12.3 泵主体整洁，零附件齐全好用；

a）安全阀、压力表应定期校验，灵敏准确。

b）主体完整，稳钉、摆轴销子、放水阀门等齐全好用。

c）基础、泵座坚固完整，地脚螺栓及各部连接螺栓应满扣、齐整、紧固。

d）进出口阀及润滑、冷却管线安装合理，横平竖直，不堵不漏。

e）泵体整洁，保温、油漆完整美观。

11.1.1　设备状况好：

b. 室内设备、管线、阀门、电气线路、表盘、表计等安装合理、横平竖直，成行成线。

11.1.3　室内规整卫生好：

a）室内设备安装规整，铭牌、编号、流向箭头齐全清晰正确。

GB/T 10886—2002《三螺杆泵》：

4.15　联轴器

4.15.1　泵通常采用弹性联轴器与原动机连接，联轴器应能传递原动机的最大功率。

4.15.2　联轴器组装后，应使泵与原动机轴伸同心度保持≤0.1mm。

4.15.3　联轴器应装有护罩，护罩的设计应符合安全防护的规定。

JB/T 9087—2014《油田用往复式油泵、注水泵》：

4.6.2　填料函的泄漏液（或冲洗液）应予以集中，并使用管路引出泵外。

5.1.4　排出管路允许承受的压力应与被试泵的最大排出压力相适应。

5.1.5　吸入管路的各连接处不应有泄漏，以防外界空气进入管路。

7.4　泵的机体应有曲轴旋转方向指示。其他重要的单方向旋转设备上亦应有旋转方向指示。

SY/T 6503—2016《石油天然气工程可燃气体检测报警系统安全规范》：

4.2　检测报警系统，并按巡检人员数量配置便携式可燃气体检测报警器。

JB/T 8644—2017《单螺杆泵》：

4.6　泵的噪声值应不超过 80dB（A），机组噪声值应不超过 83dB（A）。

SY/T 5536—2016《原油管道运行规范》：

4.3　安全要求

4.3.1　应建立健全安全生产责任制，明确岗位职责、责任范围和考核标准。

4.3.2　应建立并不断完善安全检查制度、隐患排查与治理制度及事故应急预案；制订隐患和问题整改方案，落实整改责任人并明确整改期限。

4.3.3　应为员工提供具备安全条件的工作场所，建立保障员工健康、安全的规章制度，并对员工进行相应的培训与考核。

4.3.4　应根据管道运行和维抢修特点对动火、动土、进入受限空间、高空、吊装、临时用电、管线打开等作业建立安全作业许可制度。

4.3.5　应定期对危险源进行识别评价、警示与提醒，并对重大危险源建档。

4.3.6 新建、改建、扩建工程等建设项目的安全环保设施应与主体工程同时设计、同时施工、同时投产和使用。

4.3.7 应按国家对特种设备的安全管理要求定期检测特种设备。

8.1.6 输油站场的防雷、防静电应按 AQ 2012 的要求执行。

（3）督促使用单位按照规程维护螺杆泵，操作员工按照规范操作设备。

【关键控制环节】：

① 机泵维护保养到位，生产现场无油污、动静密封点泄漏量在允许范围内。

② 操作人员劳保穿戴符合相关安全要求；女工头发必须置于压发帽内。

③ 制订了设备操作规程，岗位员工掌握并按章操作；运行时，员工能定期巡回检查，压力、温度、转速等参数不超过规定的范围，记录齐全、准确。

④ 编制了针对油气泄漏的岗位应急处置措施，岗位员工会应急处置。

监督依据标准：AQ 2012—2007《石油天然气安全规程》、SY/T 5536—2016《原油管道运行规范》、SY/T 6320—2016《陆上油气田油气集输安全规程》、SHS 01001—2004《石油化工设备完好标准》、SHS 01016—2016《螺杆泵维护检修规程》、JB/T 8644—2017《单螺杆泵》。

SY/T 5536—2016《原油管道运行规范》：

5.3 螺杆泵机组检修

5.3.1 切断泵机组的电源，并在相应的开关柜上悬挂“严禁合闸”警示牌。

5.3.2 关闭进出口电动阀及相关阀门，切断动力源，阀门处于关闭状态。阀门上悬挂“正在检修”的警示牌，并采取防止阀门开启措施。

5.3.3 检修开始前，应首先清除泵内及周围的易燃物。

5.3.4 检修泵和运行泵宜采取安全隔离措施。

JB/T 8644—2017《单螺杆泵》：

4.13 轴承盒和万向联轴器密封套内应填充 2/3 空腔的润滑脂。

4.14 轴承的温升不超过环境温度 35 ℃，其极限温度不应超过 80 ℃。

4.15 泵轴封处应设有泄漏回收装置。

SHS 01016—2016《螺杆泵维护检修规程》：

1.2 检修周期：小修为 6 个月，大修为 24 个月。

4.1 启动前准备

4.1.1 检查检修记录，确认符合质量要求。

4.1.2 轴承箱内润滑油油质及油量符合要求。

4.1.3　封油、冷却水管不堵、不漏。

4.1.4　检查电机旋转方向。

4.1.5　盘车无卡涩，无异常响声。

4.1.6　必须向泵内注入输送液体。

4.1.7　出入口阀门打开，至少应有30%开度。

4.2.2　运行良好，应符合下列机械性能及工艺指标要求：

a）运转平稳，无杂音。

b）振动烈度应符合SHS 01003—2004《石油化工旋转机械振动标准》相关规定。

c）冷却水和油系统工作正常，无泄漏。

d）流量、压力平稳。

e）轴承温升符合有关标准。

f）电流不超过额定值。

g）密封泄漏不超过下列要求：

机械密封重质油不超过5滴/min；轻质油不超过10滴/min；

填料密封重质油不超过10滴/min；轻质油不超过20滴/min。

SY/T 5536—2016《原油管道运行规范》：

8.2.1　设备应保持完好，运行参数应在规定范围内，不应超温、超压、超速、超负荷运行。

8.2.2　应定期分析输油泵机组、加热设备、储油罐等主要设备的安全运行状况。

8.2.5　输油泵运行、维护与检修应编制相应规程，对需要人工进入现场的输油泵启停、巡检和维护维修等作业的保护措施和监护提出明确要求。机组振动、温度（电机和轴瓦）、电流、泄漏等安全自动保护装置应完好并明确保护和报警参数。

5.1.1　操作人员在启泵前，应按操作规程做好各项准备工作。

5.1.2　启停泵宜有专人监护。

5.1.3　启停泵前，调度员应及时通知上下站，在调整运行参数时要加强岗位之间的联系。

5.2　正常运行的安全检查与监护

操作人员应按规定对运行机泵逐台、逐项、逐点地检查，发现问题及时处理，并做好有关记录。

AQ 2012—2007《石油天然气安全规程》：

5.8.4.1.3　定期巡回检查设备、设施，各种操作压力、液位应符合规定要求，保证机泵、电气设备应有接地线，并执行电气检查维护等电气安全操作规程。

SHS 01001—2004《石油化工设备完好标准》：

11.1.1　设备状况好：

a）室内所有设备台台完好，各项运行参数在允许范围以内，主体完整，附件齐全，不见脏、乱、缺、锈、漏。

11.1.2　维护保养好：

a）认真执行岗位责任制及设备维护保养制等规章制度。

b）设备润滑做到“五定”和“三级过滤”，润滑容器完整清洁。

c）维修工具、安全设施、消防器具等齐备完整，灵活好用，摆放整齐。

11.1.3　室内规整卫生好：

b）室内四壁、顶棚、地面、仪表盘前后清洁整齐，门窗玻璃明亮无缺。

c）沟见底，轴见光，设备见本色，室内物品放置有序。

11.1.4　资料齐全保管好：

运行记录、交接班日志、各种规章制度齐全，记录准确，字体规整，无涂改，保管妥善。

SY/T 6320—2016《陆上油气田油气集输安全规程》：

5.5.2　泵房内不应存放易燃、易爆物品。

5.5.4　发生油气泄漏需紧急处理时，应先停泵后处理。

（4）检查安全阀、压力表、温度计、防护罩等安全附件及辅机设备的运行应符合规范要求。

监督依据标准：JB/T 9087—2014《油田用往复式油泵、注水泵》。

4.3.1　泵系统应配有安全阀或其他形式的超压保护装置。安全阀的正常开启压力应调整为1.05倍～1.25倍额定排出压力。

4.3.2　安全阀开启或其他形式的超压保护装置动作后泵的排出压力，不应大于1.25倍的额定压力。

4.6.11　联轴器、传动胶带和其他可能对人体产生伤害的运动零件的周围，应有防护罩。

4.6.13　泵应配带有排出压力超压、吸入压力过低，润滑油压力过高和过低、电动机超载等危险的报警装置。泵用于单井装置上时，报警后应能自动停车。

5.4.2.8　压力表量程的选择应使被测压力的指示平均值为满量程的1/3～2/3。

5.4.3.1　液体温度及泵零件温度的测量采用玻璃水银温度计、热电偶、电阻温度计、半导体温度计或其他型式的温度测量仪器，其极限误差不大于1℃。

5.4.3.4　测量管路和导管的介质温度时，温度计应逆流安装或与逆流方向成45°。

（四）典型“三违”行为

（1）起泵前，未开启螺杆泵的出口阀门，直接启泵。

（2）停泵后，不关闭进出口阀门，不切断相关的流程。

（3）检修运转部件时，未采取双重断开动力电源措施，未设专人监护。

（五）事故案例分析

1. 事故经过

2016年12月24日8时15分，某油田某采油厂作业大队作业四队副队长李某带领二班共8人到达某螺杆泵井井场，进行检换泵作业前准备工作。8时20分，班长苏某做班前讲话，安排相关工作，同时李某到井口检查，发现井口冻住。李某和苏某使用蒸汽对井口进行解冻，其余6人进行安设隔离带等工作。8时50分左右，苏某站在井口南侧约1m处，面向北，使用蒸汽刺井口，李某站在对面，约5min左右，李某听到“嘭”的一声响，下意识转身躲避，再回身发现苏某缓慢倒下，立即上前查看，发现苏某受伤。李某喊人拨打120急救电话。9时20分左右，120急救车赶到，经现场抢救无效死亡。

2. 主要原因

1）直接原因

皮带轮碎块击中苏某咽喉部，导致死亡。

2）间接原因

蒸汽刺井口解冻过程中，刹车环、刹车螺栓受热膨胀等原因，导致刹车蹄片与轴头之间压力降低、摩擦力下降，破坏原有平衡状况，造成刹车失效，光杆在反向扭矩作用下，带动驱动头内的涡轮和皮带轮反向高速旋转；皮带轮材质为铸铁，抗拉强度为138MPa，没有考虑到扭矩释放时高速旋转情况下对皮带轮产生的拉伸作用；皮带轮通过三条螺栓固定在锥套盘上，螺栓孔处产生很高的应力集中；地面驱动装置属于第一代产品，刹车装置存在设计缺陷，可靠性较差，无反转扭矩自动释放功能，人工凭经验操作释放扭矩存在极大风险。

3. 事故教训

（1）施工作业准备过程中，对螺杆泵卡泵情况下可能发生防反转装置失效，造成皮带轮高速反转及其危险性认识不足。

（2）施工设计方案中安全环保措施内容中缺少卡泵状态下的风险提示及防护要求。

四、输油泵

（一）监督内容

（1）检查输油泵铭牌及安全附件的安装情况。

（2）检查施工队伍按照标准规范安装输油泵的情况。

（3）督促使用单位规范维护保养输油泵，岗位员工正确操作设备。

（4）检查安全附件及辅机设备的运行情况。

（二）主要监督依据

AQ 2012—2007《石油天然气安全规程》；

JB/T 9087—2014《油田用往复式油泵、注水泵》；

SHS 01001—2004《石油化工设备完好标准》；

SHS0 1013—2004《离心泵维护检修规程》；

SY/T 5536—2016《原油管道运行规范》；

SY/T 6320—2016《陆上油气田油气集输安全规程》。

（三）监督控制要点

（1）检查输油泵铭牌及安全附件的安装情况；关键控制环节与监督依据标准同螺杆泵。

（2）检查施工队伍依据标准规范安装输油泵的情况；关键控制环节同螺杆泵。

监督依据标准：SHS 01001—2004《石油化工设备完好标准》、JB/T 9087—2014《油田用往复式油泵、注水泵》、SY/T 6320—2016《陆上油气田油气集输安全规程》、SY/T 5536—2016《原油管道运行规范》。

SHS 01001—2004《石油化工设备完好标准》：

1.11　离心泵完好标准

1.11.1　运转正常，效能良好：

b）润滑、冷却系统畅通，油杯、轴承箱、液面管等齐全好用；润滑油（脂）选用符合规定；轴承温度符合设计要求。

c）运转平稳无杂音，振动符合相应标准规定。

d）轴封无明显泄漏。

e）填料密封泄漏：轻质油不超过 20 滴 /min，重质油不超过 10 滴 /min。

f）机械密封泄漏：轻质油不超过 10 滴 /min，重质油不超过 5 滴 /min。

1.11.3　主体整洁，零附件齐全好用：

a）压力表应定期校验，齐全准确；控制及自起动联锁系统灵敏可靠；安全护罩、对轮螺丝、锁片等齐全好用。

b）主体完整，稳钉、挡水盘等齐全好用。

c）基础、泵座坚固完整，地脚螺栓及各部连接螺栓应满扣、齐整、紧固。

d）进出口阀及润滑、冷却管线安装合理，横平竖直，不堵不漏；逆止阀灵活好用。

e）泵体整洁，保温、油漆完整美观。

1.12 往复泵完好标准

1.12.1 运转正常，效能良好：

b）注油器齐全好用，接头不漏油，单向阀不倒汽，注油点畅通，油杯好用，润滑油选用符合规定。

c）运转平稳无杂音，冲程次数在规定范围内。

d）填料无明显泄漏：

（1）石棉类填料：轻质油不超过30滴/min，重质油不超过15滴/min。

（2）塑料类填料：轻质油不超过20滴/min，重质油不超过10滴/min。

（3）汽缸端不允许蒸汽泄漏。

1.12.3 主体整洁，零附件齐全好用：

a）安全阀、压力表应定期校验，灵敏准确。

b）主体完整，稳钉、摆轴销子、放水阀门等齐全好用。

c）基础、泵座坚固完整，地脚螺栓及各部连接螺栓应满扣、齐整、紧固。

d）进出口阀及润滑、冷却管线安装合理，横平竖直，不堵不漏。

e）泵体整洁，保温、油漆完整美观。

11.1.1 设备状况好：

b）室内设备、管线、阀门、电气线路、表盘、表计等安装合理、横平竖直，成行成线。

11.1.3 室内规整卫生好：

a）室内设备安装规整，铭牌、编号、流向箭头齐全清晰正确。

JB/T 9087—2014《油田用往复式油泵、注水泵》：

4.6.2 填料函的泄漏液（或冲洗液）应给予集中，并使用管路引出泵外。

4.6.12 泵用于输送原油时，电动机和电气设备的防爆型式类别、级别和温度组别按GB 3836.1中的规定。

5.1.4 排出管路允许承受的压力应与被试泵的最大排出压力相适应。

5.1.5 吸入管路的各连接处不应有泄漏，以防外界空气进入管路。

5.1.6 排出管路上应设置足够大的空气室或其他脉动吸收装置，以保证压力表和流量测量仪表指标值的波动范围符合测量要求。

7.4 泵的机体应有曲轴旋转方向指示，其他重要的单方向旋转设备上亦应有旋转方向指示。

SY/T 6320—2016《陆上油气田油气集输安全规程》：

5.5.1 电动往复泵、齿轮泵等容积式泵的出口管段阀门前，应装设安全阀（泵本身有安全阀的除外）及卸压和联锁保护装置。

5.5.3 新建输油泵房应使用防爆电机。

SY/T 5536—2016《原油管道运行规范》：

4.3 安全要求

4.3.1 应建立健全安全生产责任制，明确岗位职责、责任范围和考核标准。

4.3.2 应建立并不断完善安全检查制度、隐患排查与治理制度及事故应急预案；制订隐患和问题整改方案，落实整改责任人并明确整改期限。

4.3.3 应为员工提供具备安全条件的工作场所，建立保障员工健康、安全的规章制度，并对员工进行相应的培训与考核。

4.3.4 应根据管道运行和维抢修特点对动火、动土、进入受限空间、高空、吊装、临时用电、管线打开等作业建立安全作业许可制度。

4.3.5 应定期对危险源进行识别评价、警示与提醒，并对重大危险源建档。

4.3.6 新建、改建、扩建工程等建设项目的安全环保设施应与主体工程同时设计、同时施工、同时投产和使用。

4.3.7 应按国家对特种设备的安全管理要求定期检测特种设备。

（3）督促使用单位规范维护保养输油泵，岗位员工正确操作设备；关键控制环节同螺杆泵。

监督依据标准：SHS 01013—2004《离心泵维护检修规程》、SY/T 5536—2016《原油管道运行规范》、AQ 2012—2007《石油天然气安全规程》、JB/T 9087—2014《油田用往复式油泵、注水泵》、SHS 01001—2004《石油化工设备完好标准》、SY/T 6320—2016《陆上油气田油气集输安全规程》。

SHS 01013—2004《离心泵维护检修规程》：

1.2 检修周期：小修为 6 个月，大修为 18 个月。

1.4 润滑油，封油、冷却水等系统正常，零附件齐全好用。

1.5 盘车无卡涩现象和异常声响，轴封渗漏符合要求。

2.1 离心泵严禁空负荷试车，应按操作规程进行负荷试车。

3.3 检修记录齐全、准确，按规定办理验收手续。

SY/T 5536—2016《原油管道运行规范》：

8.2.1 设备应保持完好，运行参数应在规定范围内，不应超温、超压、超速、超负荷运行。

8.2.2　应定期分析输油泵机组、加热设备、储油罐等主要设备的安全运行状况。

8.2.5　输油泵运行、维护与检修应编制相应规程，对需要人工进入现场的输油泵启停、巡检和维护维修等作业的保护措施和监护提出明确要求。机组振动、温度（电机和轴瓦）、电流、泄漏等安全自动保护装置应完好并明确保护和报警参数。

5.1.1　操作人员在启泵前，应按操作规程做好各项准备工作。

5.1.2　启停泵宜有专人监护。

5.1.3　启停泵前，调度员应及时通知上下站，在调整运行参数时要加强岗位之间的联系。

5.2　正常运行的安全检查与监护

操作人员应按规定对运行机泵逐台、逐项、逐点地检查，发现问题及时处理，并做好有关记录。

5.3　输油泵机组检修

5.3.1　切断泵机组的电源，并在相应的开关柜上悬挂“严禁合闸”警示牌。

5.3.2　关闭进出口电动阀及相关阀门，切断动力源，阀门处于关闭状态。阀门上悬挂“正在检修”的警示牌，并采取防止阀门开启措施。

5.3.3　检修开始前，应首先清除泵内及周围的易燃物。

5.3.4　检修泵和运行泵宜采取安全隔离措施。

AQ 2012—2007《石油天然气安全规程》：

5.8.4.1.3　定期巡回检查设备、设施，各种操作压力、液位应符合规定要求，保证机泵、电气设备应有接地线，并执行电气检查维护等电气安全操作规程。

JB/T 9087—2014《油田用往复式油泵、注水泵》：

4.1.3　泵在运行时应符合下列条件：

a）填料函泄漏量不应超过泵额定流量的0.01%，泵额定流量小于10m^3/h时，填料函的泄漏量不应超过1L/h。

b）各静密封面不应泄漏。

c）润滑油压及油位在规定范围内，油池油温不超过75℃。

d）无异常声响和振动（如撞击声、无规律不均匀的声响和振动等）。

e）泵在额定工况运行时，原动机不应过载。

SHS 01001—2004《石油化工设备完好标准》：

11.1.4　资料齐全保管好：

运行记录、交接班日志、各种规章制度齐全，记录准确，字体规整，无涂改，保管妥善。

11.1.2　维护保养好：

> a）认真执行岗位责任制及设备维护保养制等规章制度。
>
> b）设备润滑做到“五定”和“三级过滤”，润滑容器完整清洁。
>
> c）维修工具、安全设施、消防器具等齐备完整，灵活好用，摆放整齐。
>
> 11.1.3 室内规整卫生好：
>
> b）室内四壁、顶棚、地面、仪表盘前后清洁整齐，门窗玻璃明亮无缺。
>
> c）沟见底，轴见光，设备见本色，室内物品放置有序。
>
> 11.1.1 设备状况好：
>
> a）室内所有设备台台完好，各项运行参数在允许范围以内，主体完整，附件齐全，不见脏、乱、缺、锈、漏。
>
> SY/T 6320—2016《陆上油气田油气集输安全规程》：
>
> 5.5.2 泵房内不应存放易燃、易爆物品。
>
> 5.5.4 发生油气泄漏需紧急处理时，应先停泵后处理。

（4）检查安全阀、压力表、温度计等安全附件及辅机设备的运行情况；依据标准同螺杆泵。

（四）典型“三违”行为

（1）离心泵起泵前，未按规定在指定位置盘泵或不盘泵。

（2）起泵前，未按照规定检查相关流程、安全附件，直接启泵。

（3）劳保穿戴不齐全或不规范，在运行的输油泵周围作业。

五、储罐

（一）监督内容

（1）检查储罐设计、选址与区域布置的情况。

（2）检查储罐防火堤的设置情况。

（3）检查油品储罐的基本附件、安全附件。

（4）检查罐体的防雷接地和防静电接地。

（5）检查储罐的防火间距。

（6）检查储罐区的消防设施配备。

（二）主要监督依据

GB 50074—2014《石油库设计规范》；

GB 50128—2014《立式圆筒形钢制焊接储罐施工规范》；

GB 50183—2004《石油天然气工程设计防火规范》；

GB 50341—2014《立式圆筒形钢制焊接油罐设计规范》；

SY/T 5225—2019《石油天然气钻井、开发、储运防火防爆安全生产技术规程》；

SY/T 6320—2016《陆上油气田油气集输安全规程》。

（三）监督控制要点

（1）检查储罐类型、选址、区域布置和检测应符合规范要求。

监督依据标准：GB 50074—2014《石油库设计规范》、GB 50183—2004《石油天然气工程设计防火规范》、GB 50128—2014《立式圆筒形钢制焊接储罐施工规范》、SY/T 5225—2019《石油天然气钻井、开发、储运防火防爆安全生产技术规程》。

GB 50074—2014《石油库设计规范》：

6.1.1 地上储罐应采用钢制储罐。

6.1.2 储存沸点低于45℃或37.8℃的饱和蒸气压大于88kPa的甲B类液体，应采用压力储罐、低压储罐或低温常压储罐，并应符合下列规定：

1 选用压力储罐或低压储罐时，应采取防止空气进入罐内的措施，并应密闭回收处理罐内排出的气体。

2 选用低温常压储罐时，应采取下列措施之一：

1）选用内浮顶储罐，应设置氮气密封保护系统，并应控制储存温度使液体蒸气压不大于88kPa。

2）选用固定顶储罐，应设置氮气密封保护系统，并应控制储存温度低于液体闪点5℃及以下。

6.1.3 储存沸点不低于45℃或在37.8℃时的饱和蒸气压不大于88kPa的甲B、乙A类液体化工品和轻石脑油，应采用外浮顶储罐或内浮顶储罐。有特殊储存需要时，可采用容量小于或等于10000m^3的固定顶储罐、低压储罐或容量不大于100m^3的卧式储罐，但应采取下列措施之一：

1 应设置氮气密封保护系统，并应密闭回收处理罐内排出的气体。

2 应设置氮气密封保护系统，并应控制储存温度低于液体闪点5℃及以下。

6.1.4 储存甲B、乙A类原油和成品油，应采用外浮顶储罐、内浮顶储罐和卧式储罐。3号喷气燃料的最高储存温度低于油品闪点5℃及以下时，可采用容量小于或等于10000m^3的固定顶储罐。

当采用卧式储罐储存甲B、乙A类油品时，储存甲B类油品卧式储罐的单罐容量不应大于100m^3，储存乙A类油品卧式储罐的单罐容量不应大于200m^3。

6.1.5 储存乙B类和丙类液体，可采用固定顶储罐和卧式储罐。

6.1.6　外浮顶储罐应采用钢制单盘式或钢制双盘式浮顶。

6.1.7　内浮顶储罐的内浮顶选用，应符合下列规定：

1　内浮顶应采用金属内浮顶，且不得采用浅盘式或敞口隔舱式内浮顶。

2　储存Ⅰ，Ⅱ级毒性液体的内浮顶储罐和直径大于40m的储存甲B、乙A类液体的内浮顶储罐，不得采用用易熔材料制作的内浮顶。

3　直径大于48m的内浮顶储罐，应选用钢制单盘式或双盘式内浮顶。

4　新结构内浮顶的采用应通过安全性评估。

6.1.8　储存Ⅰ、Ⅱ级毒性的甲B、乙A类液体储罐的单罐容量不应大于5000m^3，且应设置氮封保护系统。

6.1.9　固定顶储罐的直径不应大于48m。

6.1.10　地上储罐应按下列规定成组布置：

1　甲B、乙和丙A类液体储罐可布置在同一罐组内；丙B类液体储罐宜独立设置罐组。

2　沸溢性液体储罐不应与非沸溢性液体储罐同组布置。

3　立式储罐不宜与卧式储罐布置在同一个储罐组内。

4　储存Ⅰ、Ⅱ级毒性液体的储罐不应与其他易燃和可燃液体储罐布置在同一个罐组内。

6.1.11　同一个罐组内储罐的总容量应符合下列规定：

1　固定顶储罐组及固定顶储罐和外浮顶、内浮顶储罐的混合罐组的容量不应大于120000m^3，其中浮顶用钢质材料制作的外浮顶储罐、内浮顶储罐的容量可按50%计入混合罐组的总容量。

2　浮顶用钢质材料制作的内浮顶储罐组的容量不应大于360000m^3；浮顶用易熔材料制作的内浮顶储罐组的容量不应大于240000m^3。

3　外浮顶储罐组的容量不应大于600000m^3。

6.1.12　同一个罐组内的储罐数量应符合下列规定：

1　当最大单罐容量大于或等于10000m^{3}时，储罐数量不应多于12座。

2　当最大单罐容量大于或等于1000m^{3}时，储罐数量不应多于16座。

3　单罐容量小于1000m^{3}或仅储存丙B类液体的罐组，可不限储罐数量。

6.1.13　地上储罐组内，单罐容量小于1000m^{3}的储存丙B类液体的储罐不应超过4排；其他储罐不应超过2排。

6.1.14　地上立式储罐的基础面标高，应高于储罐周围设计地坪0.5m及以上。

GB 50183—2004《石油天然气工程设计防火规范》：

5.1.2　石油天然气站场总平面布置应符合下列规定：

2 甲、乙类液体储罐，宜布置在站场地势较低处。当受条件限制或有特殊工艺要求时，可布置在地势较高处，但应采取有效的防止液体流散的措施。

3 当站场采用阶梯竖向设计时，阶梯间应有防泄漏可燃液体漫流的措施。

4 天然气凝液，甲、乙类油品储罐组，不宜紧靠排洪沟布置。

GB 50128—2014《立式圆筒形钢制焊接储罐施工规范》：

5.2.2 储罐基础，应符合下列规定：

1 基础中心标高允许偏差为 ±20mm；

2 支承罐壁的基础表面其高差应符合下列规定：

1）有环梁时，每 10m 弧长内任意两点的高差不应大于 6mm，且整个圆周长度内任意两点的高差不应大于 12mm。

2）无环梁时，每 3m 弧长内任意两点的高差不应大于 6mm，且整个圆周长度内任意两点的高差不应大于 12mm。

3）沥青砂层表面应平整密实，无凸出的隆起、凹陷及贯穿裂纹。

SY/T 5225—2019《石油天然气钻井、开发、储运防火防爆安全生产技术规程》：

7.4.1.13 新建储油罐投产后 5 年内至少进行一次初次检测，以后视油罐运行安全状况确定其检测周期，但最长不能超过 5 年。检测的内容应包括但不限于：

a）油罐基础的不均匀沉降。

b）罐体的椭圆度。

c）抗风圈的安全状况。

d）保温层的完好情况。

e）油罐的腐蚀情况、焊缝情况。

f）浮顶油罐的中央排水管、刮蜡板、导向管、支柱等附件的运行状况。

（2）检查储罐防火堤的高度、容量、集排水等应符合规范要求。

监督依据标准：GB 50183—2004《石油天然气工程设计防火规范》、SY/T 5225—2019《石油天然气钻井、开发、储运防火防爆安全生产技术规程》。

GB 50183—2004《石油天然气工程设计防火规范》：

6.5.9 油罐组防火堤应符合下列规定：

1 防火堤应是闭合的，能够承受所容纳油品的静压力和地震引起的破坏力，保证其坚固和稳定。

2 防火堤应使用不燃烧材料建造，首选土堤，当土源有困难时，可用砖石、钢筋混凝土等不燃烧材料砌筑，但内侧应培土或涂抹有效的防火涂料。土筑防火堤的堤顶宽度不小于 0.5m。

3 立式油罐组防火堤的计算高度应保证堤内的有效容积需要。防火堤实际高度应比计算高度高出0.2m。防火堤实际高度不应低于1.0m，且不应高于2.2m（均以防火堤外侧路面或地坪算起）。卧式油罐组围堰高度不应低于0.5m。

4 管道穿越防火堤处，应采用非燃烧材料封实。严禁在防火堤上开孔留洞。

5 防火堤内场地可不做铺砌，但湿陷性黄土、盐渍土、膨胀土等地区的罐组内场地应有防止雨水和喷淋水浸害罐基础的措施。

6 油罐组内场地应有不小于0.5%的地面设计坡度，排雨水管应从防火堤内设计地面以下通向堤外，并应采取排水阻油措施。

7 油罐组防火堤上的人行踏步不应少于两处，且应处于不同方位。隔堤均应设置人行踏步。

6.5.10 地上立式油罐的罐壁至防火堤内坡脚线的距离，不应小于罐壁高度的一半。卧式油罐的罐壁至围堰内坡脚线的距离，不应小于3m。建在山边的油罐，靠山的一面，罐壁至挖坡坡脚线距离不得小于3m。

6.5.11 防火堤内有效容量，应符合下列规定：

1 对固定顶油罐组，不应小于储罐组内最大一个储罐有效容量。

2 对浮顶油罐组，不应小于储罐组内一个最大罐有效容量的一半。

3 当固定顶和浮顶油罐布置在同一油罐组内，防火堤内有效容量应取上两款规定的较大者。

SY/T 5225—2019《石油天然气钻井、开发、储运防火防爆安全生产技术规程》：

7.4.2.3 防火堤内应设置集水设施。连接集水设施的雨水排放管道应从防火堤内设计地面以下通出堤外，并应设置安全可靠的截油排水装置。年降雨量不大于200mm或降雨量在24h内可渗完，且不存在环境污染的可能时，可不设雨水排除设施。

7.4.2.6 防火堤与消防路之间不应栽种树木。

（3）检查油品储罐基本附件，呼吸阀、安全阀、阻火器等安全附件应齐全可靠。

监督依据标准：GB 50074—2014《石油库设计规范》、SY/T 6320—2016《陆上油气田油气集输安全规程》、SY/T 5225—2019《石油天然气钻井、开发、储运防火防爆安全生产技术规程》。

GB 50074—2014《石油库设计规范》：

6.4.1 立式储罐应设上罐的梯子、平台和栏杆。高度大于5m的立式储罐，应采用盘梯。覆土立式油罐高于罐室环形通道地面2.2m以下的高度应采用活动斜梯，并应有防止磕碰发生火花的措施。

6.4.2　储罐罐顶上经常走人的地方，应设防滑踏步和护栏；测量孔处应设测量平台。

6.4.3　立式储罐的量油孔、罐壁人孔、排污孔（或清扫孔）及放水管等的设置，宜按现行行业标准《石油化工储运系统罐区设计规范》SH/T 3007的有关规定执行。覆土立式油罐应有一个罐壁人孔朝向阀门操作间。

6.4.4　下列储罐通向大气的通气管管口应装设呼吸阀：

1　储存甲B、乙类液体的固定顶储罐和地上卧式储罐。

2　储存甲B类液体的覆土卧式油罐。

3　采用氮气密封保护系统的储罐。

6.4.5　呼吸阀的排气压力应小于储罐的设计正压力，呼吸阀的进气压力应大于储罐的设计负压力。当呼吸阀所处的环境温度可能小于或等于0℃时，应选用全天候式呼吸阀。

6.4.7　下列储罐的通气管上必须装设阻火器：

1　储存甲B类、乙类、丙A类液体的固定顶储罐和地上卧式储罐。

2　储存甲B类和乙类液体的覆土卧式油罐。

3　储存甲B类、乙类、丙A类液体并采用氮气密封保护系统的内浮顶储罐。

6.4.8　覆土立式油罐的通气管管口应引出罐室外，管口宜高出覆土面1.0m～1.5m。

6.4.9　储罐进液不得采用喷溅方式。甲B、乙、丙A类液体储罐的进液管从储罐上部接入时，进液管应延伸到储罐的底部。

6.4.10　有脱水操作要求的储罐宜装设自动脱水器。

6.4.11　储存Ⅰ、Ⅱ级毒性液体的储罐，应采用密闭采样器。储罐的凝液或残液应密闭排人专用收集系统或设备。

SY/T 6320—2016《陆上油气田油气集输安全规程》：

7.1.4　应制订防治储油罐溢流和抽瘪的措施。

7.1.5　5000m^{3}以上的储油罐进、出油管线应装设韧性软管补偿器。

7.1.7　油罐区阀门应编号管理。

SY/T 5225—2019《石油天然气钻井、开发、储运防火防爆安全生产技术规程》：

7.4.1.2　呼吸阀、液压安全阀底座应装设阻火器。呼吸阀、液压安全阀冬季每月至少检查二次，每年进行一次校验。阻火器每季至少检查一次。呼吸阀灵活好用。液压安全阀的油位符合要求，油质合格。阻火器阻火层完好，无油泥堵塞现象。

7.4.1.3　储油罐透光孔孔盖严密。检尺口应设有有色金属衬套，人工检尺采用铜质金属重锤，检尺后应盖上孔盖。

7.4.1.9 对油罐附件应定期检查,发现问题立即整改。入冬前,应对放水阀门的保温情况进行检查,防止阀门冻裂。

3.2.3 在油罐区、天然气储存处理装置、消防器材室及井场明显处,应设置防火防爆安全标志。

（4）检查罐体应有可靠的防雷接地和防静电接地。

监督依据标准:GB 50183—2004《石油天然气工程设计防火规范》。

4.13 金属油罐必须作环型防雷接地,其接地点不应少于两处,其间弧形距离不应大于30m。接地体距罐壁的距离应大于3m,当罐顶装有避雷针或利用罐体做接闪器时,每一接地点的冲击接地电阻不应大于10Ω。

9.2.5 当钢罐仅做防感应雷接地时,冲击接地电阻不应大于30Ω。

4.1.5 金属油罐的阻火器、呼吸阀、量油孔、人孔、透光孔等金属附件必须保持等电位连接。

4.2.4 非金属油罐的阻火器、呼吸阀、量油孔、人孔、透光孔、法兰等金属附件必须严密并作接地。它们必须在防直击雷装置的保护范围内。

9.2.6 装于钢储罐上的信息系统装置,其金属外壳应与罐体做电气连接,配线电缆宜采用铠装屏蔽电缆,电缆外皮及所穿钢管应与罐体做电气连接。

9.2.3 可燃气体、油品、液化石油气、天然气凝液的钢罐,必须设防雷接地,并应符合下列规定:

1 避雷针(线)的保护范围,应包括整个储罐。

2 装有阻火器的甲B、乙类油品地上固定顶罐,当顶板厚度大于或等于4mm时,不应装设避雷针(线),但必须设防雷接地。

3 压力储罐、丙类油品钢制储罐不应装设避雷针(线),但必须设防感应雷接地。

4 浮顶罐、内浮顶罐不应装设避雷针(线),但应将浮顶与罐体用2根导线作电气连接。浮顶罐连接导线应选用截面积不小于25mm^{2}的软铜复绞线。对于内浮顶罐,钢质浮盘的连接导线应选用截面积不小于16mm^{2}的软铜复绞线;铝质浮盘的连接导线应选用直径不小于1.8mm的不锈钢钢丝绳。

4.6.1 输油管路可用其自身做接闪器,其法兰、阀门的连接处,应设金属跨接线。当法兰用5根以上螺栓连接时,法兰可不用金属线跨接,但必须构成电气通路。

（5）检查储罐防火间距应符合标准要求。

监督依据标准:GB 50183—2004《石油天然气工程设计防火规范》。

4.0.4 石油天然气站场与周围居住区、相邻厂矿企业、交通线等的防火间距,不应小于表4.0.4的规定。

表 4.0.4　石油天然气站场区域布置防火间距(m)

序号		1	2	3	4	5
名称		100人以上的居住区、村镇、公共福利设施	100人以下的散居房屋	相邻厂矿企业	铁路	
					国家铁路线	工业企业铁路线
油田站场、天然气站场	一级	100	75	70	50	40
	二级	80	60	60	45	35
	三级	60	45	50	40	30
	四级	40	35	40	35	25
	五级	30	30	30	30	20
液化石油气和天然气凝液站场	一级	120	90	120	60	55
	二级	100	75	100	60	50
	三级	80	60	80	50	45
	四级	60	50	60	50	40
	五级	50	45	50	40	35
可能携带可燃液的火炬		120	120	120	80	80

注：表中数值系指石油天然气站场内甲、乙类储罐外壁与周围居住区、相邻厂矿企业、交通线等的防火间距、油气处理设备、装卸区、容器、厂房与序号1～5的防火间距可按本表减少25%。单罐容量小于或等于50m^{3}的直埋卧式油罐与序号1～5的防火间距可减少50%，但不得小于15m（五级油品站场与其他公路的距离除外）。

6.5.7　油罐之间的防火距离不应小于表6.5.7的规定。

表 6.5.7　油罐之间的防火距离

油田类别		固定顶油罐	浮顶油罐	卧式油罐
甲、乙类		1000m^{3}以上的罐：0.6D	0.4D	0.8m
		1000m^{3}及以下的罐，当采用固定式消防冷却时：0.6D，采用移动式消防冷却时：0.75D		
丙类	A	0.4D	—	
	B	$>$1000m^{3}的罐：5m $\leqslant$1000m^{3}的罐：2m	—	0.8m

注：1. 浅盘式和浮舱用易熔材料制作的内浮顶油罐按固定顶油罐确定罐间距。
2. 表中D为相邻较大罐的直径，单罐容积大于1000m^{3}的油罐取直径或高度的较大值。
3. 储存不同油品的油罐、不同型式的油罐之间的防火间距、应采用较大值。
4. 高架(位)罐的防火间距，不应小于0.6m。
5. 单罐容量不大于300m^3，罐组总容量不大于1500m^{3}的立式油罐间距，可按施工和操作要求确定；丙A类油品固定顶油罐之间的防火距离按0.4D计算大于15m时，最小可取15m。
6. 检查储罐区消防设施配备应符合标准。

8.4.2 油罐区低倍数泡沫灭火系统的设置，应符合下列规定：

1 单罐容量不小于 $10000m^3$ 的固定顶罐、单罐容量不小于 $50000m^3$ 的浮顶罐、机动消防设施不能进行保护或地形复杂消防车扑救困难的储罐区，应设置固定式低倍数泡沫灭火系统。

2 罐壁高度小于 7m 或容积不大于 $200m^3$ 的立式油罐、卧式油罐可采用移动式泡沫灭火系统。

3 除 1 与 2 款规定外的油罐区宜采用半固定式泡沫灭火系统。

8.4.3 单罐容量不小于 $20000m^3$ 的固定顶油罐，其泡沫灭火系统与消防冷却水系统应具备连锁程序操纵功能。单罐容量不小于 $50000m^3$ 的浮顶油罐应设置火灾自动报警系统。单罐容量不小于 $100000m^3$ 的浮顶油罐，其泡沫灭火系统与消防冷却水系统应具备自动操纵功能。

8.4.9 油罐固定式消防冷却水系统的设置，应符合下列规定：

4 冷却水立管应用管卡固定在罐壁上，其间距不宜大于 3m。立管下端应设锈渣清扫口，锈渣清扫口距罐基础顶面应大于 300mm，且集锈渣的管段长度不宜小于 300mm。

5 在防火堤外消防冷却水管道的最低处应设置放空阀。

8.9.2 甲、乙、丙类液体储罐区及露天生产装置区灭火器配置，应符合下列规定：

1 油气站场的甲、乙、丙类液体储罐区当设有固定式或半固定式消防系统时，固定顶罐配置灭火器可按应配置数量的 10% 设置，浮顶罐按应配置数量的 5% 设置。当储罐组内储罐数量超过 2 座时，灭火器配置数量应按其中 2 个较大储罐计算确定；但每个储罐配置的数量不宜多于 3 个，少于 1 个手提式灭火器，所配灭火器应分组布置。

（四）典型“三违”行为

（1）储油罐检尺前，未观察和选择风向，处于下风向处作业。

（2）罐顶作业后，量油口未关闭，现场留有油污、垃圾。

（3）在储油罐罐区，使用非防爆设施设备。

（五）事故案例分析

1. 事故经过

1989 年 8 月 12 日上午 9 时起，黄岛地区下起雷暴雨，9 时 55 分，正在进行作业的黄岛油库 5 号储油罐突然遭到雷击发生爆炸起火，形成了约 $3500m^2$ 的火场。14 时 35 分，5 号罐的火势急剧变得猛烈，并呈现耀眼的白色火光；14 时 36 分 36 秒，和 5 号罐相邻的 4 号罐也突然发生了爆炸，三千多平方米的水泥罐顶被掀开，原油夹杂火焰、浓烟冲出的高度达到几十米。4号罐顶混凝土碎块，将相邻1号、2号和3号金属油罐顶部震裂，造成油气外漏。约1min后，5号罐喷溅的油火又先后点燃了1号、2号和3号油罐的外漏油气，引起爆燃，黄岛油库的老罐区均发生火情。该场火灾共烧毁原油四万多吨，毁坏民房四千多平方米，道路20000m^2；燃烧的高温、水域的污染、爆炸的冲击波，使近海三万多条黑鱼、近三千只水貂，5200亩虾池和1160亩贻贝的扇贝养殖场毁坏，2.2万亩滩涂上成亿尾鱼苗死亡。另有约10000t原油外溢，胶州湾水域被大面积污染，黄岛四周的102km的海岸线受到严重污染。

2. 主要原因

黄岛油库的非金属油罐本身存在不足，遭到雷电击中引发爆炸。油库设计布局不合理；选材不当；忽视安全防护尤其是缺乏避雷针；管理不当从而造成消防设备失灵延误灭火时机；未对之前的小型事故引起足够重视并加以整改等等都是造成此次事故的深层次原因所在。

3. 事故教训

（1）大型储油区的选址、设计应进行周密的科学论证，充分考虑消防安全问题。

（2）应加强油库本身的自救能力。

（3）应有充足的移动式灭火力量。

六、油气管道

（一）监督内容

（1）检查油气管道的标记情况。

（2）检查油气管道的管道防腐绝缘层和阴极保护装置。

（3）检查油气管道安全距离的符合情况。

（4）检查油气管道穿越的符合情况。

（5）检查油气管道的日常安全管理情况。

（二）主要监督依据

《中华人民共和国石油天然气管道保护法》；

GB 7231—2003《工业管道基本识别色、识别符号和安全标志》；

GB 50183—2004《石油天然气工程设计防火规范》；

GB 50251—2015《输气管道工程设计规范》；

GB 50253—2014《输油管道工程设计规范》；

GB 50350—2015《油田油气集输设计规范》；

GB 50423—2013《油气输送管道穿越工程设计规范》；

SY/T 6186—2007《石油天然气管道安全规程》；

TSG 08—2017《特种设备使用管理规则》；

Q/SY 05093—2017《天然气管道检验规程》。

（三）监督控制要点

（1）检查石油、天然气管道的漆色、色环、流向指示等标志应明显、醒目，并符合有关规定。

监督依据标准：GB 7231—2003《工业管道基本识别色、识别符号和安全标志》。

4 基本识别色

4.1 根据管道内物质的一般性能，分为八类，并相应规定了八种基本识别色和相应的颜色标准编号及色样。识别色及含义：水为艳绿色；水蒸气为大红色；空气为淡灰色；气体为中黄色；酸或碱为紫色；可燃液体为棕色；其他液体为黑色；氧为淡蓝色。

4.2 基本识别色标志方法

工业管道的基本识别色标志方法，使用方应从以下五种方法中选择。

a）管道全长上标志。

b）在管道上以宽为150mm的色环标识。

c）在管道上以长方形的识别色标牌标识。

d）在管道上以带箭头的长方形识别色标牌标识。

e）在管道上以系挂的识别色标牌标识。

4.5 当管道采用4.2中b、c、d、e基本识别色标志方法时，其标识的场所应该包括所有管道的起点、终点、交叉点、转弯处、阀门和穿墙孔两侧等的管道上和其他需要标志的部位。

5.2 物质流向的标志

a）工业管道内物质的流向用箭头表示，如果管道内物质的流向是双向的，则以双向箭头表示。

b）当基本识别色的标志方法采用4.2中d）和e）时，则标牌的指向就作为表示管道内的物质流向，如果管道内物质流向是双向的，则标牌指向应做成双向的。

（2）检查油气管道防腐绝缘层和阴极保护装置应齐全完好。

监督依据：GB 50423—2013《油气输送管道穿越工程设计规范》。

8.3.5 水域大中型穿越管段的一端应设置阴极保护的测试点，小型穿越管段可与一般线路段结合不单独设阴极保护测试点。

8.3.9　穿越管段敷设时应达到所选用涂层等级的漏电检测要求；安装时不应损伤防腐涂层的完整性，安装完毕后，应再对管段进行检漏，应达到所选用涂层等级的漏电检测要求。

（3）检查油气管道的安全距离应符合规范要求。

【关键控制环节】：

① 油气管道敷设安全距离符合规范要求。

② 与其他管道、电力、通信电缆的间距符合规范要求。

③ 输气干线放空竖管的设置符合规范要求。

监督依据标准：GB 50183—2004《石油天然气工程设计防火规范》、GB 50251—2015《输气管道工程设计规范》、GB 50253—2014《输油管道工程设计规范》、GB 50350—2015《油田油气集输设计规范》。

GB 50183—2004《石油天然气工程设计防火规范》：

7.1.5　集输管道与架空输电线路平行敷设时，安全距离应符合下列要求：

1）管道埋地敷设时，安全距离不应小于表 7.1.5 的规定。

表 7.1.5　埋地集输管道与架空输电线路安全距离

名称	3kV 以下	3～10kV	35～66kV	110kV	220kV
开阔地区	最高杆（塔高）				
路径受限制地区（m）	1.5	2.0	4.0	4.0	5.0

7.1.6　原油和天然气埋地集输管道同铁路平行敷设时，应距铁路用地范围边界 3m 以外。当必须通过铁路用地范围内时，应征得相关铁路部门的同意，并采取加强措施。对相邻电气化铁路的管道还应增加交流电干扰防护措施。

管道同公路平行敷设时，宜敷设在公路用地范围外。对于油田公路，集输管道可敷设在其路肩下。

7.2.1　油田内部埋地敷设的原油、稳定轻烃、20℃时饱和蒸气压力小于 0.1MPa 的天然气凝液、压力小于或等于 0.6MPa 的油田气集输管道与居民区、村镇、公共福利设施、工矿企业等的距离不宜小于 10m。当管道局部管段不能满足上述距离要求时，可降低设计系数、提高局部管道的设计强度，将距离缩短到 5m；地面敷设的上述管道与相应建（构）筑物的距离应增加 50%。

7.2.2　20℃时饱和蒸气压力大于或等于 0.1MPa，管径小于或等于 DN200 的埋地天然气凝液管道，应按现行国家标准《输油管道工程设计规范》GB 50253 中的液态液化石油气管道确定强度设计系数。管道同地面建（构）筑物的最小间距应符合下列规定：

1）与居民区、村镇、重要公共建筑物不应小于30m；一般建（构）筑物不应小于10m。

2）与高速公路和一、二级公路平行敷设时，其管道中心线距公路用地范围边界不应小于10m，三级及以下公路不宜小于5m。

3）与铁路平行敷设时，管道中心线距铁路中心线的距离不应小于10m，并应满足本规范第7.1.6条的要求。

GB 50251—2015《输气管道工程设计规范》：

3.4.9 放空立管和放散管的设计应符合下列规定：

1 放空立管直径应满足设计最大放空量的要求。

2 放空立管和放散管的顶端不应装设弯管。

3 放空立管和放散管应有稳管加固措施。

4 放空立管底部宜有排除积水的措施。

5 放空立管和放散管设置的位置应能方便运行操作和维护。

6 放空立管和放散管防火设计应符合现行国家标准《石油天然气工程设计防火规范》GB 50183的有关规定。

3.4.6 放空的气体应安全排入大气。

3.4.7 输气站放空设计应符合下列规定：

1 输气站应设放空立管，需要时还可设放散管。

2 输气站天然气宜经放空立管集中排放，也可分区排放，高、低压放空管线应分别设置，不同排放压力的天然气放空管线汇入同一排放系统时，应确保不同压力的放空点能同时畅通排放。

3 当输气站设置紧急放空系统时，设计应满足在15min内将站内设备及管道内压力从最初的压力降到设计压力的50%。

4 从放空阀门排气口至放空设施的接入点之间的放空管线，用管的规格不应缩径。

4.3.11 埋地输气管道与其他管道、电力电缆、通信光（电）缆交叉的间距应符合下列规定：

1 输气管道与其他管道交叉时，垂直净距不应小于0.3m，当小于0.3m时，两管间交叉处应设置坚固的绝缘隔离物，交叉点两侧各延伸10m以上的管段，应确保管道防腐层无缺陷。

2 输气管道与电力电缆、通信光（电）缆交叉时，垂直净距不应小于0.5m，交叉点两侧各延伸10m以上的管段，应确保管道防腐层无缺陷。

GB 50253—2014《输油管道工程设计规范》：

4.1.6　埋地输油管道同地面建(构)筑物的最小间距应符合下列规定：

3　输油管道与铁路并行敷设时，管道应敷设在铁路用地范围边线3m以外，且原油、成品油管道距铁路线不应小于25m、液化石油气管道距铁路线不应小于50m。如受制于地形或其他条件限制不满足本条要求时，应征得铁路管理部门的同意。

5　原油、成品油管道与军工厂、军事设施、炸药库、国家重点文物保护设施的最小距离应同有关部门协商确定。液化石油气管道与军工厂、军事设施、炸药库、国家重点文物保护设施的距离不应小于100m。

6　液化石油气管道与城镇居民点、重要公共建筑和一般建(构)筑物的最小距离应符合现行国家标准《城镇燃气设计规范》GB 50028的有关规定。

4.1.7　管道与架空输电线路平行敷设时，其距离应符合现行国家标准《66kV及以下架空电力线路设计规范》GB 50061及《110kV～750kV架空输电线路设计规范》GB 50545的有关规定。管道与干扰源接地体的距离应符合现行国家标准《埋地钢质管道交流干扰防护技术标准》GB/T 50698的有关规定。埋地输油管道与埋地电力电缆平行敷设的最小距离应符合现行国家标准《钢质管道外腐蚀控制规范》GB 21447的有关规定。

4.1.8　输油管道与已建管道并行敷设时，土方地区管道间距不宜小于6m，如受制于地形或其他条件限制不能保持6m间距时，应对已建管道采取保护措施。石方地区与已建管道并行间距小于20m时不宜进行爆破施工。

4.1.9　同期建设的输油管道，宜采用同沟方式敷设；同期建设的油、气管道，受地形限制时局部地段可采用同沟敷设。管道同沟敷设时其最小净间距不应小于0.5m。

4.1.10　管道与通信光缆同沟敷设时，其最小净距(指两断面垂直投影的净距)不应小于0.3m。

GB 50350—2015《油田油气集输设计规范》：

8.5.3　热采稠油集输油管道视地形、地貌和地下水位的不同可选用低支架地面敷设、埋地敷设或架空敷设方式。当地面敷设时，管底距地面不应小于0.3m；当架空敷设时，管底距地面净空高度不宜小于2.5m；当埋地敷设时，在耕作区管顶距地面不宜小于0.8m。

(4)检查油气管道在水域、铁路(公路)等处的穿越应符合规范要求。

监督依据标准：GB 50423—2013《油气输送管道穿越工程设计规范》。

3.3.7　穿越管段与公路桥梁、铁路桥梁、水下隧道并行敷设的最小距离应根据穿越形式确定，并应符合下列要求：

1　当采用开挖管沟埋设时，管道中线距离特大桥、大桥、中桥、水下隧道最近边缘不应小于100m；距离小桥最近边缘不应小于50m。

2　当采用水平定向钻穿越时，穿越管段距离桥梁墩台冲刷坑外边缘不宜小于10m，且不应影响桥梁墩台安全；距离水下隧道的净距不应小于30m。

3　当采用隧道穿越时，隧道的埋深及边缘至墩台的距离不应影响桥梁墩台的安全；管道隧道与公路隧道、铁路隧道净距不宜小于30m。

4　当不能满足上述要求时，应协商确定。

3.3.8　水域穿越管段与港口、码头、水下建筑物之间的距离，当采用大开挖穿越时不宜小于200m，当采用定向钻穿越、隧道穿越时不宜小于100m。

3.3.9　当采用水平定向钻或隧道穿越河流堤坝时，应根据不同的地质条件采取措施控制堤坝和地面的沉陷，防止穿越管道处发生管涌，不应危及堤坝的安全。水平定向钻入土点、出土点及隧道竖井边缘距大堤坡脚的距离不宜小于50m。

3.3.10　水域穿越的输油气管段，不应敷设在水下的铁路隧道和公路隧道内。

7.1.1　油气管道不宜与公路、铁路反复交叉穿越；需要与公路、铁路交叉时，其穿越点宜选在公路、铁路的路堤段和管道的直线段，穿越宜避开高填方区、路堑、路两侧为同坡向的陡坡地段。当条件受限时也可从公路、铁路的桥梁下交叉穿越。

（5）检查油气管道的日常安全管理应到位。

【关键控制环节】：

① 油气管道应办理管道使用登记、定期巡检和检验。

② 油气管道标志齐全、完好。

③ 油气管道应设置线路截断阀。

监督依据标准：TSG 08—2017《特种设备使用管理规则》、SY/T 6186—2007《石油天然气管道安全规程》、Q/SY 05093—2017《天然气管道检验规程》《中华人民共和国石油天然气管道保护法》、GB 50251—2015《输气管道工程设计规范》、GB 50423—2013《油气输送管道穿越工程设计规范》、GB 50253—2014《输油管道工程设计规范》。

TSG 08—2017《特种设备使用管理规则》：

2.2　使用单位主要义务

特种设备使用单位主要义务如下：

办理使用登记，领取特种设备使用登记证（格式见附件A，以下简称使用登记证），设备注销时交回使用登记证。

SY/T 6186—2007《石油天然气管道安全规程》：

9.2　管道检验

a）外部检验：除日常巡检外，1年至少1次，由运营单位专业技术人员进行。

b)全面检验:按有关规定由有资质的单位进行。新建管道应在投产后3年内进行首次检验,以后根据检验报告和管道安全运行状况确定检验周期。

9.3 管道停用1年再启用,应进行全面检验及评价。

Q/SY 05093—2012《天然气管道检验规程》:

5.1 管道投运后的首次一般性检验,应在半年内进行;首次一般性检验可不再进行;进行全面检验的年度可以不进行一般性检验。

5.4 穿、跨越管道检查

5.4.1 穿越管道:检查管道穿越保护设施,观察管道裸露、悬空、位移、冲刷、剥蚀及损坏情况。

5.4.2 跨越管道:检查管道的表面防腐状况,塔架及基础、钢丝绳、索具及其连接件等的腐蚀,结构配件的紧固、缺损、腐蚀情况。

《中华人民共和国石油天然气管道保护法》:

第十八条 管道企业应当按照国家技术规范的强制性要求在管道沿线设置管道标志。管道标志毁损或者安全警示不清的,管道企业应当及时修复或者更新。

第二十二条 管道企业应当建立、健全管道巡护制度,配备专门人员对管道线路进行日常巡护。管道巡护人员发现危害管道安全的情形或者隐患,应当按照规定及时处理和报告。

第二十八条 禁止下列危害管道安全的行为:

(一)擅自开启、关闭管道阀门。

(二)采用移动、切割、打孔、砸撬、拆卸等手段损坏管道。

(三)移动、毁损、涂改管道标志。

(四)在埋地管道上方巡查便道上行驶重型车辆。

(五)在地面管道线路、架空管道线路和管桥上行走或者放置重物。

第三十条 在管道线路中心线两侧各5m地域范围内,禁止下列危害管道安全的行为:

(一)种植乔木、灌木、藤类、芦苇、竹子或者其他根系深达管道埋设部位可能损坏管道防腐层的深根植物。

(二)取土、采石、用火、堆放重物、排放腐蚀性物质、使用机械工具进行挖掘施工。

(三)挖塘、修渠、修晒场、修建水产养殖场、建温室、建家畜棚圈、建房及修建其他建筑物、构筑物。

第三十二条 在穿越河流的管道线路中心线两侧各500m地域范围内,禁止抛锚、拖锚、挖砂、挖泥、采石、水下爆破。但是,在保障管道安全的条件下,为防洪和航道通畅而进行的养护疏浚作业除外。

第三十三条　在管道专用隧道中心线两侧各1km地域范围内，除本条第二款规定的情形外，禁止采石、采矿、爆破。

在前款规定的地域范围内，因修建铁路、公路、水利工程等公共工程，确需实施采石、爆破作业的，应当经管道所在地县级人民政府主管管道保护工作的部门批准，并采取必要的安全防护措施，方可实施。

第三十四条　未经管道企业同意，其他单位不得使用管道专用伴行道路、管道水工防护设施、管道专用隧道等管道附属设施。

第三十九条　管道企业应当制定本企业管道事故应急预案，并报管道所在地县级人民政府主管管道保护工作的部门备案；配备抢险救援人员和设备，并定期进行管道事故应急救援演练。

第四十二条　管道停止运行、封存、报废的，管道企业应当采取必要的安全防护措施，并报县级以上地方人民政府主管管道保护工作的部门备案。

GB 50423—2013《油气输送管道穿越工程设计规范》：

6.12.5　当采用连续支座架空敷设时，管段支承点宜做成滑动或滚动支座。管道对接环焊缝不应设置在支座的位置处。支承点间距应满足管段的强度与稳定要求。

GB 50251—2015《输气管道工程设计规范》：

3.4.2　输气管道相邻线路截断阀（室）之间的管段上应设置放空阀，并应结合建设环境可设置放空立管或预留引接放空管线的法兰接口。放空阀直径与放空管直径应相等。

4.2.2　地区等级划分应符合下列规定：

1　沿管线中心线两侧各200m范围内，任意划分成长度为2km并能包括最大聚居户数的若干地段，按划定地段内的户数应划分为四个等级。在乡村人口聚集的村庄、大院及住宅楼，应以每一独立户作为一个供人居住的建筑物计算。地区等级应按下列原则划分：

1）一级一类地区：不经常有人活动及无永久性人员居住的区段。

2）一级二类地区：户数在15户或以下的区段。

3）二级地区：户数在15户以上100户以下的区段。

4）三级地区：户数在10。户或以上的区段，包括市郊居住区、商业区、工业区、规划发展区及不够四级地区条件的人口稠密区。

5）四级地区：四层及四层以上楼房（不计地下室层数）普遍集中、交通频繁、地下设施多的区段。

2　当划分地区等级边界线时，边界线距最近一幢建筑物外边缘不应小于200m。

3　在一、二级地区内的学校、医院及其他公共场所等人群聚集的地方，应按三级地区选取设计系数。

4　当一个地区的发展规划足以改变该地区的现有等级时，应按发展规划划分地区等级。

4.5.1　输气管道应设置线路截断阀(室)，管道沿线相邻截断阀之间的间距应符合下列规定：

1　以一级地区为主的管段不宜大于32km。

2　以二级地区为主的管段不宜大于24km。

3　以三级地区为主的管段不宜大于16km。

4　以四级地区为主的管段不宜大于8km。

5　本条第1款至第4款规定的线路截断阀间距，如因地物、土地征用、工程地质或水文地质造成选址受限的可作调增，一、二、三、四级地区调增分别不应超过4km、3km、2km、1km。

4.5.3　线路截断阀及与输气管线连通的第一个其他阀门应采用焊接连接阀门。截断阀可采用自动或手动阀门，并应能通过清管器或检测仪器，采用自动阀时，应同时具有手动操作功能。

4.8.1　管道沿线应设置里程桩、转角桩、标志桩、交叉桩和警示牌等永久性标志；

4.8.2　管径相同且并行净距小于6m的埋地管道，以及管径相同共用隧道、涵洞或共用管桥跨越的管道，应有可明显区分识别的标志。

4.8.3　通过人口密集区、易受第三方损坏地段的埋地管道应加密设置标志桩和警示牌，并应在管顶上方连续埋设警示带。

4.8.4　平面改变方向一次转角大于5°时，应设置转角桩。平面上弹性敷设的管道，应在弹性敷设段设置加密标志桩。

4.8.5　地面敷设的管段应设警示牌并采取保护措施。

10.2.2　输气管道试压应符合下列规定：

1)输气管道必须分段进行强度试验和整体严密性试验。

GB 50253—2014《输油管道工程设计规范》：

4.4.1　输油管道沿线应设置线路截断阀。

4.4.2　原油、成品油管道线路截断阀的间距不宜超过32km，人烟稀少地区可适当加大间距。

4.6.1　管道沿线应设置里程桩、标志桩、转角桩、阴极保护测试桩和警示牌等永久性标志，管道标志、制作和安装应符合现行行业标准《管道干线标记设置技术规范》SY/T 6064的有关规定。

> 4.6.5 当管道采用地上敷设时，应在行人较多和易遭车辆碰撞的地方，设置标志并采取保护措施。标志应采用具有反光功能的涂料涂刷。
>
> 9.2.1 输油管道必须进行强度试压和严密性试压。
>
> 9.2.2 线路段管道在试压前应设临时清管设施进行清管，不得使用站内清管设施。

（四）典型“三违”行为

（1）压力管道操作人员未持有效操作证上岗。

（2）操作人员未放空，就打开收球筒盲板或正对着收球筒打开快装盲板进行收发球作业。

（五）事故案例分析

1. 事故经过

2006 年 1 月 20 日 12 时 17 分，距离某油气田输气管理处某站工艺装置区约 60m 处的威青线 ϕ720 管线突然发生爆炸着火，紧接着在距离第一次爆炸点 9.4m 处发生第二次爆炸。12 时 20 分左右，距工艺装置区约 63m 处，发生第三次爆炸。

2. 主要原因

1）直接原因

由于管材螺旋焊缝存在缺陷，管道在内压作用下被撕裂，天然气携带出的硫化亚铁粉末遇空气氧化自燃，引发天然气管外爆炸。因第一次爆炸后的猛烈燃烧，使管内天然气产生相对负压，造成部分高热空气迅速回流管内与天然气混合，相继引发第二次爆炸和第三次爆炸。

2）间接原因

威青线大修工程投产方案没有采用氮气置换，直接用天然气置换，致使天然气与空气混合，形成爆炸气体。富加站值班宿舍与场站安全距离不够，应急逃生通道选在管线上方，致使爆炸时，人员伤亡严重。员工家属违反规定住在值班宿舍，导致事故进一步扩大。

3. 事故教训

（1）对储存、集输、生产易燃易爆气体、液体的装置、管线等必须采取防化学腐蚀措施，并按要求定期进行检测。

（2）在易燃易爆气体、液体的管线、场站安全距离内禁止修建房屋、宿舍，必须合理选择应急逃生通道。

（3）对于投产、大修改造等关键施工必须要有领导干部和现场安全监督进行严格把关。

七、油田专用容器

（一）监督内容

（1）检查油田专用容器设计、制造的情况。

（2）检查油田专用容器安装、改造、维修与使用管理的情况。

（3）检查油田专用容器定期检验的落实情况。

（4）检查油田专用容器安全附件的情况。

（5）检查油田专用容器的防雷、防静电接地的情况。

（二）主要监督依据

GB 50183—2004《石油天然气工程设计防火规范》；

SY/T 0045—2008《原油电脱水设计规范》；

SY/T 0081—2010《原油热化学沉降脱水设计规范》；

SY/T 0515—2014《油气分离器规范》；

SY/T 5984—2014《油(气)田容器、管道和装卸设施接地装置安全规范》；

TSG 21—2016《固定式压力容器安全技术监察规程》。

（三）监督控制要点

（1）检查油田专用容器设计、制造的资质和相关资料，应符合标准规范。

> 监督依据标准：TSG 21—2016《固定式压力容器安全技术监察规程》。
>
> 3.1.1　设计单位许可资格与责任
>
> （1）设计单位及其主要负责人对压力容器的设计质量负责。
>
> （2）压力容器设计单位的资质、设计类别、品种和范围应当符合有关安全技术规范的规定。
>
> 3.1.2　设计许可印章
>
> （1）压力容器的设计总图上，必须加盖特种设备（压力容器）设计许可印章（复印章无效），设计许可印章失效的设计图样和已加盖竣工图章的图样不得用于制造压力容器。
>
> （2）压力容器设计专用章中至少包括设计单位名称、相应资质证书编号、主要负责人、技术负责人等内容。
>
> 3.1.4.2　设计文件的审批
>
> 设计文件中的风险评估报告、强度计算书或者应力分析报告、设计总图，至少进行

设计、校核、审核3级签署；对于第Ⅲ类压力容器和分析设计的压力容器，还应当由压力容器设计单位技术负责人或者其授权人批准（4级签署）。

3.1.9.2　超压泄放装置动作压力

（1）装有超压泄放装置的压力容器，超压泄放装置的动作压力不得高于压力容器的设计压力。

4.1.1　制造单位

（1）压力容器制造（含现场制造、现场组焊、现场粘接，下同，注4–1）单位应当取得特种设备制造许可证，按照批准的范围进行制造，依据有关法规、安全技术规范的要求建立压力容器质量保证体系并且有效运行，单位法定代表人必须对压力容器制造质量负责。

4.1.6　产品铭牌

制造单位必须在压力容器的明显部位装设产品铭牌。铭牌应当清晰、牢固、耐久，采用中文（必要时可以中英文对照）和国际单位。产品铭牌上的项目至少包括以下内容：

（1）产品名称。

（2）制造单位名称。

（3）制造单位许可证书编号和许可级别。

（4）产品标准。

（5）主体材料。

（6）介质名称。

（7）设计温度。

（8）设计压力、最高允许工作压力（必要时）。

（9）耐压试验压力。

（10）产品编号或者产品批号。

（11）设备代码（特种设备代码编号方法见附件D）。

（12）制造日期。

（13）压力容器分类。

（14）自重和容积（换热面积）。

4.1.5　产品出厂资料或竣工资料

压力容器出厂或者竣工时，制造单位应当向使用单位至少提供以下技术文件和资料：

（1）竣工图样，竣工图样上应当有设计单位许可印章（复印章无效），并且加盖竣工图章（竣工图章上标注制造单位名称、制造许可证编号、审核人的签字和“竣工图”字样）。

如果制造中发生了材料代用、无损检测方法改变、加工尺寸变更等，制造单位按照设计单位书面批准文件的要求在竣工图样上做出清晰标注，标注处有修改人的签字及修改日期。

（2）压力容器产品合格证（含产品数据表，式样见附件B）、产品质量证明文件［包括主要受压元件材质证明书、材料清单、质量计划、结构尺寸检查报告、焊接（粘接）记录、无损检测报告、热处理报告及自动记录曲线、耐压试验报告及泄漏试验报告等］和产品铭牌的拓印件或者复印件。

（3）特种设备制造监督检验证书（适用于实施监督检验的产品）。

（4）设计单位提供的压力容器设计文件。

（2）检查油田专用容器的安装、改造、维修与使用管理应符合要求。

【关键控制环节】：

① 从事油田专用容器安装改造维修的单位应当是已取得相应的制造许可证或者安装改造维修许可证的单位。

② 所有油田专用容器、加热设施办理了使用登记，使用单位逐台建立技术档案。

③ 制订了安全管理制度、操作规程、安全检查制度、定期检验计划和应急救援预案。

④ 安全设施与主体设施同时投产和使用。

⑤ 使用单位定期对作业人员进行安全教育与专业培训，作业人员持压力容器操作证上岗；焊工须持与容器等级相应的特种作业操作证。

⑥ 员工正确穿戴防护用品，正确使用防护用具。

⑦ 按照操作规程规范操作容器，不超压、超温、超负荷运行。

⑧ 定期开展油田专用容器应急预案演练。

⑨ 维修前，应制订维修和技术改造方案。

监督依据标准：TSG 21—2016《固定式压力容器安全技术监察规程》。

5.1　安装改造维修单位

（1）安装改造修理单位应当按照相关安全技术规范的要求，建立质量保证体系并且有效运行，单位法定代表人必须对压力容器安装、改造、修理的质量负责。

5.2.1　改造与重大维修含义和基本要求

（2）从事压力容器改造或者重大修理的单位应当是已取得相应的压力容器制造许可证的单位；压力容器的改造或者重大修理方案应当经过原设计单位或者具备相应资质的设计单位同意。

7.1.5 安全管理制度

压力容器使用单位应当按照相关法律、法规和安全技术规范的要求建立健全压力容器使用安全管理制度。安全管理制度至少包括以下几个方面：

（1）相关人员岗位职责。

（2）安全管理机构职责。

（3）压力容器安全操作规程。

（4）压力容器技术档案管理规定。

（5）压力容器日常维护保养和运行记录规定。

（6）压力容器定期安全检查、年度检查和隐患治理规定。

（7）压力容器定期检验报检和实施规定。

（8）压力容器作业人员管理和培训规定。

（9）压力容器设计、采购、验收、安装、改造、使用、修理、报废等管理规定。

（10）压力容器事故报告和处理规定。

（11）贯彻执行本规程及有关安全技术规范和接受安全监察的规定。

7.1.6 压力容器操作规程

压力容器的使用单位，应当在工艺操作规程和岗位操作规程中，明确提出压力容器安全操作要求。操作规程至少包括以下内容：

（1）操作工艺参数（含工作压力、最高或者最低工作温度）。

（2）岗位操作方法（含开、停车的操作程序和注意事项）。

（3）运行中重点检查的项目和部位，运行中可能出现的异常现象和防止措施，以及紧急情况的处置和报告程序。

7.1.7 压力容器技术档案

使用单位应当逐台建立压力容器技术档案并且由其管理部门统一保管。技术档案至少包括以下内容：

（1）使用登记证（见附件 H）。

（2）特种设备使用登记表（见附件 J，以下简称使用登记表）。

（3）压力容器设计、制造技术文件和资料。

（4）压力容器安装、改造和修理的方案、图样、材料质量证明书和施工质量证明文件等技术资料。

（5）压力容器日常维护保养和定期安全检查记录。

（6）压力容器年度检查、定期检验报告。

（7）安全附件校验（检定）、修理和更换记录。

（8）有关事故的记录资料和处理报告。

（3）检查油田专用容器定期检验应符合标准要求。

监督依据标准：TSG 21—2016《固定式压力容器安全技术监察规程》。

7.1.13　定期检验

使用单位应当于压力容器定期检验有效期届满前1个月向特种设备检验机构提出定期检验要求。检验机构接到定期检验要求后，应当及时进行检验。

8.10.4.2　检验周期

压力容器一般应当于投用后3年内进行首次定期检验。下次的检验周期，由检验机构根据压力容器的安全状况等级，按照以下要求确定：

（1）安全状况等级为1、2、3级的，检验结论为符合要求，可以继续使用，一般每3年进行一次定期检验。

（2）安全状况等级为4级的，检验结论为基本符合要求，应当监控使用，其检验周期由检验机构确定，累计监控使用时间不得超过3年，在监控使用期满前，使用单位应当对缺陷进行处理，提高其安全状况等级，否则不得继续使用。

（3）安全状况等级为5级的，检验结论为不符合要求，应当对缺陷进行处理，否则不得继续使用。

（4）检查油田专用容器的安全阀、压力表、液位计等安全附件应齐全可靠。

监督依据标准：GB 50183—2004《石油天然气工程设计防火规范》、TSG 21—2016《固定式压力容器安全技术监察规程》。

TSG 21—2016《固定式压力容器安全技术监察规程》：

9.1.1　通用要求

（1）制造安全阀、爆破片装置的单位应当持有相应的特种设备制造许可证。

9.1.2　安全附件装设要求

（1）本规程适用范围内的压力容器，应当根据设计要求装设超压泄放装置（安全阀或者爆破片装置），压力源来自压力容器外部，并且得到可靠控制时，超压泄放装置可以不直接安装在压力容器上。

9.1.3.1　安全阀、爆破片的排放能力

安全阀、爆破片的排放能力，应当大于或者等于压力容器的安全泄放量。

9.1.2　安全附件装设要求

（3）对易爆介质或者毒性程度为极度、高度或者中度危害介质的压力容器，应当在安全阀或者爆破片的排出口装设导管，将排放介质引至安全地点，并且进行妥善处理；毒性介质不得直接排入大气。

(4)压力容器工作压力低于压力源压力时,在通向压力容器进口的管道上应当装设减压阀,如因介质条件减压阀无法保证可靠工作时,可用调节阀代替减压阀,在减压阀或者调节阀的低压侧,应当装设安全阀和压力表。

(5)使用单位应当保证压力容器使用前已经按照设计要求装设了超压泄放装置。

9.1.3.2 安全阀的整定压力

安全阀的整定压力一般不大于该压力容器的设计压力。设计图样或者铭牌上标注有最高允许工作压力的,也可以采用最高允许工作压力确定安全阀的整定压力。

9.1.3.4 安全阀的动作机构

杠杆式安全阀应当有防止重锤自由移动的装置和限制杠杆越出的导架,弹簧式安全阀应当有防止随便拧动调整螺钉的铅封装置,静重式安全阀应当有防止重片飞脱的装置。

9.1.3.5 安全泄放装置的安装要求

(1)安全泄放装置应当铅直安装在压力容器液面以上的气相空间部分,或者装设在与压力容器气相空间相连的管道上。

(2)压力容器与安全泄放装置之间的连接管和管件的通孔,其截面积不得小于安全阀的进口截面积,其接管应当尽量短而直。

(3)压力容器一个连接口上装设两个或者两个以上的安全泄放装置时,则该连接口入口的截面积,应当至少等于这些安全泄放装置的进口截面积总和。

(4)安全泄放装置与压力容器之间一般不宜装设截止阀门;为实现安全阀的在线校验,可在安全阀与压力容器之间装设爆破片装置;对于盛装毒性程度为极度、高度、中度危害介质,易爆介质,腐蚀、黏性介质或者贵重介质的压力容器,为便于安全阀的清洗与更换,经过使用单位主管压力容器安全技术负责人批准,并且制定可靠的防范措施,方可在安全泄放装置与压力容器之间装设截止阀门,压力容器正常运行期间截止阀门必须保证全开(加铅封或者锁定),截止阀门的结构和通径不得妨碍安全泄放装置的安全泄放。

(5)新安全阀应当校验合格后才能安装使用。

9.1.3.6 安全阀的校验单位

安全阀校验单位应当具有与校验工作相适应的校验技术人员、校验装置、仪器和场地,并且建立必要的规章制度。校验人员应当取得安全阀校验作业人员资格。校验合格后,校验单位应当出具校验报告书并且对校验合格的安全阀加装铅封。

9.2.1.1 压力表的选用

(1)选用的压力表,应当与压力容器内的介质相适应。

（2）设计压力小于1.6MPa压力容器使用的压力表的精度不得低于2.5级，设计压力大于或者等于1.6MPa压力容器使用的压力表的精度不得低于1.6级。

（3）压力表盘刻度极限值应当为最大允许工作压力的1.5～3.0倍。

9.2.1.2　压力表的校验

压力表的校验和维护应当符合国家计量部门的有关规定，压力表安装前应当进行校验，在刻度盘上应当划出指示工作压力的红线，注明下次校验日期。压力表校验后应当加铅封。

9.2.1.3　压力表的安装要求

（1）装设位置应当便于操作人员观察和清洗，并且应当避免受到辐射热、冻结或者震动等不利影响。

（2）压力表与压力容器之间，应当装设三通旋塞或者针形阀（三通旋塞或者针形阀上应当有开启标记和锁紧装置），并且不得连接其他用途的任何配件或者接管。

（3）用于水蒸气介质的压力表，在压力表与压力容器之间应当装有存水弯管。

（4）用于具有腐蚀性或者高黏度介质的压力表，在压力表与压力容器之间应当装设能隔离介质的缓冲装置。

9.2.2.1　液位计通用要求

压力容器用液位计应当符合以下要求：

（1）根据压力容器的介质、最高允许工作压力（或者设计压力）和设计温度选用。

（2）在安装使用前，设计压力小于10MPa的压力容器用液位计，以1.5倍的液位计公称压力进行液压试验，设计压力大于或者等于10MPa的压力容器用液位计，以1.25倍的液位计公称压力进行液压试验。

（3）储存0℃以下介质的压力容器，选用防霜液位计。

（4）寒冷地区室外使用的液位计，选用夹套型或者保温型结构的液位计。

（5）用于易爆、毒性程度为极度、高度危害介质的液化气体压力容器上，有防止泄漏的保护装置。

（6）要求液面指示平稳的，不允许采用浮子（标）式液位计。

9.2.2.2　液位计的安装

液位计应当安装在便于观察的位置，否则应当增加其他辅助设施。大型压力容器还应当有集中控制的设施和警报装置。液位计上最高和最低安全液位，应当做出明显的标志。

9.2.3　壁温测试仪表

需要控制壁温的压力容器，应当装设测试壁温的测温仪表（或者温度计）。测温仪表应当定期校验。

3.1.14　检查孔

（1）压力容器应当根据需要设置人孔、手孔等检查孔，检查孔的开设位置、数量和尺寸等应当满足进行内部检验的需要。

3.2.6　泄漏信号指示孔要求

压力容器上的开孔补强圈及周边连续焊的起加强作用的垫板应当至少设置一个泄漏信号指示孔；多层筒节包扎压力容器每片层板、多层整体包扎压力容器每层板筒节、套合压力容器每单层圆筒（内筒除外）的两端均应当至少设置一个泄漏信号指示孔。

GB 50183—2004《石油天然气工程设计防火规范》：

12.5　安全附件应实行定期检验制度，安全阀每年至少校验一次。

（5）检查油田专用容器的防雷、防静电接地应规范、有效。

监督依据标准：SY/T 5984—2014《油（气）田容器、管道和装卸设施接地装置安全规范》。

4.5　可燃气体、油品、液化石油气、天然气凝液的钢罐应设防雷接地，并应符合下列规定：

a）接闪器的保护范围应包括整个储罐。

b）装有阻火器的甲B、乙类油品地上固定顶罐，当顶板厚度大于或等于4mm时，不应装设避雷针（线），但应设防雷接地。

c）压力储罐、丙类油品钢制储罐不应装设避雷针（线），但应设防感应雷接地。

d）浮项罐、内浮顶罐不应装设避雷针（线），但应将浮顶与罐体用两根导线作电气连接。浮顶罐连接导线应符合GB 15599—2009中4.1.3的规定。对于内浮顶罐，钢质浮盘的连接导线应选用截面积不小于16mm^{2}的软铜复绞线；铝质浮盘的连接导线应选用直径不小于1.8mm的不锈钢钢丝绳。

4.6　油、气集输生产装置中的立式和卧式金属容器（三相分离器、电脱水器、原油稳定塔、缓冲罐等）至少应设有两处接地，接地端头分别设在卧式容器两侧封头支座底部及立式容器支座底部两侧地脚螺栓位置。接地电阻值应小于10Ω。

4.9　钢油罐的防雷接地装置可兼作防静电接地装置。

7.1.1　容器、管道和装卸设施，其防雷接地装置的刚性导体引下线，宜采用镀锌扁钢制成，扁钢厚度不小于4mm. 宽度不小于40mm。

7.1.2　容器、管道和装卸设施的防静电接地引下线，宜选用厚度不小于4mm，宽度不小于25mm的镀锌扁钢制作。

7.1.4　接地应设过渡连接的断接卡，其中：

a）断接卡应设在引下线至接地体之间。

b）断接卡宜设在距地面0.3m～1.0m，方便安装。

c）断接卡与上下两端采用满焊搭接，搭接长度应为扁钢宽度的两倍。

d）断接卡采用配锁紧螺母或弹簧垫圈的M12不锈钢螺栓紧固，搭接长度不小于扁钢的两倍，连接金属面应除锈、除油污。

7.3.1　接地体应采用钢管或角钢制作，钢管最小壁厚为3.5mm，角钢最小壁厚为4mm。

7.1.5　测试点宜标出明显标记。

8.1.3　由具有资质的持证专业人员进行检测。

4.2　金属油（气）储罐（包括球罐、高架罐等）应设有固定式防雷防静电接地装置，接地点沿外围均匀布置，接地点沿罐底周边每30m不少于一个，但周长小于30m的单罐接地点不应少于两个，接地电阻值应小于10Ω。

9.2　外观检查主要内容包括：

a）接地装置锈蚀或机械损伤情况，导体损坏、锈蚀深度大于30%或发现折断应立即更换。

b）引下线周围不应有对其使用效果产生干扰的电气线路。

c）断接卡子螺母是否均匀牢靠。

d）接地装置周围土壤有无下沉现象。

9.3　资料检查主要内容包括：

a）资料齐全完整，数据准确。

b）接地电阻测试值符合本标准要求，同一接地体接地电阻测试值变化情况。

（四）典型“三违”行为

（1）在压力容器装置运行期间，带压检维修作业。

（2）倒错流程或开错阀门，致使容器憋压。

（3）校验安全阀期间，将安全阀座孔盲死或关闭控制阀门。

八、加热设备

（一）监督内容

（1）检查加热设备设计、制造、安装资质，人员培训的符合情况。

（2）检查加热设备布置安装的符合情况。

（3）检查加热设备安全装置、附件的情况。

（4）检查加热设备运行管理和操作的情况。

（二）主要监督依据

GB/T 19839—2005《工业燃油燃气燃烧器通用技术条件》；

GB 50183—2004《石油天然气工程设计防火规范》；

GB 50350—2015《油田油气集输设计规范》；

SY 0031—2012《石油工业用加热炉安全规程》；

SY/T 6320—2016《陆上油气田油气集输安全规程》。

（三）监督控制要点

（1）检查加热设备的设计、制造和安装资质，操作人员的培训应符合规范要求。

> 监督依据标准：SY 0031—2012《石油工业用加热炉安全规程》。
>
> 5.1 设计
>
> 5.1.1 加热炉的设计应由持有“中华人民共和国特种设备设计许可证”压力容器相应资质且不低于 D_2 级的单位承担。加热炉的设计人员应具有相应的执业资格。
>
> 5.2 制造
>
> 5.2.1 加热炉的制造应由持有“中华人民共和国特种设备设计许可证”压力容器相应资质且不低于 D_2 级的单位承担，其中管式加热炉和常压火筒式间接加热炉的制造，也可由具有锅炉 C 级以上（含 C 级）制造资质的单位承担。
>
> 5.3 安装
>
> 5.3.1 加热炉的安装，应由具有相应制造资质或按相关安全技术规范取得相应安装资质的单位承担。
>
> 5.2.3 加热炉出厂时，应附有下列技术资料：
>
> a）加热炉竣工图。
>
> b）安全性能监督检验证书（常压加热炉除外）。
>
> c）产品质量证明文件。
>
> d）设计单位提供的加热炉设计文件。
>
> e）安装和使用说明书。
>
> f）燃烧器等主要配件型式及参数。
>
> 5.2.4 加热炉应在明显位置装设金属铭牌，铭牌上应至少标明下列内容：
>
> a）加热炉的型号、名称。

b）制造单位名称和制造许可证编号。

c）产品编号。

d）额定热负荷，kW。

e）被加热介质名称。

f）设计热效率，%。

g）设计压力（壳程、管程），MPa。

h）设计温度（材料），℃。

i）水压试验压力，MPa。

j）设备总质量，kg。

k）设备外形尺寸，mm。

l）制造年月。

m）出厂检验单位及检验标志。

10.3　加热炉的使用单位，应对加热炉的操作人员进行定期培训和安全教育，并经安全部门考试合格后才能独立上岗操作。

（2）检查加热设备布置安装应符合规范要求。

【关键控制环节】：

① 加热炉的防火间距符合要求。

② 加热炉的供气、供油系统符合标准要求。

③ 加热炉配套装置配备齐全、完好。

监督依据标准：GB 50183—2004《石油天然气工程设计防火规范》、GB 50350—2015《油田油气集输设计规范》、SY 0031—2012《石油工业用加热炉安全规程》、SY/T 6320—2016《陆上油气田油气集输安全规程》。

GB 50183—2004《石油天然气工程设计防火规范》：

5.2.2

2　加热炉与分离器组成的合一设备、三甘醇火焰加热再生釜、溶液脱硫的直接火焰加热重沸器等带有直接火焰加热的设备，应按明火或散发火花的设备或场所确定防火间距。

3　克劳斯硫黄回收工艺的燃烧炉、再热炉、在线燃烧器等正压燃烧炉，其防火间距按其他工艺设备和厂房确定。

5.2.6　加热炉附属的燃料气分液包、燃料气加热器等与加热炉的防火距离不限；燃料气分液包采用开式排放时，排放口距加热炉的防火间距应不小于15m。

5.2.3 生产规模小于 $50\times10^4m^3/d$ 的天然气净化厂和天然气处理厂对加热炉及锅炉房、10kV 及以下房外变压器、配电间与油泵及油泵房、阀组间的防火间距为 22.5m。

表 5.2.2–2 装置内部的防火间距（m）

<table>
<tr><th colspan="2" rowspan="2">名称</th><th rowspan="2">明火或散发火花的设备场所</th><th rowspan="2">仪表控制间、10kV 及以下的变配电室、化验室、办公室</th><th rowspan="2">可燃气体压缩机或其厂房</th><th colspan="3">中间储罐</th></tr>
<tr><th>甲 A 类</th><th>甲 B 类、乙 A 类</th><th>乙 B 类、丙类</th></tr>
<tr><td colspan="2">仪表控制间、10kV 及以下的变配电室、化验室、办公室</td><td>15</td><td></td><td></td><td></td><td></td><td></td></tr>
<tr><td colspan="2">可燃气体压缩机或其厂房</td><td>15</td><td>15</td><td></td><td></td><td></td><td></td></tr>
<tr><td rowspan="3">其他工艺设备及厂房</td><td>甲 A 类</td><td>22.5</td><td>15</td><td>9</td><td>9</td><td>9</td><td>7.5</td></tr>
<tr><td>甲 B 类、乙 A 类</td><td>15</td><td>15</td><td>9</td><td>9</td><td>9</td><td>7.5</td></tr>
<tr><td>乙 B、丙类</td><td>9</td><td>9</td><td>7.5</td><td>7.5</td><td>7.5</td><td></td></tr>
<tr><td rowspan="3">中间储罐</td><td>甲 A 类</td><td>22.5</td><td>22.5</td><td>15</td><td></td><td></td><td></td></tr>
<tr><td>甲 B 类、乙 A 类</td><td>15</td><td>15</td><td>9</td><td></td><td></td><td></td></tr>
<tr><td>乙 B、丙类</td><td>9</td><td>9</td><td>7.5</td><td></td><td></td><td></td></tr>
</table>

6.1.15 加热炉以天然气为燃料时，供气系统应符合下列要求：

1 宜烧干气，配气管网的设计压力不宜大于 0.5MPa（表压）。

2 当使用有凝液析出的天然气作燃料时，管道上宜设置分液包。

3 加热炉炉膛内宜设长明灯，其气源可从燃料气调节阀前的管道上引向炉膛。

6.2.1 加热炉或锅炉燃料油的供油系统应符合下列要求：

1 燃料油泵和被加热的油气进、出口阀不应布置在烧火间内；当燃料油泵与烧火间毗邻布置时，应设防火墙。

2 当燃料油储罐总容积不大于 $20m^3$ 时，与加热炉的防火间距不应小于 8m；当大于 $20m^3$ 至 $30m^3$ 时，不应小于 15m。燃料油储罐与燃料油泵的间距不限。加热炉烧火口或防爆门不应直接朝向燃料油储罐。

SY/T 6320—2016《陆上油气田油气集输安全规程》：

4.1.2 单井拉油的采油井口、加热炉和储油罐宜角形布置在当地最小频率风向的上风侧。

SY 0031—2012《石油工业用加热炉安全规程》：

7.1　加热炉的结构应方便操作、维护、清理和检查，并保证无损检测的实施。应根据需要设置检查孔（包括人孔、手孔和洗炉孔等），其位置、数量和规格应满足维修、清理及全面检验的需要。

7.3　加热炉应设置泄爆装置。泄爆装置排泄口不应正对着操作人员的操作方位和通道，且不应危及其他设备安全。当炉膛分为几个隔室时，每个隔室均应设置泄爆装置。对于烟囱能够起到泄爆作用的加热炉，可不设置泄爆装置。

7.4　加热炉及其主要受压元件在运行时应能自由膨胀。

7.9　火筒式加热炉壳程应设置可靠的安全泄放装置。

7.11　被加热介质为易燃易爆介质的管式加热炉应在辐射段设置灭火管，且应保证在15min内至少可充满3倍炉膛体积。灭火气体可采用氮气、蒸汽或其他灭火气体。

7.12　立式圆筒形管式加热炉的底部支柱应采取必要的防火措施。

GB 50350—2015《油田油气集输设计规范》：

4.5.7　管式加热炉的工艺管道安装设计应符合下列规定：

1　炉管的进出口应装温度计和截断阀。

2　应设炉管事故紧急放空和吹扫管道。

3　进出油汇管宜设连通。

4　进口汇管应与进站油管道连通。

5　当多台并联时，进口管路设计宜使介质流量对每台加热炉均匀分配。

（3）检查加热设备的安全阀、压力表、液位计、报警装置等安全附件应齐全完好。

监督依据标准：SY 0031—2012《石油工业用加热炉安全规程》。

9.2　安全阀

9.2.1　火筒式加热炉（常压水套炉除外）至少应装设1个安全阀，额定热负荷大于或等于630kW的水套炉至少应装设2个安全阀。相变加热炉应在壳体顶部设置足够数量的爆破片，爆破片的设置应符合GB/T 21435的规定。

9.2.2　安全阀与加热炉之间不宜设置截止阀门。

9.2.3　安全阀的安装应符合下列要求：

a）安全阀应铅直安装在加热炉壳体相对低温区域的最高位置，并应便于检查和维修。

b）安全阀与加热炉之间连接管和管件的通孔截面积不应小于安全阀的进口截面积，且接管应尽量短而直。

c）几个安全阀共同装设在与壳体直接相连的连接口上时，该连接口入口的截面积不应小于所有安全阀流通面积之和的1.25倍。

9.2.4　当被加热介质为易爆介质时，安全阀的排出口应装设泄放管，泄放管上不允许装设阀门。泄放管应直通安全地点，并保证足够的流通面积，同时还应采取阻火、防冻措施。

9.2.5　安全阀的整定压力应符合设计文件的规定，且不应大于加热炉的设计压力。

9.2.6　安全阀的实际排放能力应大于或等于加热炉的安全泄放量，且安全阀的喉径不应小于20mm。

9.2.7　安全阀的校验应由有资质的单位承担。安全阀校验合格后，校验单位应出具校验报告，并对校验合格的安全阀加铅封。

9.3　压力表

9.3.1　火筒式加热炉（常压水套炉除外）壳程和管式加热炉炉管进出口处应装设压力表。

9.3.2　压力表的选用应符合下列规定：

a）设计压力小于1.6MPa时，压力表的精度等级不应低于2.5级；设计压力大于或等于1.6MPa时，不应低于1.6级；相变加热炉用真空压力表的精度等级应不低于1.6级。

b）压力表表盘刻度极限值应为最高工作压力的1.5～3.0倍。

c）表盘直径不应小于100mm。

9.3.3　压力表安装前应进行校检，在刻度盘上应划出指标最高工作压力的红线，注明下次校验日期。压力表校验后应加铅封。

9.4　液面计

9.4.1　火筒式加热炉壳程应装设液面计。

9.4.2　液面计应安装在便于观察和维护的位置。操作人员应加强液面计的维护管理，保持完好和清晰。

9.4.3　寒冷地区室外使用时，应选用防霜液位计。

9.4.4　液位计应有指示最高、最低安全液位的明显标志。

9.4.7　液面计出现下列情况之一时，应停止使用并更换：

a）超过规定的检修期限。

b）阀件固死。

c）出现假液位。

d）液面计指示模糊不清。

9.5　测量仪表

9.5.1　应至少在加热炉介质进出口、管式加热炉对流段传热面尾部、管式加热炉炉膛和燃料进燃烧器处装设测温仪表，有空气预热器的加热炉在预热器出口处也应装设测温仪表。仪表应正确反映介质温度，并便于观察、检修。

9.6　报警装置

9.6.1　具备电力供应条件的加热炉应设置燃烧器熄火报警装置。火筒式加热炉应设置加热段低液位报警装置；管式加热炉应设置炉膛超温报警装置。

9.6.2　加热炉宜设置下述报警装置：

a）超温报警装置。

b）火筒式加热炉高液位报警装置（水套炉和满液位运行的加热炉除外）。

（4）检查加热设备运行和人员操作应规范。

【关键控制环节】：

① 加热炉运行时，操作人员应严格遵守操作规程，并定时、定点、定线进行巡回检查。

② 加热炉的定期检验应全面、规范。

监督依据标准：SY 0031—2012《石油工业用加热炉安全规程》。

10.2　加热炉的使用单位，应建立加热炉的安全技术档案，制订有关的加热炉管理制度，并由管理部门统一管理。

10.4　加热炉的使用单位，应根据生产工艺要求和加热炉的技术性能制订加热炉的安全操作规程，并严格执行。

10.6　加热炉运行时，操作人员应严格遵守安全操作规程和岗位职责，定时、定点、定线进行巡回检查，并做好操作运行记录。

11　定期检验

11.1　加热炉的定期检验应包括全面检验和水压试验。使用单位应于加热炉定期检验有效期满前1个月向特种设备检验机构提出定期检验要求；其他加热炉的定期检验年度计划应由使用单位报送主管部门和相应安全部门。安全部门应对检验计划的执行情况和检验质量进行监督检查。

11.3　加热炉的定期检验，投入使用后首次检验周期不应超过三年，以后的定期检验周期，由检验机构或单位根据其安全状况等级确定。

11.8　经过定期检验的加热炉，检验机构或单位应出具检验报告，给出加热炉的允许运行参数及下次定期检验的日期。检验报告应存入加热炉技术档案。

（四）典型“三违”行为

（1）燃油（气）炉点火前，炉膛强制通风不够。

（2）加热设备运行时，擅自停止循环系统，造成加热设备局部过热、穿孔。

（3）加热炉停炉时，炉膛温度未降至环境温度，就关闭加热炉进出口阀门。

（五）事故案例分析

1. 事故经过

某联合站 3# 加热炉（二段脱水炉）左侧火筒上部距离炉口约 4.2m 处火管鼓包穿孔，含水油泄漏，遇热源起火，事故导致 3 台加热炉局部受损，未造成人员伤亡。

2. 主要原因

加热炉火筒鼓包穿孔，含水油泄漏遇高温燃烧是导致火灾事故的直接原因。聚驱加热炉火筒表面结垢或聚合物堆积，火筒导热能力变差，局部过热，材质强度下降，形成鼓包变形，继续持续加热达到强度极限，出现穿孔。

3. 事故教训

（1）应严格执行相关制度、标准要求，如"使用单位应定期进行加热炉清淤及烟火管除垢，其中水驱区块加热炉的清淤除垢每年不能少于一次，用于聚驱三元驱区块的加热炉每年不能少于二次"的要求；"使用单位应严格按照规定进行定期检查和维护，并做好记录，发现问题逐级上报定期检查和维护的内容，包括每月检查加热炉表面有无裂纹、变形，炉膛内部和火管耐火衬里有无裂纹，烟火管有无凹凸变形等"要求。

（2）不断修订应急处置卡，完善应急处置措施。脱水岗生产事故应急处置方案中有关加热炉着火应急处置规定：切断加热炉送气总阀门，导通加热炉进出口联通，关闭事故炉进出口阀门，火势无法控制，报 119，组织人员撤离。预案中缺少火势蔓延后，无法靠近事故现场时的应对方案和处置措施，方案制订不全面。

九、湿蒸汽发生器

（一）监督内容

（1）检查湿蒸汽发生器的设计、制造、安装、维修（改造）单位资质，操作人员持证的符合情况。

（2）检查湿蒸汽发生器的安全技术管理情况。

（3）检查湿蒸汽发生器的安全运行管理情况。

（4）检查湿蒸汽发生器安全附件及控制保护装置的情况。

（5）检查湿蒸汽发生器的水质情况。

（6）检查湿蒸汽发生器的检验、报废管理情况。

（二）主要监督依据

AQ 2012—2007《石油天然气安全规程》；

SY/T 5854—2019《油田专用湿蒸汽发生器安全规范》；

TSG 21—2016《固定式压力容器安全技术监察规程》；

《特种设备安全监察条例》(国务院令〔2009〕)第549号)。

(三)监督控制要点

(1)检查湿蒸汽发生器的设计、制造、安装、维修(改造)单位资质，操作人员持证应符合要求。

> 监督依据标准：SY/T 5854—2019《油田专用湿蒸汽发生器安全规范》。
>
> 4.1 发生器的设计单位应建立完备的质量管理体系，取得相应的设计资质。
>
> 4.2 发生器的设计单位应向用户提供设计图样，安装、使用说明书，受压元件强度计算书，热力计算书，各项保护装置的整定值和安全阀排放量计算书等。
>
> 5.1 发生器制造单位应具备完整的质量管理体系和较强的技术力量、工装设备等条件，应取得相应的特种设备制造许可证，经油田特种设备管理部门资质审查合格后，方可进入油田销售市场。
>
> 5.5 发生器制造单位应在明显部位装设产品金属铭牌。
>
> 6.1 发生器安装单位应具备完整的质量管理体系和一定技术力量、工装设备及必要的检测手段，取得相应的安装资格或认可，应经油田特种设备安全管理部门批准后方能承担发生器的安装工作。
>
> 6.2 发生器的安装应有经本单位技术负责人批准的施工技术方案，报油田特种设备安全管理部门审核备案，并向专业检验单位告知后，方可施工。
>
> 7.2.1 发生器使用单位应逐台建立发生器技术档案，并且由其管理部门统一保管。
>
> 7.4.1 发生器操作人员应经专业培训考试，取得特种设备安全管理部门颁发的操作证后，方可上岗操作。
>
> 7.4.2 发生器操作人员应熟悉设备安全运行操作规程，定期检查设备运行情况，做好安全运行。
>
> 8.1 发生器受压元件的修理及本体改造单位应具备完整的质量管理体系和一定技术力量、工装设备和必要的检测手段，应取得相应的特种设备修理改造许可证，经油田特种设备管理部门批准后，方可承担修理(改造)工作。

(2)检查湿蒸汽发生器的安全技术管理应到位。

> 监督依据：SY/T 5854—2019《油田专用湿蒸汽发生器安全规范》《特种设备安全监察条例》(国务院令〔2009〕第549号)。
>
> SY/T 5854—2019《油田专用湿蒸汽发生器安全规范》：

7.1.1 发生器首次投入使用前，使用单位应到当地特种设备安全监管部门办理特种设备使用登记证。

《特种设备安全监察条例》（国务院令〔2009〕第549号）：

第二十五条 特种设备在投入使用前或者投入使用后30d内，特种设备使用单位应当向直辖市或者设区的市的特种设备安全监督管理部门登记。登记标志应当置于或者附着于该特种设备的显著位置。

第二十八条 特种设备使用单位应当按照安全技术规范的定期检验要求，在安全检验合格有效期届满前1个月向特种设备检验检测机构提出定期检验要求。

未经定期检验或者检验不合格的特种设备，不得继续使用。

（3）检查湿蒸汽发生器的运行安全管理应符合标准要求。

监督依据标准：SY/T 5854—2019《油田专用湿蒸汽发生器安全规范》。

7.5 新安装、移装、长期停用（停止运行1年及以上）的发生器在使用前至少应做下列检查：

a）工艺管路上阀门是否在工况位置。

b）安全报警装置是否校验合格。

c）电源电压是否正常。

d）自动控制系统是否正常。

e）燃料系统有无渗漏。

f）安全附件是否齐全并已校验合格。

g）辅机及水处理设备是否正常。

7.6.3 新安装或长期停用的发生器在投运前应烘干衬里。

7.8.1 发生器由正常状态停止运行时，将火量开关切换到小火位置，运行10min后将联锁开关关闭，进行后吹扫，后吹扫时间不应少于20min，并及时关闭燃料阀。不得急剧灭火。

7.8.3 冬季停止运行应有可靠的防冻措施。

7.8.4 发生器运行时遇有下列情况之一时，应紧急停止运行：

a）给水系统失效不能向发生器正常供水。

b）超温、超压经处理后仍无下降。

c）主控仪表或安全阀失效。

d）受压元件损坏，危及操作人员安全。

e）钢结构、绝热层脱落烧损。

f）其他影响发生器安全运行的情况。

9.3 化学清洗施工应由经过油田特种设备安全管理部门资格审查批准或认可的专业清洗单位进行。清洗单位应具备一定技术力量及质量控制手段、必要的工装设备和化验设施，并健全各项管理制度。

9.5 清洗方案应报油田特种设备安全管理部门批准。

（4）检查湿蒸汽发生器的安全附件及控制保护装置应齐全、工作正常。

监督依据标准：SY/T 5854—2019《油田专用湿蒸汽发生器安全规范》。

12.1.1 发生器应在下列部位装设安全阀：

a）高压泵出口。

b）蒸汽出口（至少装设两个）。

c）雾化分离器。

d）雾化管线。

e）汽水分离器顶部。

12.1.2 安全阀应铅直安装，在安全阀和管道之间不应安装取样管和阀门。

12.1.4 蒸汽出口安全阀排放压力，按介质流动方向依次应为1.05倍和1.08倍最高工作压力。

12.1.5 高压泵出口安全阀排放压力应不超过高压给水缓冲器设计压力。

12.1.6 蒸汽出口安全阀出口应装设排气管直通安全地点并有足够的流通截面积，排气管底部应装有疏水管并接至安全地点，排气管和疏水管均不应安装阀门。

12.1.7 发生器在用安全阀应每年至少校验一次，新的和维修后的安全阀也应进行校验。

12.1.9 安全阀经校验后应加锁或铅封，不应用加重物、将阀芯卡死等方法提高安全阀起始排放压力或使安全阀失效。

12.1.11 安全阀校验单位应具有一定技术力量，有现场和室内校验设备，经油田特种设备安全管理部门资格审查批准具有相应资质的校验单位方可承担校验工作。

12.2.1 发生器应在下列部位装设压力表：

a）高压泵进、出口。

b）对流段进、出口。

c）辐射段进、出口。

d）蒸汽出口。

e）过热段进、出口。

f）自用蒸汽压力调节阀进、出口。

g)燃料管道入口、燃烧器入口。

h)燃料用蒸汽、空气(雾化)管道入口。

12.2.2 压力表的选用应符合以下规定:

a)高温、震动部位应分别安装耐高温、防震压力表。

b)发生器所用压力表的精度等级不应低于1.6级。

c)压力表盘刻度极限值应是最高工作压力的1.5倍至3.0倍,最好选用2倍。

d)压力表盘直径不应小于100mm。

12.2.3 压力表应安装在便于观察、更换、冲洗的位置上,在刻度盘上应划出指示工作压力的红线。

12.2.4 压力表应按计量部门规定进行检定,检定后的压力表应加铅封,并标明有效期。

12.2.5 压力表有下列情况之一时,应对其更换:

a)有限止钉的压力表在无压力时,指针转动后不能回到限止钉处;没有限止钉的压力表在无压力时,指针离零位的数值超过压力表规定的允许误差。

b)表盘玻璃破碎或刻度模糊不清。

c)铅封损坏或超过检定有效期。

d)表内泄漏或指针有跳动和停滞现象。

e)其他影响压力表准确指示的缺陷。

f)压力表经校验不合格的。

12.3.1 发生器应在以下部位安装温度指示仪表:

a)发生器给水管路。

b)对流段出(入)口。

c)辐射段出(入)口。

d)过热器出(入)口。

e)电加热出口。

f)燃烧器燃油入口。

g)排烟烟道。

h)蒸汽出口。

i)辐射段、过热段末端管壁。

12.3.2 温度指示仪表的选用应符合下列规定:

a)温度计应选用压力式或双金属式或热电偶式。

b)表盘式测温仪表量程应为最高工作温度的1.5倍至2倍;温度指示仪表精度等级应不低于1级。

c）经过定期校验且在有效期内。

12.3.3　温度指示仪表有下列情况之一时，应停止使用：

a）仪表本体损坏或刻度模糊不清。

b）计量单位未采用法定计量单位。

12.5.1　发生器自动控制系统至少应具备以下功能：

a）自动点火及报警时自动停机。

b）流量、压力、火量自动监测及调节。

c）手动调节。

12.5.2　发生器至少应装设下列保护装置：

a）蒸汽超压、超温报警和联锁保护装置。

b）润滑油压力低报警和联锁保护装置。

c）雾化压力低报警和联锁保护装置。

d）燃烧气门开度报警和联锁保护装置。

e）熄火报警和联锁保护装置。

f）鼓风、仪表用风压力低报警和联锁保护装置。

g）管壁超温报警和联锁保护装置。

h）给水低流量、给水低压力报警和联锁保护装置。

i）燃油或天然气压力低报警和联锁保护装置。

j）烟温高报警和联锁保护装置。

（5）检查湿蒸汽发生器的水质指标应符合要求，水质化验人员持证上岗。

监督依据标准：SY/T 5854—2019《油田专用湿蒸汽发生器安全规范》。

7.10.1　使用单位应做好给水水质管理工作，发生器运行时给水品质应符合表1要求。

7.10.3　水质化验人员应经过专业培训考试，取得特种设备安全管理部门颁发的操作证后方可上岗。

表1　给水品质

序号	项目	单位	发生器进口	化验周期，h
1	总硬度（$CaCO_3$）	mg/L	≤0.1	2
2	总悬浮固型物含量	mg/L	≤2	—
3	总铁含量	mg/L	≤0.1	8

续表

序号	项目	单位	发生器进口	化验周期，h
4	溶解氧(二次脱氧)	mg/L	≤0.05	4
5	总溶解固形物	mg/L	<7000	—
6	总碱度	mg/L	<2000	4
7	油含量	mg/L	<2	—
8	二氧化硅含量	mg/L	<50	—
9	pH 值(25℃)	—	7.5～11	8

（6）检查湿蒸汽发生器的定期检验、报废应符合规范要求。

监督依据标准：SY/T 5854—2019《油田专用湿蒸汽发生器安全规范》。

10.1　发生器应实行定期检验制度。定期检验分为外部检验、内部检验、水压试验、水质监测。定期检验工作由油田特种设备安全管理部门认可的国家质量监督检验检疫总局核准具有相应资格的检验单位进行。

10.2　检验周期：

a）外部检验：发生器运行检验，一般每年进行一次。

b）内部检验：发生器停机检验，每两年至少进行一次。

c）水压试验：检验人员或使用单位对设备安全状况有怀疑时，应进行水压试验。

d）水质监测：对发生器用水进行监测，一般每年至少进行一次。

e）发生器有下列情况之一时，应进行外部检验：

1）移装发生器开始投运时。

2）发生器的燃烧方式或安全自控系统有改动后。

f）发生器有下列情况之一时，应进行内部检验：

1）新安装的发生器在运行一年后。

2）发生器移装前。

3）发生器停运一年以上恢复运行前。

4）根据上次内部检验结果和发生器运行情况，对设备安全可靠性有怀疑时。

5）根据外部检验结果和发生器运行情况，对设备安全可靠性有怀疑时。

6）受压元件经重大修理或改造及重新运行一年后。

g）发生器有下列情况之一时，应进行水压试验：

1）移装发生器投运前。

2）受压元件经重大修理或改造后。

10.3　从事检验工作的检验人员应由取得国家技术监督部门颁发的锅炉检验师资格证书的人员担任。

10.4　检验单位应保证检验（包括缺陷处理后的检验）质量，检验时应有详细记录，检验后应按各类检验项目出具检验报告，检验报告应由持证检验师签字，经审核并加盖检验单位公章后方为有效。

11.3　凡报废发生器应报油田特种设备安全管理部门备案，注销使用登记证。已报废发生器应就地解体，不应再投入使用。

（四）典型“三违”行为

（1）操作人员无证上岗。

（2）带压进行维修作业。

（3）违反操作规程停启炉。

十、注水泵、注水管线

（一）监督内容

（1）检查泵及注水系统的情况。

（2）检查运行维护措施的落实情况。

（二）主要监督依据

GB 50391—2014《油田注水工程设计规范》；

AQ 2012—2007《石油天然气安全规程》；

JB/T 9087—2014《油田用往复式油泵、注水泵》；

Q/SH 1020 0124—2006《注水泵操作与保养规程》；

SY/T 4122—2012《油田注水工程施工技术规范》。

（三）监督控制要点

（1）检查泵及注水系统应本质安全、无隐患。

【关键控制环节】:

① 注水泵、过滤器、贮水罐、高低压阀组等注水系统施工安装规范，配套性符合要求。

② 辅助系统与主体设备满足安全要求。

③ 泵进水管线上安装减震器；液力端井口安装放气阀；液力端出口安装蓄能器。

④ 安全附件选型正确、安装规范、检验及时。

⑤ 动力部分的声音正常，曲轴箱润滑油合格。

⑥ 注水泵各部位的温度正常。

监督依据标准：JB/T 9087—2014《油田用往复式油泵、注水泵》。

4.7　泵运行时的噪声不大于表2的规定。

表2　泵运行时的噪声

额定输入功率，kW	额定排出压力，MPa			
	≤20	＞20～31.5	＞31.5～40	＞40—50
≤37	87dB（A）	90dB（A）	95dB（A）	—
＞37～75	92dB（A）	95dB（A）	98dB（A）	
＞75～150	95dB（A）	98dB（A）	100dB（A）	
＞150～280	98dB（A）	100dB（A）	103dB（A）	
＞280～680	100dB（A）	103dB（A）	—	

5.4.2.8　压力表量程的选择应使被测压力的指示平均值为满量程的1/3～2/3。

5.1.3　泵的排出管路上应设置安全阀或其他超压保护装置。

4.10　当泵配带安全阀或溢流阀或其他型式的超压保护装置，安全阀的正常开启压力可调整于1.05～1.25倍额定排出压力，最高开启压力不应大于该泵的液压试验压力。

5.3.8.1　安全阀应进行试压试验和调整，合格后应加铅封。

4.5　泵在运行时应符合下列条件：

c）润滑油压及油位在规定范围内，油池油温不超过75℃。

d）无异常声响和振动（如撞击声、无规律不均匀的声响和振动等）。

e）泵在额定工况运行时，原动机不应过载。

4.3　泵应满足额定工况下的连续工作制（连续工作是指泵在额定工况下每天连续运转8h～24h）。

4.4　泵应能在安全阀开启压力及额定转速下安全运转。

4.16　输送油田污水时，泵的过流零、部件应耐蚀或采取相应的耐腐蚀措施。

4.17　液缸体等承压零件应具有足够的刚性，且不因输送介质的温度、压力和作用于其上的外力和外加扭矩等原因产生扭曲或严重的变形而导致输送介质的泄漏。

4.20　联轴器、传动胶带和其他可能对人体产生伤害的运动零件的周围，应有防护罩。

4.21　泵用于输送原油时，电动机和电气设备的防爆型式类别、级别和温度组别按 GB 3836.1—2000 中的规定。

4.22　泵应配带有排出压力超压、吸入压力过低，润滑油压力过高和过低、电动机超载等危险的报警装置。泵用于单井装置上时，报警后应能自动停车。

5.1.4　排出管路允许承受的压力应与被试泵的最大排出压力相适应。

5.1.5　吸入管路的各连接处不应有泄漏，以防外界空气进入管路。

5.1.6　排出管路上应设置足够大的空气室或其他脉动吸收装置，以保证压力表和流量测量仪表指标值的波动范围符合测量要求。

6.7.1　每台泵应进行出厂检验。

7.1　泵的标牌应固定在泵的明显部位。标牌尺寸和技术要求应符合 GB/T 13306 的规定。标牌和它的紧固件材料应按泵工作环境选择。标牌应包括下列内容：

a）制造厂名称及商标。

b）泵型号和名称。

c）主要参数：额定流量，m^3/h；额定排出压力，MPa；额定吸入压力，MPa；泵速，min^{-1}；原动机功率，kW；重量，kg。

注：调速的泵应列出流量和泵速范围。

d）出厂编号。

e）出厂年月。

7.2　泵应配带产品注册商标。

7.3　泵的重要外购配套设备上亦应有标牌及相应技术文件。

7.4　泵的机体应有曲轴旋转方向指示。其他重要的单方向旋转设备上亦应有旋转方向指示。

7.5　泵应做油漆或防锈处理。所有通大气的通道应封住。法兰面和焊接坡口应加罩壳。管径较小的辅助管路应拆下或加临时支架。

7.6　泵的随机文件应包括安装图、使用说明书、装箱单、合格证。文件应包装在不透水的塑料袋内，并置于包装箱内。

（2）检查运行维护措施应落实。

【关键控制环节】：

① 操作人员劳保着装符合防静电要求，女工头发置于压发帽内，电工作业时佩戴绝缘手套，穿绝缘工鞋。

② 现场有设备操作规程，岗位员工应按规程操作。

③ 注水泵压力、温度和排量等参数监测符合工艺要求，严禁超压注水。

④ 有机泵维护保养记录，生产现场无油污、动静密封点泄漏量在允许范围内。

⑤ 有高压水刺漏、触电的岗位应急措施，岗位员工有相应的应急处置能力。

⑥ 长期停运的注水泵已放空积液，无管道堵塞和超载启动现象。

监督依据标准：AQ 2012—2007《石油天然气安全规程》、JB/T 9087—2014《油田用往复式油泵、注水泵》、Q/SH 1020 0124—2006《注水泵操作与保养规程》。

JB/T 9087—2014《油田用往复式油泵、注水泵》：

4.1.3　泵在运行时应符合下列条件：

a）填料函泄漏量不应超过泵额定流量的0.01%，泵额定流量小于10m^3/h时，填料函的泄漏量不应超过1L/h。

b）各静密封面不应泄漏。

AQ 2012—2007《石油天然气安全规程》：

5.8.1.2　注水设备上的安全防护装置应完好、可靠，设备的使用和管理应定人、定责、安全附件应定期校验。

5.8.1.3　注水泵出口弯头应定期进行测厚。法兰、阀门等连接要牢固，发现刺、渗、漏应及时停泵处理。严禁超压注水。

Q/SH 1020 0124—2006《注水泵操作与保养规程》：

5　柱塞式注水泵操作

5.1.2　清除机组周围杂物。

5.1.3　检查并确保各部零件、配套件齐全、完好。

5.1.4　检查并确保柱塞连接螺栓、锁片、连接卡子等部位紧固。

5.1.5　检查调整各密封部位不渗、不漏。

5.1.6　检查并确保传动箱和曲轴箱内润滑油无变质，油面加至油标尺刻度的1/2～2/3处。

5.1.8　盘动皮带3～5圈，检查并确保无卡阻及杂音。

5.1.9　调整皮带张紧程度；用 5×9.8N 的力量下压两皮带轮中部，下移量 10mm～15mm。两皮带轮平面允差 1mm。用弹性圈柱销联轴器传动的机组，电动机与输入轴同轴度不大于 0.05mm。

5.1.10　检查并确保电气系统，各部电气元件、各仪表正常、齐全、准确，检查安全阀是否在检定有效期内。

5.1.11　检查各阀门灵活好用。

5.1.12　打开泵进口阀，打开泵出口放空阀，待排净泵内气体后立即关闭。

5.2　泵的启动

5.2.1　打开进液流程各阀门及回流阀，关闭出口阀，打开各压力表阀。

5.2.2　闭合空气开关，按下启动按钮。

5.2.3　泵启动后，电机应按箭头指示方向旋转，空运转 30min，开启出口流程阀门，缓慢关闭回流阀，控制排出压力稳步上升至所需值。在升压过程中，出现异常应立即停泵，查明原因。新泵或经大修的泵，启动后必须经过 2h 以上的空运转后方可升压，升压时每隔 20min 升压 5MPa。

5.3　泵的运行

5.3.1　各压力表必须准确，排液压力表指针波动不大于 1MPa。

5.3.2　确保运行参数在规定的范围内。

5.3.3　检查各部油封、盘根等泄漏量。挡油头及曲轴油封不允许有滴漏，检查安全阀无渗漏，盘根泄漏量控制在 60 滴 /min～150 滴 /min，泄漏严重时应根据情况压紧盘根压盖或更换处理。

5.3.5　电气系统及各仪表工作正常，三相电流相差不超过 10%，三相电压相差不超过 5%。

5.3.6　取全、取准各种原始记录及资料。

5.3.7　对机组运行过程中出现的各类问题、故障及时处理和上报。

5.4　停泵

5.4.1　开回流阀，关出口阀，泵降压卸荷空运 2min～3min 后停泵。

5.4.2　关闭泵进口阀。

5.4.4　切断空气开关，断开电源。

5.4.5　盘动皮带轮或联轴器 3～5 圈。

5.4.6　备用泵每天盘泵一次，每月进行防腐保养一次。

5.4.7　对 7d 以上长期停用泵，拆除液力端配件，每月进行防腐保养一次。

> 5.4.8 冬季停泵,入冬之前将泵内积水放净,并防止管线中的水渗入泵内,做好设备的防腐、防冻工作。
>
> 8.1 制定设备常见故障排除方案及突发性事故的应急预案。
>
> 8.2 杜绝在设备运行中、流程带压时进行维护保养操作。
>
> 8.4 设备操作人员必须接受有关设备的安全运行教育、培训,做到"四懂""三会",按照设备操作规程进行操作,不得超温、超压、超负荷运行。

(四)典型"三违"行为

(1)超压运行注水泵、注水管线。

(2)设备运转时,用棉纱擦拭联轴器、电机、盘根等旋转部位。

(3)女员工不按规定戴压发帽,操作设备。

(4)未打开出口流程,直接启动柱塞式注水泵。

(5)在设备运行中或流程带压时,进行维护保养操作。

十一、天然气净化装置

(一)监督内容

(1)检查天然气净化装置的设计和安装情况。

(2)检查天然气净化装置的运行操作情况。

(二)主要监督依据

GB 50058—2014《爆炸危险环境电力装置设计规范》;

GB 50183—2004《石油天然气工程设计防火规范》;

AQ 2012—2007《石油天然气安全规程》;

SHS 01001—2004《石油化工设备完好标准》;

SY/T 0011—2007《天然气净化厂设计规范》;

SY/T 4102—2013《阀门检验与安装规范》;

SY/T 6137—2017《硫化氢环境天然气采集与处理安全规范》;

SY 6503—2016《石油天然气工程可燃气体检测报警系统安全规范》;

TSG 21—2016《固定式压力容器安全技术监察规程》。

（三）监督控制要点

（1）检查天然气净化装置的设计、安装应符合标准要求。

【关键控制环节】：

① 压力容器设计、制造、安装单位许可资格符合规定。

② 厂址选择符合规范要求。

③ 材料选择符合工况要求。

④ 可燃气体检测器位置设置符合标准。

⑤ 装置区域内的设备和建（构）筑物防火间距符合要求。

监督依据标准：TSG 21—2016《固定式压力容器安全技术监察规程》、SY/T 0011—2007《天然气净化厂设计规范》、SY/T 6137—2017《硫化氢环境天然气采集与处理安全规范》、SY 6503—2016《石油天然气工程可燃气体检测报警系统安全规范》、GB 50183—2004《石油天然气工程设计防火规范》。

TSG 21—2016《固定式压力容器安全技术监察规程》：

3.1.1 设计单位许可资格与责任

（1）设计单位应当对设计质量负责，压力容器设计单位的许可资格、设计类别、品种和级别范围应当符合《压力容器压力管道设计许可规则》的规定。

4.1.1 制造单位

（1）压力容器制造（含现场制造、现场组焊、现场粘接，下同，注 4-1）单位应当取得特种设备制造许可证，按照批准的范围进行制造，依据有关法规、安全技术规范的要求建立压力容器质量保证体系并且有效运行，单位法定代表人必须对压力容器制造质量负责。

（2）制造单位应当严格执行有关法规、安全技术规范及技术标准，按照设计文件制造压力容器。

注：固定式压力容器的现场制造、现场组焊、现场粘接包括：经过发证机关批准在使用现场制造无法运输的超大型压力容器、分段出厂的压力容器部件或者球壳板在使用现场进行焊接、在使用现场粘接非金属压力容器。

5.1 安装改造维修单位

（1）安装改造修理单位应当按照相关安全技术规范的要求，建立质量保证体系并且有效运行，单位法定代表人必须对压力容器安装、改造、修理的质量负责。

（2）安装改造修理单位应当严格执行法规、安全技术规范及技术标准。

（3）安装改造修理单位应当向使用单位提供安装、改造、修理图样和施工质量证明文件等技术资料。

SY/T 0011—2007《天然气净化厂设计规范》：

4.21　凡与醇胺（包括二异丙醇胺、甲基二乙醇胺、环丁砜—二异丙醇胺、环丁砜—甲基二乙醇胺等）溶液相接触的设备、管线等，当金属壁温高于90℃时，在选材、制造和施工技术要求中应有防止碱性应力腐蚀开裂的措施。

5.1　厂址选择

5.1.3　应选择大气扩散条件良好的地段；在山区和丘陵地区，应避开窝风地段。

5.1.6　应位于城镇和居住区全年最小频率风向的上风侧，宜具有良好的社会依托条件。

6.3.7　处于酸性环境中设备受压元件和管道、管件的材料应是纯净度高的细晶粒全镇静钢，应具有抗硫化物应力腐蚀开裂和氢致开裂的性能，并应耐均匀腐蚀。

6.1.19　进出天然气净化厂的天然气管道应设截断阀，并应能在事故状况下易于接近且便于操作。三级、四级站场的天然气净化厂的截断阀应有自动切断功能。当天然气净化厂内有两套及两套以上天然气净化装置时，每套装置的天然气进出口管道均应设置截断阀。进入天然气净化厂的天然气管道上的截断阀前应设置安全阀和泄压放空阀，泄放量均应为原料气全量。

6.4.20　应在装置区的合适部位设置洗眼器。

7.1.4　根据工厂爆炸危险环境区域的划分，现场自动控制设备及仪表应具有相应等级的防爆结构。

7.2.4　控制系统的供电属有特殊供电要求的用电负荷，应通过不间断电源装置（UPS）供电，UPS的电池后备时间，在额定负荷下不宜小于1h。

7.3.1　天然气净化厂宜设置紧急停车系统（ESD）和气体泄漏及火灾检测系统（FGS）。ESD和FGS系统应与全厂控制系统有效连接，统一监控。

7.3.3　ESD外部负载电源应是UPS电源，系统内部电源应是带电池后备的冗余电源。

7.3.4　ESD系统的安全级别应根据工艺过程的特点和安全要求确定。

8.6.6　对特别重要的负荷，如自动控制系统、通信系统、应急照明及需要连续供电的工艺设备等负荷，应设应急电源装置确保供电，并严禁将其他负荷接入应急供电系统，应急电源装置的容量应能满足连接于本系统的全部设备在应急运行时的额定值。

SY/T 6137—2017《硫化氢环境天然气采集与处理安全规范》：

8.2.3　禁止使用非抗硫的材料和设备用于硫化氢工况。

12.3　天然气处理装置硫化氢防护设备要求：

b）天然气处理装置区应设置安全监控系统（如视频监控、火灾报警、应急广播等）。

12.5　材料要求

天然气处理装置部件发生故障会导致硫化氢泄漏事故，这些设备的零部件由于处于硫化物应力环境中，应由抗硫化物应力开裂的材料制造。

SY 6503—2016《石油天然气工程可燃气体检测报警系统安全规范》：

5.3.1　存在下列释放源的场所应设置检测点：

a）液化天然气、天然气凝液、液化石油气、稳定轻烃、丙烷、丁烷、未稳定凝析油、稳定凝析油、甲醇、汽油、溶剂油等。

b）甲B、乙A类原油。

c）天然气等可燃气体。

5.3.2　可燃气体检测器设置应遵照如下规定：

a）检测器与释放源的距离不宜大于7.5m。

b）检测器的安装高度应根据气体的密度而定。当比空气重时，其安装高度应距地面或不透风楼地/底板0.3m～0.6m；当比空气轻时，检测器安装高度应高出释放源0.5m～2.0m，且应在无强制通风设备的场所内，最高点气体易于积聚处设置检测器。

c）对于由烃类混合物组成的天然气等可燃气体，当其混合密度比空气重，但含有超过50%。

GB 50183—2004《石油天然气工程设计防火规范》：

5.2.2　石油天然气站场内的甲、乙类工艺装置、联合工艺装置的防火间距，应符合下列规定：

（2）装置间的防火间距应符合表5.2.2-1的规定。

（3）装置内部的设备、建（构）筑物间的防火间距，应符合表5.2.2-2的规定。

6.3.7　进出装置的可燃气体、液化石油气、可燃液体的管道，在装置边界处应设截断阀和8字盲板或其他截断设施，确保装置检修安全。

表5.2.2-1　装置间的防火间距（m）

火灾危险类别	甲A类	甲B、乙A类	乙B、丙类
甲A类	25		
甲B乙A类	20	20	
乙B类、丙类	15	15	10

表 5.2.2-2 装置内部的防火间距（m）

名称		明火或散发火花的设备或场所	仪表控制间、10kV及以下的变配电室、化验室、办公室	可燃气体压缩机或其厂房甲A类	中间储罐		
					甲A类	甲B、乙A类	乙B、丙类
仪表控制间、10kV及以下的变配电室、化验室、办公室		15					
可燃气体压缩机房或其他厂房		15	15				
其他工艺设备及厂房	甲A类	22.5	15	9	9	9	7.5
	甲B、乙A类	15	15	9	9	9	7.5
	乙B、丙类	9	9	7.5	7.5	7.5	
中间储罐	甲A类	22.5	22.5	15			
	甲B、乙A类	15	15	9			
	乙B、丙类	9	9	7.5			

（2）检查天然气净化装置的运行操作应安全可靠。

【关键控制环节】：

① 根据作业现场职业危害情况使用个人防护用品及防护用具。

② 压力容器的安全管理符合要求。

③ 压力容器安全管理人员和操作人员持证上岗。

④ 可燃气体检测报警器工作正常。

监督依据标准：AQ 2012—2007《石油天然气安全规程》、TSG 21—2016《固定式压力容器安全技术监察规程》、SHS 01001—2004《石油化工设备完好标准》、SY/T 4102—2013《阀门的检验与安装规范》、GB 50058—2014《爆炸危险环境电力装置设计规范》、SY/T 6137—2017《硫化氢环境天然气采集与处理安全规范》、SY 6503—2016《石油天然气工程可燃气体检测报警系统安全规范》。

AQ 2012—2007《石油天然气安全规程》：

4.1.6 新建、改建、扩建工程建设项目安全设施应与主体工程同时设计、同时施工、同时投产和使用。

4.2.4 应建立员工个人防护用品、防护用具的管理和使用制度。根据作业现场职业危害情况为员工配发个人防护用品及提供防护用具,员工应按规定正确穿戴及使用个人防护用品和防护用具。

4.5.9 含硫化氢油气生产和气体处理作业,应符合以下安全要求:

应对天然气处理装置的腐蚀进行监测和控制,对可能的硫化氢泄漏进行检测,制订硫化氢防护措施。

TSG 21—2016《固定式压力容器安全技术监察规程》:

5.3 修理及带压密封安全要求

压力容器内部有压力时,不得进行任何修理。对于特殊的生产工艺过程,需要带温带压紧固螺栓时,或者出现紧急泄漏需进行带压密封时,使用单位应当按照设计规定提出有效的操作要求和防护措施,并且经过使用单位技术负责人批准。

带压密封作业人员应当经过专业培训考核并且持证上岗。在实际操作时,使用单位安全管理部门应当派人进行现场监督。

7.1.5 安全管理制度

压力容器使用单位应当按照相关法律、法规和安全技术规范的要求建立健全压力容器使用安全管理制度。安全管理制度至少包括以下几个方面:

(1)相关人员岗位职责。

(2)安全管理机构职责。

(3)压力容器安全操作规程。

(4)压力容器技术档案管理规定。

(5)压力容器日常维护保养和运行记录规定。

(6)压力容器定期安全检查、年度检查和隐患治理规定。

(7)压力容器定期检验报检和实施规定。

(8)压力容器作业人员管理和培训规定。

(9)压力容器设计、采购、验收、安装、改造、使用、修理、报废等管理规定。

(10)压力容器事故报告和处理规定。

(11)贯彻执行本规程及有关安全技术规范和接受安全监察的规定。

7.1.3 作业人员要求

压力容器的作业人员应当按照规定取得相应资格,其主要职责如下:

(1)严格执行压力容器有关安全管理制度并且按照操作规程进行操作。

(2)按照规定填写运行、交接班等记录。

(3)参加安全教育和技术培训。

（4）进行日常维护保养，对发现的异常情况及时处理并且记录。

（5）在操作过程中发现事故隐患或者其他不安全因素，应当立即采取紧急措施，并且按照规定的程序，及时向单位有关部门报告。

（6）参加应急演练，掌握相应的基本救援技能，参加压力容器事故救援。

9.1.3.5　安全泄放装置的安装要求

（4）安全泄放装置与压力容器之间一般不宜装设截止阀门；为实现安全阀的在线校验，可在安全阀与压力容器之间装设爆破片装置；对于盛装毒性程度为极度、高度、中度危害介质，易爆介质，腐蚀、黏性介质或者贵重介质的压力容器，为便于安全阀的清洗与更换，经过使用单位主管压力容器安全技术负责人批准，并且制订可靠的防范措施，方可在安全泄放装置与压力容器之间装设截止阀门，压力容器正常运行期间截止阀门必须保证全开（加铅封或者锁定），截止阀门的结构和通径不得妨碍安全泄放装置的安全泄放。

9.2.1.1　压力表的选用

（1）选用的压力表，应当与压力容器内的介质相适应。

（2）设计压力小于1.6MPa压力容器使用的压力表的精度不得低于2.5级，设计压力大于或等于1.6MPa压力容器使用的压力表的精度不得低于1.6级。

（3）压力表盘刻度极限值应当为最大允许工作压力的1.5～3.0倍。

9.2.1.2　压力表的校验

压力表的校验和维护应当符合国家计量部门的有关规定，压力表安装前应当进行校验，在刻度盘上应当划出指示工作压力的红线，注明下次校验日期。压力表校验后应当加铅封。

9.2.2.1　液位计通用要求

（6）要求液面指示平稳的，不允许采用浮子（标）式液位计。

9.2.2.2　液位计的安装

液位计应当安装在便于观察的位置，否则应当增加其他辅助设施。大型压力容器还应当有集中控制的设施和报警装置。液位计上最高和最低安全液位，应当做出明显的标志。

SHS 01001—2004《石油化工设备完好标准》：

3.4.4.1　中低压管道

螺栓组装要整齐、统一，螺栓应对称紧固，用力均匀。螺栓必须满扣。

SY/T 4102—2013《阀门的检验与安装规范》：

3.2 外观检查

3.2.1 阀体上应有制造厂的铭牌，铭牌上应标明公称直径、公称压力、适用温度和适用介质等。阀体上其他相关标志应正确、齐全、清晰，并应符合现行国家标准《通用阀门标志》GB/T 12220 的规定。

3.2.2 阀门外表不得有裂纹、砂眼、重皮、斑疤、机械损伤、锈蚀、缺件、铭牌及油漆脱落等现象，阀体内不得有积水、锈蚀、脏污、或损伤等缺陷。

3.2.6 止回阀的阀瓣或阀芯应动作灵活正确，无偏心、移位或歪斜现象。

GB 50058—2014《爆炸危险环境电力装置设计规范》：

第 2.1.3 条 在爆炸性气体环境中应采取下列防止爆炸的措施：

在区域内应采取消除或控制电气设备线路产生火花、电弧或高温的措施。

SY/T 6137—2017《硫化氢环境天然气采集与处理安全规范》：

6.7 风向标

在含硫油气生产和加工处理场所，应遵循有关风向标的规定，设置风向袋、彩带、旗帜或其他相应的装置以指示风向。风向标应置于人员在现场作业或进入现场时容易看见的地方。风向标应具备夜光显示功能。

12.3 天然气处理装置硫化氢防护设备要求

a）个人防护用品佩戴要求：装置现场工作人员应佩戴便携式硫化氢检测仪和个人防护用品。

12.4 天然气处理装置硫化氢防护管理要求

a）巡检要求：涉及硫化氢的天然气处理装置现场应双人巡检，一人操作一人监护。

SY 6503—2016《石油天然气工程可燃气体检测报警系统安全规范》：

6.1.4 可燃气体检测误差不应大于 ±5%FS，重复性不应大于 ±2%FS。

6.3.3 报警设定值宜符合下列规定：

a）固定式可燃气体检测器的一级报警设定值应小于或等于 25%LEL，二级报警设定值应小于或等于 50%LEL。

b）便携式可燃气体检测报警器的一级报警设定值应小于或等于 100%LEL，二级报警设定值应小于或等于 20%LEL。

9.2.2 已投入使用的可燃气体检测报警器的检定周期不应超过一年。

（四）典型“三违”行为

（1）带压进行设备维修。

（2）作业人员未按规定正确穿戴及使用个人防护用品和防护用具。

（3）操作工人擅自脱岗、串岗和酒后上岗。

（4）利用可燃性气体进行试压、检漏。

（五）事故案例分析

1. 事故经过

2005年6月3日，某油田一中央处理厂组织投运第6套脱水脱烃装置。10时50分第6套装置进气，12时30分，升压至工作压力，稳压。温度逐渐降至零下21℃（设计最低温度为零下40℃），未发现异常现象。10时50分，第6套装置进气。12时30分，升压至工作压力，稳压。温度逐渐降至零下21℃（设计最低温度为零下40℃），未发现异常现象。15时10分，低温分离器发生爆炸，爆炸裂片击穿干气聚结器，引起连锁爆炸后发生火灾。事故共造成2人死亡，中央处理厂第6套脱水脱烃装置低温分离器损坏，周围部分管线电缆照明设备受损，直接经济损失928.17万元。

2. 主要原因

1）直接原因

由于焊接缺陷，导致低温分离器在正常操作条件下开裂泄漏后发生物理爆炸。

2）间接原因

制造厂管理松懈。焊接工艺不完善，制造工艺不成熟，造成焊接中产生裂纹及其他焊接缺陷，导致筒节冷卷和热校圆过程中材料的脆化程度加剧。探伤检测和审核等过程把关不严，造成低温分离器存在较多的质量问题；设计选材不当；监督检查把关不严，监造质量把关不严。

3. 事故教训

（1）在工程管理方面，存在低温分离器所用的耐低温耐腐蚀的复合材料选用、装置和自动化设计等问题。

（2）在设备制造方面，存在大型天然气处理装置非标容器无制造经验、监造过程薄弱未能及时发现设备质量缺陷等问题。

（3）在工艺操作方面，存在对大型天然气装置投产操作经验不足、高压设备投产时安排交叉作业等问题。

十二、天然气凝液回收装置

（一）监督内容

（1）检查天然气凝液回收装置的设计和安装情况。

（2）检查天然气凝液回收装置的运行操作情况。

（二）主要监督依据

GB 50183—2004《石油天然气工程设计防火规范》；
SY/T 0077—2008《天然气凝液回收设计规范》；
SY 5225—2012《石油天然气钻井、开发、储运防火防爆安全生产技术规程》；
SY 5719—2017《天然气凝液安全规范》。

（三）监督控制要点

（1）检查天然气凝液回收装置的设计、安装应符合标准要求。

【关键控制环节】：

① 压力容器应符合 TSG 21—2016 和 GB 150 的安全管理规定。

② 厂址选择符合规范要求。

③ 设计符合工况要求。

④ 可燃气体检测器应符合 SY 6503—2016 规定。

> 监督依据标准：GB 50183—2004《石油天然气工程设计防火规范》、SY/T 0077—2008《天然气凝液回收设计规范》。
>
> GB 50183—2004《石油天然气工程设计防火规范》：
>
> 4.0.3　油品、液化石油气、天然气凝液站场的生产区沿江河岸布置时，宜位于邻近江河的城镇、重要桥梁、大型锚地、船厂等重要建筑物或构筑物的下游。
>
> 6.1.6　天然气凝液和液化石油气厂房、可燃气体压缩机厂房和其他建筑面积大于或等于 150m^2 的甲类火灾危险性厂房内，应设可燃气体检测报警装置。天然气凝液和液化石油气罐区、天然气凝液和凝析油回收装置的工艺设备区应设可燃气体检测报警装置。其他露天或棚式布置的甲类生产设施可不设可燃气体检测报警装置。
>
> 6.3.7　进出装置的可燃气体、液化石油气、可燃液体的管道，在装置边界处应设截断阀和 8 字盲板或其他截断设施，确保装置检修安全。
>
> SY/T 0077—2008《天然气凝液回收设计规范》：
>
> 4.11　进入凝液回收装置的天然气中 H_2S 的含量不宜超过 20mg/m^3；对于不合格的天然气，应在脱水工段前进行脱硫。
>
> 7.2.1.4　压缩机的进出口管线均应设置切断阀，每一级的出口管线上均应安装手动放空阀，可与安全阀并联安装。多台压缩机并联时，每台压缩机的末级出口管线上应设置止回阀。末级出口阀之前，应设泄压放空管线。在大型压缩机第一级进口管线及末级出口管线上应设自动放空流程。
>
> 7.2.1.5　在寒冷地区，压缩机的进口分离器和各级分离器的排液管线，应采取防冻措施，吸入管线可能产生凝液时，宜保温或伴热，或在管线的低点处设置排凝措施。

7.2.6　低温设备隔冷设施：低温设备与支撑面（或基础、平台、框架和支架等）接触时，应设置隔冷设施。

7.4.3　下列设备和管线（包括管线上的阀门、法兰等）应有隔热措施：

a）在工艺上要求防止冷量或热量损失的设备和管线。

b）由于热量损失或环境温度变化将影响操作和安全的设备和管线。

c）原料气脱水干燥之前可能冻堵的排液及排污管线。

d）工艺上要求散热和不回收热量，但有可能使人烫伤的设备和管线。

7.3.4　一般阀门的设置

7.3.4.2　塔和容器类设备与热交换器等其他工艺设备之间的连接管线，如因维修需要隔断时，应设切断阀。

7.3.4.3　天然气、凝液产品、仪表风、蒸汽和冷却水等，在其进出装置的管线上，均应安装切断阀。

7.3.4.4　油气系统管线的压力等级为 4.0MPa 及以上时，放空、排液（污）管线均应安装两个阀门。内侧的阀门应作为切断阀，外侧的阀门为放空、排液（污）阀。

7.3.4.5　压力等级不同的油气系统，液体排放到同一汇管中，各排放支管均应安装止回阀。

7.4.6　设计温度的确定：

a）工作温度高于 0℃ 时，最高设计温度宜取比最高工作温度高 30℃ 的数值，且不应低于 50℃。

b）工作温度低于 0℃ 时，应规定最低设计温度。

9.1　安全阀的设置

安全阀的选用和安装应符合下列要求：

a）气体的泄放宜选用封闭全启式安全阀，液相管路上可采用微启型。排放面积应大于或等于计算值。一套安全阀不能满足时，可多套并联安装。

b）阀体应垂直安装，并靠近被保护的设备和管线，进出口管线的管径不应小于阀的进出口直径。多套并联安装时，进出口总管的截面积不应小于各支管截面积之和。

c）进口管线上应装设切断阀。如果出口管线接入放空管网时，阀的出口也应装设切断阀。

d）低温设备上安全阀的安装，必须采取防冻措施，如阀前留有一定长度的入口管段。

e）内部设有捕雾网的设备，安全阀的进口管线应安装在捕雾网的下方。

f）由于减压而使介质温度低于 0℃ 时的液态烃，安全阀及出口管线的材质选择应满足相关的要求。

g）其他按照规定应安装安全阀的设备应安装安全阀。

9.4.9　对于可能发生大量液体泄漏的工艺装置，装置区周围应设置高度不低于150mm的围堰和导流设施，防止易燃、可燃及对环境有污染的液体漫流到其他区域。围堰内的有效容积不应小于该装置区内最大工艺设备的有效容积，同时应计算火灾延续时间内的消防水量。围堰应为非燃烧实体防护结构，能承受所容纳液体的静压及温度变化的影响，且不渗漏。

9.4.10　围堰内地面应采用不发火花的水泥混凝土地面，并应设置积液槽、排水沟。

9.4.11　围堰外应设置阀门井，初期含有污染物的雨水应进入污水处理系统，洁净雨水进入雨水排放系统。

（2）检查天然气凝液回收装置的运行操作应安全可靠。

【关键控制环节】：

① 压力容器、加热设施安全管理。

② 作业人员管理。

③ 自动控制系统、应急照明系统应设置应急电源，容量能满足系统内所有设备在应急运行时的额定值。

注：以上内容参照天然气净化装置。

监督依据标准：GB 50183—2004《石油天然气工程设计防火规范》、SY/T 5719—2017《天然气凝液安全规范》、SY 5225—2012《石油天然气钻井、开发、储运防火防爆安全生产技术规程》。

GB 50183—2004《石油天然气工程设计防火规范》：

6.1.14　站场内的电缆沟，应有防止可燃气体积聚及防止含可燃液体的污水进入沟内的措施。电缆沟通入变（配）电室、控制室的墙洞处，应填实、密封。

SY/T 5719—2017《天然气凝液安全规范》：

4.9　天然气凝液生产厂（站）应对以下重点部位加强安全检查，检查要求主要包括：

a）压缩机组的安全联锁保护装置应完好、可靠。

b）膨胀机的超速、轴承超温，油压低，断电，仪表风压力低等安全联锁保护装置应灵敏可靠。

c）膨胀机防喘振阀应灵坡可靠。

d）安全泄放装置应在校验有效期内。

e）压缩机．膨胀机，制冷机厂房事故通风应完好。

f）消防系统、火灾报警设施和可燃气体检测警系统应完好。

g）防雷接地装置应连接牢固，无断裂，粉动、锈蚀现象。

SY 5225—2012《石油天然气钻井、开发、储运防火防爆安全生产技术规程》：

6.1.2.5　在天然气集输、加压、处理和储存等厂、站易燃易爆区域内进行作业时，应使用防爆工具，并穿戴防静电服和不带铁掌的工鞋。禁止使用手机等非防爆通信工具。

6.1.2.6　机动车辆进入生产区，排气管应戴阻火器。

6.4.2.5　天然气凝液、液化石油气储罐开口接管的阀门及管件的压力等级应按其系统设计压力提高一级选择，一般不应低于2.0MPa，其垫片应采用带有金属保护圈的缠绕式垫片。阀门压盖的密封填料，应采用非燃烧材料。

6.4.2.6　天然气凝液、液化石油气和稳定轻烃储罐应设有固定式喷淋水装置或遮阳防晒设施。储存温度不应高于38℃，否则应采取喷淋水等降温措施。

6.4.2.7　天然气凝液、液化石油气和稳定轻烃罐区宜设不高于0.6m的非燃烧性实体防火堤。

6.4.2.8　天然气凝液、液化石油气和稳定轻烃罐区内应设水封井，排水管在防火堤外应设置易于操作、易于辨认开关的阀门，并处于常闭状态。

6.4.2.9　管道穿堤处应用非燃烧性材料填实密封。

6.5.1　稳定轻烃装卸

6.5.1.1　装车台顶部应设有遮阳棚，在遮阳棚下应安装自动紧急干粉灭火装置，并在装车台周围配置一定数量的移动式灭火器。

6.5.1.2　装车台至少设有两处接地(一处是罐车与大地连接，另一处是罐车与管线连接)，接地电阻不大于10Ω，并在其附近应设置静电消除装置。

6.5.1.3　充装前，应有专人对槽车进行检查，并做好记录。凡属下列情况之一者，不应充装：

a）槽车超过检验期而未做检验者。

b）槽车的漆色、铭牌和标志不符合规定，与所装介质不符或脱落不易识别者。

c）防火、防爆装置及安全附件不全、损坏、失灵或不符合规定者。

d）未判明装过何种介质者。

e）罐体外观检查有缺陷而不能保证安全使用或附件有跑、冒、滴、漏者。

f）槽车无使用证、押运证、准运证和驾驶员证件者。

g）罐体与车辆之间的固定装置不牢靠或已损坏者。

6.5.1.4　操作人员应穿着防静电服和鞋。装卸作业前，应触摸导静电装置。

6.5.1.5　稳定轻烃的装卸应采用密闭装卸方式，当条件不具备时，2号稳定轻烃的装卸可采用上部灌装，装车时装油鹤管应插入到距槽罐底部200mm处，罐顶气用管道引至安全地点排放。装车鹤管应采用标准的金属装车鹤管，不应使用橡胶软管。

6.5.1.6 2号稳定轻烃当采用上部灌装时，装车泵的排量应与装车鹤管管径相匹配，装车管线上应安装装载阀自动限制充装速度，使装车初始流速控制在1m/s以下；当鹤管管口沉没以后，鹤管内液体的流速控制在0.5/*D*（*D*为鹤管内径，m）m/s以下。

6.5.1.7 槽车的充装量不应超过槽车罐容积的85%。

6.5.1.8 装卸车时，开关盖、连接活接头，应使用防爆工具，不应用凿子、锤子等铁器敲击。

6.5.1.9 装卸作业前车辆应熄火，并不应在装卸时检修车辆。

6.5.1.10 同时充装稳定轻烃的车辆不应超过两辆，并应同时装卸，同时发动。

6.5.1.11 装油完毕，宜静止不少于2min后，再进行拆除接地线和发动车辆。

（四）典型"三违"行为

（1）作业人员将天然气凝液排入污水系统。

（2）稳定轻烃装卸作业车辆未接地。

（3）机动车辆进入生产区，排气管未佩戴阻火器或阻火器未关闭。

十三、硫黄回收装置

（一）监督内容

（1）检查硫黄回收装置的设计和安装情况。

（2）检查硫黄回收装置的运行操作情况。

（3）检查硫黄回收装置降低硫黄粉尘爆炸浓度的情况。

（二）主要监督依据

GB 50183—2004《石油天然气工程设计防火规范》；

SY/T 0011—2007《天然气净化厂设计规范》。

（三）监督控制要点

（1）检查硫黄回收装置的设计和安装应符合标准要求。

【关键控制环节】：

① 压力容器应符合 TSG 21—2016 和 GB150 的安全管理规定。

② 厂址选择符合应符合 SY/T 0011—2007 的要求。

③ 材料选择符合工况要求。

④ 可燃气体检测器应符合 SY 6503—2016 的规定。

⑤ 硫黄仓库设计符合要求。

监督依据标准：GB 50183—2004《石油天然气工程设计防火规范》、SY/T 0011—2007《天然气净化厂设计规范》。

GB 50183—2004《石油天然气工程设计防火规范》：

6.3.7 进出装置的可燃气体、液化石油气、可燃液体的管道，在装置边界处应设截断阀和8字盲板或其他截断设施，确保装置检修安全。

6.3.11 液体硫黄储罐四周应设闭合的不燃烧材料防护墙，墙高应为1m。墙内容积不应小于一个最大液体硫黄储罐的容量；墙内侧至罐的净距不宜小于2m。

6.3.13 固体硫黄仓库的设计应符合下列要求；

1 宜为单层建筑。

2 每座仓库的总面积不应超过2000m^2，且仓库内应设防火墙隔开，防火墙间的面积不应超过500m^2。

3 仓库可与硫黄成型厂房毗邻布置，但必须设置防火隔墙。

SY/T 0011—2007《天然气净化厂设计规范》：

6.2.31 加氢转化器设计应符合下列要求：

b）床层设计温度应根据催化剂性能决定，一般为300℃～340℃，最高不超过400℃。

6.3.7 处于酸性环境中设备受压元件和管道、管件的材料应是纯净度高的细晶粒全镇静钢，应具有抗硫化物应力腐蚀开裂和氢致开裂的性能，并应耐均匀腐蚀。

（2）检查硫黄回收装置的运行操作应安全可靠（参照天然气净化装置）。

【关键控制环节】：

① 根据作业现场职业危害情况使用个人防护用品及防护用具。

② 压力容器的安全管理符合要求。

③ 压力容器安全管理人员和操作人员持证上岗。

（3）检查硫黄回收装置降低硫黄粉尘爆炸浓度的措施应到位。

【关键控制环节】：

① 加强成型流程的密闭性：从液硫喷射管到转鼓刮刀切片，再到包装袋，最大限度地实施密闭化操作，以减少成型库内的硫黄粉尘。

② 加强通风排气：鉴于硫黄粉尘的危险性，通过机械通风，减少硫黄粉尘浓度。

③ 生产运行中尽量敞开窗户，加强自然通风能力。

监督依据：SY/T 0011—2007《天然气净化厂设计规范》。

10.9 硫黄成型间（包括成型机间和装袋间）除应设置局部排风系统外，还应考虑自然或机械的全面通风换气。

（四）典型“三违”行为

（1）带压进行设备维修。

（2）不按规定佩戴防毒面具或单人进入有毒有害区域巡检。

十四、天然气压缩机

（一）监督内容

（1）检查天然气压缩机的设计安装情况。

（2）检查天然气压缩机的可燃气体检测器、接地装置。

（3）检查天然气压缩机的安全联锁系统、安全附件及辅助系统。

（4）检查天然气压缩机的运行操作情况。

（二）主要监督依据

GB 50183—2004《石油天然气工程设计防火规范》；

GB 50350—2015《油田油气集输设计规范》；

AQ 2012—2007《石油天然气安全规程》；

SY/T 0011—2007《天然气净化厂设计规范》；

SY/T 5225—2019《石油天然气钻井、开发、储运防火防爆安全生产技术规程》；

SY/T 6069—2011《油气管道仪表及自动化系统运行技术规范》；

SY/T 6320—2016《陆上油气田油气集输安全管理规程》；

Q/SY 05074.3—2016《天然气管道压缩机组技术规范　第3部分：离心式压缩机组运行与维护》。

（三）监督控制要点

（1）检查天然气压缩机的设计安装应符合规范要求。

【关键控制环节】：

① 可燃气体压缩机的布置及其厂房设计符合规范。

② 压缩机管道安装设计符合规范。

监督依据标准：GB 50183—2004《石油天然气工程设计防火规范》、GB 50350—2015《油田油气集输设计规范》。

GB 50183—2004《石油天然气工程设计防火规范》：

6.3.1 可燃气体压缩机的布置及其厂房设计应符合下列规定：

1 可燃气体压缩机宜露天或棚式布置。

2 单机驱动功率等于或大于150kW的甲类气体压缩机厂房，不宜与其他甲、乙、丙类房间共用一幢建筑物；该压缩机的上方不得布置含甲、乙、丙类介质的设备，但自用的高位润滑油箱不受此限。

3 比空气轻的可燃气体压缩机棚或封闭式厂房的顶部应采取通风措施。

4 比空气轻的可燃气体压缩机厂房的楼板，宜部分采用箅子板。

5 比空气重的可燃气体压缩机厂房内，不宜设地坑或地沟，厂房内应有防止气体积聚的措施。

6.3.2 油气站场内，当使用内燃机驱动泵和天然气压缩机时，应符合下列要求：

1 内燃机排气管应有隔热层，出口处应设防火罩。当排气管穿过屋顶时，其管口应高出屋顶2m；当穿过侧墙时，排气方向应避开散发油气或有爆炸危险的场所。

2 内燃机的燃料油储罐宜露天设置。内燃机供油管道不应架空引至内燃机油箱。在靠近燃料油储罐出口和内燃机油箱进口处应分别设切断阀。

6.3.8 可燃气体压缩机的吸入管道，应有防止产生负压的措施。多级压缩的可燃气体压缩机各段间，应设冷却和气液分离设备，防止气体带液进入气缸。

GB 50350—2015《油田油气集输设计规范》：

4.4.7 进入压缩机的天然气应清除机械杂质和凝液。压缩机入口分离器应设液位高限报警及超高限停机装置。对有油润滑的压缩机，当下游设施对压缩气中润滑油含量有限制时，应在出口设置润滑油分离设施。

4.4.10 压缩机工艺气系统设计应符合下列规定：

1 压缩机进口应设压力高、低限报警及超限停机装置。

2 压缩机各级出口管道应安装全启封闭式安全阀。

3 压缩机进出口之间应设旁通回路。

4 离心式压缩机应配套设置防喘振控制系统。

5 应采取防振、防脉动及管线热应力补偿措施。

6.5.11 压缩机管道安装设计应符合下列要求：

1）压缩机进口应设压力高、低限报警及低压越限停机装置。

2）压缩机各级出口管道应安装全启封闭式安全阀，安全阀的定压值应为额定压力的1.05至1.1倍。

3）压缩机进出口之间应设循环回路，压缩机站应设站内循环回路。

（2）检查天然气压缩机的可燃气体检测器、防雷防静电接地装置设置应符合规范要求。

监督依据标准：GB 50183—2004《石油天然气工程设计防火规范》、SY/T 5225—2019《石油天然气钻井、开发、储运防火防爆安全生产技术规程》。

GB 50183—2004《石油天然气工程设计防火规范》：

6.1.6　天然气凝液和液化石油气厂房、可燃气体压缩机厂房和其他建筑面积大于或等于150m^2的甲类火灾危险性厂房内，应设可燃气体检测报警装置。天然气凝液和液化石油气罐区、天然气凝液和凝析油回收装置的工艺设备区应设可燃气体检测报警装置。其他露天或棚式布置的甲类生产设施可不设可燃气体检测报警装置。

9.2.7　甲、乙类厂房（棚）的防雷，应符合下列规定：

1　厂房（棚）应采用避雷带（网）。其引下线不应少于2根，并应沿建筑物四周均匀对称布置，间距不应大于18m。网格不应大于10m×10m或12m×8m。

2　进出厂房（棚）的金属管道、电缆的金属外皮、所穿钢管或架空电缆金属槽，在厂房（棚）外侧应做一处接地，接地装置应与保护接地装置及避雷带（网）接地装置合用。

SY/T 5225—2019《石油天然气钻井、开发、储运防火防爆安全生产技术规程》：

6.2.3.5　压缩机及其连接的汇管应接地，接地电阻不大于10Ω。

（3）检查天然气压缩机的安全联锁系统、安全附件及辅助系统应完好可靠。

【关键控制环节】：

① 防爆型仪表及其辅助设备、连接件、接线盒等有防爆铭牌或标志。

② 安全阀、压力表等安全附件在有效期内。

③ 通过试机启动，压缩机的各级分离器液位控制和高低液位报警及放空等设施完好。

④ 防爆仪表和电气设备引入的电缆已做防爆密封，弹性密封圈的一个孔应密封一根电缆。

监督依据标准：SY/T 5225—2019《石油天然气钻井、开发、储运防火防爆安全生产技术规程》、SY/T 0011—2007《天然气净化厂设计规范》、SY/T 6320—2016《陆上油气田油气集输安全规程》、SY/T 6069—2011《油气管道仪表及自动化系统运行技术规范》。

SY/T 5225—2019《石油天然气钻井、开发、储运防火防爆安全生产技术规程》：

6.1.2.1　天然气集输、处理、储运系统爆炸危险区域内的电器设施应采用防爆电器，其选型、安装和电气线路的布置及爆炸危险区域的等级范围划分应按GB 50058的规定执行。

6.2.3.3　应根据天然气压缩机所配套的动力机的类型，采取以下相应防止和消除火花的措施：

a)当采用电机驱动时,应选择防爆型电动机。

b)当采用燃气发动机或燃气轮机驱动时,应将原动机的排气管出口引至室外安全地带或在出口处采取消除火花的措施。

c)压缩机和动力机间的传动设施应采用三角皮带或防护式联轴器,不应使用平皮带。

SY/T 0011—2007《天然气净化厂设计规范》:

7.1.4 根据工厂爆炸危险环境区域的划分,现场自动控制设备及仪表应具有相应等级的防爆结构。

SY/T 6320—2016《陆上油气田油气集输安全规程》:

3.3.7 安全阀、温度计、压力表及硫化氢气体检测仪、可燃气体检测仪等安全仪器应完好,并在有效检验期内。

6.2.2 压缩机组的排空、泄压装置应可靠。

6.2.3 压缩机启动及事故停车安全联锁装置应可靠。

6.2.4 压缩机间应有醒目的安全警示标志。

6.2.5 新安装或检修投运压缩机系统装置前,应对机泵、管道、容器、装置进行系统氮气置换,置换速度应不大于5m/s。在气体排放口和检修部位氧的含量应不大于2%。

SY/T 6069—2011《油气管道仪表及自动化系统运行技术规范》:

10.1.4 防爆场所进行电动仪表维护应采取有效的防爆措施(如检测现场可燃气体的浓度)。

(4)检查天然气压缩机的运行操作应安全可靠。

【关键控制环节】:

① 压缩机联轴器、空冷器等运转部分防护罩完好。

② 润滑油系统、封油系统、冷却系统、气体密封、平衡管无泄漏。

③ 压缩机运行参数(温度、压力、转速等),各部轴承、十字头等温度正常。

④ 压缩机运转平稳无杂音,机体及管系振幅在允许范围内。

⑤ 使用防爆工具,岗位人员按规定穿戴防静电工作服、工作鞋、持证上岗。

监督依据标准:AQ 2012—2007《石油天然气安全规程》、SY/T 6320—2016《陆上油气田油气集输安全规程》、SY/T 5225—2019《石油天然气钻井、开发、储运防火防爆安全生产技术规程》、Q/SY 05074.3—2016《天然气管道压缩机组技术规范 第3部分:离心式压缩机组运行与维护》、GB 50183—2004《石油天然气工程设计防火规范》。

AQ 2012—2007《石油天然气安全规程》:

5.7.3.1 天然气增压

——压缩机的吸入口应有防止空气进入的措施。

——压缩机的各级进口应设凝液分离器或机械杂质过滤器。分离器应有排液、液位控制和高液位报警及放空等设施。

——压缩机应有完好的启动及事故停车安全联锁并有可靠的防静电装置。

——压缩机间宜采用敞开式建筑结构。当采用非敞开式结构时，应设可燃气体检测报警装置或超浓度紧急切断联锁装置。机房底部应设计安装防爆型强制通风装置，门窗外开，并有足够的通风和泄压面积。

——压缩机间电缆沟宜用砂砾埋实，并应与配电间的电缆沟严密隔开。

——压缩机间气管线宜地上铺设，并设有进行定期检测厚度的检测点。

——压缩机间应有醒目的安全警示标志和巡回检查点和检查卡。

——新安装或检修投运压缩机系统装置前，应对机泵、管道、容器、装置进行系统氮气置换，置换合格后方可投运，正常运行中应采取可靠的防空气进入系统的措施。

SY/T 6320—2016《陆上油气田油气集输安全规程》：

3.3.6　机电设备转动部位应有防护罩，并安装可靠。

SY/T 5225—2019《石油天然气钻井、开发、储运防火防爆安全生产技术规程》：

6.1.2.5　在天然气集输、加压、处理和储存等厂、站易燃易爆区域内进行作业时，应使用防爆工具，并穿戴防静电服和防静电且不产生火花的工鞋。禁止使用手机、非防爆照相、摄像等设备。

6.1.2.9　天然气集输、处理、储运系统生产现场应做到无油污、无杂草、无易燃易爆物，生产设施做到不漏油、不漏气、不漏电、不漏火。

Q/SY 05074.3—2016《天然气管道压缩机组技术规范　第3部分：离心式压缩机组运行与维护》：

5.1.1　操作和维护人员应经过安全操作技术培训，持证上岗。

6.1.2　燃气轮机

6.1.2.3　润滑油系统无泄漏，油位、油温在规定范围内。

6.3.1　燃气轮机

6.3.1.1　运行转速：燃气发生器转速(低压转子、高压转子)、动力涡轮转速在正常范围内。

6.3.1.5　润滑油供油压力、温度、过滤器压差在正常范围内。

6.3.1.7　燃料气供气压力、温度、流量正常。

6.3.3　压缩机

6.3.3.2　润滑油供给压力在正常范围内，油温、油流正常。

6.3.3.6　振动、轴向位移值、轴瓦温度在正常范围内。

9　备用机组的检查

为保证备用机组的完整性，应对一下项目进行检查、确认：

——机组持续停机超过一个月，每月启动运转至少一次，每次不少于5min。

GB 50183—2004《石油天然气工程设计防火规范》：

8.9.4　天然气压缩机厂房应配置推车式灭火器。

（四）典型“三违”行为

（1）投运压缩机系统前未进行氮气置换。

（2）易燃易爆区域内作业时，未使用防爆工具。

（3）在防爆场所进行电动仪表的开盖检查前未关闭电源。

（五）事故案例分析

1. 事故经过

2011年12月31日11时，某油田一作业区2#压缩机三级排气压力升高至5.76MPa（报警高限值5.8MPa），同时出现三级换热器后管束箱封头渗漏（水）现象。作业区组织停机并拆下1只三级换热器后管束箱封头丝堵进行检查，发现存在冰堵现象，拆除其余丝堵进行解堵作业，至2012年1月1日16时20分左右完成。进行空气置换并经启动前检查后，进行闭路（小）循环。第一次启机，因注油器断流（润滑油中断）自动停机。经排除故障，再次启动压缩机进行闭路（小）循环。压缩机在保持少量进气的情况下运行约8min后，2#压缩机主要运行参数出现异常：三级排出压力0.9MPa（正常0.3MPa）、温度117℃（正常90℃），二级排出压力2.9MPa，安全阀起跳（正常不大于2.0MPa），温度仍有继续上升趋势。张某检查发现换热器百叶窗未完全打开，进行相应的处理后返回压缩机房。16时45分，张某在机房内听到爆炸声，立即按下了紧急停车按钮后迅速跑到现场，发现陈某仰面躺在地上，已经死亡（经分析，其在梯子上检查封头泄漏情况）。

2. 主要原因

1）直接原因

压缩机系统内可燃气体发生闪爆，爆炸将换热器后管束箱炸开，炸飞的管束箱正面挡板击中正站在梯子（直梯）上检查渗漏情况人员头部，导致事故发生。

2）间接原因

在检修压缩机换热器过程中，空气进入系统，使用天然气为置换介质，且未能将空气置换干净；压缩机启动闭路（小）循环，天然气进入压缩机系统与滞留在系统内的空气混合，形成可燃爆炸气体；可燃爆炸气体在压缩机系统内循环至三级换热器后管束箱，由于流速发生变化产生静电；发现正面挡板与上挡板焊缝连接处约有10mm没有焊透，违反了相关规定；压缩机系统设计存在缺陷，主要有：压缩机系统流程中缺少惰性气体置换注入口，无法进行置换操作；换热器二级、三级换热管束共用一套百叶窗，无法单独进行温度调节；换热器为达到降温效果，采取节流设计，天然气经三级压缩后由管线经前管束箱进入管束产生节流，当天然气到达后管束箱时由于截面积增加，天然气体积膨胀，压力、温度下降，产生水合物，造成管束箱内及部分出口管束冰堵，三级排气压力升高至5.76MPa，丝堵出现渗漏，迫使停机检修换热器；规程对置换的描述为“在保证安全的情况下可以使用天然气进行置换”“盘车置换时间10min”，操作规程制定不严谨。

3. 事故教训

（1）制定完善压缩机系统冬季生产运行方案，解决和减少压缩机换热器冰堵现象。

（2）完善压缩机系统入口阀门处加装惰性气体注入口、三级换热器排出管线末端增设放空流程等压缩机工艺流程。

（3）完善规程和程序、作业审批程序等工艺管理制度。

十五、液化气站

（一）监督内容

（1）区域布置合理、站场内部布置满足安全要求。

（2）罐体有产品质量证明并经定期检验合格。

（3）消防系统、防火堤完好。

（4）安全装置配备齐全，安全阀定期校验。

（5）运行操作安全可靠。

（6）排放正确。

（二）主要监督依据

GB 150.1—2011《压力容器　第一部分：通用要求》；

GB 50183—2004《石油天然气工程设计防火规范》；

SY/T 0011—2007《气田天然气净化厂设计规范》；

SY/T 5225—2019《石油天然气钻井、开发、储运防火防爆安全生产技术规程》；

SY/T 6069—2011《油气管道仪表及自动化系统运行技术规范》；

SY/T 6320—2016《陆上油气田油气集输安全规程》；

TSG 21—2016《固定式压力容器安全技术监察规程》；

《特种设备安全监察条例》（中华人民共和国国务院令〔2009〕第549号）。

（三）监督控制要点

（1）区域布置合理、站场内部布置满足安全要求。

【关键控制环节】：

① 液化天然气储存总容量大于或等于30000m^3，液化天然气罐组布置时，与居住区，公共福利设施的距离应大于0.5km。

② 容量超过0.5m^3的储罐不应设置在建筑物内。

③ 气化器距建筑界线应大于30m，整体式加热气化器距围堰区、导液沟、工艺设备应大于15m。

监督依据标准：GB 50183—2004《石油天然气工程设计防火规范》。

3.2.2 油品、液化石油气、天然气凝液站场按储罐总容量划分等级时，应符合表3.2.2的规定。

表3.2.2 液化石油气、天然气凝液站场分级

等级	液化石油气、天然气凝液储存总容量 V_1（m^3）
一级	$V_1>5000$
二级	$2500<V_1\leqslant5000$
三级	$1000<V_1\leqslant2500$
四级	$200<V_1\leqslant1000$
五级	$V_1\leqslant200$

4.0.4 石油天然气站场与周围居住区、相邻厂矿企业、交通线等的防火间距，不应小于附表4.0.4的规定。

5.1.8 石油天然气站场内的绿化，应符合下列规定：

1 生产区不应种植含油脂多的树木，宜选择含水分较多的树种。

2 工艺装置区或甲、乙类油品储罐组与其周围的消防车道之间，不应种植树木。

3 在油品储罐组内地面及土筑防火堤坡面可植生长高度不超过0.15m、四季常绿的草皮。

4 液化石油气罐组防火堤或防护墙内严禁绿化。

5 站场内的绿化不应妨碍消防操作。

表 4.0.4　石油天然气站场区域布置防火间距(m)

<table>
<tr><th colspan="2" rowspan="2">名称</th><th rowspan="2">100人以上的居住区、村镇、公共福利设施</th><th rowspan="2">100人以下的散居房屋</th><th rowspan="2">相邻厂矿企业</th><th colspan="2">铁路</th><th colspan="2">公路</th><th rowspan="2">35kV及以上独立变电所</th><th colspan="2">架空电力线路</th><th colspan="2">架空通信线路</th><th rowspan="2">爆炸作业场地（如采石场）</th></tr>
<tr><th>国家铁路线</th><th>国家铁路线</th><th>高速公路</th><th>其他公路</th><th>35kV及以上</th><th>35kV以下</th><th>国家Ⅰ、Ⅱ级</th><th>其他通信线路</th></tr>
<tr><td rowspan="5">油品站场、天然气站场</td><td>一级</td><td>100</td><td>75</td><td>70</td><td>50</td><td>40</td><td>35</td><td>25</td><td>60</td><td>1.5倍杆高且不小于30m</td><td>1.5倍杆高</td><td>40</td><td>1.5倍杆高</td><td>300</td></tr>
<tr><td>二级</td><td>80</td><td>60</td><td>60</td><td>45</td><td>35</td><td>30</td><td>20</td><td>50</td><td rowspan="3"></td><td rowspan="4"></td><td rowspan="2"></td><td rowspan="4"></td><td rowspan="4"></td></tr>
<tr><td>三级</td><td>60</td><td>45</td><td>50</td><td>40</td><td>30</td><td>25</td><td>15</td><td>40</td></tr>
<tr><td>四级</td><td>40</td><td>35</td><td>40</td><td>35</td><td>25</td><td>20</td><td>15</td><td>40</td><td rowspan="2">1.5倍杆高</td></tr>
<tr><td>五级</td><td>30</td><td>30</td><td>30</td><td>30</td><td>20</td><td>20</td><td>10</td><td>30</td><td>1.5倍杆高</td></tr>
<tr><td rowspan="5">液化石油气和天然气凝液站场</td><td>一级</td><td>120</td><td>90</td><td>120</td><td>60</td><td>55</td><td>40</td><td>30</td><td>80</td><td>40</td><td>1.5倍杆高</td><td>40</td><td>1.5倍杆高</td><td></td></tr>
<tr><td>二级</td><td>100</td><td>75</td><td>100</td><td>60</td><td>50</td><td>40</td><td>30</td><td>80</td><td rowspan="2"></td><td rowspan="3"></td><td rowspan="4"></td><td rowspan="4"></td><td rowspan="4">300</td></tr>
<tr><td>三级</td><td>80</td><td>60</td><td>80</td><td>50</td><td>45</td><td>35</td><td>25</td><td>70</td></tr>
<tr><td>四级</td><td>60</td><td>50</td><td>60</td><td>50</td><td>40</td><td>35</td><td>25</td><td>60</td><td>1.5倍杆高且不小于30m</td></tr>
<tr><td>五级</td><td>50</td><td>45</td><td>50</td><td>40</td><td>35</td><td>30</td><td>20</td><td>50</td><td>1.5倍杆高</td><td>40</td></tr>
<tr><td colspan="2">可能携带可燃液体的火炬</td><td>120</td><td>120</td><td>120</td><td>80</td><td>80</td><td>80</td><td>60</td><td>120</td><td>80</td><td>80</td><td>80</td><td>60</td><td>300</td></tr>
</table>

6.6.2　天然气凝液和液化石油气储罐成组布置时，天然气凝液和全压力式液化石油气储罐或全冷冻式液化石油气储罐组内的储罐不应超过两排，罐组周围应设环行消防车道。

6.6.3　天然气凝液和全压力式液化石油气储罐组内的储罐个数不应超过12个，总容积不应超过20000m^3；全冷冻式液化石油气储罐组内的储罐个数不应超过2个。

6.6.5　不同储存方式的液化石油气储罐不得布置在同一个储罐组内。

6.6.17 天然气凝液储罐及液化石油气罐区内的管道宜地上布置,不应地沟敷设。

6.6.18 露天布置的泵或泵棚与天然气凝液储罐和全压力式液化石油气储罐之间的距离不限,但宜布置在防护墙外。

6.7.9 液化石油气灌装站内储罐与有关设施的防火间距,不应小于表 6.7.9 的规定。

表 6.7.9 灌装站内储罐与有关设施的防火间距(m)

单罐容量(m^3)		≤50	≤100	≤400	≤1000	>1000
设施名称	压缩机房、灌瓶间、倒残液间	20	25	30	40	50
	汽车槽车装卸接头	20	25	30	30	40
	仪表控制间、10kV 及以下变配电间	20	25	30	40	50
注:液化石油气储罐与其泵房的防火间距不应小于 15m,露天及棚式布置的泵不受此限制,但宜布置在防护墙外。						

10.2.1 站址应选在人口密度较低且受自然灾害影响小的地区。

10.2.2 站址应远离下列设施:

1 大型危险设施(例如,化学品、炸药生产厂及仓库等)。

2 大型机场(包括军用机场、空中实弹靶场等)。

3 与本工程无关的输送易燃气体或其他危险流体的管线。

4 运载危险物品的运输线路(水路、陆路和空路)。

10.2.3 液化天然气罐区邻近江河、海岸布置时,应采取措施防止泄漏液体流入水域。

10.3.6 地上液化天然气储罐间距应符合下列要求:

(1)储存总容量小于或等于 265m^3 时,储罐间距可按表 10.3.5 确定。

表 10.3.5 储罐间距

储罐单罐容量(m^3)	围堰区边沿或储罐排放系统至建筑物或建筑界线的最小距离(m)	储罐之间的最小距离(m)
0.5	0	0
0.5~1.9	3	1
1.9~7.6	4.6	1.5
7.6~56.8	7.6	1.5
56.8~114	15	1.5
114~265	23	相邻储罐直径之和的 1/4(最小为 1.5)
大于 265	容器直径的 0.7 倍,但不小于 30	

(2)多台储罐并联安装时,为便于接近所有隔断阀,必须留有至少 0.9m 的净距。

(3)容量超过 0.5m^3 的储罐不应设置在建筑物内。

（2）罐体有产品质量证明并经定期检验合格。

监督依据标准：《特种设备安全监察条例》（中华人民共和国国务院令〔2009〕第549号）。

第十五条　特种设备出厂时，应当附有安全技术规范要求的设计文件、产品质量合格证明、安装及使用维修说明、监督检验证明等文件。

第二十五条　特种设备在投入使用前或者投入使用后30d内，特种设备使用单位应当向直辖市或者设区的市的特种设备安全监督管理部门登记。登记标志应当置于或者附着于该特种设备的显著位置。

（3）消防系统、防火堤完好。

监督依据标准：GB 50183—2004《石油天然气工程设计防火规范》。

6.6.1　天然气凝液和液化石油气罐区宜布置在站场常年最小频率风向的上风侧，并应避开不良通风或窝风地段。天然气凝液储罐和全压力式液化石油气储罐周围宜设置高度不低于0.6m的不燃烧体防护墙。在地广人稀地区，当条件允许时，可不设防护墙，但应有必要的导流设施，将泄漏的液化石油气集中引导到站外安全处。全冷冻式液化石油气储罐周围应设置防火堤。

6.6.4　天然气凝液和全压力式液化石油气储罐组内的储罐总容量大于6000m^3时，罐组内应设隔墙，单罐容量等于或大于5000m^3时应每个罐一隔，隔墙高度应低于防护墙0.2m。全冷冻式液化石油气储罐组内储罐应设隔堤，且每个罐一隔，隔堤高度应低于防火堤0.2m。

8.5.1　天然气凝液、液化石油气罐区应设置消防冷却水系统，并应配置移动式干粉等灭火设施。

8.5.2　天然气凝液、液化石油气罐区总容量大于50m^3或单罐容量大于20m^3时，应设置固定式水喷雾或水喷淋系统和辅助水枪（水炮）；总容量不大于50m^3或单罐容量不大于20m^3时，可设置半固定式消防冷却水系统。

（4）安全装置配备齐全，安全阀定期校验。

监督依据标准：TSG 21—2016《固定式压力容器安全技术监察规程》、GB 150.1—2011《压力容器　第1部分：通用要求》。

TSG 21—2016《固定式压力容器安全技术监察规程》：

9.1.3.5　安全泄放装置的安装要求

（4）安全泄放装置与压力容器之间一般不宜装设截止阀门；为实现安全阀的在线校验，可在安全阀与压力容器之间装设爆破片装置；对于盛装毒性程度为极度、高度、中度危害介质，易爆介质，腐蚀、黏性介质或者贵重介质的压力容器，为便于安全阀的清洗与更换，经过使用单位主管压力容器安全技术负责人批准，并且制订可靠的防范措施，方可在安全泄放装置与压力容器之间装设截止阀门，压力容器正常运行期间截止阀门必须保证全开（加铅封或者锁定），截止阀门的结构和通径不得妨碍安全泄放装置的安全泄放。

9.2.1.1　压力表的选用

（2）设计压力小于1.6MPa压力容器使用的压力表的精度不得低于2.5级，设计压力大于或者等于1.6MPa压力容器使用的压力表的精度不得低于1.6级。

（3）压力表盘刻度极限值应当为最大允许工作压力的1.5至3.0倍。

9.2.1.2　压力表的校验

压力表的校验和维护应当符合国家计量部门的有关规定，压力表安装前应当进行校验，在刻度盘上应当划出指示工作压力的红线，注明下次校验日期。压力表校验后应当加铅封。

9.2.2.1　液位计通用要求

（5）用于易爆、毒性程度为极度、高度危害介质的液化气体压力容器上，有防止泄漏的保护装置。

（6）要求液面指示平稳的，不允许采用浮子（标）式液位计。

9.2.2.2　液位计的安装

液位计应当安装在便于观察的位置，否则应当增加其他辅助设施。大型压力容器还应当有集中控制的设施和报警装置。液位计上最高和最低安全液位，应当做出明显的标志。

GB 150.1—2011《压力容器　第1部分：通用要求》：

B.9　泄放装置的设置

B.9.5　泄放装置的支撑结构应有足够的强度（或刚度），以保证能承受该泄放装置泄放时所产生的反力。

B.10　泄放管

B.10.3　在泄放管的适当部位开设排泄孔，用以防止雨、雪及冷凝液等积聚在泄放管内。

B.10.4　在安装爆破片安全装置的泄放管线时，其中心线应与爆破片安全装置的中心线对齐，以避免爆破片受力不均。

（5）运行操作安全可靠，防火防爆措施落实。

【关键控制环节】：

① 防爆型仪表及其辅助设备、连接件、接线盒等有防爆铭牌或标志。

② 防爆仪表和电气设备引入的电缆，采用了防爆密封圈挤紧或用密封填料进行封固，外壳上多余的孔已做防爆密封，弹性密封圈的一个孔应密封一根电缆。

③ 储罐壁温不超过 50℃。

④ 液化石油气钢罐，必须设防雷接地。

⑤ 储罐及辅助设施安装符合安全要求，基础牢固可靠，无位移及沉降现象。

⑥ 储罐及其辅助设施、压力管道按规定周期检验。自动化运行应满足工艺控制和管道设备的保护要求，并应定期检定和校验。

⑦ 烃泵完好无泄漏，各连接部位牢固可靠，定期检查防漏。

⑧ 管道系统完好无泄漏，防静电跨接线安全可靠，漆色标志准确、完整。

监督依据：SY/T 6320—2016《陆上油气田油气集输安全规程》、SY/T 5225—2019《石油天然气钻井、开发、储运防火防爆安全生产技术规程》、GB 50183—2004《石油天然气工程设计防火规范》、SY/T 6069—2011《油气管道仪表及自动化系统运行技术规范》、SY/T 0011—2007《天然气净化厂设计规范》。

SY/T 6320—2016《陆上油气田油气集输安全规程》：

3.3.6　机电设备转动部位应有防护罩，并安装可靠。

SY/T 5225—2019《石油天然气钻井、开发、储运防火防爆安全生产技术规程》：

6.1.2.1　天然气集输、处理、储运系统爆炸危险区域内的电器设施应采用防爆电器，其选型、安装和电气线路的布置及爆炸危险区域的等级范围划分应按 GB 50058 的规定执行。

6.1.2.5　在天然气集输、加压、处理和储存等厂、站易燃易爆区域内进行作业时，应使用防爆工具，并穿戴防静电服和防静电且不产生火花的工鞋。禁止使用手机、非防爆照相、摄像等设备。

GB 50183—2004《石油天然气工程设计防火规范》：

6.1.6　天然气凝液和液化石油气厂房、可燃气体压缩机厂房和其他建筑面积大于或等于 150m^2 的甲类火灾危险性厂房内，应设可燃气体检测报警装置。天然气凝液和液化石油气罐区、天然气凝液和凝析油回收装置的工艺设备区应设可燃气体检测报警装置。其他露天或棚式布置的甲类生产设施可不设可燃气体检测报警装置。

6.6.11　天然气凝液及液化石油气罐区内应设可燃气体检测报警装置，并在四周设置手动报警按钮，探测和报警信号引入值班室。

6.6.13 天然气凝液储罐及液化石油气储罐应设液位计、温度计、压力表、安全阀、以及高液位报警装置或高液位自动联锁切断进料装置。对于全冷冻式液化石油气储罐还应设真空泄放设施。天然气凝液储罐及液化石油气储罐容积大于或等于 $50m^3$ 时，其液相出口管线上宜设远程操纵阀和自动关闭阀，液相进口应设单向阀。

6.6.14 全压力式天然气凝液储罐及液化石油气储罐进、出口阀门及管件的压力等级不应低于 2.5MPa，且不应选用铸铁阀门。

6.6.16 天然气凝液储罐及液化石油气储罐的安全阀出口管应接至火炬系统。确有困难时，单罐容积小于或等于 $100m^3$ 的天然气凝液储罐及液化石油气储罐安全阀可接入放散管，其安装高度应高出储罐操作平台 2m 以上，且应高出所在地面 5m 以上。

6.7.4 液化石油气铁路和汽车的装卸设施，应符合下列要求：

2 罐车装车过程中，排气管宜采用气相平衡式，也可接至低压燃烧气或火炬放空系统，不得就地排放。

3 汽车装卸鹤管之间的距离不应小于 4m。

4 汽车装卸车场应采用现场浇混凝土地面。

6.7.5 液化石油气灌装站的灌瓶间和瓶库，应符合下列要求：

1 液化石油气的灌瓶间和瓶库，宜为敞开式或半敞开式建筑物；当为封闭式或半敞开式建筑物时，应采取通风措施。

2 灌瓶间、倒瓶间、泵房的地沟不应与其他房间连通；其通风管道应单独设置。

3 灌瓶间和储瓶库的地面，应采用不发生火花的表层。

4 实瓶不得露天存放。

5 液化石油气缓冲罐与灌瓶间的距离，不应小于 10m。

6 残液必须密闭回收，严禁就地排放。

7 气瓶库的液化石油气瓶装总容量不宜超过 $10m^3$。

8 灌瓶间与储瓶库的室内地面，应比室外地坪高 0.6m。

9 灌装站应设非燃烧材料建造的，高度不低于 2.5m 的实体围墙。

6.7.6 灌瓶间与储瓶库可设在同一建筑物内，但宜用实体墙隔开，并各设出入口。

6.7.7 液化石油气灌装站的厂房与其所属的配电间、仪表控制间的防火间距不宜小于 15m。若毗邻布置时，应采用无门窗洞口防火墙隔开；当必须在防火墙上开窗时，应设甲级耐火材料的密封固定窗。

6.7.8 液化石油气、天然气凝液储罐和汽车装卸台，宜布置在油气站场的边缘部位。

9.3.1 对爆炸、火灾危险场所内可能产生静电危险的设备和管道，均应采取防静电措施。

9.3.6 下列甲、乙、丙 A 类油品（原油除外）、液化石油气、天然气凝液作业场所，应设消除人体静电装置：

1　泵房的门外。

2　储罐的上罐扶梯入口处。

3　装卸作业区内操作平台的扶梯入口处。

4　码头上下船的出入口处。

9.3.7　每组专设的防静电接地装置的接地电阻不宜大于100Ω。

10.3.3　液化天然气设施应设围堰，并应符合下列规定：

6　储罐与工艺设备的支架必须耐火和耐低温。

10.4.9　站内必须有书面的应急程序，明确在不同事故情况下操作人员应采取的措施和如何应对，而且必须备有一定数量的防护服和至少2个手持可燃气体探测器。

SY/T 6069—2011《油气管道仪表及自动化系统运行技术规范》：

10.1.4　防爆场所进行电动仪表维护应采取有效的防爆措施（如检测现场可燃气体的浓度）。

SY/T 0011—2007《天然气净化厂设计规范》：

7.1.4　根据工厂爆炸危险环境区域的划分，现场自动控制设备及仪表应具有相应等级的防爆结构。

（6）液化天然气加热成气体后进行放空，禁止将液化天然气排入封闭的排水沟内。

监督依据标准：GB 50183—2004《石油天然气工程设计防火规范》。

10.3.8　液化天然气放空系统的汇集总管，应经过带电热器的气液分离罐，将排放物加热成比空气轻的气体后方可排入放空系统。

禁止将液化天然气排入封闭的排水沟内。

（四）典型“三违”行为

（1）拆除、损坏电器、仪表设备防爆结构。

（2）在易燃易爆区域内进行作业时，未使用防爆工具。

（3）未按规定配置、管理消防器材。

（4）灌装泵启动前不盘车。

十六、火炬放空系统

（一）监督内容

（1）检查火炬放空管道的符合情况。

（2）检查火炬放空装置分离、缓冲设备的符合情况。

（3）检查火炬放空装置火炬(放空立管)的符合情况。

（4）检查火炬放空装置附件的符合情况。

（二）主要监督依据

GB 50183—2004《石油天然气工程设计防火规范》；

SY/T 5225—2019《石油天然气钻井、开发、储运防火防爆安全生产技术规程》；

SY/T 0011—2007《天然气净化厂设计规范》；

SHS 01031—2004《火炬维护检修规程》；

SH/T 3413—1999《石油化工石油气管道阻火器选用、检验及验收》。

（三）监督控制要点

（1）检查火炬放空装置的设置应符合要求，对容易造成液体、杂质积聚、冻堵的部位应采取措施，保持放空管道畅通。

> 监督依据标准：GB 50183—2004《石油天然气工程设计防火规范》。
>
> 6.8.6 放空管道必须保持畅通，并应符合下列要求：
>
> 1 高压、低压放空管宜分别设置，并应直接与火炬或放空总管连接。
>
> 2 不同排放压力的可燃气体放空管接入同一排放系统时，应确保不同压力的放空点能同时安全排放。

（2）检查火炬放空装置的分离、缓冲设备应符合 TSG 21—2016 和 GB 150 的安全管理要求。

（3）检查火炬放空装置的火炬(放空立管)符合有关安全要求。

【关键控制环节】：

① 火炬的防火间距符合规范要求。

② 火炬设置符合规范要求。

③ 天然气放空符合安全要求。

> 监督依据标准：GB 50183—2004《石油天然气工程设计防火规范》、SY/T 5225—2019《石油天然气钻井、开发、储运防火防爆安全生产技术规程》。
>
> GB 50183—2004《石油天然气工程设计防火规范》：
>
> 4.0.4 火炬的防火间距应经辐射热计算确定，对可能携带可燃液体的火炬的防火间距，不应小于下列规定。
>
> 1 与 100 人以上的居住区、村镇、公区福利设施的防火间距为 120m。

2　与100人以下的散居房屋的防火间距为120m。

3　与相邻厂矿企业的防火间距为120m。

4　与国家铁路线的防火间距为80m。

5　与工业企业铁路线的防火间距为80m。

6　与高速公路的防火间距为80m。

7　与其他公路的防火间距为60m。

8　与35kV及以上独立变电所的防火间距为120m。

9　与35kV及以上架空电力线路的防火间距为80m。

10　与35kV以下架空电力线路的防火间距为80m。

11　与国家一、二级架空通信线路的防火间距为80m。

12　与其他架空通信线路的防火间距为60m。

13　与爆炸业场地(如采石场)的防火间距为300m。

注：放空管可按可能携带可燃液体的火炬间距减少50%。

4.0.8　火炬和放空管宜位于石油天然气站场生产区最小频率风向的上风侧，且宜布置在站场外地势较高处。火炬和放空管与石油天然气站场的间距：火炬由本规范第5.2.1条确定；放空管放空量小于或等于$1.2\times10^4m^3/h$时，不应小于10m；放空量大于$1.2\times10^4m^3/h$且小于或等于$4\times10^4m^3/h$时，不应小于40m。

5.2.1　火炬的防火间距应经辐射热计算确定，对可能携带可燃液体的高架火炬还应满足表5.2.1的规定。

注：表5.2.1规定可能携带可燃液体的高架火炬与有明火的密闭工艺设备及加热炉、有明火或散发火花地点(含锅炉房)的防火间距为60m。与生产区内部其他设备、设施的防火间距为90m。

5.2.5　天然气密闭隔氧水罐和天然气放空管排放口与明火或散发火花地点的防火间距不应小于25m，与非防爆厂房之间的防火间距不应小于12m。

6.8.7　火炬设置应符合下列要求：

2　进入火炬的可燃气体应经凝液分离罐分离出气体中直径大于300μm的液滴；分离出的凝液应密闭回收或送至焚烧坑焚烧。

3　应有防止回火的措施。

4　火炬应有可靠的点火设施。

5　距火炬筒30m范围内，严禁可燃气体放空。

6　液体、低热值可燃气体、空气和惰性气体，不得排入火炬系统。

6.8.8 可燃气体放空应符合下列要求：

4 连续排放的可燃气体排气筒顶或放空管口，应高出20m范围内的平台或建筑物顶2.0m以上。对位于20m以外的平台或建筑物顶，应满足图6.8.8的要求，并应高出所在地面5m。

5 间歇排放的可燃气体排气筒顶或放空管口，应高出10m范围内的平台或建筑物顶2.0m以上。对位于10m以外的平台或建筑物顶，应满足图6.8.8的要求，并应高出所在地面5m。

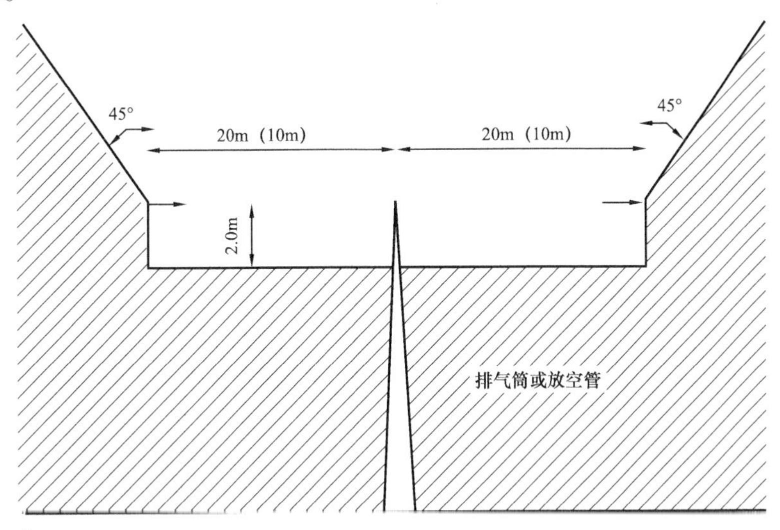

图6.8.8 可燃气体排气筒顶或放空管允许最低高度示意

注：阴影部分为平台或建筑物的设置范围

SY/T 5225—2019《石油天然气钻井、开发、储运防火防爆安全生产技术规程》：

6.2.2.2 放空和火炬至少应符合以下安全要求：

f）天然气的放空应在统一指挥下进行，放空时应有专人监护；天然气放空管道有防止回火的措施；当含有硫化氢等有毒气体的天然气放空时，应将其引入火炬系统，并做到先点火后放空。

（4）检查火炬放空装置的附件应符合安全标准要求。

【关键控制环节】：

① 接地装置符合规范要求。

② 火炬所属管线、火炬框架符合规范要求。

③ 点火及控制系统正常。

④ 设置、选择正确的阻火设备。

监督依据标准：SY/T 0011—2007《天然气净化厂设计规范》、SHS 01031—2004《火炬维护检修规程》、SY/T 5225—2019《石油天然气钻井、开发、储运防火防爆安全生产技术规程》、SH/T 3413—1999《石油化工石油气管道阻火器选用、检验及验收》。

SY/T 0011—2007《天然气净化厂设计规范》：

8.6.10　防爆、防雷、接地设计应符合下列要求：

c）天然气净化厂中的钢制火炬放空管的管顶可不装接闪器，但放空管的底部（包括金属构架、固定绳等）应做接地，接地电阻 $R \leqslant 10\Omega$。

SHS 01031—2004《火炬维护检修规程》：

2.1　检修周期

石油化工企业火炬系统检修周期一般为 2 年至 5 年。

3.3.2.7　火炬筒体内加热盘管和底部排凝管线通畅，无泄漏。

3.3.3　火炬所属管线

3.3.3.3　管卡等紧固件完好。管径小于 DN40 的火炬塔体管线宜采用不锈钢管线。塔体管线固定管卡应用不锈钢材质。

3.3.3.4　管线保温齐全，保温层结实、牢固，火炬塔体管线的保温层宜采用阻燃材料。

3.3.3.5　阻火器和过滤器完好、通畅、附件齐全。

3.3.4　点火及控制系统

3.3.4.2　执行机构灵活好用，电动或气动阀门现场手动机构应正常。

3.3.4.3　控制器或控制计算机运行完好，参数设置正常。

3.3.4.4　点火供电系统线路良好，放电正常。

3.3.4.5　地面配比点火系统管线通畅，附件完好。

3.3.5　火炬框架

3.3.5.1　对于半框架和无框架火炬筒体，火炬纤绳（拉筋）的基础锚点应无松动及损伤，火炬筒体垂直度小于 1/1000。

3.3.5.2　火炬框架基础无下陷无裂痕。

3.3.5.3　框架上紧固件不缺少、不松动、无腐蚀。

3.3.5.4　平台、梯子、栏杆无腐蚀、不开裂。

3.3.5.5　对于柔性塔架的火炬框架，紧固件螺栓齐全，配用镀锌螺栓。

3.3.6　火炬配套容器

3.3.6.5　基础不开裂不下沉。

SY/T 5225—2019《石油天然气钻井、开发、储运防火防爆安全生产技术规程》：

6.1.2.3　天然气集输、处理、储运系统的建(构)筑物。处理装置塔类、储罐、管道等设施应有可靠的防雷装置,其防雷装置的设置应按 GB 50057 和 SY 5984 执行。防雷装置每年应进行两次检测(其中在雷雨季节前检测一次),接地电阻不应大于 10Ω。

6.2.2.2　放空和火炬至少应符合以下安全要求:

c)天然气放空管道在接入火炬之前,应设置阻火设备。当天然气含有凝析油时,应设置凝液分离器。

SH/T 3413—1999《石油化工石油气管道阻火器选用、检验及验收》:

4.3.3　在寒冷地区使用的阻火器,应选用部分或整体带加热套的壳体,也可采用其他伴热方式。

4.3.12　可燃气体放空管道在接入火炬前,若设置阻火器时,应选用阻爆轰型阻火器。

6.1.1　在阻火器明显部位,应设固定的永久性产品标牌,标牌应符合现行《标牌》GB/T 13306 的规定。

6.1.2　阻火器标牌上应注明下列内容:

a)产品名称。

b)产品规格及型号。

c)安全阻火速度。

d)产品重量。

e)产品出厂编号。

f)制造日期及厂名。

(四)典型“三违”行为

(1)将空气和惰性气体排入火炬系统。

(2)未遵循“先点火后放空”的原则进行放空。

十七、原油装卸栈桥(台)

(一)监督内容

(1)检查原油装卸栈桥(台)建造的符合情况。

(2)检查装卸油作业措施的落实情况。

(二)主要监督依据

GB 50074—2014《石油库设计规范》;

GB 50160—2008《石油化工企业设计防火标准》；

GB 50183—2004《石油天然气工程设计防火规范》；

JTJ 237—1999《装卸油品码头防火设计规范》；

SY/T 5225—2019《石油天然气钻井开发储运防火防爆安全生产技术规程》；

SY/T 6320—2016《陆上油气田油气集输安全规程》；

SY/T 5536—2016《原油管道运行规范》。

（三）监督控制要点

（1）检查原油装卸栈桥（台）建造应符合规范要求。

【关键控制环节】：

① 栈桥（台）采用非燃烧材料建造。

② 距离栈桥（台）10m 以外装设紧急切断阀，方便操作，开关灵活。

③ 栈桥（台）构架、立柱、桥面板、扶梯、栏杆、踏板、鹤管等构件完好无缺陷。

④ 栈桥（台）内照明灯具，电器、通信设备符合防爆要求；装卸油专用防爆工具配备到位。

⑤ 消防灭火系统符合规范，灵敏可靠；灭火器材配备符合要求，完好可靠。

⑥ 防雷、防静电接地安装检测合格。

⑦ 栈桥（台）与相关设施设备的安全距离符合要求。

监督依据标准：GB 50074—2014《石油库设计规范》、GB 50160—2008《石油化工企业设计防火标准》、GB 50183—2004《石油天然气工程设计防火规范》、SY/T 6320—2016《陆上油气田油气集输安全规程》、JTJ 237—1999《装卸油品码头防火设计规范》。

SY/T 6320—2016《陆上油气田油气集输安全规程》：

8.1.5　装油栈桥应使用非燃烧材料建造。

8.2.8　栈桥上的电气设备和设施应防爆。

8.2.6　栈桥及地面应无油污、不存放物品，道路保持畅通。

8.2.2　主要出入口应有醒目的安全警示标志。栈桥两侧（从铁路外算起）及两端（从第一根支柱算起）20m 以内为“严禁烟火区”，接送槽车时，机车应按规定拖挂隔离车，装卸时，机车头不应进入“严禁烟火区”。

8.1.2　槽车应有明显的安全警示标志，并按指定路线行驶。

8.2.4　装卸油管应设便于操作的紧急切断阀，阀与火车装卸油栈台的间距不应小于 10m。

GB 50183—2004《石油天然气工程设计防火规范》：

6.7.3 油品的汽车装卸站,应符合下列要求:

1 装卸站的进出口,宜分开设置;当进、出口合用时,站内应设回车场。

4.4.5 非金属注液软管宜采用防静电材料制作。

6.7 装卸设施

3 装卸泵房至铁路装卸线的距离,不应小于8m。

5.3.2 油气站场内消防车道布置应符合下列要求:

3 铁路装卸设施应设消防车道,消防车道应与站场内道路构成环形,受条件限制的,可设有回车场的尽头车道,消防车道与装卸栈桥的距离不应大于80m且不应小于15m。

9.3.6 下列甲、乙、丙A类油品(原油除外)、液化石油气、天然气凝液作业场所,应设消除人体静电装置:

1 泵房的门外。

3 装卸作业区内操作平台的扶梯入口处。

JTJ 237—1999《装卸油品码头防火设计规范》:

5.2.1.3 装卸设备应符合下列规定:

1 装载臂应设置移动超限报警装置。

2 装载臂与油船连接口处,宜配置快速连接器。

5.5.1 油品码头装卸设备、取样口和输油管道阀门等部位水平距离15m范围内,宜设置固定式可燃气体检测报警仪,也可配置一定数量的便携式可燃气体检测报警仪代替固定式检测报警仪。

GB 50074—2014《石油库设计规范》:

8.1.1 铁路油品装卸线设置,应符合下列规定:

3 铁路罐车装卸线应为平直线,股道直线段的始端至装卸栈桥第一鹤管的距离,不应小于进库罐车长度的1/2。装卸线设在平直线上确有困难时,可设在半径不小于600m的曲线上。

8.1.2 罐车装卸线中心线至石油库内非罐车铁路装卸线中心线的安全距离,应符合下列规定:

1 装甲、乙类液体的不应小于20m。

2 卸甲、乙类液体的不应小于15m。

3 装卸丙类液体的不应小于10m。

8.1.3 下列易燃和可燃液体宜单独设置铁路罐车装卸线:

1 甲A类液体。

2　甲B类液体、乙类液体、丙A类液体。

3　丙B类液体。

当以上液体合用一条装卸线，且同时作业时，两类液体鹤管之间的距离，不应小于24m；不同时作业时，鹤管间距可不限制。

8.1.4　桶装液体装卸车与罐车装卸车合用一条装卸线时，桶装液体车位至相邻油罐车车位的净距，不应小于10m。不同时作业时可不限制。

8.1.5　罐车装卸线中心线至无装卸栈桥一侧其他建筑物或构筑物的距离，在露天场所不应小于3.5m，在非露天场所不应小于2.44m。

8.1.6　铁路中心线至石油库铁路大门边缘的距离，有附挂调车作业时，不应小于3.2m；无附挂调车作业时不应小于2.44m。

8.1.7　铁路中心线至装卸暖库大门边缘的距离，不应小于2m。暖库大门的净空高度（自轨面算起）不应小于5m。

8.1.9　从下部接卸铁路罐车的卸油系统，应采用密闭管道系统。从上部向铁路罐车灌装甲B、乙、丙A类液体时，应采用插到罐车底部的鹤管。鹤管内的液体流速，在鹤管浸没于液体之前不应大于1m/s。浸没于液体之后不应大于4.5m/s。

8.1.12　罐车装卸栈桥边缘与罐车装卸线中心线的距离，应符合下列规定：

1　自轨面算起3m及以下，其距离不应小于2m。

2　自轨面算起3m以上，其距离不应小于1.85m。

8.1.13　罐车装卸鹤管至石油库围墙的铁路大门的距离，不应小于20m。

8.1.14　相邻两座罐车装卸栈桥的相邻两条罐车装卸线中心线的距离，应符合下列规定：

1　当二者或其中之一用于装卸甲B、乙类液体时，其距离不应小于10m。

2　当二者都用于装卸丙类液体时，其距离不应小于6m。

8.1.15　在保证装卸液体质量的情况下，性质相近的液体可共享鹤管，但航空油料的鹤管应专管专用。

GB 50160—2008《石油化工企业设计防火标准》：

6.4.1　可燃液体的铁路装卸设施应符合下列规定：

3　顶部敞口装车的甲B、乙、丙A类的液体应采用液下装车鹤管。

6　零位罐至罐车装卸线不应小于6m。

6.4.2　可燃液体的汽车装卸站应符合下列规定：

2　装卸车场应采用现浇混凝土地面。

3　装卸车鹤位与缓冲罐之间的距离不应小于5m，高架罐之间的距离不应小于0.6m。

4　甲B、乙A类液体装卸车鹤位与集中布置的泵的距离不应小于8m。

6　甲B、乙、丙A类液体的装卸车应采用液下装卸车鹤管。

7　甲B、乙、丙A类液体与其他类液体的两个装卸车栈台相邻鹤位之阀的距离不应小于8m。

8　装卸车鹤位之间的距离不应小于4m；双侧装卸车栈台相邻鹤位之间或同一鹤位相邻鹤管之间的距离应满足鹤管正常操作和检修的要求。

GB 50074—2014《石油库设计规范》：

表4.0.10　石油库与库外居住区、公共建筑物、工矿企业、交通线的安全距离（m）

序号	石油库设施名称	石油库等级	库外建（构）筑物和设施名称				
			居住区和公共建筑物	工矿企业	国家铁路线	工业企业铁路线	道路
1	甲B、乙类液体地上罐组；甲B，乙类覆土立式油罐；无油气回收设施的甲B、乙A类液体装卸码头	一	100（75）	60	60	35	35
		二	90（45）	50	55	30	20
		三	80（40）	40	50	25	15
		四	70（35）	35	50	25	15
		五	50（35）	30	50	25	15
2	丙类液体地上罐组；丙类覆土立式油罐；乙B、丙类和采用油气回收设施的甲B、乙A类液体装卸码头；无油气回收设施的甲B、乙A类液体铁路或公路罐车装车设施；其他甲B、乙类液体设施	一	75（50）	45	45	26	20
		二	68（45）	38	40	23	15
		三	60（40）	30	38	20	15
		四	53（35）	26	38	20	15
		五	38（35）	23	38	20	15
3	覆土卧式油罐；乙B、丙类和采用油气回收设施的甲B、乙A类液体铁路或公路罐车装车设施；仅有卸车作业的铁路或公路罐车卸车设施；其他丙类液体设施	一	50（50）	30	30	18	18
		二	45（45）	25	28	15	15
		三	40（40）	20	25	15	15
		四	35（35）	18	25	15	15
		五	25（25）	15	25	15	15

注：1. 表中的工矿企业指除石油化工企业、石油库、油气田的油品站场和长距离输油管道的站场以外的企业。其他设施指油气回收设施、泵站、灌桶设施等设置有易燃和可燃液体、气体设备的设施。

2. 表中的安全距离，库内设施有防火堤的储罐区应从防火堤中心线算起，无防火堤的覆土立式油罐应从罐室出入口等孔口算起，无防火堤的覆土卧式油罐应从储罐外壁算起；装卸设施应从装卸车（船）时鹤管口的位置算起；其他设备布置在房间内的，应从房间外墙轴线算起；设备露天布置的（包括设在棚内）。应从设备外缘算起。

3. 表中括号内数字为石油库与少于100人或30户居住区的安全距离。居住区包括石油库的生活区。

表 8.3.3　易燃和可燃液体装卸码头与公路桥梁、铁路桥梁等的安全距离

易燃和可燃液体装卸码头位置	液体类别	安全距离（m）
公路桥梁、铁路桥梁的下游	甲B、乙	150（75）
	丙	100（50）
公路桥梁、铁路桥梁的上游	甲B、乙	300（150）
	丙	200（100）
内河大型船队锚地、固定停泊所、城市水源取水口的上游	甲B、乙、丙	1000（500）
注：表中括号内数字为停靠小于500t船舶码头的安全距离。		

表 8.3.5　易燃和可燃液体装卸码头与相邻货运码头的安全距离

液体装卸码头位置	液体类别	安全距离（m）
内河货运码头下游	甲B、乙	75
	丙	50
沿海、河口 内河货运码头上游	甲B、乙	150
	丙	100
注：表中安全距离系指相邻两码头所停靠设计船型首尾间的净距。		

表 8.3.6　易燃和可燃液体装卸码头与相邻港口客运站码头的安全距离

液体装卸码头位置	客运站级别	液体类别	安全距离（m）
沿海	一、二、三、四	甲B、乙	300
		丙	200
内河客运站码头的下游	一、二	甲B、乙	300
		丙	200
	三、四	甲B、乙	150
		丙	100
内河客运站码头的上游	一	甲B、乙	3000
		丙	2000
	二	甲B、乙	2000
		丙	1500
	三、四	甲B、乙	1000
		丙	700
注：1. 易燃和可燃液体装卸码头与相邻客运站码头的安全距离，系指相邻两码头所停靠设计船型首尾间的净距。 2. 停靠小于500t油船的码头，安全距离可减少50%。 3. 客运站级别划分应符合现行国家标准《河港工程设计规范》GB 50192的规定。			

（2）检查装卸油作业措施的落实应到位。

【关键控制环节】:

① 驾驶员、押运员、装卸员及槽车的证、照符合要求。

② 作业人员正确穿戴防静电工作服、工作鞋。

③ 装卸油操作前,作业人员应在人体静电消除装置正确释放静电。

④ 鹤管连接完好,防溢油装置到位;开关阀门缓开缓关,放鹤管时轻提轻放。

⑤ 汽车槽车阻火器、灭火器性能良好。

⑥ 装卸栈桥(台)与汽车槽车活动接地装置接地可靠;汽车静电拖地带使用专用橡胶拖地带。

⑦ 原油装车温度不超过规定值,原油管道安全流速不大于4.5m/s,压力不超过0.15MPa,鹤管插入油槽车底部200mm。

⑧ 区域内照明充足,夜间操作时,严禁在栈桥上开关手电。

⑨ 装油完毕,静置不少于2min后,再进行采样、测温、检尺,拆除接地线等。

监督依据标准:SY/T 5225—2019《石油天然气钻井、开发、储运防火防爆安全生产技术规程》、SY/T 5536—2016《原油管道运行规范》、SY/T 6320—2016《陆上油气田油气集输安全规程》。

SY/T 5225—2019《石油天然气钻井、开发、储运防火防爆安全生产技术规程》:

7.5.1.1 原油装卸区应建立严格的防火防爆制度,配备足够的灭火器材。

7.5.1.2 装卸区主要进出口处,应设置“严禁烟火”等醒目的标志牌。

7.5.1.3 装卸区内无油污、无易燃易爆物品,道路应保持畅通。

7.5.1.4 装卸作业前车、船应熄火,不应在装卸时检修车辆、船只。

7.5.1.6 装卸作业现场应设静电消除,装卸人员在装卸作业前应触摸导静电消除装置,释放体内静电。

7.5.1.7 操作人员应穿着防静电服和鞋,开关槽车车盖、起放套管(软管)和检查卸油管时,应轻开、轻关、轻放。充装时人应站在上风侧。

7.5.1.9 装卸区夜间应有作业防爆照明设施,装卸作业时不应带电修理电气设备和更换灯泡,不应使用非防爆活动照明灯具。

SY/T 5536—2016《原油管道运行规范》:

8.2.9 应在SY/T 5920要求的基础上对输油站场及油库的装卸栈桥的装卸操作制订相应规程,并在规程中对装卸过程中涉及高空作业、静电防护、特殊天气、与铁路的衔接等安全要求进行明确。

8.3.1 装卸前应对槽车顶盖、铁梯、踏板、车盖垫片及底部阀门进行检查,确认合格后才能装油。

8.3.2 卸油接管前,应检查阀门手柄的位置,确认完好后,方可打开阀门卸油。

8.3.3 鹤管应保持安全位置。道轨内应无任何障碍物。

8.4.1 装卸车时，应通过活梯处上下槽车。

8.4.2 装油时应防止铁器相互敲击，开关槽车车盖时，应轻开轻关。

8.4.3 鹤管应连接好，开关阀门应缓开缓关，防止鹤管在压力作用下大幅度甩动，放鹤管时应轻提轻放。

8.4.4 装车温度不应超过规定值，流速应控制在4.5m/s以内，压力不应超过0.15MPa。鹤管应插入距车底部不大于0.2m处。

8.4.5 装卸油后应将阀门和蒙头盖恢复原位，收好鹤管和梯子等，防止铁路机车拖车时损坏设备。

SY/T 6320—2016《陆上油气田油气集输安全规程》：

8.1.1 驾驶员、押运员、装卸员及槽车的证、照应符合有关法规规定。

8.2.8 栈桥上的电气设备和设施应防爆。

8.2.14 槽车装卸作业时，一人不应同时装卸超过两台的槽车。

8.2.16 装卸时，不应用高压蒸汽吹扫油槽车和栈桥上油污，防止产生静电。

8.2.17 雷雨及五级以上大风天气不应装卸油品。

8.1 汽车装卸

8.1.4 车辆应配备阻火器、2具灭火器及导静电橡胶拖地带。

8.1.6 装油应采用专用鹤管或有铜丝的专用胶管，并伸至油罐底部。

8.1.7 装卸人员应在汽车熄火后装卸油品。

8.1.8 不应在装卸时检修汽车。

8.1.9 同时充装天然气凝液的车辆不应超过2台，两车停放地面的水平高度差不得超过10cm。充装时应同时装卸、同时发动，充装过程中不应发动车辆。车辆发动前应使用便携式可燃气体报警装置检查周围可燃气体含量，确认合格后方可发动车辆。

8.1.10 充装天然气凝液的车辆，充装量不应超过槽车罐容量的85%。

8.1.11 装卸区应有静电接地活动导线，并在装卸时使用。

8.2 火车装卸

8.2.2 主要出入口应有醒目的安全警示标志。栈桥两侧(从铁路外算起)及两端(从第一根支柱算起)20m以内为“严禁烟火区”，接送槽车时，机车应按规定拖挂隔离车，装卸时，机车头不应进入“严禁烟火区”。

8.2.7 机车进出站信号灯应保持完好。

8.2.9 栈桥的每根道轨连接处和鹤管法兰处应用两根直径不小于5mm的金属线跨接，每200m设一个接地点。

8.2.10 装油应采用专用鹤管或有铜丝的专用胶管。使用胶管时，管端应用直径不小于4mm的软铜丝导线与接地极连接。

（四）典型“三违”行为

（1）司机及操作人员携带火种或使用非防爆工具及照明设施进行作业。

（2）装车槽车静电线未连接或接触不良。

（3）车辆排气管阻火器安装密封不严。

（4）装油过程中，操作人员擅离职守。

第三节　采油(气)作业辅助生产设备设施安全监督工作要点

一、变配电系统

（一）监督内容

（1）检查电气作业人员持证上岗的情况。

（2）检查电容型验电器、携带型短路接地线、个人保安线等工器具按规定周期试验，粘贴合格证等方面的情况。

（3）检查变电站（所）技术档案、安全规程、图表和记录的建立情况。

（4）检查电气设备的安全净距。

（5）检查变（配）电站（所）的安全作业条件。

（6）监督倒闸操作的合规情况。

（二）主要监督依据

GB 3836.1—2010《爆炸性环境　第1部分：设备　通用要求》；

GB 26860—2011《电力安全工作规程发电厂和变电站电气部分》；

GB 50052—2009《供配电系统设计规范》；

GB 50053—2013《20kV及以下变电所设计规范》；

GB 50054—2011《低压配电设计规范》；

GB 50058—2014《爆炸危险环境电力装置设计规范》；

GB 50060—2008《3～110kV高压配电装置设计规范》；

GB 50183—2004《石油天然气工程设计防火规范》；

DL/T 572—2010《电力变压器运行规程》。

（三）监督控制要点

（1）检查电气作业人员应符合上岗条件，持证上岗。

【关键控制环节】：

① 电力设备设施检维修、安装、试验作业的电气作业人员、焊接作业人员、高处作业人员应持有效特种作业人员操作证上岗。

② 电气工作人员体格检查每两年至少一次，无妨碍工作的病症。

监督依据标准：GB 26860—2011《电力安全工作规程发电厂和变电站电气部分》。

4.1 工作人员

4.1.1 经医师鉴定，无妨碍工作的病症(体格检查每两年至少一次)。

4.1.2 具备必要的安全生产知识和技能，从事电气作业的人员应掌握触电急救等救护法。

4.1.3 具备必要的电气知识和业务技能，熟悉电气设备及其系统。

（2）检查确认电容型验电器、携带型短路接地线、个人保安线、绝缘杆、核相器、绝缘罩、绝缘隔板、绝缘胶垫、绝缘靴、绝缘手套、导电鞋、绝缘夹钳、绝缘绳等工器具按规定周期试验，粘贴合格证。

监督依据标准：GB 26860—2011《电力安全工作规程发电厂和变电站电气部分》。

表 E.1 绝缘安全工器具试验项目、周期和要求

序号	器具	项目	周期	备注
1	电容型验电器	启动电压试验	1a	
		工频耐压试验	1a	
2	携带型短路接地线	成组直流电阻试验	≤5a	同一批次抽测，不少于2条，接线鼻与软导线压接的应做该试验
		操作棒的工频耐压试验	5a	
3	个人保安线	成组直流电阻试验	≤5a	同一批次抽测，不少于2条
4	绝缘杆	工频耐压试验	1a	
5	核相器	连接导线绝缘强度试验	必要时	
		绝缘部分工频耐压试验	1a	
		电阻管泄漏电流试验	0.5a	
		动作电压试验	1a	
6	绝缘罩	工频耐压试验	1a	
7	绝缘隔板	表面工频耐压试验	1a	
		工频耐压试验	1a	

续表

序号	器具	项目	周期	备注
8	绝缘胶垫	工频耐压试验	1a	
9	绝缘靴	工频耐压试验	0.5a	
10	绝缘手套	工频耐压试验	0.5a	
11	导电鞋	直流电阻试验	穿用≤200h	
12	绝缘夹钳	工频耐压试验	1a	
13	绝缘绳	工频耐压试验	0.5a	

（3）检查电气设备的安全净距应符合规范要求。

【关键控制环节】：

① 10kV 以下变配电室与站内装置、灌装站内储罐防火间距符合要求。

② 10kV 及以下户外变压器与一、二、三、四级油气场站内设备设施的防火间距符合要求。

③ 10kV 及以下户外变压器、配电室与油气站场设备设施防火间距符合要求。

④ 屋内外配电装置、高压配电室通道、低压配电屏前后通道、宽度、室内油浸变压器外廓与变压器室四壁、电缆托盘和梯架与各种管道、通道宽度和电缆支架层间最小净距符合要求。

监督依据标准：GB 50183—2004《石油天然气工程设计防火规范》、GB 50054—2011《低压配电设计规范》。

据 GB 50183—2004《石油天然气工程设计防火规范》：

表 1　10kV 以下变配电室与站内装置的防火间距（m）

名称	明火或散发明火的设备或场所	可燃气体压缩机或其厂房	其他工艺设备及厂房			中间储罐		
			甲 A 类	甲 B、乙 A 类	乙 B、丙类	甲 A 类	甲 B、乙 A 类	乙 B、丙类
防火间距	15	15	15	15	9	22.5	15	9

表 2　10kV 及以下变配电室与灌装站内储罐的防火间距

单罐容量（m^3）	≤50	≤100	≤400	≤1000	>1000
防火间距（m）	20	25	30	40	50

表3　10kV及以下户外变压器与一、二、三、四级油气场站内设备设施的防火间距（一）

名称	地上油罐单罐容量，m^3									全压力式天然气凝液、液化石油气储罐，m^3				
	甲B、乙类固顶罐				浮顶或丙类固定顶									
	＞10000	≤10000	≤1000	≤500或卧罐	≥50000	＜50000	≤10000	≤1000	≤500或卧罐	＞1000	≤1000	≤400	≤100	≤50
防火间距（m）	30	25	20	15	30	26	22	18	15	65	60	50	40	40

表4　10kV及以下户外变压器与一、二、三、四级油气场站内设备设施的防火间距（二）

名称	全冷冻式液化石油气储罐	天然气储罐总容量 m^3		甲乙类厂房和密闭工艺装置（设备）	有明火的密闭工艺设备及加热炉	有明火或散发火花地点（含锅炉房）	敞口容器和除油器	
		≤10000	≤50000				≤30	＞30
防火间距（m）	60	30	35	15	15	—	25	25

表5　10kV及以下户外变压器与一、二、三、四级油气场站内设备设施的防火间距（三）

名称	液化石油气灌装站	火车装卸鹤管	码头装卸油臂及泊位	辅助性生产厂房及辅助生产设施	仓库		可携带可燃液体的高架火炬
					硫黄及其他甲乙类物品	丙类物品	
防火间距（m）	35	30	20	30	25	20	90

表6　10kV及以下户外变压器、配电室与五级油气站场内设备设施的防火间距（一）

名称	油气井	露天油气密闭设备及阀组	可燃气体压缩机及压缩机房	天然气凝液泵及其泵房、阀组间	水套炉	加热炉、锅炉房	隔油池、事故污油池（罐）、卸油池	
							≤30m^3	＞30m^3
防火间距（m）	15	10	12	22.5/15	—	—	15	15
注：表格“—”表示防火间距应符合《建筑设计防火规范》的规定或只满足安装、操作及维修要求。								

表7　10kV及以下户外变压器、配电室与五级油气站场内设备设施的防火间距（二）

名称	≤500m^3油罐（除甲A类外）及装卸车鹤管	天然气凝液、液化石油气储罐，m^3			计量仪表间、值班室或配水间	辅助生产厂房及辅助生产设施	硫黄仓库	污水池
		单罐且罐容量＜50	总容量≤100	100＜总容量≤200，单罐容量≤100				
防火间距（m）	15	15	22.5	40	—	—	10	5
注：表格“—”表示防火间距应符合《建筑设计防火规范》的规定或只满足安装、操作及维修要求。								

据 GB 50054—2011《低压配电设计规范》：

表 1　屋内、外配电装置最小电气安全净距（mm）

符号	适用范围	场所	额定电压，kV			
			<0.5	3	6	10
	无遮拦裸导体至地（楼）面之间	室内	屏前 2500 屏后 2300	2500	2500	2500
		室外	2500	2700	2700	2700
	有 IP2X 防护等级遮拦的通道净高	室内	1900	1900	1900	1900
A	裸带电部分至接地部分和不同相的裸带电部分之间	室内	20	75	100	125
		室外	75	200	200	200
B	距地（楼）面 2500mm 以下裸带电部分的遮拦防护等级为 IP2X 时，裸带电部分与遮护物间水平净距	室内	100	175	200	225
		室外	175	300	300	300
	不同时停电检修的无遮拦裸导体之间的水平距离	室内	1875	1875	1900	1925
		室外	2000	2200	2200	2200
	裸导体至无孔固定遮拦	室内	50	105	130	155
C	裸带电部分至用钥匙或工具才能打开或拆卸的栅栏	室内	800	825	850	875
		室外	825	950	950	950
	低压母排引出线或高压引出线的套管至屋外无人行通道地面	室内	3650	4000	4000	4000

注：海拔高度超过 1000m 时，表中符号 A 项数据应按每升高 100m 增大 1% 进行修正；B、C 项数据应加上 A 项的修正值。

表 2　高压配电室各种通道最小宽度（mm）

开关柜布置方式	维护通道	操作通道	
		固定式	移开式
设备单列布置	800	1500	单车长度 +1200
设备双列布置	1000	2000	双车长度 +900

注：1. 通道宽度在建筑物的个别突出处，可缩小 200mm。
2. 移开式开关柜不需要进行就地检修时，其通道宽度可适当减小。
3. 固定式开关柜靠墙布置时，柜背离墙距离取 50mm。
4. 当采用 35kV 开关柜时，柜后通道不宜小于 1000mm。

表 3　低压配电屏前、后通道最小宽度(mm)

形式	布置方式	屏前通道	屏后通道
固定式	单排布置	1500	1000
	双排面对面布置	2000	1000
	双排背对背布置	1500	1500
抽屉式	单排布置	1800	1000
	双排面对面布置	2300	1000
	双排背对背布置	1800	1000
注：建筑物有凸出部位，凸出部位的通道宽度可减少 200mm。			

表 4　室内油浸变压器外廓与变压器室四壁的最小净距(mm)

变压器容量	1000kV·A 及以下	1250kV·A 及以上
变压器外廓与后壁、侧壁净距	600	800
变压器外廓与门之间	800	1000
注：对于就地检修的室内油浸变压器，室内高度可按吊芯所需的最小高度再加 700mm，宽度可按变压器两侧各加 800mm 确定。		

表 5　电缆托盘和梯架与各种管道的最小净距(m)

管道类别		平行净距	交叉净距
有腐蚀性液体、气体的管道		0.5	0.5
热力管道	有保温层	0.5	0.3
	无保温层	1.0	0.5
其他工艺管道		0.4	0.3

表 6　通道宽度和电缆支架层间垂直的最小净距(m)

项目		通道宽度		支架层间垂直最小净距	
		两侧设支架	一侧设支架	电力线路	控制线路
电缆隧道		1.00	0.90	0.20	0.12
电缆沟	沟深≤0.60	0.30	0.30	0.15	0.12
	沟深≤0.60	0.50	0.45	0.15	0.12

（4）检查变（配）电站（所）消防、环境应符合安全作业条件。

【关键控制环节】：

①配电站（所）消防器材按规定配备，挂牌并定期检查更换。

②配电站（所）环境应整洁畅通，安全遮栏、绝缘垫完整。

监督依据标准：SY/T 6353—2016《油气田变电站（所）安全管理规程》。

4.6.2 消防器材应挂牌、定位，专人管理，定期检查，按规定更换。

4.9.1 环境应整洁，开关场地平整，巡视及消防通道畅通。

4.9.2 开关场地不应种高秆和爬藤植物，绿化植物不应妨碍检修和抢修作业。

4.9.3 不应饲养有碍安全运行的动物。

4.9.4 主控室、高压室等建（构）筑物的孔洞应封堵，安全遮栏应符合安全规定，网门应关闭加锁。

4.9.5 变电站（所）应有防小动物措施。

4.9.6 与联合站等产生有毒、易燃易爆气体和液体场所相连的电缆沟应封堵，防止串入变电站电缆沟。

4.9.7 安全标示应齐全、醒目。

4.9.8 工作场所应有足够的照明。

4.9.9 应配置急救箱。

（5）督促操作人员应按规范要求正确执行倒闸操作。

【关键控制环节】：

①监督对规定项目的操作填写、审批操作票。

②监督作业人员正确执行操作票。

监督依据标准：GB 26860—2011《电力安全工作规程发电厂和变电站电气部分》、SY/T 6353—2016《油气田变电站（所）安全管理规程》。

GB 26860—2011《电力安全工作规程发电厂和变电站电气部分》：

7.3.4.5 下列项目应填入操作票：

a）拉合断路器和隔离开关，检查断路器和隔离开关的位置，验电、装拆接地线，检查接地线是否拆除，安装或拆除控制回路或电压互感器回路的保险器，切换保护回路和检验是否确无电压等。

b）在高压直流输电系统中，启停系统、调节功率、置换状态、改变控制方式、转换主控站、投退控制保护系统、切换换流变压器冷却器及手动调节分接头、控制系统对断路器的锁定操作等。

SY/T 6353—2016《油气田变电站(所)安全管理规程》:

4.3.1　倒闸操作

b)倒闸操作应根据值班电力调度或运行值班负责人的命令执行,操作前应核对命令、填写、审核操作票,模拟操作,核对设备名称和编号。

c)操作中发生疑问时,应立即停止操作,并向值班电力调度或运行值班负责人报告,重新许可后,方可进行操作。

d)除紧急送电和事故处理外,一般倒闸操作应避免在交接班时进行。如遇有紧急倒闸操作或事故处理,应停止交接班,由交班人员进行倒闸操作和事故处理,接班人员配合。

(四)典型“三违”行为

(1)电气作业人员无证上岗。

(2)未填写操作票进行倒闸操作。

(3)操作高压电器开关时不带绝缘手套、不侧身、不站在绝缘橡胶上。

(五)事故案例分析

2015年7月1日,某局配电抢修人在进行变压器抢修任务时,发生一起人身触电轻伤事故。

1. 事故经过

7月1日9时20分,某局配电事故抢修班接到某施工现场的报修电话:该现场10kV配电变压器跌开式熔断器(跌落保险)三相均脱落。9时30分左右,抢修班人员张某、崔某到达现场,经初步检查发现,变压器高压桩头有放电痕迹,地面上有被电弧烧死的老鼠一只,判断为老鼠引起的高压三相短路。卸下熔断器、更换熔丝后,重新装设熔断器欲恢复供电,张某先将C相熔断器用令克棒挂上后,在挂A相熔断器时,因设备锈蚀等原因,熔断器A相未能用令克棒挂上,张某随即爬上变压器支架,欲直接用手装设熔断器,此时因C相熔断器未取下,张×在攀爬过程中,左手抓握变压器A相高压桩头时,触电从变压器支架上跌落地面,左手、腹部、双膝关节处被电击伤。

2. 主要原因

抢修人员存在严重习惯性违章,在工作时对工作地点的不安全点认识不清,思想麻痹,工作中未监护到位,安全基础不够牢固,安全管理中有漏洞。

3. 事故教训

（1）从思想认识到安全技术对职工进行安全教育，引导职工认真分析“7·1”事故的过程、原因，找出安全工作中的漏洞、薄弱环节。

（2）培养职工“成在安全、败在事故”的思想意识。

（3）开展安全大讨论，挖掘思想根源，从深层次去探讨习惯性违章的危害，举一反三，认真查找工作中的习惯性违章。

（4）坚决反“三违”，严格执行规章制度，加强考核力度。

二、低压电气线路

（一）监督内容

（1）检查爆炸和火灾危险环境电气装置的选型情况。

（2）检查配电设施的设置情况。

（3）检查爆炸和火灾危险环境电气线路的敷设情况。

（4）检查防爆电气设备的安全运行条件。

（二）主要监督依据

GB 14050—2008《系统接地的型式及安全技术要求》；

GB 26860—2011《电力安全工作规程发电厂和变电站电气部分》；

GB 50052—2009《供电系统设计规范》；

GB 50054—2011《低压配电设计规范》；

GB 50058—2014《爆炸和火灾危险环境电气装置设计规范》；

GB 50257—2014《电气装置安装工程　爆炸和火灾危险环境电气装置施工及验收规范》；

AQ 3009—2007《危险场所电气防爆安全规范》。

（三）监督控制要点

（1）检查爆炸和火灾危险环境电气装置选型应符合规范要求。

【关键控制环节】：

① 检查爆炸危险区域电器设备选型符合防爆要求。

② 检查防爆电器进线口密封符合防爆要求。

监督依据标准：GB 50257—2014《电气装置安装工程　爆炸和火灾危险环境电气装置施工及验收规范》、GB 50058—2014《爆炸危险环境电力装置设计规范》、GB 26860—2011《电力安全工作规程发电厂和变电站电气部分》。

GB 50257—2014《电气装置安装工程　爆炸和火灾危险环境电气装置施工及验收规范》：

2.1.1　防爆电气设备的选型、级别、组别、环境条件及特殊标志等，应符合设计的规定。

2.1.2　防爆电气设备应有“EX”标志和标明防爆电气设备的类型、级别、组别的标志的铭牌，并在铭牌上标明国家指定的检验单位发给的防爆合格证号。

2.1.5　防爆电气设备的进线口与电缆、导线应能可靠地接线和密封，多余的进线口其弹性密封垫和金属垫片应齐全，并应将压紧螺母拧紧使进线口密封。金属垫片的厚度不得小于2mm。

GB 50058—2014《爆炸危险环境电力装置设计规范》：

3.2.1　爆炸性气体环境应根据爆炸性气体混合物出现的频繁程度和持续时间分为0区、1区、2区，分区应符合下列规定：

1　0区应为连续出现或长期出现爆炸性气体混合物的环境。

2　1区应为在正常运行时可能出现爆炸性气体混合物的环境。

3　2区应为在正常运行时不太可能出现爆炸性气体混合物的环境，或即使出现也仅是短时存在的爆炸性气体混合物的环境。

GB 26860—2011《电力安全工作规程发电厂和变电站电气部分》：

5.2.1　爆炸性气体环境用电气设备根据区域类别选型应符合表3要求。

表3　爆炸性气体环境用电气设备根据区域类别选型

适用爆炸危险区域	电气设备防爆型式	防爆标志
0区	本质安全型（ia级）	Exia
	为0区设计的特殊型	Exs
1区	适用于0区的防爆型式	
	本质安全型（ib级）	Exib
	隔爆型	Exd
	增安型	Exe
	正压外壳型	Expx、Expy
	油浸型	Exo

续表

适用爆炸危险区域	电气设备防爆型式	防爆标志
1区	充砂型	Exq
	浇封型	Exm
	为1区设计的特殊型	Exs
2区	适用于0区和1区的防爆型式	
	n型	ExnA、ExnC、ExnR、ExnL、ExnZ
	正压外壳型	Expz
	为2区设计的特殊型	Exs

注：1. 对于标有“s”的特殊型设备，应根据设备上标明适用的区域类型选用，并注意设备安装和使用的特殊条件。

2. 根据我国的实际情况，允许在1区中使用的“e”型设备仅限于：

——在正常运行中不产生火花、电弧或危险温度的接线盒和接线箱，包括主体为“d”或“m”型，接线部分为“e”型的电气产品；

——配置有合适热保护装置（见GB 3836.3—2000附录D）的“e”型低压异步电动机（起动频繁和环境条件恶劣者除外）；

——单插头“e”型荧光灯。

3. 用正压保护的防爆型式：

px型正压——将正压外壳内的危险分类从1区降至非危险或从I类（煤矿井下危险区域）降至非危险的正压保护。

py型正压——将正压外壳内的危险分类从1区降至2区的正压保护。

pz型正压——将正压外壳内的危险分类从2区降至非危险的正压保护。

4. 符号：

A——无火花设备；

C——有火花设备；触头采用除限制呼吸外壳和能量限制；

n——正压之外的适当保护；

R——限制呼吸外壳；

L——限制能量设备；

Z——具有n-正压外壳。

（2）检查配电设施的设置应符合规范要求。

【关键控制环节】：

① 检查低压配电室内水、汽管道符合规范要求。

② 检查配电屏通道宽度、配电箱高度符合规范要求。

③ 检查配电室门窗、电缆沟有无防水、防雨雪和小动物进入的措施。

④ 带电部分采取绝缘或置于伸臂范围之外。

监督依据标准：GB 50054—2011《低压配电设计规范》。

4.1.3　配电室内除本室需用的管道外，不应有其他的管道通过。室内水、汽管道上不应设置阀门和中间接头；水、汽管道与散热器的连接应采用焊接，并应做等电位联结。配电屏的上、下方及电缆沟内不应敷设水、汽管道。

4.2.1　落地式配电箱的底部应抬高，高出地面的高度室内不应低于50mm，室外不应低于200mm。其底座周围应采取封闭措施，并应能防止鼠、蛇类等小动物进入箱内。

4.2.5　当防护等级不低于现行国家标准《外壳防护等级（IP代码）》GB 4208规定的IP2X级时，成排布置的配电屏通道最小宽度应符合表4.2.5的规定。

表4.2.5　成排布置的配电屏通道最小宽度（m）

配电屏		单配布置			双排面对面布置			双排背对背布置			多排同向布置			屏侧通道
		屏前	屏后		屏前	屏后		屏前	屏后		屏间	前、后排屏距墙		
			维护	操作		维护	操作		维护	操作		前排屏前	后排屏后	
固定式	不受限制时	1.5	1.1	1.2	2.1	1	1.2	1.5	1.5	2.0	2.0	1.5	1.0	1.0
	受限制时	1.3	0.8	1.2	1.8	0.8	1.2	1.3	1.3	2.0	1.8	1.3	0.8	0.8
抽屉式	不受限制时	1.8	1.0	1.2	2.3	1.0	1.2	1.8	1.0	2.0	2.3	1.8	1.0	1.0
	受限制时	1.6	0.8	1.2	2.1	0.8	1.2	1.6	0.8	2.0	2.1	1.6	0.8	0.8

注：1. 受限制时是指受到建筑平面的限制、通道内有柱等局部突出物的限制。
2. 屏后操作通道是指需在屏后操作运行中的开关设备的通道。
3. 背靠背布置时屏前通道宽度可按本表中双排背对背布置的屏前尺寸确定。
4. 控制屏、控制柜、落地式动力配电箱前后的通道最小宽度可按本表确定。
5. 挂墙式配电箱的箱前操作通道宽度，不宜小于1m。

4.2.6　配电室通道上方裸带电体距地面的高度不应低于2.5m；当低于2.5m时，应设置不低于现行国家标准《外壳防护等级（IP代码）》GB 4208的规定的IPXXB级或IP2X级的遮拦或外护物，遮拦或外护物底部距地面的高度不应低于2.2m。

4.3.4　配电室内的电缆沟，应采取防水和排水措施。配电室的地面宜高出本层地面50mm或设置防水门槛。

4.3.7　配电室的门、窗关闭应密合；与室外相通的洞、通风孔应设防止鼠、蛇类等小动物进入的网罩，其防护等级不宜低于《外壳防护等级（IP代码）》GB 4208的IP3X级。直接与室外露天相通的通风孔尚应采取防止雨、雪飘入的措施。

（Ⅰ）将带电部分绝缘

5.1.1 带电部分应全部用绝缘层覆盖，其绝缘层应能长期承受在运行中遇到的机械、化学、电气及热的各种不利影响。

（Ⅱ）采取遮栏或外护物

5.1.2 标称电压超过交流方均根植25V容易被触及的裸带电体，应设置遮栏或外护物。其防护等级不应低于现行国家标准《外壳防护等级（IP代码）》GB 4208规定的IPXXB级或IP2X级。

（Ⅳ）置于伸臂范围之外

5.1.10 在电气专用房间或区域，不采用防护等级等于高于现行国家标准《外壳防护等级（IP代码）》GB 4208规定的IPXXB级或IP2X级的遮栏、外护物或阻挡物时，应将人可能无意识同时触及的不同电位的可导电部分置于伸臂范围之外。

5.1.11 伸臂范围（5.1.11）应符合下列规定：

1 裸带电体布置在有人活动的区域上方时，其与平台或地面的垂直净距不应小于2.5m。

2 裸带电体布置在有人活动的平台侧面时，其与平台边缘的水平净距不应小于1.25m。

3 裸带电体布置在有人活动的平台下方时，其与平台下方的垂直净距不应小于1.25m，且与平台边缘的水平净距不应小于0.75m。

4 裸带电体的水平方向的阻挡物、遮栏或外护物，其防护等级低于现行国家标准《外壳防护等级（IP代码）》GB 4208规定的IPXXB级或IP2X级时，伸臂范围应从阻挡物、遮栏或外护物算起。

5 在有人活动区域上方的裸带电体的阻挡物、遮栏或外护物，其防护等级低于现行国家标准《外壳防护等级（IP代码）》GB 4208规定的IPXXB级或IP2X级时，伸臂范围2.5m应从人所在地面算起。

6 人手持大的或长的导电物体时，伸臂范围应计及该物体的尺寸。

（3）检查爆炸和火灾危险环境电气线路的敷设应满足规范要求。

【关键控制环节】：

① 低压电气线路敷设方式应符合规范要求。

② 爆炸危险环境低压线路敷设、接线盒、分线盒、活接头、隔离密封件等连接件的选型满足防爆要求。

监督依据标准：GB 50257—2014《电气装置安装工程　爆炸和火灾危险环境电气装置施工及验收规范》。

3.1.1.2　当易燃物质比空气重时，电气线路应在较高处敷设；当易燃物质比空气轻时，电气线路宜在较低处或电缆沟敷设。

3.1.1.3　当电气线路沿输送可燃气体或易燃液体的管道栈桥敷设时，管道内的易燃物质比空气重时，电气线路应敷设在管道的上方；管道内的易燃物质比空气轻时，电气线路应敷设在管道的正下方的两侧。

3.1.2　敷设电气线路时宜避开可能受到机械损伤、振动、腐蚀及可能受热的地方；当不能避开时，应采取预防措施。

3.1.3　爆炸危险环境内采用的低压电缆和绝缘导线，其额定电压必须高于线路的工作电压，且不得低于500V，绝缘导线必须敷设于钢管内。电气工作中性线绝缘层的额定电压，应与相线电压相同，并应在同一护套或钢管内敷设。

3.1.4　电气线路使用的接线盒、分线盒、活接头、隔离密封件等连接件的选型，应符合现行国家标准《爆炸危险环境电力装置设计规范》GB 50058 的规定。

3.1.5　导线或电缆的连接，应采用有防松措施的螺栓固定，或压接、钎焊、熔焊，但不得绕接。铝芯与电气设备的连接，应有可靠的铜—铝过渡接头等措施。

3.2　爆炸危险环境内的电缆线路

3.2.1　电缆线路在爆炸危险环境内，电缆间不应直接连接。在非正常情况下，必须在相应的防爆接线盒或分线盒内连接或分路。

3.2.2　电缆线路穿过不同危险区域或界壁时，必须采取下列隔离密封措施：

3.2.2.1　在两级区域交界处的电缆沟内，应采取充砂、填阻火堵料或加设防火隔墙。

3.2.2.2　电缆通过与相邻区域共用的隔墙、楼板、地面及易受机械损伤处均应加以保护；留下的孔洞，应堵塞严密。

3.2.2.3　保护管两端的管口处，应将电缆周围用非燃性纤维堵塞严密，再填塞密封胶泥，密封胶泥填塞深度不得小于管子内径，且不得小于40mm。

3.2.3　防爆电气设备、接线盒的进线口，引入电缆后的密封应符合下列要求。

3.2.3.1　当电缆外护套必须穿过弹性密封圈或密封填料时，必须被弹性密封圈挤紧或被密封填料封固。

3.2.4　电缆配线引入防爆电动机须挠性连接时，可采用挠性连接管，其与防爆电动机接线盒之间，应按防爆要求加以配合，不同的使用环境条件应采用不同材质的挠性连接管。

3.3.1　配线钢管，应采用低压流体输送用镀锌焊接钢管。

3.3.2　钢管与钢管、钢管与电气设备、钢管与钢管附件之间的连接，应采用螺纹连接。

3.3.6　钢管配线应在下列各处装设防爆挠性连接管。

3.3.6.1　电机的进线口。

3.3.6.2　钢管与电气设备直接连接有困难处。

3.3.6.3　管路通过建筑物的伸缩缝、沉降缝处。

3.3.7　防爆挠性连接管应无裂纹、孔洞、机械损伤、变形等缺陷。

3.3.8　电气设备、接线盒和端子箱上多余的孔，应采用丝堵堵塞严密。当孔内垫有弹性密封圈时，则弹性密封圈的外侧应设钢质堵板，其厚度不应小于2mm，钢质堵板应经压盘或螺母压紧。

4.1.2　装有电气设备的箱、盒等，应采用金属制品；电气开关和正常运行产生火花或外壳表面温度较高的电气设备，应远离可燃物质的存放地点，其最小距离不应小于3m。

（4）检查防爆电气设备应满足安全运行条件。

【关键控制环节】：

① 运行中的电器设备铭牌、外壳、温度、通风排气符合要求。

② 电气装置的接地或接零、防静电接地应符合设计要求。

监督依据标准：GB 50257—2014《电气装置安装工程　爆炸和火灾危险环境电气装置施工及验收规范》。

6.0.2.1　防爆电气设备外壳的温度不得超过规定值。

6.0.2.2　正压型电气设备的出风口，应无火花吹出。当降低风压、气压时，微压继电器应可靠动作。

6.0.2.3　防爆电气设备的保护装置及联锁装置，应动作正确、可靠。

6.0.3.1　防爆电气设备的铭牌中，必须标明国家指定的检验单位发给的防爆合格证号。

6.0.3.2　防爆电气设备的类型、级别、组别，应符合设计。

6.0.3.3　防爆电气设备的外壳，应无裂纹、损伤；油漆应完好。接线盒盖应紧固，且固定螺栓及防松装置应齐全。

6.0.3.4　防爆充油型电气设备不得有渗油、漏油；其油面高度应符合要求。

6.0.3.5　正压型电气设备的通风、排气系统应通畅，连接正确，进口、出口安装位置符合要求。

6.0.3.6　电气设备多余的进线口，应按规定做好密封。

6.0.3.7　电气线路中密封装置的安装，应符合规定。

6.0.3.8　本质安全型电气设备的配线工程，其线路走向、高程，应符合设计；线路应标有天蓝色的标志。

6.0.3.9　电气装置的接地或接零、防静电接地，应符合设计要求，接地应牢固可靠。

（四）典型“三违”行为

（1）进行电气操作时使用未经检验的工器具。

（2）电气高处作业时抛掷工器具等物品。

（3）电器检修时电源或启动按钮处未悬挂禁止操作的警示标志。

（五）事故案例分析

1. 事故经过

2000年7月10日上午，农民临时工韩某（21岁）与其他3名工人从事化工产品的包装作业。上午10时，班长让韩某去取塑料编织袋，韩某回来时一脚踏上盘在地上的电缆线上，触电摔倒，在场的其他工人急忙拽断电缆线，拉下闸刀，一边在韩某胸部乱按，一边报告领导打120急救电话。待急救车赶到开始抢救时，韩某出现昏迷、呼吸困难、脸及嘴唇发紫、血压忽高忽低等症状。现场抢救20min，待稍有好转后送去医院继续抢救。住院特护12d，一般护理3d后病情稳定出院。花费医疗费8000元。

2. 主要原因

（1）缝包机的电缆线长约20m，由3种不同规格的电缆线拼接而成，而且线头包裹不好。检查电缆线的质量，均属伪劣产品。

（2）事故现场未见漏电保护器。

（3）当时因阴雨连绵，加上该化工产品吸水性较强，电缆粘料潮湿，又由于韩某脚上布鞋被水浸透，布鞋的对地电阻实际等于零。

3. 事故教训

（1）上报电缆更换及触电保安器配置的计划，及时整改，采取有效措施实施监控，避免类似事故再次发生。

（2）若安装有可靠的漏电保护器，在电缆潮湿的情况下，触电保安器的开关可能根本合不上，根本不可能发生这起事故。即使开关能勉强合上，湿透的脚踏到线头上，触电保安器的动作电流肯定会超过数倍而断电。

（3）应引起相关部门的高度重视，防微杜渐，吸取事故教训，举一反三，加大资金投入，避免类似事故再次发生。

三、动力（照明）配电箱（柜、板）与用电设备

（一）监督内容

（1）检查爆炸和火灾危险环境用电设备的选型情况。

（2）检查配电箱（柜、板）与用电设备的安装情况。

（3）检查二次回路接线。

（4）检查盘、柜及电气设备接地。

（5）监督危险场所电气设备连续监督和定期检查情况。

（二）主要监督依据

GB 7000.2—2008《灯具　第2-22部分：特殊要求　应急照明灯具》；

GB 7251.1—2013《低压成套开关设备和控制设备　第1部分总则》；

GB/T 8616—2002《爆炸性环境保护电缆用的波纹金属软管》；

GB 14050—2008《系统接地的型式及安全技术要求》；

GB 26860—2011《电力安全工作规程　发电厂和变电站电气部分》；

GB 50052—2009《供配电系统设计规范》；

GB 50054—2011《低压配电设计规范》；

GB 50058—2014《爆炸危险环境电力装置设计规范》；

GB 50169—2016《电气装置安装工程　接地装置施工及验收规范》；

GB 50171—2012《电气装置安装工程　盘、柜及二次回路接线施工及验收规范》；

GB 50254—2014《电气装置安装工程　低压电器施工及验收规范》；

AQ 3009—2007《危险场所电气防爆安全规范》。

（三）监督控制要点

（1）检查爆炸和火灾危险环境用电设备选型应符合规范要求，应有防爆标志和防爆合格证号。

参照低压电气线路部分（即本节“二”）的相关内容。

（2）检查配电箱（柜、板）与用电设备的安装应符合规范要求。

【关键控制环节】：

① 检查盘、柜上的设备与构件连接牢固，密封良好，能防潮、防尘。

② 检查各电器、端子排等应标明编号、名称、用途及操作位置。

③ 检查电缆进出盘、柜的底部或顶部及电缆管口处、电气设备多余的电缆引入口应进行防火封堵。

监督依据标准：GB 50171—2012《电气装置安装工程　盘、柜及二次回路接线施工及验收规范》。

3.0.11　二次回路的电源回路送电前，应检查绝缘，其绝缘电阻值不应小于1MΩ，潮湿地区不应小于0.5MΩ。

3.0.12　安装调试完毕后，在电缆进出盘、柜的底部或顶部及电缆管口处应进行防火封堵，封堵应严密。

4.0.2　盘、柜安装在振动场所，应按设计要求采取减振措施。

4.0.3　盘、柜间及盘、柜上的设备与各构件间连接应牢固。控制、保护盘、柜和自动装置盘等与基础型钢不宜焊接固定。

4.0.5　端子箱安装应牢固、封闭良好，并应能防潮、防尘；安装位置应便于检查；成列安装时，应排列整齐。

5.0.4　盘、柜的下面及背面各电器、端子排等应标明编号、名称、用途及操作位置，且字迹应清晰、工整，不易脱色。

5.0.7　盘、柜内带电母线应有防止触及的隔离防护装置。

6.1.2.1.1　防爆电气设备的类型、级别、组别、环境条件及特殊标志等，应符合设计的规定。

6.1.2.1.2　防爆电气设备的铭牌、防爆标志、警告牌应正确、清晰。

6.1.2.1.7　电气设备多余的电缆引入口应用适合于相关防爆型式的堵塞元件进行堵封。除本质安全设备外，堵塞元件应使用专用工具才能拆卸。

（3）检查二次回路接线应符合规范要求。

【关键控制环节】：

① 检查电缆、导线不应有中间接头，电缆应排列整齐、编号清晰、避免交叉、固定牢固。

② 检查电缆穿过不同区域时采取隔离措施，导管使用隔离密封件。

③ 检查导管与电动机的进线口、与电气设备连接有困难处、通过建筑物的伸缩缝、沉降缝处应使用防爆挠性连接管。

监督依据标准：GB 50171—2012《电气装置安装工程　盘、柜及二次回路接线施工及验收规范》、AQ 3009—2007《危险场所电气防爆安全规范》。

GB 50171—2012《电气装置安装工程　盘、柜及二次回路接线施工及验收规范》：

6.0.4　引入盘、柜内的电缆及其芯线应符合下列规定：

1　电缆、导线不应有中间接头，必要时，接头应接触良好、牢固，不承受机械拉力，并应保证原有的绝缘水平；屏蔽电缆应保证其原有的屏蔽电气连接作用。

2　电缆应排列整齐、编号清晰、避免交叉、固定牢固，不得使所接的端子承受机械应力。

3　铠装电缆进入盘、柜后，应将钢带切断，切断处应扎紧，钢带应在盘、柜侧一点接地。

4　屏蔽电缆的屏蔽层应接地良好。

5　橡胶绝缘芯线应外套绝缘管保护。

6.0.5　在油污环境中的二次回路应采用耐油的绝缘导线，在日光直射环境中的橡胶或塑料绝缘导线应采取防护措施。

AQ 3009—2007《危险场所电气防爆安全规范》：

6.1.1.2.4　电缆穿过不同区域的隔离措施

电缆穿过不同区域应采取下列隔离措施：

a）两区域交接电缆沟内应采取分段充砂、填阻火堵料或加防火隔墙等措施。

b）电缆通过与相邻区域共有的隔墙、楼板、地坪及易受机械损伤处，均应加以保护；留下的孔洞应严密堵塞。

c）电缆在区域界面（隔墙、楼板、地坪）有保护管的，须在保护管两端用阻火堵料严密堵塞，填塞深度不得小于管子内径，且不得小于40mm。

6.1.1.3.2　导管与导管、导管与导管附件及导管与电气设备间须用螺纹连接，电气管路之间不得采用倒扣连接，导管与电气设备间的连接应满足相应的防爆型式要求。

6.1.1.3.4　导管系统中在下列情况下使用隔离密封件：

a）钢管通过不同危险区域相邻的隔墙时，应在隔墙的任何一侧装设横向式隔离密封件。

b）钢管通过楼板或地坪引入其他区域时，均应在楼板或地坪的上方装设纵向式隔离密封件。

c）在正常运行时，所有有点燃源外壳的450mm范围内。

d）含有分接头、接头、电缆头或终端的外壳，与直径为50mm以上导管连接的地方；导管所有螺纹连接处应严密拧紧。

e）易积聚冷凝水的管路，应在其垂直段的下方装设排水式隔离密封件，排水口应置于下方。

6.1.1.3.10　导管系统中下列各处应设置与电气设备防爆型式相当的防爆挠性连接管：

——电动机的进线口；

——导管与电气设备连接有困难处；

——导管通过建筑物的伸缩缝、沉降缝处。

（4）检查盘、柜及电气设备接地应符合规范要求。

【关键控制环节】：

① 检查盘、柜及基础型钢接地方式符合规范要求。

② 检查电气设备的金属外壳、金属构架、金属配线管及其配件、电缆保护管、电缆的金属护套等非带电的裸露金属部分均应接地。

③ 检查爆炸危险场所电气设备接地方式及电阻值符合规范要求。

监督依据标准：GB 50171—2012《电气装置安装工程 盘、柜及二次回路接线施工及验收规范》、AQ 3009—2007《危险场所电气防爆安全规范》。

GB 50171—2012《电气装置安装工程 盘、柜及二次回路接线施工及验收规范》：

7.0.1 盘、柜基础型钢应有明显且不少于两点的可靠接地。

7.0.2 成套柜的接地母线应与主接地网连接可靠。

7.0.3 抽屉式配电柜抽屉与柜体间的接触应良好，柜体、框架的接地应良好。

7.0.4 手车式配电柜的手车与柜体的接地触头应接触可靠，当手车推入柜内时，接地触头应比主触头先接触，拉出时接地触头应比主触头后断开。

7.0.5 装有电器的可开启的门应采用截面不小于 $4mm^2$ 且端部压接有终端附件的多股软铜导线与接地的金属构架可靠连接。

7.0.6 盘、柜柜体接地应牢固可靠，标志应明显。

AQ 3009—2007《危险场所电气防爆安全规范》：

6.1.1.4.1 电气设备的金属外壳、金属构架、金属配线管及其配件、电缆保护管、电缆的金属护套等非带电的裸露金属部分均应接地。

6.1.1.4.2 爆炸危险场所除 2 区内照明灯具以外所有的电气设备应采用专用接地线；宜采用多股软绞线，其铜芯截面积不得小于 $4mm^2$。金属管线、电缆的金属外壳等可作为辅助接地线。中性点不接地系统，接地电阻不大于 10Ω；中性点接地系统，接地电阻不大于 4Ω。

（5）督促危险场所电气设备的连续监督和定期检查应正常开展。

【关键控制环节】：

① 监督危险场所电气装置和设备竣工交接验收时应进行初始检查。

② 检查检测检验机构具有专业资质。

③ 检查连续监督包含规定的检查项目，定期检查每 3 年进行一次。

监督依据标准：AQ 3009—2007《危险场所电气防爆安全规范》。

7.1.1 通则

为使危险场所用电气设备的点燃危险减至最小，在装置和设备投入运行之前工程竣工交接验收时，应对它们进行初始检查；为保证电气设备处于良好状态，可在危险场所长期使用，应进行连续监督和定期检查。初始检查和定期检查应委托具有防爆专业资质的安全生产检测检验机构进行。

7.1.3.1 连续监督

连续监督应由企业的专业人员按要求进行，并做好相应的检查记录，发现的异常现象应及时处理。连续监督应包括下列主要项目：

7.1.3.1.1 防爆电气设备应按制造厂规定的使用技术条件运行。对于防爆合格证书编号带有后缀“X”的产品应符合其有关文件规定的安全使用特定条件。

7.1.3.1.2 防爆电气设备应保持其外壳及环境的清洁，清除有碍设备安全运行的杂物和易燃物品，应指定化验分析人员经常检测设备周围爆炸性混合物的浓度。

7.1.3.1.3 设备运行时应具有良好的通风散热条件，检查外壳表面温度不得超过产品规定的最高温度和温升的规定。

7.1.3.1.4 设备运行时不应受外力损伤，应无倾斜和部件摩擦现象。声音应正常，振动值不得超过规定。

7.1.3.1.5 运行中的电动机应检查轴承部位，须保持清洁和规定的油量，检查轴承表面的温度，不得超过规定。

7.1.3.1.6 检查外壳各部位固定螺栓和弹簧垫圈是否齐全紧固，不得松动。

7.1.3.1.7 检查设备的外壳应无裂纹和有损防爆性能的机械变形现象。电缆进线装置应密封可靠。不使用的线孔，应用适合于相关防爆型式的堵塞元件进行堵封。

7.1.3.1.8 检查充入正压外壳型电气设备内部的气体，是否含有爆炸性物质或其他有害物质，气量、气压符合规定，气流中不得含有火花、出气口气温不得超过规定，微压（压力）继电器应齐全完整，动作灵敏。

7.1.3.1.9 检查油浸型电气设备的油位应保持在油标线位置，油量不足时应及时补充，油温不得超过规定，同时应检查排气装置有无阻塞情况和油箱有无渗油漏油现象。

7.1.3.1.10 设备上的各种保护、闭锁、检测、报警、接地等装置不得任意拆除，应保持其完整、灵敏和可靠性。

7.1.3.1.11 检查防爆照明灯是否按规定保持其防爆结构及保护罩的完整性，检查灯具表面温度不得超过产品规定值，检查灯具的光源功率和型号是否与灯具标志相符，灯具安装位置是否与说明规定相符。

7.1.3.2 定期检查

定期检查应委托具有防爆专业资质的安全生产检测检验机构进行，时间间隔一般不超过3年。企业应当根据检查结果及时采取整改措施，并将检查报告和整改情况向安全生产监督管理部门备案。

初始、定期和连续监督的所有结果应记录。

（四）典型“三违”行为

（1）操作人员无特种作业人员资格证进行电气操作。

（2）任意拆除电气设备的安全装置。

（3）检修电气设备时未停电、验电、接地及挂牌操作。

（五）事故案例分析

1. 事故经过

2005年4月21日，电工A某、B某到某井处理电路故障，经检查判定为交流接触器损坏，A某拉下配电盘空气开关，验证空气开关输出无电，A某没有按监护人B某要求，断开变压器二次开关，便开始更换交流接触器，因戴手套固定交流接触器的固定螺丝不方便操作，便脱下防护手套。固定完交流接触器后，A某左手扶在配电盘入箱电缆钢铠端头处，右手向内推配电盘盘体，突然发生触电，经抢救无效死亡。

2. 主要原因

钢铠电缆带电，电工A左手抓钢铠电缆，右手接触配电盘，电流由钢铠电缆、经左手、人体、右手、配电盘到大地构成一个回路，是事故发生的直接原因。在作业前没有分开变压器下的二次刀闸开关，在断开空气开关后，未对可能触及的电缆等进行验电检查，以至没有发现铠装电缆被击穿、带电的隐患是造成该事故的间接原因。

3. 事故教训

（1）电气作业人员应具备专业资质。

（2）作业前进行工作前安全分析，确定操作步骤和每个步骤的操作风险的规避措施。

（3）电气维修作业，断电操作后，务必对可能接触碰到的导线、电器外壳进行验电。

（4）抽油机配电箱内的电气维修，要拉开变压器下的二次开关。

（5）现场严格按照工作前安全分析确定的措施进行操作，现场监督人员要履行监督职责，严禁操作者实施多余的操作动作，操作者要服从监护人的监督。

四、接地系统

（一）监督内容

（1）检查电力系统、装置及设备的接入接地系统。

（2）检查接地线型式及引下线的接连方式。

（3）检查接地电阻的定期检测情况。

（4）检查接地电阻的测试情况。

（二）主要监督依据

GB/T 50065—2011《交流电气装置的接地设计规范》；

GB 50169—2016《电气装置安装工程　接地装置施工及验收规范》；

SY/T 5984—2014《油（气）田容器、管道和装卸设施接地装置安全规范》；

Q/SY 1268—2010《输油气站场防雷设计导则》。

（三）监督控制要点

（1）检查电力系统、装置及设备接入接地系统应符合规范要求。

【关键控制环节】：

① 检查电力系统、装置或设备规定部位有效接地。

② 检查容器、管道、装卸等设备设施的接地方式符合规范要求。

> 监督依据标准：GB/T 50065—2011《交流电气装置的接地设计规范》、SY/T 5984—2014《油（气）田容器、管道和装卸设施接地装置安全规范》。
>
> GB/T 50065—2011《交流电气装置的接地设计规范》：
>
> 3.2.1　电力系统、装置或设备的下列部分（给定点）应接地：
>
> 1　有效接地系统中部分变压器的中性点和有效接地系统中部分变压器、谐振接地、谐振—低电阻接地、低电阻接地及高电阻接地系统的中性点所接设备的接地端子。
>
> 2　高压并联电抗器中性点接地电抗器的接地端子。
>
> 3　电机、变压器和高压电器等的底座和外壳。
>
> 4　发电机中性点柜的外壳、发电机出线柜、封闭母线的外壳和变压器、开关柜等（配套）的多发母线槽等。
>
> 5　气体绝缘金属封闭开关设备的接地端子。
>
> 6　配电、控制和保护用的屏（柜、箱）等的金属框架。
>
> 7　箱式变电站和环网柜的金属箱体等。
>
> 8　发电厂、变电站电缆沟和电缆隧道内，以及地上各种电缆金属支架等。
>
> 9　屋内外配电装置的金属架构和钢筋混凝土架构，以及靠近带电部分的金属围栏和金属门。
>
> 10　电力电缆接线盒、终端盒的外壳，电力电缆的金属护套或屏蔽层，穿线的钢管和电缆桥架等。
>
> 11　装有地线的架空电力线路杆塔。
>
> 12　除沥青地面的居民区外，其他居民区内，不接地、谐振接地、谐振—低电阻接地和高电阻接地系统中无地线架空线路的金属杆塔和钢筋混凝土杆塔。

13　装在配电线路杆塔上的开关设备、电容器等电气装置。

14　高压电气装置传动装置。

15　附属于高压电气装置的互感器的二次绕组和铠装控制电缆的外皮。

SY/T 5984—2014《油(气)田容器、管道和装卸设施接地装置安全规范》:

4　容器

4.2　金属油(气)储罐(包括球罐、高架罐等)应设有固定式防雷防静电接地装置,接地点沿外围均匀布置,接地点沿罐底周边每30m不少于一个,但周长小于30m的单罐接地点不应少于两个,接地电阻应不小于10Ω。

4.4　覆土油罐的罐体及罐室的金属构件,以及呼吸阀、量油孔等金属附件,应作电气连接并接地,其接地电阻值不得大于10Ω。

4.5　可燃气体、油品、液化石油气、天然气凝液的钢罐应设防雷接地,并应符合下列规定:

a)接闪器的保护范围应包括整个储罐。

b)装有阻火器的甲B、乙类油品地上固定顶罐,当顶板厚度大于或等于4mm时,不应装设避雷针(线),但应设防雷接地。

c)压力储罐、丙类油品钢制储罐不应装设避雷针(线),但应设防感应雷接地。

d)浮项罐、内浮顶罐不应装设避雷针(线),但应将浮顶与罐体用两根导线作电气连接。浮顶罐连接导线应符合GB 15599—2009中4.1.3的规定。对于内浮顶罐,钢质浮盘的连接导线应选用截向积不小于16mm^{2}的软铜复绞线;铝质浮盘的连接导线应选用直径不小于1.8mm的不锈钢钢丝绳。

4.6　油、气集输生产装置中的立式和卧式金属容器(三相分离器、电脱水器、原油稳定塔、缓冲罐等)至少应设有两处防静电接地装置,接地端头分别设在卧式容器两侧封头支座底部及立式容器支座底部两侧地脚螺栓位置,接地电阻值应不小于10Ω。

4.8　油罐罐口检尺量油及定期取样的量油尺、取样器、温度计应采取措施接地,所用的绳索应采用电阻率小于108Ω·cm的天然纤维材料。

5　集输管道

5.1　油气站库内与金属油罐等生产设施相连接的管道,可通过与工艺设备金属外壳的固定连接(包括法兰连接)进行防静电接地。

5.2　与管道连接的泵、过滤器、缓冲器防静电接地装置的电阻值宜小于100Ω。

5.3　输油管道在进出站处、与其他爆炸危险场所的边界处、管道分岔处及无分支直管道每隔200m～300m处,均应设有防静电和防感应雷接地装置,接地电阻小于10Ω。

5.4　装有绝缘法兰的管道及金属配管中非导体管段,在两侧的金属管上应分别有防静电接地点。

5.5 山区、沙漠管道的防静电接地电阻值不大于 1000Ω；其余地区不大于 100Ω，兼有防感应雷作用的接地电阻不大于 10Ω。

6 装卸设施

6.1 装卸油（气）及其他易燃易爆品的栈桥、台站和码头区的所有管道、设备、建（构）筑物的金属体和铁路钢轨等（作阴极保护者除外），均应做电气连接并接地。

6.2 栈桥的每根铁路钢轨和栈桥鹤管法兰处，应用两根直径不小于 5mm 的金属线连接；每 200m 钢轨处设一处接地点，接地电阻值不应大于 10Ω。

6.3 装卸站台船位或车位停靠点，应有静电接地干线（或接地体）和若干个静电接地的端子排板。码头的接地体至少应有一组在陆地上，接地电阻值不应大于 10Ω。

6.4 码头引桥、趸船等应有两处相互连接并进行接地。连接线可选用 35mm^2 多股铜芯电缆。码头的固定式栈桥的桥墩钢筋应与栈桥金属相连接。

6.5 卸油鹤管及装油软管应选用有金属螺旋线或金属保护网的胶管制作，管端应用截面不小于 4mm^2 的铜芯软导线与接地极稳固连接。

6.6 汽车罐车装卸作业中防静电接地线宜采用专用防爆型静电接地磁力接头（也可采用橡套电缆如 YCW3×6mm^2 三芯并成一股，TRJ25mm^2 单股等），接地连接可选用电池夹头、鳄式夹钳、蝶形螺栓、鱼尾夹头、电焊夹头或专用夹头等器具，严禁用接地线缠绕方式连接。接地点应避开油箱。

（2）检查接地线型式及引下线接连方式应符合规范要求。

【关键控制环节】：

① 检查接地体(线)连接方式符合规范要求。

② 检查接地引下线及断接卡子按规范要求设置。

监督依据标准：GB 50169—2016《电气装置安装工程 接地装置施工及验收规范》、SY/T 5984—2014《油（气）田容器、管道和装卸设施接地装置安全规范》。

GB 50169—2016《电气装置安装工程 接地装置施工及验收规范》：

3.4.1 接地体（线）的连接应采取焊接，焊接必须牢固无虚焊。接至电气设备上的接地线，应用镀锌螺栓连接；有色金属接地线不能采用焊接时，可用螺栓连接、压接、热剂焊（放热焊接）方式连接。用螺栓连接时应设防松螺帽或防松垫片，螺栓连接处的接触面应按现行国家标准《电气装置安装工程母线装置施工及验收规范》GB 50149—2010 的规定处理。不同材料接地体间的连接应进行处理。

3.4.2 接地体（线）的焊接应采用搭接焊，其搭接长度必须符合下列规定：

1 扁钢为其宽度的 2 倍（且至少 3 个棱边焊接）。

2 圆钢为其直径的 6 倍。

3　圆钢与扁钢连接时，其长度为圆钢直径的6倍。

4　扁钢与钢管、扁钢与角钢焊接时，为了连接可靠，除应在其接触部位两侧进行焊接外，并应焊以由钢带弯成的弧形（或直角形）卡子或直接由钢带本身弯成弧形（或直角形）与钢管（或角钢）焊接。

3.4.3　接地体（线）为铜与铜或铜与钢的连接工艺采用热剂焊（放热焊接）时，其熔接接头必须符合下列规定：

1　被连接的导体必须完全包在接头里。

2　要保证连接部位的金属完全熔化，连接牢固。

3　热剂焊（放热焊接）接头表面应平滑。

4　热剂焊（放热焊接）的接头应无贯穿性的气孔。

3.4.4　采用钢绞线、铜绞线等作接地线引下时宜用压接端子与接地体连接。

SY/T 5984—2014《油（气）田容器、管道和装卸设施接地装置安全规范》：

7.1　引下线

7.1.1　容器、管道和装卸设施，其防雷接地装置的刚性导体引下线，宜采用镀锌扁钢制成，扁钢厚度不小于4mm宽度不小于40mm。

7.1.2　容器、管道和装卸设施的防静电接地引下线，宜选用厚度不小于4mm，宽度不小于25mm的镀锌扁钢制作。

7.1.3　引下线应取最短途径，转弯处采取圆弧过渡。

7.1.4　接地应设过渡连接的断接卡，其中：

a）断接卡应设在引下线至接地体之间。

b）断接卡宜设在距地面0.3m～1.0m，方便安装。

c）断接卡与上下两端采用满焊搭接，搭接长度应为扁钢宽度的两倍。

d）断接卡采用配锁紧螺母或弹簧垫圈的M12不锈钢螺栓紧固，搭接长度不小于扁钢的两倍，连接金属面应除锈、除油污。

7.1.5　测试点宜标出明显标记。

（3）检查接地电阻的定期检测应符合规范要求。

【关键控制环节】：

① 检查接地电阻检测单位具有相应资质。

② 检查接地电阻检测按规定周期进行。

③ 接地装置按规定周期进行例行检查。

监督依据标准：SY/T 5984—2014《油（气）田容器、管道和装卸设施接地装置安全规范》。

8　接地检测

8.1　检测

8.1.1　雷雨季节来临之前，应对接地装置接地电阻检测一次。

8.1.2　轻烃、原油稳定等装置可在小修、大修期间进行接地电阻检测。

8.1.3　企业自检每年两次，春季一次，秋季一次。检测设备须检定合格并在有效期内。依法接受政府部门对接地电阻的检测。由具有资质的持证专业人员进行检测。

8.1.4　罐组的接地电阻值应逐罐分别测试，单罐的接地电阻值应在断接卡子断开前整体测试，断接点的电阻值应逐个断开测试。单个断开接地点的电阻值测试完后，应立即恢复断接过渡连接。检测不合格的点应进行整改并重新检测保证合格。

9　接地装置的例行检查

9.1　基层单位对接地装置每月检查一次，检查分为外观检查和资料检查，其内容应分别符合9.2和9.3的规定，并建立档案或台账。

9.2　外观检查主要内容包括：

a）接地装置锈蚀或机械损伤情况，导体损坏、锈蚀深度大于30%或发现折断应立即更换。

b）引下线周围不应有对其使用效果产生干扰的电气线路。

c）断接卡子螺母是否均匀牢靠。

d）接地装置周围土壤有无下沉现象。

9.3　资料检查主要内容包括：

资料齐全完整，数据准确；接地电阻测试值符合本标准要求，同一接地体接地电阻测试值变化情况。

9.4　对不合格项的整改情况进行检查。

（4）检查接地电阻测试结果应满足规范要求。

监督依据标准：GB 50065—2011《交流电气装置的接地设计规范》、Q/SY 1268—2010《输油气站场防雷设计导则》。

GB 50065—2011《交流电气装置的接地设计规范》：

4.2.1　保护接地要求的发电厂和变电站接地网的接地电阻，应符合下列要求：

1　有效接地系统和低电阻接地系统，应符合下列要求：

1）接地网的接地电阻宜符合下式的要求，且保护接地接至变电站接地网的站用变压器的低压应采用TN系统，低压电气装置应采用（含建筑物钢筋的）保护总等电位联结系统：

$$R \leqslant 2000/I_G$$

式中：R——考虑季节变化的最大接地电阻（Ω）；

IG——计算用经接地网入地的最大接地故障不对称电流有效值(A)。

2. 不接地、谐振接地、谐振、低电阻接地和高电阻接地系统，应符合下列要求：

接地网的接地电阻应符合下式的要求，但不应大于4Ω，且保护接地接至变电站接地网的站用变压器的低压侧电气装置，应采用(含建筑物钢筋的)保护总等电位联结系统：

$$R \leqslant 120 I_g$$

式中：R——采用季节变化的最大接地电阻(Ω)；

I_g——计算用的接地网入地对称电流(A)。

5.1.1 6kV及以上无地线线路钢筋混凝土杆宜接地，金属杆塔应接地，接地电阻不宜超过30Ω。

5.1.3 有地线的线路杆塔的工频接地电阻，不宜超过表5.1.3的规定。

表5.1.3 有地线的线路杆塔的工频接地电阻

土壤电阻率ρ（Ω·m）	$\rho \leqslant 100$	$100 < \rho \leqslant 500$	$500 < \rho \leqslant 1000$	$1000 < \rho \leqslant 2000$	$\rho > 2000$
接地电阻(Ω)	10	15	20	25	30

6.1.1 工作于不接地、谐振接地、谐振—低电阻和高电阻接地系统、向1kV及以下低压电气装置供电的高压配电电气装置，其保护接地的接地电阻应符合下式的要求，且不应大于4Ω：

$$R \leqslant 50/I \quad (6.1.1)$$

式中：R——因季节变化的最大接地电阻(Ω)；

I——计算用的单相接地故障电流；谐振接地、谐振、低电阻接地系统为故障点残余电流。

6.1.2 低电阻接地系统的高压配电电气装置，其保护接地的接地电阻应符合本规范公式(4.2.1-1)的要求，且不应大于4Ω。

6.1.3 保护配电变压器的避雷器其接地应与变压器保护接地共用接地装置。

6.1.4 保护配电柱上断路器、负荷开关和电容器组等的避雷器的接地导体(线)，应与设备外壳相连，接地装置的接地电阻不应大于10Ω。

7.2.2 配电变压器设置在建筑物外其低压采用TN系统时，低压线路在引入建筑物处，PE或PEN应重复接地，接地电阻不宜超过10Ω。

7.2.3 中性点不接地IT系统的低压线路钢筋混凝土杆塔宜接地，金属杆塔应接地，接地电阻不宜超过30Ω。

7.2.4 架空低压线路入户处的绝缘子铁脚宜接地，接地电阻不宜超过30Ω。

Q/SY 1268—2010《输油气站场防雷设计导则》：

> 8.1.2 防雷防静电接地与交流工作接地、直流工作接地、安全保护接地应共用一组接地装置,接地装置的接地电阻值应小于1Ω。
>
> 8.1.3 高土壤电阻率地区的阀室接地电阻值难以达到要求或不经济时,接地电阻值应小于4Ω。
>
> 8.3.2 高杆灯、放空管每一引下线的冲击接地电阻不宜大于10Ω;工业电视监视杆、卫星天线每一引下线的冲击接地电阻不宜大于4Ω。
>
> 8.4.3 罐体的防雷接地工频接地电阻不应大于4Ω。

(四)典型“三违”行为

(1)接地装置施工作业时未按照规范要求搭接、焊接或防腐。

(2)违章破坏、拆除接地装置。

(五)事故案例分析

1. 事故经过

2014年4月6日下午3时许,某厂671变电站运行值班员接班后,312油开关大修负责人提出申请要结束检修工作,而值班长临时提出要试合一下312油开关上方的3121隔离刀闸,检查该刀闸贴合情况。于是,值班长在没有拆开312油开关与3121隔离刀闸之间的接地保护线的情况下,擅自摘下了3121隔离刀闸操作把柄上的“已接地”警告牌和挂锁,进行合闸操作。突然“轰”的一声巨响,强烈的弧光迎面扑向蹲在312油开关前的大修负责人和实习值班员,2人被弧光严重灼伤。

2. 主要原因

造成该事故的直接原因是:两根接地线是裸露铜丝绞合线,操作员用卡钳卡住连接在设备上时,致使一股线接触不良,另一股绞合线还断了几根铜丝。所以,当违章操作时,强大的电流造成短路,不但烧坏了3121隔离刀闸,而且其中一股接地线接触不良处震动脱落发生强烈电弧光,另一股绞合线铜丝断开处发生强烈电弧光,两股接地线瞬间弧光特别强烈,严重烧伤近处的2人。造成这起事故的间接原因是临时增加工作内容并擅自操作,违反基本操作规程。

3. 事故教训

(1)交接班时及交接班前后一刻钟内一般不要进行重要操作。

(2)将警示牌“已接地”换成更明确的表述:“已接地,严禁合闸”。严格遵守规章制度,绝对禁止带地线合闸。

(3)接地保护线的作用就在于,当发生触电事故时起到接地短路作用,从而保障人不受到伤害。所以接地线质量要好,容量要够,连接要牢靠。

五、防雷防静电设施

（一）监督内容

（1）检查储罐、生产装置、管路等设备设施防雷装置的设置情况。

（2）检查液体石油储罐、铁路栈台、加油站、液体管道等易燃易爆场所防静电装置的设置情况。

（3）监督装卸油、采样、检尺、测温等操作中的防静电作业情况。

（4）监督防雷电、防静电设施的周期检查和维修情况。

（二）主要监督依据

GB 15599—2009《石油与石油设施雷电安全规范》；

GB 50057—2010《建筑物防雷设计规范》；

GB 50343—2012《建筑物电子信息系统防雷技术规范》；

Q/SY 1268—2010《输油气管道站场防雷设计导则》；

Q/SY 1431—2011《防静电安全技术规范》；

GB 50601—2010《建筑物防雷工程施工与质量验收规范》；

GB 12158—2006《防止静电事故通用导则》；

GB 13348—2009《液体石油产品静电安全规程》。

（三）监督控制要点

（1）检查储罐、生产装置、管路等设备设施防雷装置应按规范设置，接地电阻符合规定要求。

> 监督依据标准：GB 15599—2009《石油与石油设施雷电安全规范》。
>
> 4.1　金属储罐
>
> 4.1.1　钢储罐顶板钢体厚度不小于4mm时，不应装设避雷针。铝顶储罐顶板厚度小于7mm和钢储罐顶板厚度小于4mm，应装设防直击雷设备，其保护范围的确定详见GB 50057—2010的附录四。
>
> 4.1.2　金属储罐应作环型防雷接地，其接地点不应少于两处，并应沿罐周均匀或对称布置。其罐壁周长间距不应大于30m，冲击接地电阻不应大于10Ω。
>
> 4.1.3　浮顶金属储罐应采用两根截面不小于50mm^{2}的扁平镀锡软铜复绞线或绝缘阻燃护套软铜复绞线将浮顶与罐体做电气连接，其连接点不少于两处。宜采用有效的、可靠的连接方式将浮顶与罐体沿罐周做均布的电气连接，连接点沿罐壁周长的间距不应大于30m。

4.1.4　金属储罐的阻火器、呼吸阀、量油孔、人孔、切水管、透光孔等金属附件应等电位连接。

4.1.5　与金属储罐相接的电气、仪表配线应采用金属管屏蔽保护。配线金属管上下两端与罐壁应做电气连接。

4.2　非金属储罐

4.2.1　非金属储罐应装设独立避雷针(网)等防直击雷设备。

4.2.2　独立避雷针与被保护物的水平距离不应小于3m,应设独立接地装置,其冲击接地电阻不应大于10Ω。

4.2.3　避雷网应采用直径不小于12mm的热镀锌圆钢或截面不小于25mm×4mm的热镀锌扁钢制成,网络不宜大于5m×5m或6m×4m,引下线不得少于两根,并沿四周均匀或对称布置,其间距不得大于18m,接地点不得少于两处。

4.2.4　非金属储罐应装设阻火器和呼吸阀。储罐的防护护栏、上罐梯、阻火器、呼吸阀、量油孔、人孔、透光孔、法兰等金属附件应接地,并应在防直击雷装置的保护范围内。

4.4　汽车槽车和铁路槽车

4.4.1　露天装卸作业,可不装设避雷针(带)。在棚内进行装卸作业的,棚应装设避雷针(带),避雷针(带)的保护范围应为爆炸危险区域Ⅰ区。

4.4.2　装卸油品设备(包括钢轨、管路、鹤管、栈桥等)应作电气连接并接地,冲击接地电阻应不大于10Ω。

4.6　生产装置

4.6.1　生产装置内露天布置的塔、容器等,当顶板厚度不小于4mm时,可不设避雷针保护,但应设防雷接地。

4.6.2　甲、乙类厂房、泵房(棚)的防雷,应符合下列规定:

——厂房、泵房(棚)应采用避雷带(网),其引下线不应少于两根,并沿建筑物四周均匀对称布置,间距不应大于18m。

——进出厂房、泵房(棚)的金属管道、电缆的金属外皮、所穿钢管或架空电缆金属槽,在厂房、泵房(棚)外侧应做一处接地,接地装置应与保护接地装置及避雷带(网)接地装置合用。

4.6.3　丙类厂房、泵房(棚)的防雷,应符合下列规定:

——在平均雷暴日大于40d/a的地区,厂房、泵房(棚)宜装设避雷带(网),其引下线不应少于两根,间距不应大于18m。

——进出厂房、泵房(棚)的金属管道、电缆的金属外皮、所穿钢管或架空电缆金属槽,在厂房、泵房(棚)外侧应做一处接地,接地装置应与保护接地装置及避雷带(网)接地装置合用。

4.6.4 生产装置信息系统的防雷，应符合下列规定：

——配线电缆宜采用铠装屏蔽电缆，且宜直接过埋地敷设；电缆金属外皮两端及在进入建筑物处应接地；当电缆采用穿钢管敷设时，钢管两端及在进入建筑物处应接地；建筑物内防雷接地应与交流工作接地、直流工作接地、安全保护接地共用一组接地装置，接地装置的接地电阻值应按接入设备中要求的最小值确定。

4.6.5 生产装置380V、220V供配电系统宜采用TN—S系统，供电系统的电缆金属外皮或金属保护管两端应接地，在各被保护的设备处，应安装与设备耐压水平相适应的浪涌保护器。

4.7 管路

4.7.1 输油管路可用其自身作为接闪器，其弯头、阀门、金属法兰盘等连接处的过渡电阻大于0.03Ω时，连接处应用金属线跨接，连接处应压接接线端子。对有不少于五根螺栓连接的金属法兰盘，在非腐蚀环境下，可不跨接，但应构成电气通路。

4.7.2 管路系统的所有金属件，包括护套的金属包覆层，应接地。管路两端和每隔200m～300m处，以及分支处、拐弯处均应有接地装置。接地点宜在管墩处其冲击接地电阻不得大于10Ω。

4.7.3 可燃气体放空管路应安装阻火器或装设避雷针，当安装避雷针时保护范围应高于管口2m，避雷针距管口的水平距离不应小于3m。

4.7.4 地埋管道上应设置接地装置，并经隔离器或去耦合器与管道连接，接地装置的接地电阻应小于30Ω。

（2）检查液体石油储罐、铁路栈台、加油站、液体管道等易燃易爆场所的防静电装置应按规范设置，接地电阻应符合规定要求。

监督依据标准：Q/SY 1431—2011《防静电安全技术规范》。

3.2.3 液体石油储罐内壁应使用抗静电性防腐涂料，涂料的体电阻率应低于$1\times10^{8}\Omega\cdot m$（面电阻率应低于$1\times10^{9}\Omega\cdot m$）。

3.2.11 铁路栈台防静电接地应符合GB 13348—2009的相关规定，且满足以下条件：

g）铁路油品装卸设施的钢轨、输油管道、鹤管、钢栈桥等应做等电位跨接并接地，两组跨接点的间距不应大于20m，每组接地电阻不应大于10Ω。

h）栈台应设专用槽车静电接地线，静电接地线与槽车的连接应符合下列要求：

——接地连接工作应在打开盖之前完成。

——连接应紧密可靠,不准采用缠绕连接。

——静电接地线与槽车连接点距离槽车口应大于1.5m。

——在达到静置时间,且关上盖后方可拆除连接。

3.2.16 加油站应满足下列防静电要求:

a)加油站的钢油罐必须进行防雷防静电接地。

b)埋地油罐的罐体、量油孔、阻火器、呼吸阀等金属附件,应进行电气连接并接地。

c)加油站地上或管沟敷设的输油管线的始端、末端,应设防静电和防感应雷的接地装置。

d)加油站的汽车油罐车卸油场地,应设用于汽车油罐车卸油时的防静电接地装置,接地电阻不应大于10Ω。汽车油罐车在接地时,应采用电池夹头、鳄式夹钳、专用连接夹头、蝶式螺栓等可靠的连接器与接地支线、干线相连,不应采用缠绕等不可靠的方法连接。

e)加油枪的泄漏电阻不应大于10Ω。

f)加油机的接地电阻不应大于4Ω。

g)槽车卸油前静置时间不应小于15min。

h)卸油软管应采用导电耐油胶管,胶管两端金属块接头应处于电气连通状态。

i)禁止使用塑料桶装油。

3.2.17 小型容器盛装易燃液体应满足下列防静电要求:

a)禁止使用绝缘材料的容器在作业现场盛装易燃液体。

b)禁止用绝缘吊挂容器盛装易燃液体。

c)金属制桶盛装易燃液体前,桶体、漏斗和注油嘴必须保证接地连接。

3.2.18 液体管道系统应满足下列防静电要求:

a)管路系统的所有金属件,包括护套的金属覆层应接地。管路两端和每隔200m～300m处,应有一处接地。当平行管路相距10cm以内时,每隔20m应加连接。当管路交叉间距小于10cm时,应相连接地。

b)对金属管路中间的非导体管路段,除需做屏蔽保护外,两端金属管应分别与接地干线相接。

c)管道泵、过滤器及缓冲器等应可靠接地。

d)管路输送油品,应避免混入空气、水及灰尘的物质。

4.4　泵房的门外、油罐的上罐扶梯入口、油罐采样口处(距采样口不少于1.5m)、装卸作业区内操作平台的扶梯入口及悬梯口处、装置区入口处、装置区采样口处、码头入口处、加油站卸油口处(距卸油口处不少于1.5m)等危险作业场所应设置本安型人体静电消除器。本安型人体静电消除器的电荷转移时不得大于0.1μC。本安型人体静电消除器应由有检测资质的单位进行检测,合格后允许用于现场。

(3)督促操作人员按照防静电作业规范要求,实施装卸油、采样、检尺、测温等操作。

【关键控制环节】:

① 监督装卸油、采样、检尺、测温等操作人员穿戴防静电服装进行静电泄放。

② 监督装卸油、采样、检尺、测温等操作应使用防静电工具。

③ 监督装卸油操作油品流速应控制在规定范围。

④ 装卸油、采样、检尺、测温操作应按规定进行静置。

监督依据标准:Q/SY 1431—2011《防静电安全技术规范》。

3.2.1　储罐装入液体石油产品时,应做到:

a)严禁从储罐上部注入甲、乙类液体。

b)罐内必须进行充分脱水后,方可进料。

c)禁止对装有汽油等高挥发性产品的油罐直接切换注入低挥发性油品。

d)在储罐变更注入油品时,必须进行置换、清洗,置换、清洗后测定空气中的油气浓度,使之符合安全规定范围。

3.2.4　进入储罐的油品流速:对于电导率低于50pS/m的液体石油产品,在注入口未浸没前,初始流速不应大于1m/s;当注入口浸没后,可逐步提高流速,但不应大于7m/s。如果采用油品管道静电消除器、防静电剂等其他有效防静电措施,可不受上述限制。液体石油产品中含水量在0.5%～5%时,进罐流速不得超过1m/s。

3.2.5　储罐在装卸液体石油产品作业后,均应经过一定的静置时间,方可进行检尺、测温、采样等作业。静置时间详见表1。

表1　静置时间表

液体电导率,S/m	<10(m^3)	10(m^3)～50(m^3)(不含)	50(m^3)～5000(m^3)(不含)	≥5000(m^3)
$>10^{-8}$	1min	1min	1min	2min
10^{-12}～10^{-8}	2min	3min	20min	30min
10^{-14}～10^{-12}	4min	5min	60min	120min
$<10^{-14}$	10min	15min	120min	240min

注:若容器内设有专用量槽时,则按液体容积小于10m^3取值。

3.2.11 铁路栈台防静电要求应符合 GB 13348—2009 的相关规定，且满足以下条件：

a）装卸油前，应检查槽车内部，不应有未接地的漂浮物。

b）铁路槽车装油时，鹤管应放入到罐的底部。鹤管出口与槽车的底部距离不应大于 200mm。铁路槽车装油速度宜满足：

$$vD \leqslant 0.8$$

式中：v——油品流速，m/s；

D——鹤管直径，m。

大鹤管装车出口流速可按上式计算，但不应大于 5m/s。

c）装油完毕，应静置不少于 2min 后，再进行提取鹤管、采样、测温、检尺、拆除地线等工作。

e）在装卸油作业过程中，不准在作业场所进行与装卸油无关的可能产生静电危害的其他作业。

3.2.12 汽车栈台防静电要求应符合 GB 13348—2009 的相关规定，且满足以下条件：

a）装卸油前，应检查罐车内部，不应有未接地的漂浮物。

b）汽车罐（槽）在进行装卸作业之前，必须将车体接地。

c）采用顶部装油时，鹤管应放入到罐的底部。鹤管出口与槽车的底部距离不应大于 200mm。

d）汽车槽车装油的速度宜满足：

$$vD \leqslant 0.5$$

式中：v——油品流速，m/s；

D——鹤管直径，m。

e）装油完毕，应静置不少于 2min 后，再进行提取鹤管、采样、测温、检尺、拆除地线等工作。

3.5.2 操作人员应穿防静电工作服和防静电工作鞋，作业前应进行人体静电泄放。人体静电泄放器应采用本安型人体静电消除器。

3.5.3 应使用防静电采样测温绳、防静电型检尺。作业时，绳、尺末端应可靠接地。

3.5.4 装置、管道等处采用金属桶采样时，金属应接地。

3.5.5 应禁止动态过程的采样、检尺、测温作业，且要确保本标准规定的静置时间。

3.5.6 作业时不应猛提猛落，上升速度不应大于 0.5m/s，下落速度不应大于 1m/s。禁止使用化纤布擦拭采样器。

（4）督促防雷电、防静电设施按规定周期进行检查和维修。

监督依据标准：GB 15599—2009《石油与石油设施雷电安全规范》、Q/SY 1431—2011《防静电安全技术规范》。

GB 15599—2009《石油与石油设施雷电安全规范》：

5.1 每年雷雨季节之前，应检查、维修防雷电设备和接地。

5.2 检查的主要项目包括：

——检查防雷设备的外观形貌、连接程度，如发现断裂、损坏、松动应及时修复，运行15年及以上，腐蚀较严重区域的接地装置宜开挖检查，发现问题及时处理；

——检测防雷设备接地电阻值、等电位连接接触电阻，如发现不符合要求，应及时修复；

——清洗堵塞的阻火芯，更换变形或腐蚀的阻火芯，并应保证密封处不漏气。

Q/SY 1431—2011《防静电安全技术规范》：

5.4.1 静电接地系统静电接地电阻不应大于$1\times10^6\Omega$。专设的静电接地体的对地电阻不应大于100Ω；在山区等土壤电阻率较高的地区，其对地电阻也不应大于1000Ω。

5.4.2 当其他接地装置兼做静电接地时，其接地电阻应根据该接地装置的要求确定。

5.4.3 防静电接地装置每年应进行一次检测。

（四）典型“三违”行为

（1）采样作业时未使用防静电工具。

（2）槽车装油时未按规定控制油品流速。

（3）装卸油过程中进行其他产生静电的作业。

（4）进入爆炸危险区域未进行人体静电泄放。

（五）事故案例分析

1. 事故经过

2005年4月17日，某化工企业采样人员携带1个样品瓶、1个铜质采样壶、1个采样筐（铁丝筐），在一化工轻油罐和罐顶进行采样作业。8时30分左右，当采集完罐下部和上部样品，将第二壶样品向样品瓶中倒完油时，采样绳挂扯了采样筐并碰到了样品瓶，样品瓶内少量油品洒落到罐顶，为防止样品瓶翻倒，采样人员下意识去扶样品瓶，几乎同时，洒在敞口处及采样绳上吸附的油品发生着火，采样人员立即将罐顶采样口盖盖上，把已着火的采样壶和采样绳移至楼梯口处，在罐顶呼喊，向罐下不远处供应部的人员报警，采样绳及油品燃尽后熄灭。

2. 主要原因

采样人员没有控制提拉采样绳速度的意识，在采样作业时猛拉快提，使采样壶在与油品及空气频繁快速摩擦中产生静电。采样壶、采样绳未采取任何接地措施，导致采样壶、采样绳上的静电无法及时导走。由于采样壶积累了大量的静电荷，与接地的罐体相比，存在着较高的电位。在接触的瞬间，产生静电火花，引燃了样品瓶洒落的油样和采样绳。

3. 事故教训

（1）在罐顶采样操作平台上，操作口的两侧应各设一组接地端板，以便采样绳索、检尺等工具接地用，操作前根据风向决定接地点。

（2）采样绳索采用导电性优良的夹金属防静电绳，与金属采样器材质保持一致，并进行可靠金属连接。

（3）人体静电的消除。采样人员按规定着装。正确使用各种静电防护用品（如防静电鞋、防静电工作服等），上罐采样作业前，应徒手触摸油罐梯子、鞋靴、帽子，不梳头等。

（4）强化安全教育工作，提高职工安全素质。要有针对性地开展有关防止静电危害的安全教育活动，使职工能够掌握防止静电危害的基本知识，使他们认识到静电的危害性，增强自我防范能力。

（5）制订完善各项安全管理制度，并严格贯彻执行。严格执行各项规章制度和操作规程，组织员工认真进行危害识别，认真落实防范措施，加强现场监护，防止事故的发生。

六、手持电动工具

（一）监督内容

（1）监督操作人员选择和使用手持电动工具的情况。

（2）检查手持电动工具的定期检验情况。

（3）检查操作人员的能力、防护等方面的情况。

（4）监督操作规程的执行情况。

（二）主要监督依据

GB/T 3787—2017《手持式电动工具的管理、使用、检查和维修安全技术规程》；

GB 3836.1—2010《爆炸性环境　第1部分：设备　通用要求》；

Q/SY 1368—2011《电动气动工具安全管理规范》。

（三）监督控制要点

（1）督促操作人员按照安全条件，正确选择和使用手持电动工具。

【关键控制环节】:

①选用的手持电动工具应满足作业环境要求。

②易燃易爆区使用手持电动工具应履行动火作业许可审批。

监督依据标准：GB 3836.1—2010《爆炸性环境　第1部分：设备　通用要求》、GB/T 3787—2017《手持式电动工具的管理、使用、检查和维修安全技术规程》、Q/SY 1368—2011《电动气动工具安全管理规范》。

GB 3836.1—2010《爆炸性环境　第1部分：设备　通用要求》：

4　设备分类

爆炸性环境用电气设备分为Ⅰ类、Ⅱ类和Ⅲ类。

Ⅰ类电气设备用于煤矿瓦斯气体环境。

Ⅱ类电气设备用于除煤矿甲烷气体之外的其他爆炸性气体环境。

Ⅲ类电气设备用于除煤矿以外的爆炸性粉尘环境。

GB/T 3787—2017《手持式电动工具的管理、使用、检查和维修安全技术规程》：

3.1　Ⅰ类工具　class Ⅰ tool

这样的一类工具：它的防电击保护不仅依靠基本绝缘、双重绝缘或加强绝缘，而且还包含一个附加安全措施，即把易触及的导电零件与设施中固定布线的保护接地导线连接起来，使易触及的导电零件在基本绝缘损坏时不能变成带电体。具有接地端子或接地触头的双重绝缘和/或加强绝缘的工具也认为是Ⅰ类工具。

3.2　Ⅱ类工具　class Ⅱ tool

这样的一类工具：它的防电击保护不仅依靠基本绝缘，而且依靠提供的附加的安全措施，例如双重绝缘或加强绝缘，没有保护接地措施也不依赖安装条件。

3.3　Ⅲ类工具　class Ⅲ tool

这样的一类工具：它的防电击保护依靠安全特低电压供电，工具内不产生高于安全特低电压的电压。

5.2　工具应用场合划分

工具应用场合划分为：

a）一般作业场所，可使用Ⅱ类工具。

b）在潮湿作业场所或金属构架上等导电性能良好的作业场所，应使用Ⅱ类或Ⅲ类工具。

c）在锅炉、金属容器、管道内等作业场所，应使用Ⅲ类工具或在电气线路中装设额定剩余动作电流不大于30mA的剩余电流动作保护器的Ⅱ类工具。

Q/SY 1368—2011《电动气动工具安全管理规范》：

5.1.6 不宜在易燃易爆区使用电动气动工具。特殊情况下使用时，必须采取可靠的安全控制措施，并履行动火作业许可审批，具体执行 Q/SY 08240—2018。

（2）检查手持电动工具，应定期检验、合格有效。

【关键控制环节】：

① 手持电动工具应进行日常检查、定期检查，并粘贴合格标志。

② 手持电动工具绝缘电阻应符合规范要求。

监督依据标准：GB/T 3787—2017《手持式电动工具的管理、使用、检查和维修安全技术规程》、Q/SY 1368—2011《电动气动工具安全管理规范》。

GB/T 3787—2017《手持式电动工具的管理、使用、检查和维修安全技术规程》：

5.1 一般规定

包括

a）工具在使用前，操作者应认真阅读产品使用说明书和安全操作规程，详细了解工具的性能和掌握正确使用方法。

b）Ⅰ类工具电源线中的绿/黄双色线在任何情况下只能用作保护接地线（PE）。

c）工具的电源线不得任意接长或拆换。当电源离工具操作点距离较远而电源线长度不够时，应采用耦合器进行连接。

d）工具的危险运动零、部件的防护装置（如防护罩、盖等）不得任意拆卸。

e）如果进行加工的附件在操作时可能触及暗线或工具自身导线，则要通过绝缘握持面握持电动。

f）使用前，操作者应采取必要的防护措施。操作人员在进行操作时须佩戴防护用品。根据适用情况，使用面罩、安全护目镜或安全眼镜。适用时，戴上防尘面具、听力保护器、手套和能阻挡小磨料或者工具碎片的工作围裙。

5.2 工具应用场合划分

工具应用场合划分为：

a）一般作业场所，可使用Ⅱ类工具。

b）在潮湿作业场所或金属构架上等导电性能良好的作业场所，应使用Ⅱ类或Ⅲ类工具。

c）在锅炉、金属容器、管道内等作业场所，应使用Ⅲ类工具或在电气线路中装设额定剩余动作电流不大于 30mA 的剩余电流动作保护器的Ⅱ类工具。

5.3 使用条件

包括：

a）在一般场所使用Ⅰ类工具，还应在电气线路中采用剩余电流动作保护器、隔离变压器等保护措施，其中剩余动作保护器的额定剩余动作电流的要求见 GB 3883.1—2014 的规定。

b）Ⅲ类工具的安全隔离变压器，Ⅱ类工具的剩余电流动作保护器及Ⅱ、Ⅲ类工具的电源控制箱和电源耦合器等应放在作业场所的外面。在狭窄作业场所操作时，应有人在外监护。

c）在湿热、雨雪等作业环境，应使用具有相应防护等级的工具。

d）当使用带水源的电动工具时，应装设剩余电流动作保护器，额定剩余动作电流和动作时间的要求见 GB 3883.1—2014 的规定，且应安装在不易拆除的地方。

5.4 插头和插座

插头插座应：

a）工具电源线上的插头不得任意拆除或调换。

b）工具的插头、插座应按规定正确接线插头插座中的保护接地极在任何情况下只能单独连接保护接地线（PE）。严禁在插头、插座内用导线直接将保护接地极与工作中性线连接起来。

Q/SY 1368—2011《电动气动工具安全管理规范》：

5.4.4 工具的定期检查与维修应由经培训的专业人员负责。检查与维修应按生产厂商推荐的程序和标准进行。

（3）检查手持电动工具操作人员应经过培训，正确穿戴劳动防护用品，作业现场可靠防护。

【关键控制环节】：

① 手持电动工具操作人员经过培训，个人劳动防护用品正确穿戴。

② 手持电动工具使用区域采取有效的隔离、防护措施。

监督依据标准：Q/SY 1368—2011《电动气动工具安全管理规范》。

5.1.1 电动气动工具的管理、使用和维修人员应进行有关的安全教育和培训，并经考核合格。

5.2.1 操作人员应正确穿戴个人劳动防护用品。

5.2.2 在作业可能产生火花时，操作者应穿戴阻燃防护服。

5.2.3 在使用电动气动工具时，操作者应佩戴护目镜和听力、面部、呼吸防护用品。

> 5.2.4 在作业区域内存在粉尘、噪声时，应采取通风除尘、降噪声或个体防护措施。
>
> 5.2.5 作业时振动强度超过 GB 10434 规定的时，应采取相应的防护措施，如戴防振手套、减少作业时间或采取轮换作业方式等。
>
> 5.2.6 对使用电动气动工具可能产生飞溅、冲击、触电等危害的区域应进行隔离防护，如设防护板、围栏或防护屏等。

（4）督促相关单位制订手持电动工具的操作规程，操作人员严格执行。

> 监督依据标准：Q/SY 1368—2011《电动气动工具安全管理规范》。
>
> 5.1.3 应依据本标准和产品说明书制定实施电动气动工具操作规程。
>
> 5.1.5 禁止移除、改造电动气动工具原设计中的任何开关、按钮和安全装置。
>
> 5.1.8 所有使用外接电源的交流电动工具应安装漏电保护器等保护装置。
>
> 5.3.2 禁止使用存在缺陷和经检查不合格的电动气动工具。
>
> 5.3.3 接通电动工具电源前，应进行检查，确保其插头和插座规格相符，开关处于正确位置。在开启电动工具前，应拔掉调位键的钥匙或扳手。
>
> 5.3.5 操作者应站在安全、适合的位置，严格按照操作规程操作。
>
> 5.3.6 禁止在电动气动工具放倒或移动时启动电动气动工具。
>
> 5.3.7 电动气动工具在未使用或完成作业后应断开电源、气源。
>
> 5.3.8 应避免电动气动工具长时间空载运转，防止飞脱伤人。
>
> 5.3.9 更换部件时应关闭电源、气源，待转动部件完全停止转动后方可进行。
>
> 5.3.10 关闭电动气动工具时，应在其转动部件完全停止运转之后方可放下。
>
> 5.3.12 禁止将电动气动工具或敞开的空气软管指向任何人。

（四）典型“三违”行为

（1）易燃易爆区域未办理动火作业许可使用手持电动工具。

（2）停止作业时未及时关闭电源。

（3）更换部件时未断开电源。

（五）事故案例分析

1. 事故经过

2006 年 7 月 21 日，某施工现场的，管工班班长刘某带领同班管工李某进行管道对口，使用角向磨光机进行焊口打磨作业。刘、李二人在完成一头对口后，携带角向磨光机、榔头、撬杠等作业工具转向另一头作业。当刘某手持角向磨光机打磨不到 1min，由于未对移动后的电动工具进行检查，操作不慎，将电线接头扯拉裸漏，电线甩到刘某的腿上，致使刘某触电。事故发生后，项目部立即将刘某送往医院，经抢救无效死亡。

2. 主要原因

刘某、李某在工作时，未进行认真检查，使用操作不当，以致拉破电线造成触电，是造成本次事故的直接原因。

3. 事故教训

（1）电气作业人员、用电人员应具备相应的安全用电常识，作业前，进行工作前安全分析，确定操作步骤和每个步骤的操作风险与规避措施。

（2）用电设备应使用符合要求的负荷线，在使用前应对用电机具电源线的完好性进行检查，在使用过程中严禁对电源线实施硬拉硬拽。

（3）现场严格按照工作前安全分析确定的措施进行操作，现场监督人员要履行监督职责，严禁操作者实施多余的操作动作，操作者要服从监护人的监督。

七、移动电气设备

（一）监督内容

（1）检查使用移动电气设备的安全条件。

（2）检查移动电气设备的电源。

（3）监督作业现场定期检查、正确使用移动电气设备的情况。

（二）主要监督依据

GB/T 3787—2017《手持式电动工具的管理、使用、检查和维修安全技术规程》；

GB 3883.1—2014《手持式、可移式电动工具和园林工具的安全　第1部分：通用要求》。

GB 13869—2017《用电安全导则》；

AQ 3009—2007《危险场所电气防爆安全规范》；

Q/SY 1368—2011《电动气动工具全管理规范》；

《中国石油天然气股份有限公司动火作业安全管理办法》（油安〔2014〕66号）；

《中国石油天然气集团公司进入受限空间安全管理办法》（安全〔2014〕86号）；

《中国石油天然气集团公司临时用电安全管理办法》（安全〔2015〕37号）。

（三）监督控制要点

（1）检查使用移动电气设备的安全条件应满足安全要求。

【关键控制环节】：

① 在油气田生产区域内，使用移动电气设备，能直接或间接产生明火时，应办理动火作业许可证。

② 在受限空间使用移动电气设备，应办理受限空间作业许可证。

> 监督依据标准：《中国石油天然气股份有限公司动火作业安全管理办法》（安全〔2014〕66 号）、《中国石油天然气集团公司进入受限空间安全管理办法》（油安〔2014〕86 号）。
>
> 《中国石油天然气股份有限公司动火作业安全管理办法》（油安〔2014〕66 号）：
>
> 第二十一条　动火作业实行动火作业许可管理，应当办理动火作业许可证，未办理动火作业许可证严禁动火。
>
> 《中国石油天然气集团公司进入受限空间安全管理办法》（安全〔2014〕86 号）：
>
> 第十九条　进入受限空间作业实行作业许可管理，应当办理进入受限空间作业许可证，未办理作业许可证严禁作业。

（2）检查移动电气设备的电源应满足规范要求。

【关键控制环节】：

① 移动电气设备线路使用周期在一个月以上时采用架空方式，弧垂满足要求。

② 移动电气设备线路使用周期在一个月以下采用地面走线方式时，埋地深度满足要求。

③ 移动电气设备线路配电箱、开关箱符合要求。

④ 移动电气设备实行“一机一闸”制。

> 监督依据标准：《中国石油天然气集团公司临时用电安全管理办法》（安全〔2015〕37 号）。
>
> 第三十七条　在防爆场所使用的临时用电线路和电气设备，应达到相应的防爆等级要求。
>
> 第二十四条　临时用电设备在 5 台（含 5 台）以上或设备总容量在 50kW 及以上的，用电单位应编制临时用电组织设计，内容包括：
>
> （一）现场勘。
>
> （二）确定电源进线、变电所或配电室、配电装置、用电设备位置及线路走向。
>
> （三）用电负荷计算。
>
> （四）选择变压器容量、导线截面、电气的类型和规格。
>
> （五）设计配电系统，绘制临时用电工程图纸。
>
> （六）确定防护措施。
>
> （七）制定临时用电线路设备接线、拆除措施。

（八）制订安全用电技术措施和电气防火、防爆措施。

第二十五条　使用时间在1个月以上的临时用电线路，应采用架空方式安装，并满足以下要求：

（一）架空线路应架设在专用电杆或支架上，严禁架设在树木、脚手架及临时设施上；架空电杆和支架应固定牢固，防止受风或者其他原因倾覆造成事故。

（二）在架空线路上不得进行接头连接；如果必须接头，则需进行结构支撑，确保接头不承受拉、张力。

（三）临时架空线最大弧垂与地面距离，在施工现场不低于2.5m，穿越机动车道不低于5m。

（四）在起重机等大型设备进出的区域内不允许使用架空线路。

第二十六条　使用时间在1个月以下的临时用电线路，可采用架空或地面走线等方式，地面走线应满足以下要求：

（一）所有地面走线应沿避免机械损伤和不得阻碍人员、车辆通行的部位敷设，且在醒目处设置“走向标志”和“安全标志”；

（二）电线埋地深度不应小于0.7m，需要横跨道路或在有重物挤压危险的部位，应加设防护套管，套管应固定；当位于交通繁忙区域或有重型设备经过的区域时，应采取保护措施，并设置安全警示标志。

第三十八条　临时用电线路经过有高温、振动、腐蚀、积水及机械损伤等危害部位时，不得有接头，并采取有效的保护措施。

第三节　用电线路的安全要求

第二十七条　所有的临时用电线路必须采用耐压等级不低于500V的绝缘导线。

第二十八条　临时用电设备及临时建筑内的电源插座应安装漏电保护器，在每次使用之前应利用试验按钮进行测试。所有的临时用电都应设置接地或接零保护。

第二十九条　送电操作顺序为：总配电箱—分配电箱—开关箱（上级过载保护电流应大于下级）。停电操作顺序为：开关箱—分配电箱—总配电箱。

第三十条　配电箱（盘）应保持整洁、接地良好。对配电箱（盘）、开关箱应定期检查、维修。进行作业时，应将其上一级相应的电源隔离开关分闸断电、上锁，并悬挂警示性标志。

第三十一条　所有配电箱（盘）、开关箱应有电压标志和安全标志，在其安装区域内应在其前方1m处用黄色油漆或警戒带做警示。室外的临时用电配电箱（盘）还应设有安全锁具，有防雨、防潮措施。在距配电箱（盘）开关及电焊机等电气设备15m范围内，不应存放易燃、易爆、腐蚀性等危险物品。

第三十二条 配电箱(盘)、开关箱应设置端正、牢固。固定式配电箱、开关箱的中心点与地面的垂道距离应为1.4~1.6m。

移动式配电箱(盘)、开关箱应装设在坚固、稳定的支架上,其中心点与地面的垂道距离宜为0.8~1.6m。

第三十三条 所有临时用电线路应由电气专业人员检查合格后方可使用,在使用过程中应定期检查,搬迁或移动后的临时用电线路应再次检查确认。

第三十四条 在接引、拆除临时用电线路时,其上级开关应当断电,并做好上锁挂牌等安全措施。

第三十五条 临时用电线路的自动开关和熔丝(片)应根据用电设备的容量确定,并满足安全用电要求,不得随意加大或缩小,不得用其他金属丝代替熔丝(片)。

第三十六条 临时电源暂停使用时,应切断电源,并上锁挂牌。搬迁或移动临时用电线路时,应先切断电源。

第四节 设备的安全使用要求

第三十九条 移动工具、手持电动工具等用电设备应有各自的电源开关,必须实行"一机一闸一保护"制,严禁两台或两台以上用电设备(含插座)使用同一开关直接控制。

第四十条 使用电气设备或电动工具作业前,应由电气专业人员对其绝缘进行测试,Ⅰ类工具绝缘电阻不得小于2MΩ,Ⅱ类工具绝缘电阻不得小于7MΩ,合格后方可使用。

第四十一条 使用潜水泵时应确保电机及接头绝缘良好,潜水泵引出电缆到开关之间不得有接头,并设置非金属材质的提泵拉绳。

(3)操作人员定期检查、正确使用移动电气设备。

【关键控制环节】:

① 移动用电设备线路须具有足够的绝缘强度和机械强度。

② 移动用电设备时,应处于非工作状态。

③ 能产生电弧、飞溅的移动电气设备,操作人员应使用护目镜、面罩等防护用品,必要时应采取隔离措施。

④ 移动用电设备及线路周围不应堆放易燃、易爆和腐蚀性物品。

监督依据标准:GB/T 13869—2017《用电安全导则》、AQ 3009—2007《危险场所电气防爆安全规范》。

AQ 3009—2007《危险场所电气防爆安全规范》:

7.1.3.2　移动式(手提式、便携式和可移动式)电气设备特别易于受损或误用，因此检查的时间间隔可根据实际需要缩短。移动式电气设备至少每12个月进行一次一般检查，经常打开的外壳(例如电池盖)应进行详细检查。此外，这类设备在使用前应进行目视检查，以保证该设备无明显损伤。

GB/T 13869—2017《用电安全导则》:

5.2　使用

5.2.1　通用要求

正确选用用电产品的规格型式、容量和保护方式(如过载保护等)，不得擅自更改用电产品的结构、原有配置的电气线路及保护装置的整定值和保护元件的规格等。

选择用电产品，应确认其符合产品使用说明书规定的环境要求和使用条件，并根据产品使用说明书的描述，了解使用时可能出现的危险及应采取的预防措施。用电产品检修后重新使用前应再次确认。

用电产品应该在规定的使用寿命期间内使用，超过使用寿命期限的应及时报废或更换，必要时按照相关规定延长使用寿命。

任何用电产品在运行过程中，应有必要的监控或监视措施；用电产品不允许超负荷运行。

用电产品因停电或故障等情况而停止运行时，应及时切断电源。在查明原因、排除故障，并确认已恢复正常后才能重新接通电源。

正常运行时会产生飞溅火花或外壳表面温度较高的用电产品，使用时应远离可燃物质或采取相应的密闭、隔离等措施，用完后及时切断电源。

(四)典型“三违”行为

(1)危险场所未办理作业许可证使用移动电气设备。

(2)用符合规范要求的方式连接电源。

(3)电气设备时未切断电源。

(五)事故案例分析

1. 事故经过

2012年5月17日，某电厂检修班职工刁某带领张某检修380V直流焊机。电焊机修后进行通电试验良好，并将电焊机开关断开。刁某安排工作组成员张某拆除电焊机二次线，自己拆除电焊机一次线。约17时15分，刁某蹲着身子拆除电焊机电源线中间接头，在拆完第一相后，拆除第二相的过程中意外触电，经抢救无效死亡。

2. 主要原因

刁某在拆除电焊机电源线中间接头时，未检查确认电焊机电源是否已断开，在电源线带电又无绝缘防护的情况下作业，导致触电，刁某低级违章作业是此次事故的直接原因。在工作中未有效地进行安全监督、提醒，在工作中不执行规章制度，疏忽大意，凭经验、凭资历违章作业，是造成该起事故的间接原因。

3. 事故教训

（1）采取有力措施，加强对现场工作人员执行规章制度的监督、落实，杜绝违章行为的发生。工作班成员要互相监督，严格执行有关安全规范和企业的规章制度。

（2）所有工作必须执行安全风险分析制度，并填写安全分析卡，安全分析卡保存 3 个月。

（3）完善设备停送电制度，制订设备停送电检查卡。

（4）加强职工的技术培训和安全知识培训，提高职工的业务素质和安全意识，让职工切实从思想上认识作业性违章的危害性。

八、消防设施器材

（一）监督内容

（1）固定消防设施设置的情况。

（2）消防泵房、消防泵符合规范的情况。

（3）消防道路符合标准的情况。

（4）消防站按规定设置的情况。

（5）灭火器配置的情况。

（二）主要监督依据

GB 4452—2011《室外消火栓》；

GB 5908—2005《石油储罐阻火器》；

GB 6246—2011《消防水带》；

GB 8181—2005《消防水枪》；

GB 12514.1—2005《消防接口　第 1 部分：消防接口通用技术条件》；

GB 13365—2005《机动车排气火花熄灭器》；

GB 13495.1—2015《消防安全标志　第 1 部分：标志》；

GB 14561—2003《消火栓箱》；

GB 17945—2010《消防应急照明和疏散指示系统》；

GB 50140—2005《建筑灭火器配置设计规范》；

GB 50151—2010《泡沫灭火系统设计规范》；

GB 50160—2008《石油化工企业设计防火标准》；

GB 50183—2004《石油天然气工程设计防火规范》；

GB 50281—2006《泡沫灭火系统施工及验收规范》；

GB 50338—2003《固定消防炮灭火系统设计规范》；

GB 50444—2008《建筑灭火器配置验收及检查规范》；

GB 50974—2014《消防给水及消火栓系统技术规范》；

CECS 169—2015《烟雾灭火系统技术规程》；

GA 139—2009《灭火器箱》；

SY 6306—2014《钢质原油储罐运行安全规范》。

（三）监督控制要点

（1）固定消防设施应设置齐全、功能可靠。

【关键控制环节】：

① 消防系统设计符合标准要求。

② 消防操作人员持证上岗、能力达到要求。

③ 消防系统管理制度、资料齐全。

④ 定期巡检到位。

⑤ 消防设施涂色、消防水及泡沫液、火灾自动报警、给水管道、消火栓、消防水炮、泡沫和冷却灭火系统、烟雾灭火器符合标准要求。

> 监督依据标准：GB 50160—2008《石油化工企业设计防火规范》、GB 50183—2004《石油天然气工程设计防火规范》、SY 6306—2014《钢质原油储罐运行安全规范》。
>
> SY 6306—2014《钢质原油储罐运行安全规范》：
>
> 3.1.1　消防系统应由具有消防资质的单位设计、施工，设计图纸应报公安机关消防机构备案审核。
>
> 3.1.3　具有自控消防设施的消防系统，在系统投产运行前应委托具有资质的检测单位进行技术检测，并取得检测报告。
>
> 3.1.2　消防系统投入运行前，建设单位应配齐消防岗位操作人员，并持证上岗。
>
> 4.1　消防岗位设置及人员素质要求
>
> 4.1.1　消防岗位应 24h 值班。

4.1.2　岗位人员应熟练掌握灭火工艺流程、灭火方案，并定期进行演练。

4.1.3　岗位人员应熟悉设备性能，掌握消防系统灭火原理及操作方法。

4.1.4　岗位人员每年至少接受1次消防专业培训。

5.2　消防系统每季度应进行1次模拟演练；每半年进行1次冷却水喷淋和泡沫管网给水实战演练；每2年进行1次泡沫实战演练。

4.5.1　资料主要应包括：

a）岗位值班及交接班记录。

b）设备运行及盘车记录。

c）设备维护、保养、维修记录。

d）消防系统年度检测报告、泡沫液化验报告。

e）设备操作规程。

f）灭火方案。

g）工艺流程图、平面布置图、巡回检查线路图。

4.5.2　应建立岗位职责、巡回检查、交接班、岗位练兵、设备维护保养、安全管理等制度。

4.5.3　消防系统主要设备应制订操作规定，设备技术资料、原始记录应存档。

5.7.1　每年应委托有检验资质的单位对储罐呼吸阀、液压安全阀、阻火器进行一次检验，并出具检验报告。

5.7.2　每年应委托有检验资质的单位对储罐区内的可燃气体检测报警器进行一次检验，并出具检验报告。

5.7.3　每年应委托有消防检验资质的单位对消防系统进行一次检测，并出具检测报告。

5.7.4　每年雷雨季节之前应委托有防雷检测资质的单位对一储罐防雷、防静电装置进行一次检测，并出具检测报告。

5.7.5　检测、检验中发现的问题应及时处理。

5.7.6　每年应委托有消防检验资质的单位对消防系统进行一次检测。

4.2.2　消防设施涂色应符合下列规定：

a）泡沫混合液管道、泡沫管道、泡沫液储罐、泡沫泵、泡沫比例混合器、泡沫产生器涂红色。

b）消防水泵、给水管道涂绿色。

4.4　油库所在地的气温降至0℃以下时，应采取防冻保温措施。

4.3　消防水及泡沫液的存储

4.3.1　泡沫液的储量应满足设计要求。

4.3.3　泡沫液罐储存的泡沫液使用后应及时补充。

4.3.4　对储存到期的泡沫液应提前进行取样化验，合格的应每年进行1次取样化验，不合格的应及时更换。

4.3.5　泡沫液储罐应设置使用标志牌，注明泡沫液类型、出厂日期、储存期等内容。

4.3.6　消防水储量、水罐补水时间应满足设计要求。

4.3.7　消防水温应为4°C～35°C。

GB 50160—2008《石油化工企业设计防火规范》：

8.12.1　石油化工企业的生产区、公用及辅助生产设施、全厂性重要设施和区域性重要设施的火灾危险场所应设置火灾自动报警系统和火灾电话报警。

8.12.4　甲、乙类装置区周围和罐组四周道路边应设置手动火灾报警按钮，其间距不宜大于100m。

8.12.5　单罐容积大于或等于30000m^3的浮顶罐密封圈处应设置火灾自动报警系统；单罐容积大于或等于10000m^3并小于30000m^3的浮顶罐密封圈处宜设置火灾自动报警系统。

8.5.2　消防给水管道应环状布置，并应符合下列规定：

1　环状管道的进水管不应少于2条。

2　环状管道应用阀门分成若干独立管段，每段消火栓的数量不宜超过5个。

3　当某个环段发生事故时，独立的消防给水管道的其余环段应能满足100%的消防用水量的要求；与生产、生活合用的消防给水管道应能满足100%的消防用水和70%的生产、生活用水的总量要求。

8.5.5　消火栓的设置应符合下列规定：

1　宜选用地上式消火栓。

2　消火栓宜沿道路敷设。

3　消火栓距路面边不宜大于5m；距建筑物外墙不宜小于5m。

4　地上式消火栓距城市型道路路边不宜小于1m；距公路型双车道路肩边不宜小于1m。

5　地上式消火栓的大口径出水口应面向道路。当其设置场所有可能受到车辆冲撞时，应在其周围设置防护设施。

6　地下式消火栓应有明显标志。

8.5.6　消火栓的数量及位置，应按其保护半径及被保护对象的消防用水量等综合计算确定，并应符合下列规定：

1 消火栓的保护半径不应超过120m。

2 高压消防给水管道上消火栓的出水量应根据管道内的水压及消火栓出口要求的水压计算确定，低压消防给水管道上公称直径为100mm、150mm消火栓的出水量可分别取15L/s、30L/s。

8.5.7 罐区及工艺装置区的消火栓应在其四周道路边设置，消火栓的间距不宜超过60m。当装置内设有消防道路时，应在道路边设置消火栓。距被保护对象15m以内的消火栓不应计算在该保护对象可使用的数量之内。

8.6.1 甲、乙类可燃气体、可燃液体设备的高大构架和设备群应设置水炮保护。

8.6.2 消防水炮距被保护对象不宜小于15m。消防水炮的出水量宜为30～50L/s，水炮应具有直流和水雾两种喷射方式。

8.6.4 工艺装置内加热炉、甲类气体压缩机、介质温度超过自燃点的泵及换热设备、长度小于30m的油泵房附近等宜设消防软管卷盘，其保护半径宜为20m。

8.6.6 液化烃泵、操作温度高于或等于自燃点的可燃液体泵，当布置在管廊、可燃液体设备、空冷器等下方时，应设置水喷雾（水喷淋）系统或用消防水炮保护泵，喷淋强度不低于9L/m^2·min。

8.8.1 工艺装置有蒸汽供给系统时，宜设固定式或半固定式蒸汽灭火系统，但在使用蒸汽可能造成事故的部位不得采用蒸汽灭火。

8.8.2 灭火蒸汽管应从主管上方引出，蒸汽压力不宜大于1MPa。

GB 50183—2004《石油天然气工程设计防火规范》：

8.4.2 油罐区低倍数泡沫灭火系统的设置，应符合下列规定：

1 单罐容量不小于10000m^{3}的固定顶罐、单罐容量不小于50000m^{3}的浮顶罐、机动消防设施不能进行保护或地形复杂消防车扑救困难的储罐区，应设置固定式低倍数泡沫灭火系统。

8.4.5 油罐区消防冷却水系统设置形式应符合下列规定：

1 单罐容量不小于10000m^{3}的固定顶油罐、单罐容量不小于50000m^{3}的浮顶油罐，应设置固定式消防冷却水系统。

2 单罐容量小于10000m^3、大于500m^{3}的固定顶油罐与单罐容量小于50000m^{3}的浮顶油罐，可设置半固定式消防冷却水系统。

8.4.10 偏远缺水处总容量不大于4000m^3、且储罐直径不大于12m的原油罐区（凝析油罐区除外），可设置烟雾灭火系统，且可不设消防冷却水系统。

（2）消防泵房建设、消防泵的运行和检查应符合规范。

监督依据标准：GB 50183—2004《石油天然气工程设计防火规范》、GB 50160—2008《石油化工企业设计防火规范》、SY 6306—2014《钢质原油储罐运行安全规范》。

GB 50183—2004《石油天然气工程设计防火规范》：

8.8.1 消防冷却供水泵房和泡沫供水泵房宜合建，其规模应满足所在站场一次最大火灾的需要。一、二、三级站场消防冷却供水泵和泡沫供水泵均应设备用泵，消防冷却供水泵和泡沫供水泵的备用泵性能应与各自最大一台操作泵相同。

8.8.2 消防泵房的位置应保证启泵后5min内，将泡沫混合液和冷却水送到任何一个着火点。

8.8.3 消防泵房的位置宜设在油罐区全年最小频率风向的下风侧，其地坪宜高于油罐区地坪标高，并应避开油罐破裂可能波及的部位。

8.8.4 消防泵房应采用耐火等级不低于二级的建筑，并应设直通室外的出口。

8.8.6 消防泵房值班室应设置对外联络的通信设施。

9.1.3 重要消防用电设备当采用一级负荷或二级负荷双回路供电时，应在最末一级配电装置或配电箱处实现自动切换。其配电线路宜采用耐火电缆。

GB 50160—2008《石油化工企业设计防火规范》：

9.1.2 消防水泵房及其配电室应设消防应急照明，照明可采用蓄电池作备用电源，其连续供电时间不应少于30min。

SY 6306—2014《钢质原油储罐运行安全规范》：

4.2.3 每周应对消防水泵运行1次，设备运转时间不少于15min。

4.2.4.1 每班应按时对消防泵逐台盘车1次，且盘车角度不应少于450°。

6.2 消防泵应在接到报警后2min以内投入运行。

（3）检查消防道路布置、与周围设施的间距应符合标准要求。

监督依据标准：GB 50183—2004《石油天然气工程设计防火规范》。

5.3.2 油气站场内消防车道布置应符合下列要求：

1 油气站场储罐组宜设环形消防车道。四、五级油气站场或受地形等条件限制的一、二、三级油气站场内的油罐组，可设有回车场的尽头式消防车道，回车场的面积应按当地所配消防车辆车型确定，但不宜小于15m×15m。

2 储罐组消防车道与防火堤的外坡脚线之间的距离不应小于3m。储罐中心与最近的消防车道之间的距离不应大于80m。

3　铁路装卸设施应设消防车道,消防车道应与站场内道路构成环形,受条件限制的,可设有回车场的尽头车道,消防车道与装卸栈桥的距离不应大于80m且不应小于15m。

4　甲、乙类液体厂房及油气密闭工艺设备距消防车道的间距不宜小于5m。

5　消防车道的净空高度不应小于5m;一、二、三级油气站场消防车道转弯半径不应小于12m,纵向坡度不宜大于8%。

6　消防车道与站场内铁路平面相交时,交叉点应在铁路机车停车限界之外;平交的角度宜为90°,困难时,不应小于45°。

5.3.3　一级站场内消防车道的路面宽度不宜小于6m,若为单车道时,应有往返车辆错车通行的措施。

5.3.4　当道路高出附近地面2.5m以上,且在距道路边缘15m范围内有工艺装置或可燃气体、可燃液体储罐及管道时,应在该段道路的边缘设护墩、矮墙等防护设施。

6.5.15　油罐组之间应设置宽度不小于4m的消防车道。受地形条件限制时,两个罐组防火堤外侧坡脚线之间应留有不小于7m的空地。

6.6.2　天然气凝液和液化石油气储罐成组布置时,天然气凝液和全压力式液化石油气储罐或全冷冻式液化石油气储罐组内的储罐不应超过两排,罐组周围应设环行消防车道。

(4)消防站选址、级别设置、车辆配置应符合标准要求。

监督依据标准:GB 50160—2008《石油化工企业设计防火规范》、GB 50183—2004《石油天然气工程设计防火规范》。

GB 50183—2004《石油天然气工程设计防火规范》:

8.2.1　消防站及消防车的设置应符合下列规定:

1　油气田消防站应根据区域规划设置,并应结合油气站场火灾危险性大小、邻近的消防协作条件和所处地理环境划分责任区。一、二、三级油气站场集中地区应设置等级不低于二级的消防站。

2　油田三级油气站场未设置固定消防系统时,如果邻近消防协作力量不能在30min内到达,应设三级消防站或配备1台单车泡沫罐容量不小于3000L的消防车及2台重型水罐消防车。

3　油气田三级及以上油气站场内设置固定消防系统时,可不设消防站、如果邻近消防协作力量不能在30min内到达(在人烟稀少、条件困难地区、邻近消防协作力量的到达时间可酌情延长,但不得超过消防冷却水连续供给时间),可按下列要求设置消防车:

1)油田三级及以上的油气站场应配2台单车泡沫罐容量不小于3000L的消防车。

2）气田三级天然气净化厂配2台重型消防车。

8.2.2　消防站的选址应符合下列要求：

消防站的选址应位于重点保护对象全年最小频率风向的下风侧，交通方便、靠近公路。与油气站场甲、乙类储罐区的距离不应小于200m。与甲、乙类生产厂房、库房的距离不应小于100m。

8.2.6　消防站通信装备的配置，应符合现行国家标准《消防通信指挥系统设计规范》GB 50313的规定。支队级消防指挥中心，可按Ⅰ类标准配置；大队级消防指挥中心，可按Ⅱ类标准配置；其他消防站，可参照Ⅲ类标准，根据实际需要增、减配置。

GB 50160—2008《石油化工企业设计防火规范》：

8.2.5　消防车库的耐火等级不应低于二级；车库室内温度不宜低于12℃，并宜设机械排风设施。

GB 50183—2004《石油天然气工程设计防火规范》：

表8.2.4　消防站的消防车辆配置

种类 \ 消防站类别		普通消防站			加强消防站	特勤消防站
		一级站	二级站	三级站		
车辆配备数（台）		6～8	4～6	3～6	8～10	10～12
消防车种类	通信指挥车	√	√		√	√
	中型泡沫消防车	√	√	√	√	
	重型水罐消防车	√	√	√	√	√
	重型泡沫消防车	√	√		√	√
	泡沫运输罐车				√	√
	干粉消防车	√	√	√	√	√
	举高云梯消防车				√	√
	高喷消防车	√			√	√
	抢险救援工具车	√			√	√
	照明车	√			√	√

（5）查灭火器配置、类型应满足现场需要。

监督依据标准：GB 50140—2005《建筑灭火器配置设计规范》。

4.1.1　灭火器的选择应考虑下列因素：

1　灭火器配置场所的火灾种类。

2　灭火器配置场所的危险等级。

3　灭火器的灭火效能和通用性。

4　灭火剂对保护物品的污损程度。

5　灭火器设置点的环境温度。

6　使用灭火器人员的体能。

4.2.1　A类火灾场所应选择水型灭火器、磷酸铵盐干粉灭火器、泡沫灭火器或卤代烷灭火器。

4.2.2　B类火灾场所应选择泡沫灭火器、碳酸氢钠干粉灭火器、磷酸铵盐干粉灭火器、二氧化碳灭火器、灭B类火灾的水型灭火器或卤代烷灭火器。极性溶剂的B类火灾场所应选择灭B类火灾的抗溶性灭火器。

4.2.3　C类火灾场所应选择磷酸铵盐干粉灭火器、碳酸氢钠干粉灭火器、二氧化碳灭火器或卤代烷灭火器。

4.2.4　D类火灾场所应选择扑灭金属火灾的专用灭火器。

4.2.5　E类火灾场所应选择磷酸铵盐干粉灭火器、碳酸氢钠干粉灭火器、卤代烷灭火器或二氧化碳灭火器，但不得选用装有金属喇叭喷筒的二氧化碳灭火器。

5.1.1　灭火器应设置在位置明显和便于取用的地点，且不得影响安全疏散。

6.1.1　一个计算单元内配置的灭火器数量不得少于2具。

6.1.2　每个设置点的灭火器数量不宜多于5具。

4.1.3　在同一灭火器配置场所，当选用两种或两种以上类型灭火器时，应采用灭火剂相容的灭火器。

GB 50140—2005《建筑灭火器配置设计规范》：

附录E　不相容的灭火剂举例

灭火剂类型	不相容的灭火剂	
干粉与干粉	磷酸铵盐	碳酸氢钠、碳酸氢钾
干粉与泡沫	碳酸氢钠、碳酸氢钾	蛋白泡沫
泡沫与泡沫	蛋白泡沫、氟蛋白泡沫	水成膜泡沫

（四）典型“三违”行为

（1）无火情的情况下，随意使用消防系统。

（2）关闭消防系统常开阀门。

（3）着火部位下风向使用灭火器。

（五）事故案例分析

1. 事故经过

2005 年 3 月 11 日上午，江苏省某化工厂发生一起灭火器爆炸事故，生产厂长潘某的头部被严重炸伤，左眼珠被炸出眼眶。据调查，当天上午 8 时 30 分左右，潘某与部分职工整理仓库，将库内存放的灭火器取出检查，在检查一只 8kg 干粉灭火器时，不料灭火器底部爆裂，炸伤潘某头部，灭火器飞出仓库门外数米。

2. 主要原因

该灭火器筒体严重锈蚀，底部已开裂，内部都有一定的压力，在非正常情况下，发生物理爆炸。未定期对灭火器进行维修保养，对已报废的灭火器未加强管理，是造成该事故的间接原因。

3. 事故教训

（1）灭火器应放置在通风、干燥、阴凉并取用方便的地方，应避免高温、潮湿和有腐蚀严重的场所，以免灭火器在使用期内腐蚀严重，在检查或使用时发生意外。

（2）平时检查维护必须由经过培训的专人负责，灭火器修理、再充装应送有许可证的专业维修单位进行。

（3）各类灭火器在每次充装前或使用满一定期限后必须进行水压试验。

（4）在使用灭火器的过程中，灭火器要与身体保持一定距离并平行，盖和底部两端不得对着人体头部。若发现灭火器不喷药剂、变形或在地上跳动，都是爆炸的征兆，人员要立即避让。

九、自动控制系统

（一）监督内容

（1）爆炸危险场所自动控制仪表的选型情况。

（2）压力表、显示仪表、温度计、流量计等仪表的周期检定情况。

（3）现场仪器仪表的完好情况。

（4）操作人员对自动控制系统的巡回检查情况。

（5）自动控制系统维护、调试作业过程的安全措施执行情况。

（二）主要监督依据

GB 50093—2013《自动化仪表工程施工及质量验收规范》；

GB/T 50892—2013《油气田及管道工程仪表控制系统设计规范》；

AQ 3009—2007《危险场所电气安全防爆规范》；

SH/T 3005—2016《石油化工自动化仪表选型设计规范》；

SY/T 6069—2011《油气管道仪表及自动化系统运行技术规范》。

（三）监督控制要点

（1）爆炸危险场所自动控制仪表选型应符合设计规范要求。

监督依据标准：AQ 3009—2007《危险场所电气安全防爆规范》、SH/T 3005—2016《石油化工自动化仪表选型设计规范》。

SH/T 3005—2016《石油化工自动化仪表选型设计规范》：

4.4 在爆炸危险区内应用的电子式仪表应取得国家授权防爆认证机构颁发的“产品防爆合格证”；计量仪表应取得国家授权机构颁发的“制造计量器具许可证”或“计量器具型式批准证书”；属于消防电子产品的火灾、可燃气体检测及报警等仪表应取得公安部消防产品合格评定中心颁发的“中国国家强制性产品认证证书”或“产品型式认可证书”。

4.9 在爆炸危险场所安装的电子式仪表应根据防爆危险区划分选用本安型、隔爆型或无火花限能型等防爆型仪表，防爆设计应执行 GB 3836.1—2010 及其系列标准。

AQ 3009—2007《危险场所电气安全防爆规范》：

5.2.1 爆炸性气体环境用电气设备根据区域类别选型应符合表 3 要求。

表 3 根据区域类别爆炸性气体环境用电气设备选型表

适用爆炸危险区域	电气设备防爆型式	防爆标志
0 区	本质安全型（ia 级）	Exia
	为 0 区设计的特殊型	Exs
1 区	适用于 0 区的防爆型式	
	本质安全型（ib 级）	Exib
	隔爆型	Exd
	增安型	Exe
	正压外壳型	Expx、Expy
	油浸型	Exo
	充砂型	Exq

续表

适用爆炸危险区域	电气设备防爆型式	防爆标志
1 区	浇封型	Exm
	为 1 区设计的特殊型	Exs
2 区	适用于 0 区和 1 区的防爆型式	
	n 型	ExnA、ExnC、ExnR、ExnL、ExnZ
	正压外壳型	Expz
	为 2 区设计的特殊型	Exs

注：1. 对于标有“s”的特殊型设备，应根据设备上标明适用的区域类型选用，并注意设备安装和使用的特殊条件。

2. 根据我国的实际情况，允许在 1 区中使用的“e”型设备仅限于：

——在正常运行中不产生火花、电弧或危险温度的接线盒和接线箱，包括主体为“d”或“m”型，接线部分为“e”型的电气产品。

——配置有合适热保护装置（见 GB 3836.3—2000 附录 D）的“e”型低压异步电动机（起动频繁和环境条件恶劣者除外）。

——单插头“e”型荧光灯。

3. 用正压保护的防爆型式：

px 型正压——将正压外壳内的危险分类从 1 区降至非危险或从Ⅰ类（煤矿井下危险区域）降至非危险的正压保护。

py 型正压——将正压外壳内的危险分类从 1 区降至 2 区的正压保护。

pz 型正压——将正压外壳内的危险分类从 2 区降至非危险的正压保护。

4. 符号：

A——无火花设备。

C——有火花设备；触头采用除限制呼吸外壳和能量限制。

N——正压之外的适当保护。

R——限制呼吸外壳。

L——限制能量设备。

Z——具有 n—正压外壳。

（2）压力表、显示仪表、温度计、流量计、热电阻、热电偶、压力控制器、调节仪、可燃气体检测报警仪、温度（压力）变送器、液位计等仪表应按规定周期检定。

（3）现场仪器仪表应完好、无损坏。

【关键控制环节】：

① 现场仪表清晰完整，各部件完整无锈蚀、无松动、无指针过幅摆动、无渗漏，并具有在有效期内的铅封。

② 盘台表面上的各种仪表、开关和指示灯应有标志牌。

③ 电磁阀、数字信号电动执行机构应每年进行检查维护。

监督依据标准：SY/T 6069—2011《油气管道仪表及自动化系统运行技术规范》。

4.3.1 玻璃温度计的感温液柱不应有中断、倒流或毛细管管壁挂色现象。

4.3.2 双金属温度计分度盘上的分度线、数字和计量单位清晰完整，表玻璃应无色透明，各部件无锈蚀和松动。

4.4.1 弹簧管式压力表的表盘分度应清晰完整，各部件完整无锈蚀、无松动、无指针过幅摆动和无渗漏，并具有铅封挂孔和有效期内的铅封。就地数显式压力表显示数据清晰，准确度不应低于0.5级，回差应小于0.5%。

4.5.2 应根据差压指示的报警信息及时清洗过滤器。

4.5.3 用空气或蒸汽吹扫管线时，不应使空气或蒸汽经过液体容积式流量计。输气管道投用时，应限制涡轮流量计的气体通过量。

4.9.8 报警控制器

4.9.8.1 性能指标应符合设计文件的要求。

4.9.8.2 输入信号应与火焰传感器和可燃气体传感器的输出信号相匹配。

5.1.5 应根据用途和阀门两端压差比，合理地选用阀门流量特性。流程切换的阀门宜选用快开流量特性，截流或开度连续变化的阀门应选用线性或对数流量特性。

5.1.6 执行机构首次投用正常后，应在阀杆的开到位和关到位处留下永久性标记。对于智能型执行机构应记下所有设定值信息。

5.1.13 配用太阳能供电设备时，应选用低耗能的执行机构，太阳能设备的性能应能满足执行机构的长期稳定运行。

5.2.1 开关型电动执行机构

5.2.1.3 每半年应进行一次维护检查，主要项目有

——阀位状态。

——密封和润滑油状态。

——减速箱润滑脂状态。

——工作电源状态。

——防雷与接地设施状态。

——操作面板设置信息检查。

5.3.1 调节型电动执行机构

5.3.1.3 每半年应进行一次维护检查，主要项目有：

——阀位开度的误差和回差。

——密封和润滑油状态。

——防雷与接地设施状态。

——操作面板设置信息检查。

7.3.1 仪表盘、台、箱和线路应符合设计文件和GB 50093的有关规定。

7.3.2　仪表盘、台和箱性能要求如下：

——表面上的各种仪表、开关和指示灯应有标志牌。

——内部接线端子宜选弹簧端子，不同用途信号线宜用不同的线色，交流线应与直流线分开。

——盘台箱内不应有临时电线、受力电线和与图纸不相符的电线。

——各接插件应连接牢固，各种螺丝应齐全完好、规格正确。

——电缆端部设置挂牌、电线端部设置机打端子号和主要仪表部件设置字母标牌。

——盘台下应有盖板；盘台内应设置接线图和电源插座。

——仪表盘和操作台的正面和受力面宜采用厚度不小于2mm的钢板，油漆宜采用静电喷涂工艺，盘台后门应设置百叶窗，散热量较大时应加装排风扇。

（4）操作人员按规范要求，对自动控制系统进行日、季、半年巡回检查。

监督依据标准：SY/T 6069—2011《油气管道仪表及自动化系统运行技术规范》。

10.2.2　日巡检与维护

10.2.2.1　控制中心和有人值守站每天应进行一次巡检。主要涉及的内容有：

——通过人机界面检查全线各站或本站管道工艺运行和设备状态。

——操作员工作站运行状态。

——人机界面上重要参数与现场仪表指示的差异。

——人机界面上阀门与现场阀门状态的差异。

——PLC/RTU/SIS设备运行状态。

——通信和网络设备运行状态。

——站控室监控仪表装置运行状态。

——UPS电源运行状态。

——机柜内接线状态。

——机房温度、湿度范围及空调、加湿机及干燥机的运行状态。

——机房的防尘、防水和防动物设施状态。

——场区过程仪表控制设备运行状态。

——火灾检测仪表运行状态。

——仪表设备动力源、管路和管线技术状态。

——仪表控制设备的清洁。

10.2.2.2　每天在远程终端上对无人值守站仪表自动化设备运行进行检查。每月宜对无人值守站现场进行一次巡检。

10.2.3　定期巡检与维护

10.2.3.1　对输油管道的仪表和SCADA系统设备每半年至少应进行一次巡回检查与维护。

10.2.3.2　对输气管道的仪表和SCADA系统设备每一年至少应进行一次巡回检查与维护。

10.2.3.3　在巡回检查与维护前应编制方案，方案中有影响生产运行的内容时，应报相关主管部门审批。

（5）自动控制系统维护、调试作业安全措施的执行应符合规范要求。

【关键控制环节】：

①监督涉及控制与保护的仪表设备拆、装或调试时是否填写工作票，并得到主管人员批准。

② 安全联锁保护回路或仪表控制回路改造前，上报方案批准后实施。

监督依据标准：SY/T 6069—2011《油气管道仪表及自动化系统运行技术规范》。

10.1.1　从事仪表自动化设备的维护工作应严格执行有关安全操作规程。

10.1.2　在拆、装或调试现场运行仪表设备前，应填了解工艺流程和设备运行状况，并征得控制中心人员同意后方可进行。

10.1.3　在拆、装或调试具有调节和保护作用的仪表设备前，应填写工作票。

10.1.4　防爆场所进行电动仪表维护应采取有效的防爆措施（如检测现场可燃气体的浓度）。

10.1.5　不应拆除或短路本质安全仪表系统中的安全栅。

10.1.6　不应拆除或短路仪表防雷系统中的电涌防护器。

10.1.7　电子设备的电路板不应带电插拔（有带电插拔保护功能的除外），在进行插拔电路板前应佩带防静电肘，持续30s后方可进行操作。

10.1.8　当生产现场有外来人员施工时，仪表人员应向施工方主动说明仪表的隐蔽工程和注意事项。

10.1.9　不应擅自取消或更改安全联锁保护回路中的设施和设定值。如需要变更，应征得上级主管部门同意后方可进行。

10.1.10　不应擅自更改SCADA系统操作员工作站的时间。

10.1.11　不应将非专用移动存储设备连接到SCADA系统中使用。

10.1.12　不应在SCADA系统网络上进行与运行无关的操作。

10.1.13　不应将SCADA系统网络与办公信息网络联网。

10.1.14　SCADA系统应严格执行用户操作权限管理。系统管理宜设置专职系统管理员，专职系统管理员的用户名和密码应备份和定期更新，并应保密存放。

10.1.15　SCADA系统应有专项事故处理预案。

（四）典型“三违”行为

（1）停用或拆除报警仪表。

（2）控制系统线路检修作业未悬挂警示牌。

（3）违规操作 SCADA 系统。

（4）无工作票时进行控制与保护仪表的拆、装和调试。

十、危险化学品

（一）监督内容

（1）库房符合安全标准的情况。

（2）危险化学品分类、分区、分库贮存的情况。

（3）日常管理、使用危险化学品的情况。

（4）正确处理废弃物品和包装容器的情况。

（二）主要监督依据

GB 13690—2009《化学品分类和危险性公示　通则》；

GB 15258—2009《化学品安全标签编写规定》；

GB 15603—1995《常用化学危险品贮存通则》；

GB/T 16483—2008《化学品安全技术说明书　内容和项目顺序》；

GB 17914—2013《易燃易爆性商品储存养护技术条件》；

GB 17915—2013《腐蚀性商品储存养护技术条件》；

GB 18218—2018《危险化学品重大危险源辨识》；

GB 50016—2014《建筑设计防火规范》；

《仓库防火安全管理规则》（公安部令第 6 号）；

《危险化学品安全管理条例》（国务院令第 591 号）；

《危险化学品重大危险源监督管理暂行规定》（国家安全生产监督管理总局令第 40 号）。

（三）监督控制要点

（1）库房应符合安全标准要求。

【关键控制环节】：

① 库房的耐火等级应符合标准要求。

② 库房与其他建筑物之间防火间距符合要求。

③ 仓库工作人员持证上岗，管理制度、教育培训等资料齐全。

监督依据标准：GB 15603—1995《常用化学危险品贮存通则》、GB 50016—2014《建筑设计防火规范》。

GB 15603—1995《常用化学危险品贮存通则》：

5.1 贮存化学危险品的建筑物不得有地下室或其他地下建筑，其耐火等级、层数、占地面积、安全疏散和防火间距，应符合国家有关规定。

5.4.1 贮存化学危险品的建筑必须安装通风设备，并注意设备的防护措施。

5.3.1 化学危险品贮存建筑物、场所消防用电设备应能充分满足消防用电的需要。

5.3.3 贮存易燃、易爆化学危险品的建筑，必须安装避雷设备。

5.4.5 贮存化学危险品建筑采暖的热媒温度不应过高，热水采暖不应超过 80℃，不得使用蒸汽采暖和机械采暖。

7.3 库房温度、湿度应严格控制、经常检查，发现变化及时调整。

8.1 贮存化学危险品的仓库，必须建立严格的出入库管理制度。

11.1 仓库工作人员应进行培训，经考核合格后持证上岗。

11.2 对化学危险品的装卸人员进行必要的教育，使其按照有关规定进行操作。

11.3 仓库的消防人员除了具有一般消防知识之外，还应进行在危险品库工作的专门培训，使其熟悉各区域贮存的化学危险品种类、特性、贮存地点、事故的处理程序及方法。

GB 50016—2014《建筑设计防火规范》：

表 3.3.2 仓库的层数和面积

储存物品类别		仓库的耐火等级	最多允许层数	每座仓库的最大允许占地面积和每个防火分区的最大允许建筑面积(m^2)						
				单层仓库		多层仓库		高层仓库		地下、半地下仓库或仓库的地下室、半地下室
				每座仓库	防火分区	每座仓库	防火分区	每座仓库	防火分区	防火分区
甲	3、4项	一级	1	180	60	—	—	—	—	—
	1、2、5、6项	一、二级	1	750	250	—	—	—	—	—
乙	1、3、4项	一、二级	3	2000	500	900	300	—	—	—
		三级	1	500	250	—	—	—	—	—
	2、5、6项	一、二级	5	2800	700	1500	500	—	—	—
		三级	1	900	300	—	—	—	—	—
丙	1项	一、二级	5	4000	1000	2800	700	—	—	150
		三级	1	1200	400	—	—	—	—	—
	2项	一、二级	不限	6000	1500	4800	1200	4000	1000	300
		三级	3	2100	700	1200	400	—	—	—

续表

储存物品类别	仓库的耐火等级	最多允许层数	每座仓库的最大允许占地面积和每个防火分区的最大允许建筑面积（m^2）						
			单层仓库		多层仓库		高层仓库		地下、半地下仓库或仓库的地下室、半地下室
			每座仓库	防火分区	每座仓库	防火分区	每座仓库	防火分区	防火分区
丁	一、二级 三级 四级	不限 3 1	不限 3000 2100	3000 1000 700	不限 1500 —	1500 500 —	4800 — —	1200 — —	500 — —
戊	一、二级 三级 四级	不限 3 1	不限 3000 2100	不限 1000 700	不限 2100 —	2000 700 —	6000 — —	1500 — —	1000 — —

注：1. 仓库内的防火分区之间必须采用防火墙分隔，甲、乙类仓库内防火分区之间的防火墙不应开设门、窗、洞口；地下或半地下仓库（包括地下或半地下室）的最大允许占地面积，不应大于相应类别地上仓库的最大允许占地面积。

2. 石油库区内的桶装油品仓库应符合现行国家标准《石油库设计规范》GB 50074 的规定。

3. 一、二级耐火等级的煤均化库，每个防火分区的最大允许建筑面积不应大于 12000m^2。

4. 独立建造的硝酸铵仓库、电石仓库、聚乙烯等高分子制品仓库、尿素仓库、配煤仓库、造纸厂的独立成品仓库，当建筑的耐火等级不低于二级时，每座仓库的最大允许占地面积和每个防火分区的最大允许建筑面积可按本表的规定增加 1.0 倍。

5. 一、二级耐火等级粮食平房仓的最大允许占地面积不应大于 12000m^2，每个防火分区的最大允许建筑面积不应大于 3000m^2；三级耐火等级粮食平房仓的最大允许占地面积不应大于 3000m^2，每个防火分区的最大允许建筑面积不应大于 1000m^2。

6. 一、二级耐火等级且占地面积不大于 2000m^2 的单层棉花库房，其防火分区的最大允许建筑面积不应大于 2000m^2。

7. 一、二级耐火等级冷库的最大允许占地面积和防火分区的最大允许建筑面积，应符合现行国家标准《冷库设计规范》GB 50072 的规定。

8. "—" 表示不允许。

表 3.5.1　甲类仓库之间及其与其他建筑、明火或散发火花地点、铁路、道路等的防火间距

名称		甲类仓库及其储量，t			
		甲类储存物品第 3、4 项		甲类储存物品第 1、2、5、6 项	
		≤5	>5	≤10	>10
高层民用建筑、重要公共建筑（m）		50			
甲类仓库（m）		20			
裙房、其他民用建筑、明火或散发火花地点（m）		30	40	25	30
厂房和乙、丙、丁、戊类仓库（m）	一、二级耐火等级（m）	15	20	12	15
	三级耐火等级（m）	20	25	15	20

续表

名称		甲类仓库及其储量，t			
		甲类储存物品第3、4项		甲类储存物品第1、2、5、6项	
		≤5	>5	≤10	>10
厂房和乙、丙、丁、戊类仓库（m）	四级耐火等级（m）	25	30	20	25
电力系统电压为35kV～500kV且每台变压器容量不小于10MVA的室外变、配电站，工业企业的变压器总油量大于5t的室外降压变电站（m）		30	40	25	30
厂外铁路线中心线（m）		40			
厂内铁路线中心线（m）		30			
厂外道路路边（m）		20			
厂内道路路边	主要（m）	10			
	次要（m）	5			

注：甲类仓库之间的防火间距，当第3、4项物品储量小于或等于2t，第1、2、5、6项物品储量小于或等于5t时，不应小于12.0m，甲类仓库与高层仓库之间的防火间距不应小于13m。

表3.5.2　乙、丙、丁、戊类仓库之间及与民用建筑的防火间距（m）

名称			乙类仓库			丙类仓库				丁、戊类仓库			
			单、多层		高层	单、多层			高层	单、多层			高层
			一、二级	三级	一、二级	一、二级	三级	四级	一、二级	一、二级	三级	四级	一、二级
乙、丙、丁、戊类仓库	单、多层	一、二级	10	12	13	10	12	14	13	10	12	14	13
		三级	12	14	15	12	14	16	15	12	14	16	15
		四级	14	16	17	14	16	18	17	14	16	18	17
	高层	一、二级	13	15	13	13	15	17	13	13	15	17	13
民用建筑	裙房、单、多层	一、二级	25			10	12	14	13	10	12	14	13
		三级				12	14	16	15	12	14	16	15
		四级				14	16	18	17	14	16	18	17
	高层	一类	50			20	25	25	20	15	18	18	15
		二类				15	20	20	15	13	15	15	13

注：1. 单、多层戊类仓库之间的防火间距，可按本表的规定减少2m。

2. 两座仓库的相邻外墙均为防火墙时，防火间距可以减小，但丙类仓库，不应小于6m；丁、戊类仓库，不应小于4m。两座仓库相邻较高一面外墙为防火墙，或相邻两座高度相同的一、二级耐火等级建筑中相邻任一侧外墙为防火墙且屋顶的耐火极限不低于1.00h，且总占地面积不大于本规范第3.3.2条一座仓库的最大允许占地面积规定时，其防火间距不限。

3. 除乙类第6项物品外的乙类仓库，与民用建筑的防火间距不宜小于25m，与重要公共建筑的防火间距不应小于50m，与铁路、道路等的防火间距不宜小于表3.5.1中甲类仓库与铁路、道路等的防火间距。

（2）检查危险化学品分类、分区、分库贮存，应符合标准要求。

监督依据标准：GB 15603—1995《常用化学危险品贮存通则》、GB/T 16483—2008《化学品安全技术说明书　内容和项目顺序》、GB 18218—2018《危险化学品重大危险源辨识》《危险化学品安全管理条例》（国务院令第 591 号）。

GB 15603—1995《常用化学危险品贮存通则》：

7.1　化学危险品入库时，应严格检验物品质量、数量、包装情况、有无泄漏。

7.2　化学危险品入库后应采取适当的养护措施，在贮存期内，定期检查，发现其品质变化、包装破损、渗漏、稳定剂短缺等，应及时处理。

8.2　化学危险品出入库前均应按合同进行检查验收、登记、验收内容包括：数量、包装、危险标志。经核对后方可入库、出库，当物品性质未弄清时不得入库。

4.8　根据危险品性能分区、分类、分库贮存。各类危险品不得与禁忌物料混合贮存。

4.7　化学危险品贮存方式分为三种：隔离贮存、隔开贮存、分离贮存。

8.5　进入化学危险品贮存区域的人员、机动车辆和作业车辆，必须采取防火措施。

8.4　装卸、搬运化学危险品时应按有关规定进行，做到轻装、轻卸。严禁摔、碰、撞、击、拖拉、倾倒和滚动。

8.5　装卸对人身有毒害及腐蚀性的物品时，操作人员应根据危险性，穿戴相应的防护用品。

8.6　不得用同一车辆运输互为禁忌的物料。

8.7　修补、换装、清扫、装卸易燃、易爆物料时，应使用不产生火花的铜制、合金制或其他工具。

6.3　遇火、遇热、遇潮能引起燃烧、爆炸或发生化学反应，产生有毒气体的化学危险品不得在露天或在潮湿、积水的建筑物中贮存。

4.9　贮存化学危险品的建筑物区域内严禁吸烟和使用明火。

6.5　遇火、遇热、遇潮能引起燃烧、爆炸或发生化学反应，产生有毒气体的化学危险品不得在露天或在潮湿、积水的建筑物中贮存。

6.4　受日光照射能发生化学反应引起燃烧、爆炸、分解、化合或能产生有毒气体的化学危险品应贮存在一级建筑物中。其包装应采取避光措施。

6.5　爆炸物品不准和其他类物品同贮，必须单独隔离限量贮存，仓库不准建在城镇，还应与周围建筑、交通干道、输电线路保持一定安全距离。

6.6　压缩气体和液化气体必须与爆炸物品、氧化剂、易燃物品、自燃物品、腐蚀性物品隔离贮存。易燃气体不得与助燃气体、剧毒气体同贮；氧气不得与油脂混合贮存，盛装液化气体的容器属压力容器的，必须有压力表、安全阀、紧急切断装置，并定期检查，不得超装。

6.7 易燃液体、遇湿易燃物品、易燃固体不得与氧化剂混合贮存，具有还原性的氧化剂应单独存放。

6.8 有毒物品应贮存在阴凉、通风、干燥的场所，不要露天存放，不要接近酸类物质。

6.9 腐蚀性物品，包装必须严密，不允许泄漏，严禁与液化气体和其他物品共存。

《危险化学品安全管理条例》（国务院令第 591 号）：

第二十四条 危险化学品应当储存在专用仓库、专用场地或者专用储存室内，并由专人负责管理；剧毒化学品及储存数量构成重大危险源的其他危险化学品，应当在专用仓库内单独存放，并实行双人收发、双人保管制度。

第二十五条 对剧毒化学品及储存数量构成重大危险源的其他危险化学品，储存单位应当将其储存数量、储存地点及管理人员的情况，报所在地县级人民政府安全生产监督管理部门（在港区内储存的，报港口行政管理部门）和公安机关备案。

第十五条 危险化学品生产企业应当提供与其生产的危险化学品相符的化学品安全技术说明书，并在危险化学品包装（包括外包装件）上粘贴或者拴挂与包装内危险化学品相符的化学品安全标签。化学品安全技术说明书和化学品安全标签所载明的内容应当符合国家标准的要求。

GB 15603—1995《常用化学危险品贮存通则》：

表 4.5 危险化学品分类表

类别	名称	特性
第 1 类	爆炸品	本类化学品指在外界作用下（如受热、受压、撞击等），能发生剧烈的化学反应，瞬间产生大量的气体和热量，使周围压力急骤上升，发生爆炸，对周围环境造成破坏的物品，也包括无整体爆炸危险，但具有燃烧、抛射，以及较小爆炸危险的物品
第 2 类	压缩气体和液化气体	本类化学品系指压缩、液化或加压溶解的气体，并应符合下述两种情况之一者：(a) 临界温度低于 50℃，或在 50℃时，其蒸气压大于 294kPa 的压缩或液化气体；(b) 温度在 21.1℃时，气体的绝对压力大于 275kPa，或在 54.4℃时，气体的绝对压力大于 715kPa 的压缩气体；或在 37.8℃时，雷德蒸气压力大于 275kPa 的液化气体或加压溶解的气体
第 3 类	易燃液体	本类化学品系指易燃的液体、液体混合物或含有固体物质的液体，但不包括由于其危险特性已列入其他类别的液体。其闭环试验闪点等于或低于 61℃
第 4 类	易燃固体、自燃物品和遇湿易燃物品	易燃固体系指燃点低，对热、撞击、摩擦敏感，易被外部火源点燃，燃烧迅速，并可能散发出有毒烟雾或有毒气体的固体，但不包括列入爆炸品的物品。自燃物品系指自燃点低，在空气中易发生氧化反应，放出热量，而自行燃烧的物品。遇湿易燃物品系指遇水或受潮时，发生剧烈化学反应，放出大量的易燃气体和热量的物品。有的不需明火，即能燃烧或爆炸
第 5 类	氧化剂和有机过氧化物	氧化剂系指处于高氧化态，具有强氧化性，易分解并放出氧和热量的物质。包括含有过氧化基的无机物，其本身不一定可燃，但能导致可燃物的燃烧，与松软的粉末状可燃物能组成爆炸性混合物，对热、震动或摩擦较敏感。有机过氧化物系指分子组合中含有过氧化基的有机物，其本身易燃易爆，极易分解，对热、震动或摩擦极为敏感

续表

类别	名称	特性
第6类	毒害品和感染性物品	本类化学品系指进入肌体后，累积达一定的量，能与体液和器官组织发生生物化学作用或生物物理学作用，扰乱或破坏肌体的正常生理功能，引起某些器官和系统暂时性或永久性的病理改变，甚至危及生命的物品。经口摄取半数致死量：固体LD50≤500mg/kg，液体LD50≤2000mg/kg；经皮肤接触24h，半数致死量LD50≤1000mg/kg；粉尘、烟雾及蒸气吸入半数致死量LC50≤10mg/L的固体或液体
第7类	放射性物品	本类化学品系指放射性比活度大于7.4×104Bq/kg的物品
第8类	腐蚀品	本类化学品系指能灼伤人体组织并对金属等物品造成损坏的固体和液体。与皮肤接触在4h内出现可见坏死现象，或温度在55℃时，对20号钢的表面均匀年腐蚀率超过6.25mm/年的固体或液体

6.2 贮存量及贮存安排

表6.2 贮存量及贮存安排表

贮存要求＼贮存类别	露天贮存	隔离贮存	隔开贮存	分离贮存
平面单位面积贮存量，t/m^2	1.0～1.5	0.5	0.7	0.7
单一贮存区最大贮量，t	2000～2400	200～300	200～300	400～600
垛距限制，m	2	0.3～0.5	0.3～0.5	0.3～0.5
通道宽度，m	4～6	1～2	1～2	5
墙距宽度，m	2	0.3～0.5	0.3～0.5	0.3～0.5
与禁忌品距离，m	10	不得同库贮存	不得同库贮存	7～10
注：露天贮存，是指露天堆放的贮存方式。				

GB 18218—2018《危险化学品重大危险源辨识》：

4.1.2 危险化学品临界量的确定方法如下：

a）在表1范围内的危险化学品，其临界量按表1确定。

b）未在表1范围内的危险化学品，依据其危险性，按表2确定临界量；若一种危险化学品具有多种危险性，按其中最低的临界量确定。

表1 危险化学品名称及其临界量

序号	危险化学品名称和说明	别名	临界量，t
1	氨	液氨；氨气	10
2	二氟化氧	一氧化二氟	1
3	二氧化氮		1
4	二氧化硫	亚硫酸酐	20
5	氟		1

续表

序号	危险化学品名称和说明	别名	临界量，t
6	碳酰氯	光气	0.3
7	环氧乙烷	氧化乙烯	10
8	甲醛（含量>90%）	蚁醛	5
9	磷化氢	磷化三氢；磷	1
10	硫化氢		5
11	氯化氢（无水）		20
12	氯	液氯；氯气	5
13	煤气		20
14	砷化氢	砷化三氢	1
15	锑化氢	三氢化锑；锑化三氢	1
16	硒化氢		1
17	溴甲烷	甲基溴	10
18	丙酮氰醇	丙酮合氰化氢；2-羟基异丁腈；氰丙醇	20
19	丙烯醛	稀丙醛；败脂醛	20
20	氟化氢		1
21	1-氯-2,3-环氧丙烷	环氧氯丙烷	20
22	3-溴-1,2-环氧丙烷	环氧溴丙烷	20
23	甲苯二异氰酸酯	二异氰酸甲苯酯；TDI	100
24	一氯化硫	氯化硫	1
25	氰化氢	无水氢氰酸	1
26	三氧化硫	硫酸酐	75
27	3-氨基丙烯	烯丙胺	20
28	溴	溴素	20
29	乙撑亚胺	吖丙啶；1-氮杂环丙烷；氮丙啶	20
30	异氰酸甲酯	甲基异氰酸酯	0.75
31	叠氮化钡	叠氮钡	0.5
32	叠氮化铅		0.5
33	雷汞	二雷酸汞；雷酸汞	0.5
34	三硝基苯甲醚	三硝基茴香醚	5

续表

序号	危险化学品名称和说明	别名	临界量，t
35	2,4,6- 三硝基甲苯	梯恩梯；TNT	5
36	硝化甘油	硝化丙三醇； 甘油三硝酸酯	1
37	硝化纤维素[干的或含水（或乙醇）＜25%]	硝化棉	1
38	硝化纤维素（未改型的，或增塑的，含增塑剂＜18%）		1
39	硝化纤维素（含乙醇≥25%）		10
40	硝化纤维素（含氮≤12.6%）		50
41	硝化纤维素（含水≥25%）		50
42	硝化纤维素溶液	硝化棉溶液	50
43	硝酸铵（含可燃物＞0.2%，包括以碳计算的任何有机物，但不包括任何其他添加剂）		5
44	硝酸铵（含可燃物≤0.2%）		50
45	硝酸铵肥料（含可燃物≤0.4%）		200
46	硝酸钾		1000
47	1,3- 丁二烯	联乙烯	5
48	二甲醚	甲醚	50
49	甲烷，天然气		50
50	氯化烯	乙烯基氯	50
51	氢	氢气	5
52	液化石油气（含丙烷、丁烷及其混合物）	石油气（液化的）	50
53	甲胺	氨基甲烷；甲胺	5
54	乙炔	电石气	1
55	乙烯		50
56	氧（压缩的或液化的）	液氧；氧气	200
57	苯	纯苯	50
58	苯乙烯	乙烯苯	500

续表

序号	危险化学品名称和说明	别名	临界量，t
59	丙酮	二甲基酮	500
60	2- 丙烯腈	丙烯腈；乙烯基腈；腈基乙烯	50
61	二硫化碳		50
62	环己烷	六氢化苯	500
63	1，2- 环氧丙烷	氧化丙烯；甲基环氧乙烷	10
64	甲苯	甲基苯；苯基甲烷	500
65	甲醇	木醇；木精	500
66	汽油（乙醇汽油、甲醇汽油）		200
67	乙醇	酒精	500
68	乙醚	二乙基醚	10
69	乙酸乙酯	醋酸乙酯	500
70	正己烷	己烷	500
71	过乙酸	过醋酸；过氧乙酸；乙酰过氧化氢	10
72	过氧化甲基乙基酮（10%＜有效氧含量≤10.7%，含 A 型稀释剂≥48%）		10
73	白磷	黄磷	50
74	烷基铝	三烷基铝	1
75	戊硼烷	五硼烷	1
76	过氧化钾		20
77	过氧化钠	双氧化钠；二氧化钠	20
78	氯酸钾		100
79	氯酸钠		100
80	发烟硝酸		20
81	硝酸（发红烟的除外，含硝酸＞70%）		100
82	硝酸胍	硝酸亚氨脲	50
83	碳化钙	电石	100
84	钾	金属钾	1
85	钠	金属钠	10

4.2　重大危险源的辨识指标

4.2.1　生产单元，储存单元内存在危险化学品的数量等于或超过表 1、表 2 规定的临界量，即被定为重大危险源。单元内存在的危险化学品的数量根据处理危险化学品种类的多少区分为以下两种情况：

a）生产单元、储存单元内存在的危险化学品为单一品种时，该危险化学品的数量即为单元内危险化学品的总量，若等于或超过相应的临界量，则定为重大危险源。

b）生产单元、储存单元内存在的危险化学品为多品种时，则按式（1）计算，若满足式（1），则定为重大危险源：

$$S=q_1/Q_1+q_2/Q_2+\cdots+q_n/Q_n\geqslant1 \quad (1)$$

式中：S——辨识指标；

$q_1, q_2, \cdots, q_n$——每种危险化学品实际存在量，单位为吨（t）；

$Q_1, Q_2, \cdots, Q_n$——与各危险化学品相对应的临界量，单位为吨（t）。

GB/T 16483—2008《化学品安全技术说明书　内容和项目顺序》：

表 4　危险化学品安全技术说明书内容提要

序号	名称	主要内容
1	化学品及企业标志	
2	成分 / 组成信息	该化学品是纯化学品还是混合物。纯化学品，应给出其化学品名称或商品名和通用名。混合物，应给出危害性组分的浓度或浓度范围。无论是纯化学品还是混合物，如果其中包含有害性组分，则应给出化学文摘索引登记号（CAS 号）
3	危险性概述	概述本化学品最重要的危害和效应，主要包括：危害类别、侵入途径、健康危害、环境危害、燃爆危险等信息
4	急救措施	作业人员受到伤害时，所需采取的现场自救或互救的简要处理方法，包括：眼睛接触、皮肤接触、吸入、食入的急救措施
5	消防措施	表示化学品的物理和化学特殊危险性，适合灭火介质，不适合的灭火介质及消防人员个体防护等方面的信息，包括：危险特性、灭火介质和方法，灭火注意事项等
6	泄漏应急处理	化学品泄漏后现场可采用的简单有效的应急措施、注意事项和消除方法，包括：应急行动、应急人员防护、环保措施、消除方法等内容
7	操作处置与储存	指化学品操作处置和安全储存方面的信息资料，包括：操作处置作业中的安全注意事项、安全储存条件和注意事项
8	接触控制 / 个体防护	在生产、操作处置、搬运和使用化学品的作业过程中，为保护作业人员免受化学品危害而采取的防护方法和手段。包括：最高容许浓度、工程控制、呼吸系统防护、眼睛防护、身体防护、手防护、其他防护要求

续表

序号	名称	主要内容
9	理化特性	描述化学品的外观及理化性质等方面的信息，包括：外观与性状、pH值、沸点、熔点、相对密度、相对蒸气密度、饱和蒸气压、燃烧值、临界温度、临界压力、辛醇/水分配系数、闪点、引燃温度、爆炸极限、溶解性、主要用途和其他一些特殊理化性质
10	稳定性和反应性	化学品的稳定性和反应活性方面的信息，包括：稳定性、禁配物、应避免接触的条件、聚合危害、分解产物
11	毒理学资料	
12	生态学资料	
13	废弃处置	
14	运输信息	国内、国际化学品包装、运输的要求及运输规定的分类和编号
15	法规信息	
16	其他信息	

（3）危险化学品的运输、使用、防护、应急处置等日常管理应符合标准要求。

监督依据标准：GB 17914—2013《易燃易爆性商品储藏养护技术条件》、GB 17915—2013《腐蚀性商品储藏养护技术条件》《危险化学品安全管理条例》（国务院令591号）、《危险化学品重大危险源监督管理暂行规定》（国家安监总局第40号令）。

《危险化学品安全管理条例》（国务院令第591号）：

第二十八条　使用危险化学品的单位，其使用条件（包括工艺）应当符合法律、行政法规的规定和国家标准、行业标准的要求，并根据所使用的危险化学品的种类、危险特性及使用量和使用方式，建立、健全使用危险化学品的安全管理规章制度和安全操作规程，保证危险化学品的安全使用。

第二十九条　使用危险化学品从事生产并且使用量达到规定数量的化工企业（属于危险化学品生产企业的除外），应当依照本条例的规定取得危险化学品安全使用许可证。

第四十三条　从事危险化学品道路运输、水路运输的，应当分别依照有关道路运输、水路运输的法律、行政法规的规定，取得危险货物道路运输许可、危险货物水路运输许可，并向工商行政管理部门办理登记手续。危险化学品道路运输企业、水路运输企业应当配备专职安全管理人员。

第四十四条　危险化学品的装卸作业应当遵守安全作业标准、规程和制度，并在装卸管理人员的现场指挥或者监控下进行。水路运输危险化学品的集装箱装箱作业应当在集装箱装箱现场检查员的指挥或者监控下进行，并符合积载、隔离的规范和要求；装箱作业完毕后，集装箱装箱现场检查员应当签署装箱证明书。

第四十八条　通过道路运输危险化学品的，应当配备押运人员，并保证所运输的危险化学品处于押运人员的监控之下。

第五十一条　剧毒化学品、易制爆危险化学品在道路运输途中丢失、被盗、被抢或者出现流散、泄漏等情况的，驾驶人员、押运人员应当立即采取相应的警示措施和安全措施，并向当地公安机关报告。公安机关接到报告后，应当根据实际情况立即向安全生产监督管理部门、环境保护主管部门、卫生主管部门通报。有关部门应当采取必要的应急处置措施。

第五十四条　禁止通过内河封闭水域运输剧毒化学品及国家规定禁止通过内河运输的其他危险化学品。

第五十七条　通过内河运输危险化学品，应当使用依法取得危险货物适装证书的运输船舶。水路运输企业应当针对所运输的危险化学品的危险特性，制定运输船舶危险化学品事故应急救援预案，并为运输船舶配备充足、有效的应急救援器材和设备。

第六十三条　托运危险化学品的，托运人应当向承运人说明所托运的危险化学品的种类、数量、危险特性及发生危险情况的应急处置措施，并按照国家有关规定对所托运的危险化学品妥善包装，在外包装上设置相应的标志。

第七十条　危险化学品单位应当制订本单位危险化学品事故应急预案，配备应急救援人员和必要的应急救援器材、设备，并定期组织应急救援演练。

危险化学品单位应当将其危险化学品事故应急预案报所在地设区的市级人民政府安全生产监督管理部门备案。

《危险化学品重大危险源监督管理暂行规定》（国家安监总局第40号令）：

第十五条　危险化学品单位应当按照国家有关规定，定期对重大危险源的安全设施和安全监测监控系统进行检测、检验，并进行经常性维护、保养，保证重大危险源的安全设施和安全监测监控系统有效、可靠运行。维护、保养、检测应当做好记录，并由有关人员签字。

第十六条　危险化学品单位应当明确重大危险源中关键装置、重点部位的责任人或者责任机构，并对重大危险源的安全生产状况进行定期检查，及时采取措施消除事故隐患。事故隐患难以立即排除的，应当及时制订治理方案，落实整改措施、责任、资金、时限和预案。

第十七条　危险化学品单位应当对重大危险源的管理和操作岗位人员进行安全操作技能培训，使其了解重大危险源的危险特性，熟悉重大危险源安全管理规章制度和安全操作规程，掌握本岗位的安全操作技能和应急措施。

第十八条　危险化学品单位应当在重大危险源所在场所设置明显的安全警示标志，写明紧急情况下的应急处置办法。

第十九条 危险化学品单位应当将重大危险源可能发生的事故后果和应急措施等信息,以适当方式告知可能受影响的单位、区域及人员。

第二十条 危险化学品单位应当依法制订重大危险源事故应急预案,建立应急救援组织或者配备应急救援人员,配备必要的防护装备及应急救援器材、设备、物资,并保障其完好和方便使用。

对存在吸入性有毒、有害气体的重大危险源,危险化学品单位应当配备便携式浓度检测设备、空气呼吸器、化学防护服、堵漏器材等应急器材和设备;涉及剧毒气体的重大危险源,还应当配备两套以上(含本数)气密型化学防护服;涉及易燃易爆气体或者易燃液体蒸气的重大危险源,还应当配备一定数量的便携式可燃气体检测设备。

第二十二条 危险化学品单位应当对辨识确认的重大危险源及时、逐项进行登记建档。

第二十三条 危险化学品单位在完成重大危险源安全评估报告或者安全评价报告后15d内,应当填写重大危险源备案申请表,连同本规定第二十二条规定的重大危险源档案材料,报送所在地县级人民政府安全生产监督管理部门备案。

第二十四条 危险化学品单位新建、改建和扩建危险化学品建设项目,应当在建设项目竣工验收前完成重大危险源的辨识、安全评估和分级、登记建档工作,并向所在地县级人民政府安全生产监督管理部门备案。

GB 17915—2013《腐蚀性商品储藏养护技术条件》:

7 安全操作

7.1 作业人员应持有腐蚀性商品养护上岗作业资格证书。

7.2 作业时应穿戴防护服、护目镜、橡胶浸塑手套等防护用具,应做到:

a)操作时应轻搬轻放,防止摩擦震动和撞击。

b)不应使用沾染异物和能产生火花的机具,作业现场远离热源和火源。

c)分装、改装、开箱检查等应在库房外进行。

d)有氧化性强酸不应采用木制品或易燃材质的货架或垫衬。

附录C 部分腐蚀性商品伤害急救方法

C1 强酸

皮肤沾染用大量水冲洗,或用小苏打、肥皂水洗涤,必要时敷软膏;溅入眼睛用温水冲洗后,再用5%小苏打溶液或硼酸水洗;进入口内立即用大量水漱口,服大量冷开水催吐,或用氧化镁悬浊液洗胃;呼吸中毒立即移至空气新鲜处,保持体温,必要时吸氧,并送医诊治。

C2 强碱

接触皮肤用大量水冲洗,或用硼酸水、稀乙酸冲洗后涂氧化锌软膏;触及眼睛用温水冲洗;吸入中毒者(氢氧化氨)移至空气新鲜处;并送医院治疗。

C3 氢氟酸

接触眼睛或皮肤,立即用清水冲洗20min以上,可用稀氨水敷浸后保暖,并送医院诊治。

C4　高氯酸

皮肤沾染后用大量温水及肥皂水冲洗，溅入眼内用温水或稀硼砂水冲洗，并送医院诊治。

C5　氯化铬酰

皮肤受伤用大量水冲洗后，用硫代硫酸钠敷伤处后送医诊治。

C6　氯磺酸

皮肤受伤用水冲洗后再用小苏打溶液洗涤，并以甘油和氧化镁润湿绷带包扎，送医诊治。

C7　溴（溴素）

皮肤灼伤以苯洗涤，再涂抹油膏；呼吸器官受伤可嗅氨并送医院诊治。

C8　甲醛溶液

接触皮肤先用大量水冲洗，再用酒精洗后涂甘油；呼吸中毒可移到新鲜空气处，用2%碳酸氢钠溶液雾化吸入，以解除呼吸道刺激，并送医院治疗。

GB 17914—2013《易燃易爆性商品储藏养护技术条件》：

10　应急处理

10.2　在灭火和抢救时，应站在上风位，佩戴防毒面具或自救式呼吸器。

10.3　作业人员如发生异常情况，应立即撤离现场。

附录B　易燃易爆性商品消防方法

类别	品名	灭火方法	备注
爆炸品	黑火药	雾状水	
	化合物	雾状水、水	
压缩气体和液化气体	压缩气体和液化气体	大量水	冷却钢瓶
易燃液体	中、低、高闪点	泡沫、干粉	
	甲醇、乙醇、丙酮	抗溶泡沫	
易燃固体	易燃固体	水、泡沫	
	发乳剂	水、干粉	禁用酸碱泡沫
	硫化磷	干粉	禁用水
自燃物品	自燃物品	水、泡沫	
	烃基金属化合物	干粉	禁用水
遇湿易燃物品	遇湿易燃物品	干粉	禁用水
	钠、钾	干粉	禁用水、二氧化碳、四氯化碳
氧化剂和有机过氧化物	氧化剂和有机过氧化物	雾状水	
	过氧化钠、钾、镁、钙等	干粉	禁用水

（4）检查正确处理废弃物品和包装容器的情况。

> 监督依据标准：GB 15603—1995《常用化学危险品贮存通则》。
>
> 10.1 禁止在化学危险品贮存区域内堆积可燃废弃物品。
>
> 10.2 泄漏或渗漏危险品的包装容器应迅速移至安全区域。
>
> 10.3 按化学危险品特性，用化学的或物理的方法处理废弃物品，不得任意抛弃、污染环境。

（四）典型“三违”行为

（1）将相互接触或混合后能引起爆炸或燃烧的物质同库贮存。

（2）在防火防爆区使用非防爆工具。

（3）未正确佩戴防护用具，运输、使用、处置危险化学品。

十一、工业梯台

（一）监督内容

（1）检查直梯的符合情况。

（2）检查钢斜梯的符合情况。

（3）检查便携式轻金属梯的符合情况。

（4）检查轮式移动平台的符合情况。

（5）检查走台、平台的符合情况。

（二）主要监督依据

GB 4053.1—2009《固定式钢梯及平台安全要求　第1部分：钢直梯》；

GB 4053.2—2009《固定式钢梯及平台安全要求　第2部分：钢斜梯》；

GB 4053.3—2009《固定式钢梯及平台安全要求　第3部分：工业防护栏杆及钢平台》；

GB 12142—2007《便携式金属梯安全要求》；

JB 5320—2000《剪叉式升降台　安全规程》；

Q/SY 1370—2011《便携式梯子使用安全管理规范》。

（三）监督控制要点

（1）检查直梯的设置、使用应符合规范要求。

① 梯宽、梯级间隔尺寸符合标准。

② 梯段高度超过3m时应设护笼，护笼、护笼条尺寸符合标准规定。

③ 直梯与平台相连的扶手尺寸符合标准规定。

④安装后的梯子不应有歪斜、扭曲、变形及其他缺陷。

监督依据：GB 4053.1—2009《固定式钢梯及平台安全要求　第1部分：钢直梯》、GB 4053.3—2009《固定式钢梯及平台安全要求　第3部分：工业防护栏杆及钢平台》。

GB 4053.1—2009《固定式钢梯及平台安全要求　第1部分：钢直梯》：

4.4.1　钢直梯应采用焊接连接。采用其他方式连接时，连接强度应不低于焊接。安装后的梯子不应有歪斜、扭曲、变形及其他缺陷。

5.2.2　由踏棍中心线到梯子后侧建筑物、结构或设备的连续性表面垂直距离应不小于180mm。对非连续性障碍物，垂直距离应不小于150mm。

5.3.2　梯段高度大于3m时宜设置安全护笼。单梯段高度大于7m时，应设置安全护笼。当攀登高度小于7m，但梯子顶部在地面、地板或屋顶之上高度大于7m时，也应设置安全护笼。

5.4.1　梯梁间踏棍供踩踏表面的内侧净宽度应为400mm～600mm，在同一攀登高度上该宽度应相同。由于工作面所限，攀登高度在5m以下时，梯子内侧净宽度可小于400mm，但应不小于300mm。

5.5.1　梯子的整个攀登高度上所有的踏棍垂直间距应相等，相邻踏棍垂直间距应为225mm～300mm，梯子下端的第一级踏棍距基准面距离应不大于450mm。

5.5.2　圆形踏棍直径应不小于20mm，若采用其他截面形状的踏棍，其水平方向深度应不小于20mm。踏棍截面直径或外接圆直径应不大于35mm，以便于抓握。在同一攀登高度上踏棍的截面形状及尺寸应一致。

5.5.3　在正常环境下使用的梯子，踏棍应采用直径不小于20mm的圆钢，或等效力学性能的正方形、长方形或其他形状的实心或空心型材。

5.5.4　在非正常环境（如潮湿或腐蚀）下使用的梯子，踏棍应采用直径不小于25mm的圆钢，或等效力学性能的正方形、长方形或其他形状的实心或空心型材。

5.5.5　踏棍应相互平行且水平设置。

5.7.1　护笼宜采用圆形结构，应包括一组水平笼箍和至少5根立杆。其他等效结构也可采用。

5.7.2　水平笼箍采用不小于50mm×6mm的扁钢，立杆采用不小于40mm×5mm的扁钢。水平笼箍应固定到梯梁上，立杆应在水平笼箍内侧并间距相等，与其牢固连接。

5.7.4　护笼内侧深度由踏棍中心线起应不小于650mm，不大于800mm，护笼内侧应无任何突出物。

5.7.5　水平笼箍垂直间距应不大于1500mm。立杆间距应不大于300mm，均匀分布。护笼各构件形成的最大空隙应不大于$0.4m^2$。

5.7.6 护笼底部距梯段下端基准面应不小于2100mm，不大于3000mm。护笼的底部宜呈喇叭形，此时其底部水平笼箍和上一级笼箍间在圆周上的距离不小于100mm。

GB 4053.3—2009《固定式钢梯及平台安全要求 第3部分：工业防护栏杆及钢平台》：

5.2 栏杆高度

5.2.1 当平台、通道及作业场所距基准面高度小于2m时，防护栏杆高度应不低于900mm。

5.2.2 当距基准面高度大于或等于2m并小于20m的平台、通道及作业场所的防护栏杆高度应不低于1050mm。

5.2.3 在距基准面高度不小于20m的平台、通道及作业场所的防护栏杆高度应不低于1200mm。

（2）检查钢斜梯的设置、使用应符合规范要求。

① 梯宽、扶手立柱高度、间距尺寸均符合标准规定。

② 踏步高、宽适当，除扶手外，须设一根横杆。

③ 安装后的梯子不应有歪斜、扭曲、变形及其他缺陷。

监督依据标准：GB 4053.2—2009《固定式钢梯及平台安全要求 第2部分：钢斜梯》。

3.1 固定式钢斜梯：永久性安装在建筑物或设备上，与水平面成30°～75°倾角的踏板钢梯。

5.1.1 梯高宜不大于5m，大于5m时宜设梯间平台（休息平台），分段设梯。

5.1.2 单梯段的梯高应不大于6m，梯级数宜不大于16。

5.2.2 斜梯内侧净宽度应不小于450mm，宜不大于1100mm。

5.3.1 踏板的前后深度应不小于80mm。相邻两踏板的前后方向重叠应不小于10mm，不大于35mm。

5.3.2 在同一梯段所有踏板间距应相同。踏板间距宜为225mm～255mm。

5.6.7 斜梯敞开边的扶手高度应不低于GB 4053.3中规定的栏杆高度。

5.6.9 扶手宜为外径30mm～50mm，壁厚不小于2.5mm的圆形管材。对于非圆形截面的扶手，其周长应为100mm～160mm。非圆形截面外接圆直径应不大于57mm所有边缘应为圆弧形，圆角半径不小于3mm。

5.6.10 支撑扶手的立柱宜采用截面不小于40mm×40mm×4mm角钢或外径为30mm～50mm的管材。从第一级踏板开始设置，间距不宜大于1000mm。中间栏杆采用直径不小于16mm圆钢或30mm×4mm扁钢，固定在立柱中部。

4.4.1 钢斜梯应采用焊接连接。采用其他方式连接时，连接强度应不低于焊接。安装后的梯子不应有歪斜、扭曲、变形及其他缺陷。

（3）检查便携式轻金属梯的设置、使用应符合规范要求。

监督依据标准：Q/SY 1370—2011《便携式梯子使用安全管理规范》、GB 12142—2007《便携式金属梯安全要求》。

Q/SY 1370—2011《便携式梯子使用安全管理规范》：

5.1 基本要求

5.1.2 梯子的制作材料可以是玻璃纤维、金属、木材等。

5.1.3 直梯的长度不应超过6m，延伸梯全程延伸长度不应超过11m，并应装备限位装置以确保延伸部分与非延伸部分至少有1m重叠。

5.1.5 严禁使用现场临时制作的梯子。

5.2 梯子的检查

5.2.1 使用单位对新购的梯子在投入使用前应进行检查，使用期内应定期检查并贴上检查合格标志。同时，梯子每次使用前应进行检查，以确保其始终处于良好状态。

5.2.2 使用梯子前，应确保工作安全负荷不超过其最大允许载荷。

5.2.3 有故障的梯子应停止使用，贴上“禁止使用”标签，并及时修理。

5.2.4 当梯子发生严重弯曲、变形或破坏等不可修复的情况时，应及时报废。对报废后的梯子应进行破坏处理，以确保其不能再被使用。

5.3 梯子的使用

5.3.1 一个梯子上只允许一人站立，并有一人监护。严禁带人移动梯子。

5.3.2 梯子使用时应放置稳定。在平滑面上使用梯子时，应采取端部套、绑防滑胶皮等防滑措施。直梯和延伸梯与地面夹角以60°～70°为宜。

5.3.4 在梯子上工作时，应避免过度用力、背对梯子工作、身体重心偏离等，以防止身体失去平衡而导致坠落。

5.3.5 有横档的人字梯在使用时应打开并锁定横档，谨防夹手。

5.3.8 对于直梯、延伸梯及2.4m以上（含2.4m）的人字梯，使用时应用绑绳固定或由专人扶住，固定或解开绑绳时，应有专人扶梯子。

5.3.9 若梯子用于人员上、下工作平台，其上端应至少升出支撑点1m。在支撑点以上的梯子部分（指直梯或延伸梯）只可在上、下梯子时做扶手用，禁止用其挂靠、固定任何设备或工具。

5.3.11 在通道门口使用梯子时，应将门锁住。

5.4.1 存放梯子时，应将其横放并固定，避免倾倒砸伤人员。

5.4.3 存放的梯子上严禁堆放其他物料。

GB 12142—2007《便携式金属梯安全要求》：

4.1　额定载荷：便携式金属梯的额定载荷应不小于90kg，并按额定载荷进行标志。按承载能力，梯子的额定载荷可分为90kg、100kg、110kg、135kg四个级别。

4.7.1　相邻踏板（或踏棍）的中心间距应不大于350mm。

5.7　梯脚：单梯和延伸梯底段应有防滑梯脚固定在梯框底部或有相应等效的防滑措施。梯脚加强件应能让防滑件自由转动，以便当梯子在预定使用中倾斜时，防滑件能重新正确对正地面。

7.8　撑杆（或锁定装置）：组合梯应有与梯子为一体金属撑杆（或锁定装置），以确保梯子前后部分保持在张开位置。撑杆距底部支撑表面高度应不大于2m。

7.9　限位器：当组合梯用作延伸梯用时，应有可靠的装置定位及锁定，以使其长度不大于标明的最大工作长度。

8.1.1　延伸梯、单梯及踏板折梯只允许单人单侧使用。支架梯、双面梯允许单人双侧（前后面）分别使用。

8.1.2　应根据预定使用中的最大工作载荷选择适当额定载荷的梯子，并确保梯子在使用中不会过载。

8.1.3　在工作现场对梯子的工作长度产生限制，若延伸梯或单梯较长不能在倾角75°架设时，为了防止梯子底部的滑移，应选用较短的梯子。

8.2.1.2　除非专门设计成多人使用，便携式梯子不应同时由一人以上攀登。

8.2.1.3　折梯不应作为单梯（直梯）使用或在合拢状态使用。

8.2.1.4　组合梯作折梯使用时，不应从其后梯段攀登。

8.2.2.1　使用者应在靠近踏板（或踏棍）中部攀登或工作。

8.2.2.2　使用者不应踏在或站立在高于梯子标明的最高站立平面以上的踏板（或踏棍）上。

8.2.3　延伸梯和单梯应与水平面倾斜75°架设，以实现最佳的防滑移效果、梯子承载状态和攀登者的平衡。

8.2.4　梯子底部应放置在牢固的水平支撑表面上。在没有适当措施防止滑移时，梯子不应用在冰、雪或光滑的表面上使用。在使用没有安全靴、马刺、道钉状或类似防滑装置的梯子时，可采用梯脚板或类似装置来实现梯脚的防滑。梯子不应放置在不稳定基础上以获得附加高度。

8.2.5　延伸梯和单梯顶部放置时应使两梯框同时与支撑面靠紧。当梯子顶部支撑是柱、灯杆、建筑墙角或靠在树上作业时，可采用单梯框支撑附件进行固定。

8.2.6　便携梯子不允许侧向承载，使用者应保持身体靠近梯子工作。

8.2.7.2　当延伸长度不够对，使用者应下到地面重新调整梯子。使用者在梯子上时，不应有推、拉梯子的动作。

8.2.8.2　除专门设计用于电气线路使用的梯子外，金属梯不应在可能与带电线路接触场合使用。在使用者头部上方有带电线路的场合使用梯子时，操作者应与带电线路保持安全距离。

8.2.9　梯子不应被用作支撑物、滑道、杠杆、拉杆或中央立柱、跳板、平台、脚手架板、材料起吊器或任何其他非预定的用途。梯子不应架设在脚手架之上以获得附加的高度。

8.2.11.3　架设折梯时应确保梯子完全张开，撑杆锁定，各梯脚均与稳固的水平支撑表面相接触。

8.2.12　当有人在梯子上时，不应挪动梯子进行重新定位。

8.2.13　在强静电场区域应使用专门设计的静电接地（或消除）的金属梯，以防止使用者受到电击。

（4）检查轮式移动平台的设置、使用应符合规范要求。

① 操作平台、护栏完好、无破损，尺寸符合标准规定。

② 斜撑无变形、铰链连接可靠。

③ 防滑措施齐全、完好。

④ 轮子的限位、防移动装置完好有效。

监督依据标准：JB 5320—2000《剪叉式升降台安全规程》。

4.1.4　结构件报废

a）主要受力构件变形或失稳而导致结构整体失稳时应报废。

b）主要受力构件产生裂纹时，应根据受力和裂纹情况决定停止使用、进行更换或报废。

c）主要受力构件因产生塑性变形使工作机构不能正常地运行时应报废。

4.2.4　升降台在升降过程中自然偏摆量不得大于0.5%的最大起升高度。

4.2.5　升降台要设有防止支腿回缩装置，在工作台承受最大载重量停留15min时，支腿的回缩量不得大于3mm。

4.4.3　以交流电为动力

a）必须设置紧急断电开关，以便在紧急情况下切断电源；紧急断电开关应设在操作者操作方便的地方。

b）在动力电路中必须有接地（或接零）保护、短路保护、过流保护等装置，严禁用接地线作载流零线。

4.5.2　液压系统

b）液压系统中安全阀的调定压力不得大于该系统最大工作压力的110%。

e）应按设计要求用油，按使用说明书要求定期更换油。

4.5.3 控制电路

b）遥控电路及自动控制电路所控制的任何机械，一旦控制失灵必须自动停止工作。

c）在工作台上和地上对工作台升降的控制应当互锁。手动控制按钮的电压不得大于60V。

4.6.5 载人作业的工作台

工作台四周要有高度不小于1000mm（特殊要求除外）的保护栏杆或其他保护设施，栏杆应经得住静集中载荷1000N不损坏；工作台表面应防滑；当升降台动力源切断时应有紧急下降的装置。

5.2.2 行驶操作

a）升降台行驶前，必须将工作台降低至最低位置，切断工作台上升的动力，升降台转场行驶时，工作台上不得有人或载荷（特殊升降台除外）。

5.2.3 升降操作

升降操作前必须先切断行驶动力源，升降动力为电力时应注意接线相位。

a）升降台开始投入操作前，需用支腿调平底盘，并将支脚垫实。

d）液压系统若发生如下情况之一时均应立即停车检查，并采取措施消除：

——异常噪声；

——油温迅速升高；

——油缸压力和回油压力异常；

——油路漏油；

——按动“上升”或“下降”按钮时，或者推动“上升”或“下降”手动阀后工作台不动作。

f）净空

——工作台的上、下方若有输电线时，工作台与输电线的最小距离应符合表1规定。

表1

输电线电压 U, kV	＜1	1～35	≥60
最小距离，m	3.5	5	0.01（U−50）+5

g）在接通电源之前或工作台升降过程中电源断开了，操作者必须注意使所有控制器均处零位。

h）当作业人员正在进行高空作业时，操作者不得随意操作升降台。

i）工作台在升降过程中，工作台上乘载人员的身体的任何部位均不得超出工作台面界限之外。

j）操作人员离开升降台时，必须切断升降动力源。

（5）检查走台、平台的设置、使用应符合规范要求。

① 扶手高度、立柱间距、横杆间距、走台或平台净空高度等尺寸应符合标准规定。

② 走台和平台的负荷应大于规定值（或实际使用负荷）。

③ 台面板周围的踢脚挡板高度不小于100mm。

监督依据标准：GB 4053.3—2009《固定式钢梯及平台安全要求　第3部分：工业防护栏杆及钢平台》。

4.1.1　距下方相邻地板或地面1.2m及以上的平台、通道或工作面的所有敞开边缘应设置防护栏杆。

4.4　钢平台设计载荷

4.4.1　钢平台的设计载荷应按实际使用要求确定，并应不小于本部分规定的值。

4.4.2　整个平台区域内应能承受不小于3kN/m^{2}均匀分布活载荷。

4.4.3　在平台区域内中心距为1000mm，边长300mm正方形上应能承受不小于1kN集中载荷。

4.5　制造安装

4.5.4　安装后的平台钢梁应平直，铺板应平整，不应有歪斜、翘曲、变形及其他缺陷。

5.1　结构形式

5.1.2　防护栏杆各构件的布置应确保中间栏杆（横杆）与上下构件间形成的空隙间距不大于500mm。构件设置方式应阻止攀爬。

5.2　栏杆高度

5.2.1　当平台、通道及作业场所距基准面高度小于2m时，防护栏杆高度应不低于900mm。

5.2.2　当距基准面高度大于或等于2m并小于20m的平台、通道及作业场所的防护栏杆高度应不低于1050mm。

5.2.3　在距基准面高度不小于20m的平台、通道及作业场所的防护栏杆高度应不低于1200mm。

5.3　扶手

5.3.2　扶手宜采用钢管，外径应不小于30mm，不大于50mm。采用非圆形截面扶手，截面外接圆直径应不大于57mm，圆角半径不小于3mm。

5.4 中间栏杆

5.4.1 在扶手和踢脚板之间,应至少设置一道中间栏杆。

5.4.2 中间栏杆宜采用不小于25mm×4mm扁钢或直径16mm的圆钢,中间栏杆与上、下方构件的空隙间距不大于500mm。

5.5 立柱

5.5.1 防护栏杆端部应设置立柱或确保与建筑物或其他固定结构牢固连接,立柱间距应不大于1000mm。

5.5.3 立柱应采用不小于50mm×50mm×4mm角钢或外径30mm~50mm钢管。

5.6 踢脚板

5.6.1 踢脚板顶部在平台地面之上高度应不小于100mm,其底部距地面应不大于10mm,踢脚板宜采用不小于100mm×2mm的钢板制造。

6.1 平台尺寸

6.1.2 通行平台的无障碍宽度应不小于750mm,单人偶尔通行的平台宽度可适当减小,但应不小于450mm。

6.1.3 梯间平台(休息平台)的宽度应不小于梯子的宽度,且对直梯应不小于700mm,斜梯应不小于760mm,两者取较大值。梯间平台(休息平台)在行进方向的长度应不小于梯子的宽度,且对直梯应不小于700mm,斜梯应不小于850mm,两者取较大值。

6.2 上方空间

6.2.1 平台地面到上方障碍物的垂直距离应不小于2000mm。

6.2.2 对于仅限于单人偶尔使用的平台,上方障碍物的垂直距离可适当减小,但不应少于1900mm。

6.4 平台地板

6.4.1 平台地板宜采用不小于4mm厚的花纹钢或经防滑处理的钢板铺装,相邻钢板不应搭接。相邻钢板上表面的高度差应不大于4mm。

(四)典型“三违”行为

(1)使用者在梯子上时,移动梯子。

(2)作业人员正在进行高空作业时,操作者随意操作升降台。

(3)升降台投入操作,未使用支腿。

十二、起重机械

(一)监督内容

(1)检查起重机械日常管理要求的实施情况。

（2）检查起重机械与相关设施的安全距离。

（3）检查起重机械组件及安全附件的完好情况。

（二）主要监督依据

GB/T 5972—2016《起重机　钢丝绳　保养、维护、检验和报废》；

GB/T 6067.1—2010《起重机械安全规程　第1部分：总则》；

GB 12602—2009《起重机械超载保护装置》；

GB/T 15052—2010《起重机　安全标志和危险图形符号　总则》；

GB/T 23721—2009《起重机械　吊装工和指挥人员的培训》；

LD 48—1993《起重机械吊具与索具安全规程》；

TSG Q0002—2008《起重机械　安全技术监察规程——桥式起重机》；

TSG Q7015—2016《起重机械定期检验规则》。

（三）监督控制要点

（1）检查起重机的制度建立、选用型号、人员资质等，应符合规范要求。

【关键控制环节】：

① 起重机械技术资料、标志标牌齐全。

② 作业人员、指挥人员资质符合要求。

③ 起重机械检验符合标准要求。

监督依据标准：GB 6067.1—2010《起重机械安全规程　第1部分：总则》、TSG Q7015—2016《起重机械定期检验规则》。

GB 6067.1—2010《起重机械安全规程　第1部分：总则》：

11.1　安全工作制度

应建立起重机安全工作制度，无论是进行单项作业还是一组重复性作业，所有起重机作业都应遵守。

m）使用单位应建立设备档案，设备档案应包括下列内容：

——起重机械出厂的技术文件；

——安装、大修、改造的记录及其验收资料；

——运行检查、维修保养和定期自行检查的记录；

——监督检验报告与定期检验报告；

——设备故障与事故记录；

——与设备安全有关的评估报告。

10.1.3 每台起重机都应在适当的位置装设标牌，标牌应至少标明以下内容：

——制造商名称；

——产品名称和型号；

——主要性能参数；

——出厂编号；

——制造日期。

14 起重机械的选用

所需各种类型起重机械的性能和形式在满足其工作要求的同时，还应考虑下列内容：

a）载荷的质量、规格和特点。

b）工作速度、工作半径、跨度、起升高度和工作区域。

c）整机工作级别、结构件工作级别、机构工作级别。

d）起重机械的工作时间或永久安装的起重机械的预期工作寿命。

e）场地和环境条件（温度、湿度、海拔、腐蚀性、易燃易爆等）或现有建筑物形成的障碍。

f）起重机的通道、安装、运行、操作和拆卸所占用的空间。

g）其他特殊操作要求或强制性规定。

12.4.2 吊装工应经过吊装技术的培训，并具有担负该项工作的资质。

12.5.2 指挥人员应具有担负该项工作的资质。

13.2 指挥起重机械操作的人员（吊装工或指挥人员）应易于为起重机械司机所识别，例如通过穿着明亮色彩的服装或使用无线电传呼信号。

13.3 人员安全装备适合工作现场状况，如安全帽、安全眼镜、安全带、安全靴和听力保护装置。

13.5.1 安全通道和紧急逃生装置在起重机运行及检查、检验、试验、维护、修理、安装和拆卸过程中均应处于良好状态。

TSG Q7015—2016《起重机械定期检验规则》：

第五条 在用起重机械定期检验周期如下：

（一）塔式起重机、升降机、流动式起重机每年1次；

（二）桥式起重机、门式起重机、门座起重机、缆索起重机、桅杆起重机、机械式停车设备每2年1次，其中吊运熔融金属和炽热金属的起重机每年1次。

第十四条 对于使用时间超过15年以上、处于严重腐蚀环境（如海边、潮湿地区等）或者强风区域、使用频率高的大型起重机械，应当根据具体情况有针对性地增加其他检验手段，必要时根据大型起重机械实际安全状况和使用单位安全管理水平能力，进行安全评估。

第十八条 检验机构在检验（包括复检）工作完成后的15个工作日内，出具“起重机械定期（首检）检验报告”。检验报告应当经检验、审核、批准人员签字，加盖检验机构检验专用章或者公章。

（2）作业时，检查起重机与邻近设施的安全距离，应符合要求。

监督依据标准：GB 6067.1—2010《起重机械安全规程　第1部分：总则》。

15.3　起重机械作业应考虑其周围的障碍物，如附近的建筑、其他起重机、车辆或正在进行装卸作业的船只、堆垛的货物、公共交通区域包括高速公路、铁路和河流。

不应忽视通向或来自地下设施的危险如煤气管道或电缆线。应采取措施使起重机械避开任何地下设施，如果避不开，应对地下设施实施保护措施，预防灾害事故发生。

表2　起重机馈电裸滑线与周围设备的安全距离

项目	安全距离及偏差，m
距地面高度	>3.5
距汽车通道高度	>6.0
距一般管道	>1.0
距氧气管道及设备	>1.5
距易燃气体及液体管道	>3.0

表3　起重机与输电线的最小距离

输电线路电压 V，kV	<1	1～20	35～110	154	220	330
最小距离，m	1.5	2	4	5	6	7

（3）检查钢丝绳的使用、报废，应符合规范要求。

监督依据标准：GB/T 5972—2016《起重机、钢丝绳、保养、维护、检验和报废》。

3.1.2　所用钢丝绳的长度应充分满足起重机的使用要求，并且在卷筒上的终端位置应至少保留两圈钢丝绳。

3.3　钢丝绳应在必要的部位作清洗工作，对在有规则的时间间隔内重复使用的钢丝绳，特别是绕过滑轮的长度范围内的钢丝绳在显示干燥或锈蚀迹象之前，均应使其保持良好的润滑状态。

6　报废基准

6.1　总则

当缺少起重机制造商和/或钢丝绳制造商或供货商提供的有关钢丝绳的使用说明时，钢丝绳的报废基准应符合6.2～6.6的规定（有关信息参见附录E）。

由于劣化通常是钢丝绳同一位置不同劣化模式综合作用的结果，主管人员应进行“综合影响”评估，附录F提供了一种方法。

只要发现钢丝绳的劣化速度有明显的变化,就应对其原因展开调查,并尽可能地采取纠正措施。情况严重时,主管人员可以决定报废钢丝绳或修正报废基准,例如减少允许可见断丝数量。

在某些情况下,超长钢丝绳中相对较短的区段出现劣化,如果受影响的区段能够按要求移除,并且余下的长度能够满足工作要求,主管人员可以决定不报废整根钢丝绳。

(4)检查滑轮与护罩使用、报废要求,落实应到位。

监督依据标准:GB 6067.1—2010《起重机械安全规程　第1部分:总则》。

4.2.5.1　滑轮应有防止钢丝绳脱出绳槽的装置或结构。在滑轮罩的侧板和圆弧顶板等处与滑轮本体的间隙不应超过钢丝绳公称直径的0.5倍。

4.2.5.2　人手可触及的滑轮组,应设置滑轮罩壳。对可能摔落到地面的滑轮组,其滑轮罩壳应有足够的强度和刚性。

4.2.5.3　滑轮出现下述情况之一时,应报废:

a)影响性能的表面缺陷(如:裂纹等);

b)轮槽不均匀磨损达3mm;

c)轮槽壁厚磨损达原壁厚的20%;

d)因磨损使轮槽底部直径减少量达钢丝绳直径的50%。

(5)检查吊钩使用、报废要求,落实应到位。

监督依据标准:LD 48—1993《起重机械吊具与索具安全规程》。

8.2　吊具的转锁、搭钩连接机构不得用铸造方法进行制造。

6.2.3　通过销轴连接的活动吊耳,应转动灵活。

7.1.1.1　吊钩缺陷不得焊补;吊钩表面应光滑,不得有裂纹、折叠、锐角、过烧等缺陷。

7.1.1.2　吊钩内部不得有裂纹和影响安全使用性能的缺陷;未经设计制造单位同意不得在吊钩上钻孔或焊接。

7.1.2.4　环眼吊钩应设有防止吊重意外脱钩的闭锁装置;其他吊钩宜设该装置。

7.1.7　吊钩出现下列情况之一时,应报废:

a.裂纹。

b.危险断面磨损或腐蚀,按GB 10051.2制造的吊钩(含进口吊钩)达原尺寸的5%;其他吊钩达原尺寸的10%。

c.钩柄产生塑性变形。

d.按GB 10051.2制造的吊钩开口度比原尺寸增加10%;其他吊钩开口度比原尺寸增加15%。

e. 钩身的扭转角超过10°。

f. 当板钩产生吊挂盛钢桶不灵活的侧向变形时，应进行检修；当钩片侧向弯曲变形半径小于板厚10倍，应报废钩片。

g. 板钩衬套磨损达原尺寸的50%时，应报废衬套。

h. 板钩心轴磨损达原尺寸的5%时，应报废心轴。

i. 板钩铆钉松弛或损坏，使板间间隙明显增大，应更换铆钉。

j. 板钩防磨板磨损达原厚度的50%时，应报废防磨板。

（6）检查制动器使用、报废要求，落实应到位。

监督依据标准：GB 6067.1—2010《起重机械安全规程　第1部分：总则》。

4.2.6.1　动力驱动的起重机，其起升、变幅、运行、回转机构都应装可靠的制动装置（液压缸驱动的除外）；当机构要求具有载荷支持作用时，应装设机械常闭式制动器。在运行、回转机构的传动装置中有自锁环节的特殊场合，如能确保不发生超过许用应力的运动或自锁失效，也可以不用制动器。

4.2.6.2　对于动力驱动的起重机械，在产生大的电压降或在电气保护元件动作时，不允许导致各机构的动作失去控制。

4.2.6.3　对于吊钩起重机，起吊物在下降制动时的制动距离（控制器在下降速度最低档稳定运行，拉回零位后，从制动器断电至物品停止时的下滑距离）不应大于1min内稳定起升距离的1/65。

4.2.6.4　制动器应便于检查，常闭式制动器的制动弹簧应是压缩式的，制动器应可调整，制动衬片应能方便更换。

4.2.6.5　宜选择对制动衬垫的磨损有自动补偿功能的制动器。

4.2.6.6　操纵制动器的控制装置，如踏板、操纵手柄等，应有防滑性能。手施加于操纵控制装置操纵手柄的力不应超过160N，脚施加于操纵控制装置脚踏板的力不应超过300N。

4.2.6.7　制动器的零件出现下述情况之一时，其零件应更换或制动器报废：

a）驱动装置：

1）磁铁线圈或电动机绕组烧损。

2）推动器推力达不到松闸要求或无推力。

b）制动弹簧：

1）弹簧出现塑性变形且变形量达到了弹簧工作变形量的10%以上。

2)弹簧表面出现20%以上的锈蚀或有裂纹等缺陷的明显损伤。

c)传动构件:

1)构件出现影响性能的严重变形。

2)主要摆动铰点出现严重磨损,并且磨损导致制动器驱动行程损失达原驱动行程20%以上时。

d)制动衬垫:

1)铆接或组装式制动衬垫的磨损量达到衬垫原始厚度的50%。

2)带钢背的卡装式制动衬垫的磨损量达到衬垫原始厚度的2/3。

3)制动衬垫表面出现炭化或剥脱面积达到衬垫面积的30%。

4)制动衬垫表面出现裂纹或严重的龟裂现象。

e)制动轮出现下述情况之一时,应报废:

1)影响性能的表面裂纹等缺陷。

2)起升、变幅机构的制动轮,制动面厚度磨损达原厚度的40%。

3)其他机构的制动轮,制动面厚度磨损达原厚度的50%。

(7)检查起重机其他安全防护设施的设置应符合规范要求。

监督依据标准:GB 6067.1—2010《起重机械安全规程　第1部分:总则》。

6.1.6　电气设备应有防止固体物和液体侵入的防护措施。

6.2.1　起重机械应装设切断起重机械总电源的电源开关。

7.7　采用无线遥控的起重机械,起重机械上应设有明显的遥控工作指示灯。

8.2　所有线路都应具有短路或接地引起的过电流保护功能,在线路发生短路或接地时,瞬时保护装置应能分断线路。

8.8.2　起重机械本体的金属结构应与供电线路的保护导线可靠连接。起重机械的钢轨可连接到保护接地电路上。

8.10.3　起重机应有指示总电源分合状况的信号,必要时还应设置故障信号或报警信号。信号指示应设置在司机或有关人员视力、听力可及的地点。

8.4　起重机各传动机构应设有零位保护。

8.7　对于重要的、负载超速会引起危险的起升机构和非平衡式变幅机构应设置超速开关。

9.2.1　起升高度限位器

起升机构均应装设起升高度限位器;当取物装置上升到设计规定的上极限位置时,应能立即切断起升动力源。

9.2.2 运行行程限位器

起重机和起重小车(悬挂型电动葫芦运行小车除外),应在每个运行方向装设运行行程限位器,在达到设计规定的极限位置时自动切断前进方向的动力源。

9.2.3 幅度限位器

9.2.3.1 对动力驱动的动臂变幅的起重机(液压变幅除外),应在臂架俯仰行程的极限位置处设臂架低位置和高位置的幅度限位器。

9.2.3.2 对采用移动小车变幅的塔式起重机,应装设幅度限位装置以防止可移动的起重小车快速达到其最大幅度或最小幅度处。最大变幅速度超过40m/min的起重机,在小车向外运行且当起重力矩达到额定值的80%时,应自动转换为低于40m/min的低速运行。

9.2.4 幅度指示器

具有变幅机构的起重机械,应装设幅度指示器(或臂架仰角指示器)。

9.2.5 防止臂架向后倾翻的装置

具有臂架俯仰变幅机构(液压油缸变幅除外)的起重机,应装设防止臂架后倾装置(例如一个带缓冲的机械式的止挡杆),以保证当变幅机构的行程开关失灵时,能阻止臂架向后倾翻。

9.2.6 回转限位

需要限制回转范围时,回转机构应装设回转角度限位器。

9.2.7 回转锁定装置

需要时,流动式起重机及其他回转起重机的回转部分应装设回转锁定装置。

9.2.8 支腿回缩锁定装置

工作时利用垂直支腿支承作业的流动式起重机械,垂直支腿伸出定位应由液压系统实现;且应装设支腿回缩锁定装置,使支腿在缩回后,能可靠地锁定。

9.2.9 防碰撞装置

当两台或两台以上的起重机械或起重小车运行在同一轨道上时,应装设防碰撞装置。在发生碰撞的任何情况下,司机室内的减速度不应超过$5m/s^2$。

9.2.10 缓冲器及端部止挡

在轨道上运行的起重机的运行机构、起重小车的运行机构及起重机的变幅机构等均应装设缓冲器或缓冲装置。

9.2.11 偏斜指示器或限制器

跨度大于40m的门式起重机和装卸桥宜装设偏斜指示器或限制器。

9.2.12 水平仪

利用支腿支承或履带支承进行作业的起重机,应装设水平仪,用来检查起重机底座的倾斜程度。

9.3.1 起重量限制器

对于动力驱动的1t及以上无倾覆危险的起重机械应装设起重量限制器。

9.3.2 起重力矩限制器

额定起重量随工作幅度变化的起重机,应装设起重力矩限制器。

9.3.3 极限力矩限制装置

对有自锁作用的回转机构,应设极限力矩限制装置。

9.4.1.1 室外工作的轨道式起重机应装设可靠的抗风防滑装置。

9.4.2 防倾翻安全钩

起重吊钩装在主梁一侧的单主梁起重机、有抗震要求的起重机及其他有类似防止起重小车发生倾翻要求的起重机,应装设防倾翻安全钩。

9.5 联锁保护

9.5.1 进入桥式起重机和门式起重机的门与从司机室登上桥架的舱口门应能联锁保护;当门打开时,应断开由于机构动作可能会对人员造成危险的机构的电源。

9.5.2 司机室与进入通道有相对运动时,进入司机室的通道口,应设联锁保护;当通道口的门打开时,应断开由于机构动作可能会对人员造成危险的机构的电源。

9.5.3 可在两处或多处操作的起重机,应有联锁保护,以保证只能在一处操作,防止两处或多处同时都能操作。

9.5.4 当既可以电动,也可以手动驱动时,相互间的操作转换应能联锁。

9.5.5 夹轨器等制动装置和锚定装置应能与运行机构联锁。

9.5.6 对小车在可俯仰的悬臂上运行的起重机,悬臂俯仰机构与小车运行机构应能联锁,使俯仰悬臂放平后小车方能运行。

9.6.1 风速仪及风速报警器

9.6.1.1 对于室外作业的高大起重机应安装风速仪,风速仪应安置在起重机上部迎风处。

9.6.1.2 对室外作业的高大起重机应装有显示瞬时风速的风速报警器,且当风力大于工作状态的计算风速设定值时,应能发出报警信号。

9.6.2 轨道清扫器

当物料有可能积存在轨道上成为运行的障碍时,在轨道上行驶的起重机和起重小车,在台车架(或端梁)下面和小车架下面应装设轨道清扫器,其扫轨板底面与轨道顶面之间的间隙一般为5mm~10mm。

9.6.3　防小车坠落保护

塔式起重机的变幅小车及其他起重机要求防坠落的小车，应设置使小车运行时不脱轨的装置，即使轮轴断裂，小车也不能坠落。

9.6.4　检修吊笼或平台

需要经常在高空进行起重机械自身检修作业的起重机，应装设安全可靠的检修吊笼或平台。

9.6.5　导电滑触线的安全防护

9.6.5.1　桥式起重机司机室位于大车滑触线一侧，在有触电危险的区段，通向起重机的梯子和走台与滑触线间应设置防护板进行隔离。

9.6.5.2　桥式起重机大车滑触线侧应设置防护装置，以防止小车在端部极限位置时因吊具或钢丝绳摇摆与滑触线意外接触。

9.6.5.3　多层布置桥式起重机时，下层起重机应采用电缆或安全滑触线供电。

9.6.5.4　其他使用滑触线的起重机械，对易发生触电的部位应设防护装置。

9.6.6　报警装置

必要时，在起重机上应设置蜂鸣器、闪光灯等作业报警装置。流动式起重机倒退运行时，应发出清晰的报警音响并伴有灯光闪烁信号。

9.6.7　防护罩

在正常工作或维修时，为防止异物进入或防止其运行对人员可能造成危险的零部件，应设有保护装置。起重机上外露的、有可能伤人的运动零部件，如开式齿轮、联轴器、传动轴、链轮、链条、传动带、皮带轮等，均应装设防护罩/栏。

在露天工作的起重机上的电气设备应采取防雨措施。

10.1.4　应在起重机的合适位置或工作区域设有明显可见的文字安全警示标志，如“起升物品下方严禁站人”“臂架下方严禁停留”“作业半径内注意安全”“未经许可不得入内”等。

10.1.5　采用高压供电的起重机械，应在高压供电位置及高压控制设备处设置警示标志。如“高压危险”等。

（四）典型“三违”行为

（1）未取得特种作业操作证进行相关操作。

（2）起重机械超载作业。

（3）钢丝绳断股达到报废条件，带病进行起吊作业。

（五）事故案例分析

1. 事故经过

2004年6月18日，某油建公司工程项目部一作业机组采用70t吊管机进行布管作业，吊管机侧面吊管时因重心在后侧，正向行驶时容易倾翻，且驾驶员观察视线存在盲区。因此，施工前经研究决定，吊管机采用倒向行驶的方式吊管。为防止行驶过程中，吊管晃动撞击吊臂或旁边的山体，破坏管线及管壁防腐层，在吊起的管线两端捆绑牵引绳，分别由1名作业人员操作。吊管机倒向行驶70m左右时，在吊管机倒向行驶方向手持牵引绳的1名作业人员摔倒，未被及时发现，被吊管机履带碾压致死。

2. 主要原因

作业人员被凹凸不平的地面绊倒，被吊管机履带碾压是造成该起事故的直接原因。作业地带狭窄，活动区域小，牵引绳较短，吊管机操作手视听受限等是造该起事故的间接原因。

3. 事故教训

（1）作业前，应进行工作前安全分析，针对具体施工段，分析作业内容、作业环境、设备安全、防护设施、施工方案、监督管理等各环节存在的风险。本次施工中，识别出了吊管机倾翻、管线晃动打击等作业风险，采取了设置监护人员、吊管机倒行吊管、设置牵引绳等作业措施，但忽视了作业措施所带来的牵引绳短、上坡时作业人员跌倒等新增风险。

（2）风险管控措施必须注意工作细节，应明确牵引绳种类与长度、操作人员行走标准、安全监护人的设置、作息时间管理与控制、两人以上作业时的相互监护等内容。

（3）针对视听受限的实际情况，应完善作业设备设施，配置对讲机、扩音器、口哨等警示信号联络设施。

十三、锅炉

（一）监督内容

（1）检查锅炉及操作人员证件的情况。

（2）检查锅炉安全附件的完好情况。

（3）检查锅炉报警和联锁保护装置、给水设备的完好情况。

（4）检查锅炉水质达标的情况。

（二）主要监督依据

GB/T 1576—2018《工业锅炉水质》；

GB 50273—2009《锅炉安装工程施工及验收规范》；

TSG G0001—2012《锅炉安全技术监察规程》；

TSG 08—2017《特种设备使用管理规则》；

《锅炉定期检验规则》(质技监局锅发〔1999〕202号)。

(三)监督控制要点

(1)检查锅炉相关资料与检验报告,特殊作业操作人员的证件应齐全。

监督依据标准:TSG 08—2017《特种设备使用管理规则》《锅炉定期检验规则》(质技监局锅发〔1999〕202号)。

TSG 08—2017《特种设备使用管理规则》:

使用单位应当逐台建立特种设备安全与节能技术档案。

安全技术档案至少包括以下内容:

(1)使用登记证。

(2)特种设备使用登记表。

(3)特种设备设计、制造技术资料和文件,包括设计文件、产品质量合格证明(含合格证及其数据表、质量证明书)、安装及使用维护保养说明、监督检验证书、型式试验证书等。

(4)特种设备安装、改造和修理的方案、图样、材料质量证明文件、装改造修理监督检验报告、验收报告等技术资料。

(5)特种设备定期自行检查记录(报告)和定期检验报告。

(6)特种设备日常使用状况记录。

(7)特种设备及其附属仪器仪表维护保养记录。

(8)特种设备安全附件和安全保护装置校验、检修、更换记录和有关报告。

(9)特种设备运行故障和事故记录及事故处理报告。

特种设备节能技术档案包括锅炉能效测试报告、高耗能特种设备节能改造技术资料等。

使用单位应当在设备使用地保存(1)(2)(5)(6)(7)(8)(9)规定的资料和特种设备节能技术档案的原件或者复印件,以便备查。

《锅炉定期检验规则》(质技监局锅发〔1999〕202号):

第61条　锅炉检验后,检验员应及时出具相应的检验报告。检验报告应及时送给锅炉使用单位存入锅炉技术档案。

第62条　对于检验结论停止运行的锅炉检验报告应上报当地锅炉压力容器安全监察机构。

(2)检查锅炉安全阀、压力表、液位计等安全附件应齐全、完好。

监督依据标准：TSG G0001—2012《锅炉安全技术监察规程》。

6.1.2 设置

每台锅炉至少应当装设两个安全阀(包括锅筒和过热器安全阀)。符合下列规定之一的，可以只装设一个安全阀：

(1)额定蒸发量小于或者等于0.5t/h的蒸汽锅炉。

(2)额定蒸发量小于4t/h且装设有可靠的超压联锁保护装置的蒸汽锅炉。

(3)额定热功率小于或等于2.8MW的热水锅炉。

6.1.5 蒸汽锅炉安全阀的总排放量

蒸汽锅炉锅筒(锅壳)上的安全阀和过热器上的安全阀的总排放量，应当大于额定蒸发量，对于电站锅炉应当大于锅炉最大连续蒸发量，并且在锅筒(锅壳)和过热器上所有的安全阀开启后，锅筒(锅壳)内的蒸汽压力不应当超过设计时的计算压力的1.1倍。

6.1.15 安全阀校验

(1)在用锅炉的安全阀每年至少校验一次。

(3)安全阀经过校验后，应当加锁或者铅封。

6.2.1 设置

锅炉的以下部位应当装设压力表：

(1)蒸汽锅炉锅筒(锅壳)的蒸汽空间。

(2)给水调节阀前。

(3)省煤器出口。

(4)过热器出口和主汽阀之间。

(5)再热器出口、进口。

(6)直流蒸汽锅炉的启动(汽水)分离器或其出口管道上。

(7)直流蒸汽锅炉省煤器进口、储水箱和循环泵出口。

(8)直流蒸汽锅炉蒸发受热面出口截止阀前(如果装有截止阀)。

(9)热水锅炉的锅筒(锅壳)上。

(10)热水锅炉的进水阀出口和出水阀进口。

(11)热水锅炉循环水泵的出口、进口。

(12)燃油锅炉、燃煤锅炉的点火油系统的油泵进口(回油)及出口。

(13)燃气锅炉、燃煤锅炉的点火气系统的气源进口及燃气阀组稳压阀(调压阀)后。

6.2.2 压力表选用

(2)压力表精确度应当不低于2.5级，对于A级锅炉，压力表的精确度应当不低于1.6级。

（3）压力表的量程应当根据工作压力选用，一般为工作压力的1.5倍至3.0倍，最好选用2倍。

（4）压力表表盘大小应当保证锅炉操作人员能够清楚地看到压力指示值，表盘直径应当不小于100mm。

6.2.3　压力表校验

压力表安装前应当进行校验，刻度盘上应当划出指示工作压力的红线，注明下次校验日期。压力表校验后应当加铅封。

6.3.1.1　基本要求

每台蒸汽锅炉锅筒（锅壳）至少应当装设两个彼此独立的直读式水位表，符合下列条件之一的锅炉可以只装设一个直读式水位表：

（1）额定蒸发量小于或等于0.5t/h的锅炉。

（2）额定蒸发量小于或等于2t/h，且装有一套可靠的水位示控装置的锅炉。

（3）装设两套各自独立的远程水位测量装置的锅炉。

（4）电加热锅炉。

6.3.2　水位表的结构、装置

（1）水位表应当有指示最高、最低安全水位和正常水位的明显标志，水位表的下部可见边缘应当比最高火界至少高50mm、并且应当比最低安全水位至少低25mm，水位表的上部可见边缘应当比最高安全水位至少高25mm。

（2）玻璃管式水位表应当有防护装置，并且不应当妨碍观察真实水位，玻璃管的内径应当不小于8mm。

6.4.2　温度测量仪表量程

表盘式温度测量仪表的温度测量量程应当根据工作温度选用，一般为工作温度的1.5～2倍。

（3）检查报警和联锁保护装置的设置情况。

监督依据标准：TSG G0001—2012《锅炉安全技术监察规程》。

6.6.1　基本要求

（1）蒸汽锅炉应当装设高、低水位报警（高、低水位报警信号应当能够区分），额定蒸发量大于或等于2t/h的锅炉，还应当装设低水位联锁保护装置，保护装置最迟应当在最低安全水位时动作。

> （2）额定蒸发量大于或等于6t/h的锅炉，应当装设蒸汽超压报警和联锁保护装置，超压联锁保护装置动作整定值应当低于安全阀较低整定压力值。
>
> （3）安置在多层或者高层建筑物内的锅炉，每台锅炉应当配备超压（温）联锁保护装置和低水位联锁保护装置。
>
> 6.6.6　点火程序控制与熄火保护
>
> 室燃锅炉应当装设点火程序控制装置和熄火保护装置。

（4）检查给水设备的设置情况。

> 监督依据标准：TSG G0001—2012《锅炉安全技术监察规程》。
>
> 7.4　给水系统
>
> （1）锅炉的给水系统应当保证对锅炉可靠供水，给水系统的布置、给水设备的容量和台数按照设计规范确定。
>
> （2）额定蒸发量大于4t/h的蒸汽锅炉应当装设自动给水调节装置，并且在锅炉操作人员便于操作的地点装设手动控制给水的装置。
>
> （3）工作压力不同的锅炉应当分别有独立的蒸汽管道和给水管道。
>
> （4）设置外置换热器的循环流化床锅炉应当配置紧急补给水系统。
>
> （5）给水泵出口应当设置止回阀和切断阀，给水止回阀应当装设在给水泵和给水切断阀之间，并与给水切断阀紧接相连。

（5）检查水质处理的达标情况。

> 监督依据标准：GB/T 1576—2018《工业锅炉水质》、TSG G0001—2012《锅炉安全技术监察规程》。
>
> TSG G0001—2012《锅炉安全技术监察规程》：
>
> 8.1.9.2　锅炉的水汽质量标准
>
> 工业锅炉的水质应当符合GB/T 1576《工业锅炉水质》的规定。
>
> 8.1.10　锅炉排污
>
> 锅炉使用单位应当根据锅水水质确定排污方式及排污量，并且按照水质变化进行调整。
>
> GB/T 1576—2018《工业锅炉水质》：

表1　采用锅外水处理的自然循环蒸汽锅炉和汽水两用锅炉水质

项目	额定蒸汽压力 MPa		$p\leqslant1.0$		$1.0<p\leqslant1.6$		$1.6<p\leqslant2.5$		$2.5<p\leqslant3.8$	
	补给水类型		软化水	除盐水	软化水	除盐水	软化水	除盐水	软化水	除盐水
给水	浊度，FTU		≤5.0	≤2.0	≤5.0	≤2.0	≤5.0	≤2.0	≤5.0	≤2.0
	硬度，mmol/L		≤0.03	≤0.03	≤0.03	≤0.03	≤0.03	≤0.03	$\leqslant5.0\times10^{-3}$	$\leqslant5.0\times10^{-3}$
	pH值（25℃）		7.0～9.0	8.0～9.5	7.0～9.0	8.0～9.5	7.0～9.0	8.0～9.5	7.5～9.0	8.0～9.5
	溶解氧，mg/L		≤0.1	≤0.1	≤0.1	≤0.05	≤0.05	≤0.05	≤0.05	≤0.05
	油，mg/L		≤2.0	≤2.0	≤2.0	≤2.0	≤2.0	≤2.0	≤2.0	≤2.0
	全铁，mg/L		≤0.3	≤0.3	≤0.3	≤0.3	≤0.3	≤0.1	≤0.1	≤0.1
	电导率25℃ μS/cm		—	—	$\leqslant5.5\times10^{2}$	$\leqslant1.1\times10^{2}$	$\leqslant5.0\times10^{2}$	$\leqslant1.0\times10^{2}$	$\leqslant3.5\times10^{2}$	≤80.0
锅水	全碱度 mmol/L	无过热器	6.0～26.0	≤10.0	6.0～24.0	≤10.0	6.0～16.0	≤8.0	≤12.0	≤4.0
		有过热器	—	—	≤14.0	≤10.0	≤12.0	≤8.0	≤12.0	≤4.0
	酚酞碱度 mmol/L	无过热器	4.0～18.0	≤6.0	4.0～16.0	≤6.0	4.0～12.0	≤5.0	≤10.0	≤3.0
		有过热器	—	—	≤10.0	≤6.0	≤8.0	≤5.0	≤10.0	≤3.0
	pH值（25℃）		10.0～12.0	10.0～12.0	10.0～12.0	10.0～12.0	10.0～12.0	10.0～12.0	9.0～12.0	9.0～11.0
	溶解固形物 mg/L	无过热器	$\leqslant4.0\times10^{3}$	$\leqslant4.0\times10^{3}$	$\leqslant3.5\times10^{3}$	$\leqslant3.5\times10^{3}$	$\leqslant3.0\times10^{3}$	$\leqslant3.0\times10^{3}$	$\leqslant2.5\times10^{3}$	$\leqslant2.5\times10^{3}$
		有过热器	—	—	$\leqslant3.0\times10^{3}$	$\leqslant3.0\times10^{3}$	$\leqslant2.5\times10^{3}$	$\leqslant2.5\times10^{3}$	$\leqslant2.0\times10^{3}$	$\leqslant2.0\times10^{3}$
	磷酸根 mg/L		—	—	10.0～30.0	10.0～30.0	10.0～30.0	10.0～30.0	5.0～20.0	5.0～20.0
	亚硫酸根 mg/L		—	—	10.0～30.0	10.0～30.0	10.0～30.0	10.0～30.0	5.0～10.0	5.0～10.0
	相对碱度		<0.2	<0.2	<0.2	<0.2	<0.2	<0.2	<0.2	<0.2

表 2　单纯采用锅内加药处理的自然循环蒸汽锅炉和汽水两用锅炉水质

水样	项目	标准值
给水	浊度，FTU	≤20.0
	硬度，mmol/L	≤4.0
	pH 值（25℃）	7.0～10.0
	油，mg/L	≤2.0
锅水	全碱度，mmol/L	8.0～26.0
	酚酞碱度，mmol/L	6.0～18.0
	pH 值（25℃）	10.0～12.0
	溶解固形物，mg/L	≤5.0×10^3
	磷酸根，mg/L	10.0～50.0

表 3　采用锅外水处理的热水锅炉水质

水样	项目	标准值
给水	浊度，FTU	≤5.0
	硬度，mmol/L	≤0.6
	pH 值（25℃）	7.0～11.0
	溶解氧，mg/L	≤0.1
	油，mg/L	≤2.0
	全铁，mg/L	≤0.3
锅水	pH 值（25℃）	9.0～11.0
	磷酸根，mg/L	5.0～50.0

表 4　单纯采用锅内加药处理的热水锅炉水质

水样	项目	标准值
给水	浊度，FTU	≤20.0
	硬度，mmol/L	≤6.0
	pH 值（25℃）	7.0～11.0
	油，mg/L	≤2.0
锅水	pH 值（25℃）	9.0～11.0
	磷酸根，mg/L	10.0～50.0

表 5　回水水质

硬度，mmol/L		全铁，mg/L		油，mg/L
标准值	期望值	标准值	期望值	标准值
≤0.06	≤0.03	≤0.6	≤0.3	≤2.0

（四）典型“三违”行为

（1）未取得特种作业操作证进行相关操作。

（2）司炉人员排污后忘记关排污阀，或排污阀泄漏，致使锅炉缺水。

（3）长期使用水质不达标的锅炉用水。

（4）作业人员在观察炉火燃烧情况时不戴护目镜。

（5）锅炉及相关附件未定期进行检验。

（6）燃气锅炉火嘴火焰熄灭后，未强制通风或通风时间不足，再次点火。

（五）事故案例分析

1. 事故经过

2000 年 11 月 3 日，某采油厂联合站锅炉由于燃料油供油压力不足，安装了一台备用供油泵。恢复正常供油后，15 时 25 分，司炉工进行第一次点火，没有点着；15 时 40 分，司炉工进行二次点火，即刻炉膛爆炸，将司炉工击倒在地，同时将来到锅炉房的脱水班班长击倒，造成轻伤。司炉工经抢救无效死亡。

2. 主要原因

第一次点火时喷到炉膛内的燃料油自然挥发成可燃气体，加热炉没有机械通风，靠烟囱自然抽吸，抽吸时间短，使炉膛内可燃气体浓度仍处于爆炸极限内。没有检测通风扫膛是否合格的手段，靠经验控制与上一次点火间隔时间（15min）来判断点火时机，是导致此起爆炸事故的间接原因。

3. 事故教训

（1）手动点火的燃油（气）加热炉，在点火前必须要采取通风措施，通风要充分。

（2）手动点火的燃油（气）加热炉，在点火前必须要用可燃气体报警器对炉膛内可燃气体浓度进行检测，浓度不超过爆炸下限的 10%，方可点火。

（3）手动点火时，应该先点火，后进油（气）。

（4）SY 0031—2012《石油工业用加热炉》第 3.7.1 款：“除单井井场外。具备电力供应条件的站场加热炉应配备自动点火和断电、熄火自动切断燃料供给的熄火保护控制系统”。

十四、工业气瓶

（一）监督内容

（1）检查气瓶管理要求的执行情况。

（2）检查气瓶运输与搬运要求的执行情况。

（3）检查气瓶的使用情况。

（4）检查气瓶的储存情况。

（二）主要监督依据

GB/T 7144—2016《气瓶颜色标志》；

GB/T 7899—2006《焊接、切割及类似工艺用气瓶减压器》；

GB 10879—2009《溶解乙炔气瓶阀》；

GB 11638—2011《溶解乙炔气瓶》；

GB/T 13004—2016《钢质无缝气瓶定期检验与评定》；

GB 16804—2011《气瓶警示标签》；

GB 16912—2008《深度冷冻法生产氧气及相关气体安全技术规程》；

GB 20262—2006《焊接、切割及类似工艺用气瓶减压器安全规范》；

GB 24161—2009《呼吸用气瓶检验规定》；

AQ/T 6110—2012《工业空气呼吸器安全使用维护管理规范》；

Q/SY 1365—2011《气瓶使用安全管理规范》；

TSG R0006—2014《气瓶安全技术监察规程》；

TSG R5001—2005《气瓶使用登记管理规则》；

TSG RF001—2009《气瓶附件安全技术监察规程》；

《气瓶安全监察规定》（国家质量监督检验检疫总局令第 166 号）。

（三）监督控制要点

（1）检查气瓶的管理要求，应执行到位。

【关键控制环节】：

① 检查外表涂色和警示标签，应符合规范。

② 检查气瓶的检验周期，应符合规定。

> 监督依据标准：Q/SY 1365—2011《气瓶使用安全管理规范》《气瓶安全监察规程》（质技监局锅发〔2000〕250 号）、GB/T 13004—2016《钢质无缝气瓶定期检验与评定》、GB/T 7144—2016《气瓶颜色标志》。
>
> Q/SY 1365—2011《气瓶使用安全管理规范》：
>
> 4.1.3　对气瓶的检查主要包括以下方面：
>
> ——气瓶是否有清晰可见的外表涂色和警示标签；
>
> ——气瓶的外表是否存在腐蚀、变形、磨损、裂纹等严重缺陷；

——气瓶的附件(防震圈、瓶阀、瓶帽)是否齐全、完好;

——气瓶是否超过定期检验周期;

——气瓶的使用状态(满瓶、使用中、空瓶)。

4.1.5　气瓶在使用过程中,发现有严重腐蚀、损伤或对其安全可靠性有怀疑时,应提前进行检验。

《气瓶安全监察规程》(质技监局锅发〔2000〕250号):

第60条　气瓶充装单位必须在每只充气气瓶上粘贴符合国家标准GB 16804《气瓶警示标签》的警示标签和充装标签。

第69条　各类气瓶的检验周期,不得超过下列规定:

(1)盛装腐蚀性气体的气瓶、潜水气瓶及常与海水接触的气瓶每两年检验一次;

(2)盛装一般性气体的气瓶,每三年检验一次;

(3)盛装惰性气体的气瓶,每五年检验一次。

库存和停用时间超过一个检验周期的气瓶,启用前应进行检验。

GB/T 13004—2016《钢质无缝气瓶定期检验与评定》:

5　瓶体的外观检查:

5.2.1　瓶体存在裂纹、鼓包、夹层等缺陷及肉眼可见的容积变形的气瓶应报废。

5.3　热损伤的检查与评定

瓶体存在弧疤、焊迹或存在可能使金属受损的明显火焰烧灼迹象的气瓶应报废。

GB/T 7144—2016《气瓶颜色标志》:

5.2.2　公称工作压力比规定起始级高一级的气瓶涂一道色环(简称单环),高二级的涂两道色环。

6.1　充装常用气体的气瓶颜色标志见表2。

表2　气瓶颜色标志一览表

序号	充装气体名称	化学式	瓶色	字样	字色	色环
1	乙炔	CH ≡ CH	白	乙炔不可近火	大红	
2	氢	H_2	淡绿	氢	大红	p=20,大红单环 p≥30,大红双环
3	氧	O_2	淡(酞)蓝	氧	黑	p=20,白色单环 p≥30,白色双环
4	氮	N_2	黑	氮	白	p=20,白色单环 p≥30,白色双环
5	空气	Air	黑	空气	白	p=20,白色单环 p≥30,白色双环
6	二氧化碳	CO_2	铝白	液化二氧化碳	黑	p=20,黑色单环

续表

序号	充装气体名称	化学式	瓶色	字样	字色	色环
7	氨	NH_3	淡黄	液氨	黑	
8	氯	Cl_2	深绿	液氯	白	
9	氟	F_2	白	氟	黑	
10	甲烷	CH_4	棕	甲烷	白	p=20，白色单环 p≥30，白色双环
11	天然气	CNG	棕	天然气	白	
12	氩	Ar	银灰	氩	深绿	p=20，白色单环 p≥30，白色双环
13	氦	He	银灰	氦	深绿	
14	氖	Ne	银灰	氖	深绿	
15	氪	Kr	银灰	氪	深绿	
16	氙	Xe	银灰	液氙	深绿	
17	二氧化硫	SO_2	银灰	液化二氧化硫	黑	
18	一氧化碳	CO	银灰	一氧化碳	大红	
19	硫化氢	H_2S	银灰	液化硫化氢	大红	

注：色环栏内的 p 是气瓶的公称工作压力，MPa。

（2）检查气瓶的运输与搬运要求，应执行到位。

监督依据标准：Q/SY 1365—2011《气瓶使用安全管理规范》《气瓶安全监察规程》（质技监局锅发〔2000〕250号）。

Q/SY 1365—2011《气瓶使用安全管理规范》：

4.2.1　运输气瓶的要求

4.2.1.1　装运气瓶的车辆应有“危险品”的安全标志。

4.2.1.2　气瓶必须佩戴好气瓶帽、防震圈，当装有减压器时应拆下，气瓶帽要拧紧，防止摔断瓶阀造成事故。

《气瓶安全监察规程》（质技监局锅发〔2000〕250号）：

第76条　运输和装卸气瓶时，应遵守下列要求：

（2）必须配戴好瓶帽（有防护罩的气瓶除外），轻装轻卸，严禁抛、滑、滚、碰。

（3）吊装时，严禁使用电磁起重机和链绳。

（4）瓶内气体相互接触能引起燃烧、爆炸、产生毒物的气瓶，不得同车（厢）运输；易燃、易爆、腐蚀性物品或与瓶内气体起化学反应的物品，不得与气瓶一起运输。

（5）气瓶装在车上，应妥善固定。立放时，车厢高度应在瓶高的2/3以上，横放时，头部应朝向一方，垛高不得超过车厢高度且不得超过五层。

（6）夏季运输应有遮阳设施，避免曝晒；城市的繁华地区应避免白天运输。

（7）严禁烟火。运输可燃气体气瓶时，运输工具上应备有灭火器材。

（8）运输气瓶的车、船不得在繁华市区、重要机关附近停靠；车、船停靠时，司机与押运人员不得同时离开。

（9）装有液化石油气的气瓶，不应长途运输。

（3）检查气瓶的使用，应符合规范要求。

监督依据标准：《气瓶安全监察规程》（质技监局锅发〔2000〕250号）、GB 16912—2008《深度冷冻法生产氧气及相关气体安全技术规程》、Q/SY 1365—2011《气瓶使用安全管理规范》。

《气瓶安全监察规程》（质技监局锅发〔2000〕250号）：

第15条　气瓶的充装单位对自有气瓶和托管气瓶的安全使用及按期检验负责，并应建立气瓶档案。气瓶档案包括：合格证、产品质量证明书、气瓶检验记录等。气瓶的档案应保存到气瓶报废为止。

第79条　使用气瓶应遵守下列规定：

（3）气瓶使用前应进行安全状况检查，对盛装气体进行确认，不符合安全技术要求的气瓶严禁入库和使用；使用时必须严格按照使用说明书的要求使用气瓶。

（5）气瓶立放时，应采取防止倾倒的措施。

（6）夏季应防止曝晒。

（7）严禁敲击、碰撞。

（9）严禁用温度超过40℃的热源对气瓶加热。

（10）瓶内气体不得用尽，必须留有剩余压力或重量，永久气体气瓶的剩余压力应不小于0.05MPa；液化气体气瓶应留有不少于0.5%～1.0%规定充装量的剩余气体。

GB 16912—2008《深度冷冻法生产氧气及相关气体安全技术规程》：

10.2.3　气瓶使用时，应遵守下列规定：

（k）氧焊、气割作业时，火源与氧气瓶的间距应大于10m。

10.2.4　气瓶的充装、存放、运输、使用应遵守下列规定：

a）氢气瓶在存放、使用过程中，严禁泄漏，其周围必须严禁烟火。仓库内气瓶存放的数量不能超过规定值。氢气瓶库应采取必要的通风换气措施。

b）稀有气体气瓶的存放、使用过程中，必须与氧气严格区分，它们之间应分库保管、分开使用，严防用相关气体的气瓶充当氧气瓶使用。

Q/SY 1365—2011《气瓶使用安全管理规范》：

4.3.4 氧气瓶和乙炔瓶使用时应分开放置，至少保持5m间距，且距明火10m以外。盛装易发生聚合反应或分解反应气体的气瓶，如乙炔气瓶，应避开放射源。

4.3.7 禁止将气瓶与电气设备及电路接触，以免形成电气回路。与气瓶接触的管道和设备要有接地装置，防止产生静电造成燃烧或爆炸。在气、电焊混合作业的场地，要防止氧气瓶带电，如地面是铁板，要垫木板或胶垫加以绝缘。乙炔气瓶不得放在橡胶等绝缘体上。

4.3.10 应缓慢地开启或关闭瓶阀，特别是盛装可燃气体的气瓶，以防止产生摩擦热或静电火花。打开气瓶阀门时，人站的位置要避开气瓶出气口。

4.3.18 气瓶使用完毕，要妥善保管。空瓶上应标有“空瓶”标签；已用部分气体的气瓶，应标有“使用中”标签；未使用的满瓶气瓶，应标有“满瓶”标签。

（4）检查气瓶的储存条件，符合规范要求。

监督依据标准：《气瓶安全监察规程》（质技监局锅发〔2000〕250号）、Q/SY 1365—2011《气瓶使用安全管理规范》。

《气瓶安全监察规程》（质技监局锅发〔2000〕250号）：

第77条 储存气瓶时，应遵守下列要求：

（1）应置于专用仓库储存。

（2）仓库内不得有地沟、暗道，严禁明火和其他热源，仓库内应通风、干燥、避免阳光直射。

（3）盛装易起聚合反应或分解反应气体的气瓶，必须根据气体的性质控制仓库内的最高温度、规定储存期限，并应避开放射线源。

（4）空瓶与实瓶应分开放置，并有明显标志，毒性气体气瓶和瓶内气体相互接触能引起燃烧、爆炸、产生毒物的气瓶，应分室存放，并在附近设置防毒用具或灭火器材。

（5）气瓶放置应整齐，配戴好瓶帽。立放时，要妥善固定；横放时，头部朝同一方向。

Q/SY 1365—2011《气瓶使用安全管理规范》：

4.4.3 存储可燃、爆炸性气体气瓶的库房内照明设备必须防爆，电器开关和熔断器都应设置在库房外，同时应设避雷装置。禁止将气瓶放置到可能导电的地方。

4.4.4 氧气或其他氧化性气体的气瓶应与燃料气瓶和其他易燃材料分开存放，间隔至少6 m。氧气瓶周围不得有可燃物品、油渍及其他杂物。

（四）典型“三违”行为

（1）使用乙炔气瓶瓶阀出口处未配置专用的减压器和回火防止器。

（2）使用可燃、助燃气体气瓶与明火间距不足。

（3）手持点燃的焊、割工具调节减压器或开、闭乙炔瓶瓶阀。

（五）事故案例分析

1. 事故经过

2012年3月21日上午9时许，随着轰隆一声巨响，大量汽车碎片飞到30m高空，一辆气瓶装运车被炸得面目全非，车辆的左后轮被炸离车体，玻璃全部碎掉，车头的蓝色外壳已被气浪冲走，露出车体的内部结构。事故造成1人死亡，2人重伤。

2. 主要原因

（1）空气瓶处置不当，气瓶使用完后没有将气阀拧紧，是导致残余的易燃乙炔气体泄漏的原因。

（2）气瓶运输防护不当。根据现场调查，在气瓶运输过程中没有使用专用的气瓶固定架，导致运输过程中气瓶相互碰撞摩擦，产生火花和静电。

（3）产生引爆源。在易燃易爆气体存在的环境下，遇到静电产生的火花引爆气体，发生爆炸。

（4）车辆隶属单位的人员安全意识淡薄，对气瓶的使用缺少有效的监管。气瓶用完后，使用方没有确保现场工作人员对气瓶密封性进行及时检测；在装车前接收方和使用方均没有人前去确认气瓶阀是否完全关好。

3. 事故教训

（1）加强气瓶使用、运输、储存等相关知识的培训，提高作业人员的安全意识和操作技能。

（2）气瓶的使用、装卸、运输及储存保养按规定执行。

（3）加强气瓶的管理，尤其是空气瓶的管理更应该引起高度重视。操作人员在缺乏安全意识的前提下，往往不会关注气瓶存留量，常忽略气瓶阀门的开关，为事故发生埋下隐患。

十五、空气压缩机

（一）监督内容

（1）检查压缩空气站、空气压缩机的布置情况。

（2）检查空气压缩机安全装置的符合情况。

（3）检查空气压缩机的运行情况。

（二）主要监督依据

GB 5083—1999《生产设备安全卫生设计总则》；

GB 22207—2008《容积式空气压缩机安全要求》；

GB 50029—2014《压缩空气站设计规范》。

（三）监督控制要点

（1）检查压缩空气站、空气压缩机的布置，应符合规范。

监督依据标准：GB 50029—2014《压缩空气站设计规范》。

2.0.1 压缩空气站在厂（矿）内的布置，应根据下列因素，经技术经济比较后确定：

（4）避免靠近散发爆炸性、腐蚀性和有毒气体及粉尘等有害物的场所，并位于上述场所全年风向最小频率的下风侧。

4.0.6 螺杆式空气压缩机组及活塞空气压缩机组，宜单排布置。机器间通道宽度，根据设备操作、拆装和运输需要确定，其净距不小于表 4.0.6 的规定。

表 4.0.6 机器间通道的净距（m）

<table>
<tr><th colspan="2" rowspan="2">名称</th><th colspan="3">空气压缩机排气量 Q，m^3/min</th></tr>
<tr><th>$Q<10$</th><th>$10 \leq Q<40$</th><th>$Q \geq 40$</th></tr>
<tr><td rowspan="2">机器间的主要通道</td><td>单排布置</td><td colspan="2">1.5</td><td>2.0</td></tr>
<tr><td>双排布置</td><td>1.5</td><td colspan="2">2.0</td></tr>
<tr><td colspan="2">空气压缩机组之间或空气压缩机组与辅助设备之间的通道</td><td>1.0</td><td>1.5</td><td>2.0</td></tr>
<tr><td colspan="2">空气压缩机组与墙之间的通道</td><td>0.8</td><td>1.2</td><td>1.5</td></tr>
</table>

注：1. 当必须在空气压缩机组与墙之间的通道上拆装空气压缩机的活塞杆与十字头连接的螺母零部件时，表中 1.5 的数值应适当放大。

2. 设备布置时，除保证检修能抽出气缸中的活塞部件、冷却器中的芯子和电动机转子或定子外，并宜有不小于 0.5 的余量；如本表中所列示的间距不能满足要求时，应加大。

3. 干燥装置操作维护用通道不宜小于 1.5m。

（2）检查空气压缩机安全装置，应完好并在有效检验期内。

监督依据标准：GB 50029—2014《压缩空气站设计规范》。

3.2.14 储气罐上必须装设安全阀。安全阀的选择，应符合 TSG 21—2016《固定式压力容器安全技术监察规程》的有关规定，储气罐与供气总管之间，应装设切断阀。

（3）检查空气压缩机运行安全措施，应到位。

监督依据标准：GB 50029—2014《压缩空气站设计规范》、GB 5083—1999《生产设备安全卫生设计总则》、GB 22207—2008《容积式空气压缩机安全要求》。

GB 50029—2014《压缩空气站设计规范》：

4.0.12　空气压缩机组的联轴器和皮带传动部分，必须装设安全防护设施。

6.0.3　压缩空气站内使用的手提灯，其电压不应超过36V；在储气罐内或在空气压缩机的金属平台上使用的手提灯，其电压不得超过12V。

8.0.3　安装有螺杆空气压缩机的站房，当压缩机吸气口或机组冷却风吸风口设于室内时，其机器间内环境温度不应大于40℃。

9.0.13　埋地压缩空气管道穿越铁路、道路时，应符合下列要求：

1　管顶至铁路轨底的净距，不应小于1.2m。

2　管顶至道路路面结构底层的垂直净距，不应小于0.5m。

当不能满足上述要求时，应加防护套管（或管沟），其两端应伸出铁路路肩或路堤坡脚以外，且不得小于1.0m；当铁路路基或路边有排水沟时，其套管应伸出排水沟沟边1.0m。

GB 5083—1999《生产设备安全卫生设计总则》：

6.0.8　在控制室和机器旁均应设置空气压缩机紧急停车按钮。设有备用空气压缩机的压缩空气站，可根据工艺要求设置自投备用的联锁。

6.1.2　对操作人员在设备运行时可能触及的可动零部件，必须配置必要的安全防护装置。

6.1.6　以操作人员的操作位置所在平面为基准，凡高度在2m之内的所有传动带、转轴、传动链、联轴节、带轮、齿轮、飞轮、链轮、电锯等外露危险零部件及危险部位，都必须设置安全防护装置。

6.4.2　爆炸和火灾危险场所使用的电气设备，必须符合相应的防爆等级并按有关标准执行。爆炸和火灾危险场所使用的仪器、仪表必须具有与之配套使用的电气设备相应的防爆等级。

9.0.7　干燥和净化压缩空气管道的内壁、阀门和附件，在安装前应进行清洗、脱脂或钝化处理。

GB 22207—2008《容积式空气压缩机安全要求》：

4.4.1.1　当空气压缩机在制造厂规定的使用环境和最终排气压力为额定排气压力条件下稳定运行时，各级排气温度应符合下列要求：

a）气缸内有油润滑的空气压缩机，各级排气温度不应超过180℃，当使用合成油润滑时，各级排气温度不应超过200℃。

b）气缸内无油润滑的空气压缩机，各级排气温度不应超过200℃。

c）喷油回转空气压缩机，各级排气温度不应超过110℃。

5.2.1 每台空压机均应在其明显而又平坦的部位固定铭牌。

5.4.3.1 所有的维修工作均应停车进行。

（四）典型“三违”行为

（1）未停车进行维修工作。

（2）拆除压缩机转动部位防护罩。

（五）事故案例分析

1. 事故经过

由美国纽约布发罗（Buffalo）的Cooper工业公司透平压缩机分部制造的C-8系列，TA-48型离心压缩机经检修后，检修资料及各个控制点经过使用单位、业务主管单位及检修单位的技术人员和代表鉴定合格并签字。

2002年3月15日上午9:00启动运行，启动后约1min，试车人员感到声音有些异常，马上对设备全方位巡检，接着仪表发出轴承低油压报警，操作人员观察到油压已下降至低油压停车联锁值，压缩机仍按额定转速运行。

操作员立即按下现场控制盘的停车按钮，但连按数次均不能使压缩机停车，于是立刻跑向中控室切断压缩机驱动马达的电源。在操作人员跑往中控室的途中，试车人员在现场听到从机器传出一声巨响，不久压缩机马达的电源被切断，机组停止运行，这时机器共运行了3min。拆开解体后检查，压缩机低速轴的两只轴承正常；中速轴的两只轴承合金已熔化，瓦块变形；高速轴的两只轴承合金全部熔化，瓦块严重变形，靠近高压侧叶轮的轴瓦变黑，并在该处轴颈折断；高速轴上的两个叶轮与壳体相磨，变形较严重；油封、气封烧损，二级扩散器磨损，不能使用，密封“U”形环（成套）烧损老化。以上部件均需成套更换。

2. 主要原因

（1）未按制造商使用说明书操作，驱动电机没有单机试运，机组启动前仪表联锁系统未做联校，是导致事故发生的主要原因。

（2）管理松懈，间接引发事故发生。工艺操作人员的试车没有按制造商的使用说明操作；

电修人员不按方案单试电机；仪修人员对机组的联锁不做联校。这一方面说明员工存在想当然和侥幸心理，从另一方面也暴露出企业存在管理松懈、监督力度不足、跟踪不到位的问题。这些因素的综合，足以间接引发事故的发生。

3. 事故教训

（1）开车前的盘车、电机的单独试运、仪表的联校，都是必须做，应该做的工作，是各个专业员工最基本的工作，但实际上许多员工做不到位或不做，而且管理人员也没有跟踪到位进行监督，应引起领导人员的高度重视。

（2）必须按厂家的说明正确操作。以往的开车都没有盘车，正是一次次侥幸成功，养成了不按规范、不按要求操作，时间一长，就成了习惯。因此对员工的安全教育要常态化，养成安全意识。

（3）随着设备的老化，腐蚀日益严重，造成仪表系统、电路系统、接触元件的损坏，应及时发现和消除。

第四节　采油(气)作业非常规施工作业安全监督工作要点

一、工业动火作业

（一）监督内容

（1）核查动火作业方案和作业许可证。

（2）检查作业人员的资质、能力。

（3）监督确认作业前的安全条件。

（4）监督动火过程的安全措施落实。

（二）主要监督依据

AQ 3022—2008《化学品生产单位动火作业安全规范》；

SY/T 5858—2004《石油工业动火作业安全规程》；

Q/SY 08240—2018《作业许可管理规范》；

《中国石油天然气股份有限公司动火作业安全管理办法》（安全〔2014〕66号）。

（三）监督控制要点

（1）作业前，检查作业许可证、动火作业计划书（动火安全作业证、工业动火申请报告书）、特种作业操作证持证等方面的情况。

监督依据标准：AQ 3022—2008《化学品生产单位动火作业安全规范》、Q/SY 08240—2018《作业许可管理规范》《中国石油天然气股份有限公司动火作业安全管理办法》（安全〔2014〕66号）、SY/T 5858—2004《石油工业动火作业安全规程》。

《中国石油天然气股份有限公司动火作业安全管理办法》（安全〔2014〕66号）：

第二十一条　动火作业实行动火作业许可管理，应当办理动火作业许可证，未办理动火作业许可证严禁动火。

第二十五条　必须在带有易燃易爆、有毒有害介质的容器、设备和管线上动火时，应当制订有效的安全工作方案及应急预案，采取可行的风险控制措施，达到安全动火条件后方可动火。

Q/SY 08240—2018《作业许可管理规范》：

5.7.3　许可证的有效期限一般不超过一个班次，如果在书面审查和现场核查过程中，经确认需要更多的时间进行作业，应根据作业性质、作业风险、作业时间，经相关各方协商一致确定作业许可证有效期限和延期次数。

5.1.2　如果工作中包含下列工作，还应同时办理专项作业许可证：

——进入受限空间；

——挖掘作业；

——高处作业；

——移动式吊装作业；

——管线打开；

——临时用电。

AQ 3022—2008《化学品生产单位动火作业安全规范》：

8.2.3　动火安全作业证实行一个动火点、一张动火证的动火作业管理。

8.2.4　动火安全作业证不得随意涂改和转让，不得异地使用或扩大使用范围。

SY/T 5858—2004《石油工业动火作业安全规程》：

4.1　工业动火实行工业动火申请报告书制度。申请报告书应详细说明动火作业范围、确定危害和评估风险、制定交叉作业防范措施。

7.1.1　参加动火作业的焊工、电工、起重工等特种作业人员应持证上岗。

7.1.2　动火作业人员应遵守生产单位的动火作业安全制度。执行“申请报告书没有批准不动火，防火监护人不在现场不动火，防火措施不落实不动火”的原则。

（2）督促相关人员现场逐项确认作业安全条件，动火前安全技术交底；现场安全符合要求后，开始动火。

【关键控制环节】：

① 现场确认动火的必要性。

能用水力、风动机械及人工等无火花方式作业的，可不需动火；能够在油气场所外预制的，可不需在油气场所内动火；能够设立固定动火场所的，可不需在油气场所移动动火。

② 切断。

按照动火作业计划书，确认与动火点相连的工艺管线、设备、电器仪表、接地均已切断，无漏点漏项；动火作业计划书未列示，但现场有隐蔽工程图的，可按隐蔽工程图核查地下管网的切断点是否有漏点漏项；与动火点直接相连的阀门上锁挂牌，与动火点相连的设备及配电柜可靠停用并悬挂警示牌。

③ 封堵。

已断开的油气水工艺管线封堵可靠。

距离动火点 30m 内所有的漏斗、排水口、各类井口、排气管、管道、地沟等封严盖实；油气储罐液压安全阀、机械呼吸阀、量油孔、透光孔、空气泡沫发生器及腐蚀穿孔等封堵措施可靠；工艺管线动火点两侧防止物料泄漏的封堵措施可靠；同一罐区内的排水渠、地面管带空隙、防火堤工艺管线穿孔等部位封堵可靠；采用惰性气体封堵时，动火点在管道容器下凹处，用比可燃气体重的气体；动火点在管道容器上凸处，用比可燃气体轻的气体；采用胶球封堵时，胶球与动火点之间保持 3～5m 距离；采用膨润土封堵时，管道内压力不超过 30kPa。管道内的有效填充长度不少于 3 倍管径，最短不少于 300mm。已封堵的管段不得人为锤击；采用干冰封堵时，管道管径不大于 250mm，封堵长度不小于 300mm，与动火点的距离不小于 600mm。

④ 吹扫。

输送天然气的管道设备停产动火时，天然气放空位置设置在动火点下风向。当采用多点放空时，处于低洼处设备管道先放完，高处的放空点后放完，放空点距离动火点不小于 30m；天然气放空先点火，后开气。放空点火焰低于 1m 时，关闭阀门停止放空，防止形成负压吸入空气；只能用蒸汽、氮气等惰性气体吹扫，不能用空气吹扫；蒸汽加热吹扫流速不大于 5m/s，不间断补充蒸汽，防止因负压吸入空气形成爆炸性混合气体；现场验证方案规定的点、项吹扫彻底。

⑤ 清洗。

清洗、蒸煮时间符合方案要求；现场观察、验证清洗效果符合安全动火要求，腐蚀产物处置得当。

⑥ 通风。

通风时间、风量充足，符合方案要求；强制通风采取防爆设备，固定牢靠。

⑦ 置换。

置换介质、流速控制符合方案要求；天然气管道、容器用氮气置换，置换速度不大于 5m/s；

置换彻底，不留死角、盲区。

⑧ 隔离。

隔离措施满足防止物料流动、扩散，火花、焊渣飞溅的要求；拟实施动火作业的储罐与相邻储罐之间有效隔离；隔离设施选用不燃或难燃材料。

⑨ 断开。

与动火点相邻的工艺、设备及能够形成电气连接的附件完全断开；断开处可能因移动、滑动、坠落而造成搭接的，采取固定措施；断开的电气仪表线路裸露部分，进行绝缘包扎。

⑩ 盲死。

按照方案标示的位置、编号逐一核查盲板安装和抽取；对设备、法兰卡开部位进行有效盲堵；隔离盲板满足强度要求。

⑪ 检测。

现场验证气体检测仪器在校验有效期内且灵敏可靠；搭火前30min内至少应进行一次气体浓度检测。动火过程中，气体检测的位置、时间和频次符合方案要求；检测可燃气体、有毒有害气体、氧气浓度达不到许可作业浓度不得动火；作业方案要求临时采取的接地装置接地电阻不大于10Ω；检查作业单位对储罐、容器、管线内留有的残留物、腐蚀产物、垢样进行了分析检测。

⑫ 动火前必须进行安全技术交底。

施工负责人在动火前应掌握工程特点、危险因素及预防措施，并向全体工程施工人员进行安全技术交底。

监督依据标准：《中国石油天然气股份有限公司动火作业安全管理办法》（安全〔2014〕66号）、SY/T 5858—2004《石油工业动火作业安全规程》。

SY/T 5858—2004《石油工业动火作业安全规程》：

4.3　在易燃易爆危险区域内，应严格限制动火，凡能拆下来的设备、管线应移到安全地方动火。

5.2.2.4　储存氧气的容器、管道、设备应与动火点隔绝（加盲板），动火前应置换，保证系统氧含量不大于23.5%（体积分数）。

7.1.3　动火作业人员应正确穿戴符合安全要求的劳动防护用品。

7.4.2　电焊机等电器设备应有良好的接地装置，并安装漏电保护装置。

7.4.3　各种施工机械、工具、材料及消防器材应摆放在指定安全区域内。

8.1.1　工业动火前应首先切断物料来源并加好盲板，经彻底吹扫、清洗、置换后，打开人孔，通风换气，经检测气体分析合格后方可动火。如超过1h后，应对气体进行再次检测，合格后方可动火作业。

8.1.3　应清除距动火区域周围5m之内的可燃物质或用阻燃物品隔离。

8.4.3　遇有五级以上(含五级)大风不应进行高处动火作业,遇有六级以上(含六级)大风不应进行地面动火作业。

《中国石油天然气股份有限公司动火作业安全管理办法》(安全〔2014〕66号):

第三十三条　动火作业区域应当设置灭火器材和警戒,严禁与动火作业无关人员或车辆进入作业区域。必要时,作业现场应当配备消防车及医疗救护设备和设施。

第三十二条　与动火点相连的管线应当切断物料来源,采取有效的隔离、封堵或拆除处理,并彻底吹扫、清洗或置换;距动火点15m区域内的漏斗、排水口、各类井口、排气管、地沟等应当封严盖实。

第四十三条　动火作业前应当清除距动火点周围5m之内的可燃物质或用阻燃物品隔离,半径15m内不准有其他可燃物泄漏和暴露,距动火点30m内不准有液态烃或低闪点油品泄漏。

第四十四条　动火作业人员应当在动火点的上风向作业。必要时,采取隔离措施控制火花飞溅。

第三十五条　应当对作业区域或动火点可燃气体浓度进行检测,合格后方可动火。动火时间距气体检测时间不应超过30min。超过30min仍未开始动火作业的,应当重新进行检测。

使用便携式可燃气体报警仪或其他类似手段进行分析时,被测的可燃气体或可燃液体蒸气浓度应小于其与空气混合爆炸下限的10%(LEL),且应使用两台设备进行对比检测。使用色谱分析等分析手段时,被测的可燃气体或可燃液体蒸气的爆炸下限大于或等于4%(体积分数)时,其被测浓度应小于0.5%(体积分数);当被测的可燃气体或可燃液体蒸气的爆炸下限小于4%(体积分数)时,其被测浓度应小于0.2%(体积分数)。

(3)监督相关单位按照方案落实动火过程中的安全措施。

【关键控制环节】:

① 前一处动火作业完成后才可进行下一个部位的开孔、封堵、焊接等工作;垂直方向动火自低处开始逐个向高处完成。

② 在与油罐或其他容器直接相连的管道上动火时,不得进行油罐的进出油作业;在储罐区域内动火时,与动火点相邻的油罐不得进行进出油作业。

③ 与动火相关的上下游生产单位、单元,风险辨识清楚,联络畅通,生产组织协调一致。

④ 动火过程中生产、作业双方单位的现场负责人、监护人、检测人等相关人员要坚守现场。关键岗位人员变动要严格控制,所有人员变动都须得到批准。

⑤ 临时停工超过30min,重新作业前必须对安全条件再确认。

⑥ 工艺、方案变更须重新审批。

⑦ 动火点与上下游生产单元、应急处置联动单位、相关单位之间报警信号明确，通信畅通。

⑧ 动火施工中，由管道内泄出的可燃气体遇明火后形成火焰，如无特殊危险，不宜将其扑灭。以免造成管道内形成负压，并向内抽入空气，导致管道内形成爆炸性混合气体，再次打火，引发爆炸事故。发生回火后，要立即检查盲板的完好情况。

⑨ 现场发现隐患应立即停止作业，待整改合格后，方可恢复作业。

⑩ 非动火作业人员进入动火区域，须经现场负责人批准。

⑪ 动火作业完成后，明火熄灭，热表面冷却，现场确认无火种存在方可撤离。

监督依据标准：AQ 3022—2008《化学品生产单位动火作业安全规范》、Q/SY 08240—2018《作业许可管理规范》、《中国石油天然气股份有限公司动火作业安全管理办法》（安全〔2014〕66号）。

《中国石油天然气股份有限公司动火作业安全管理办法》（安全〔2014〕66号）：

第四十二条 动火作业实施前应当进行安全交底，作业人员应当按照动火作业许可证的要求进行作业。

第四十七条 用气焊（割）动火作业时，氧气气瓶与乙炔气瓶的间隔不小于5m，两者与动火作业地点距离不得小于10m。在受限空间内实施焊割作业时，气瓶应当放置在受限空间外面；使用电焊时，电焊工具应当完好，电焊机外壳须接地。

第四十五条 动火作业过程中，应当根据动火作业许可证或安全工作方案中规定的气体检测时间和频次进行检测，间隔不应超过2h，记录检测时间和检测结果，结果不合格时应立即停止作业。

第四十八条 如果动火作业中断超过30min，继续动火作业前，作业人员、作业监护人应当重新确认安全条件。

第五十一条 动火作业结束后作业人员应当清理作业现场解除相关隔离设施，现场确认无隐患后，作业申请人和作业批准人在动火作业许可证上签字，关闭作业许可。

Q/SY 08240—2018《作业许可管理规范》：

5.7.5 作业人员、监护人员等现场关键人员变更时，应经过批准人和申请人的审批。

5.8.1 当发生下列一种情况时，生产单位和作业单位都有责任立即终止作业，取消（相关）作业许可证，并告知批准人许可证被取消的原因，若要继续作业应重新办理许可证。

——作业环境和条件发生变化；

——作业内容发生改变；

——实际作业与作业计划的要求发生重大偏离；

——发现有可能发生立即危及生命的违章行为；

——现场作业人员发现重大安全隐患；

——事故状态下。

AQ 3022—2008《化学品生产单位动火作业安全规范》：

7.1.3　作业完成后，动火作业负责人组织检查现场，确认无遗留火种后方可离开现场。

（四）典型“三违”行为

（1）不办理动火手续、私自提高或者降低作业级别，擅自动火作业。

（2）危险、有害因素辨识不全面，安全措施制定不详细、未按规定对方案进行审批。

（3）作业队伍资质不符合要求，特种作业人员未持证上岗。

（4）现场负责人、监护人职责不清，擅离职守。

（5）切断、封堵、吹扫、清洗、通风、置换、隔离、断开、盲死、检测等措施未落实到位，实施动火。

（6）开工许可、危险作业超过批准时限未办理延期手续而继续作业。

（7）涉及其他危险作业时，未同时办理相关许可票证。

（五）事故案例分析

1. 事故经过

2013 年 6 月 1 日（周六），某石化公司承包商现场负责人办理了储罐动火相关作业许可，相关人员现场核查风险消减措施落实情况时，发现罐顶呼吸阀没有加盲板，防火科电话通知车间主任，下周一再施工。但车间主任没将防火科指令告知车间其他相关人员，已办好的许可票证存放在车间安全员手中。6 月 2 日（周日）早会后，安全员私自修改动火作业许可证的日期，通知一名操作员现场监护，该操作员没有按要求对储罐呼吸阀加堵盲板、采样口关闭并包防火布、消防泡沫发生器用黄泥覆盖等防护措施的有效性进行核实，便通知工程队施工人员开始作业。14 时 27 分左右，施工储罐发生闪爆着火，2min 后，相邻的 2 个罐相继爆炸着火，约 10min 后，又一相邻储罐爆炸着火。事故导致现场施工的 4 名工程队员工死亡。

2. 主要原因

储罐存在易燃易爆物料。事故储罐为杂料罐，存有塔底高沸物和塔底甲苯超过 20t，属易燃易爆危险化学品，由于建设单位未采取能量隔离、上锁挂牌等安全措施，导致罐顶气焊作业的明火引燃泄漏在罐顶部的物料蒸气，回燃导致储罐闪爆着火。施工人员在罐顶部走廊入口处防护栏附近进行气焊切割作业时，因储罐内易燃易爆介质泄漏，在罐顶部达到爆炸极限，发生闪爆着火，随后相邻 3 个储罐相继发生爆炸着火。

3. 事故教训

（1）建设单位应严格执行作业许可制度，规范动火审批流程，在未达到作业条件的情况下，不能提前完成许可证的审批。

（2）应严抓作业许可证的管理，杜绝涂改、代签、栏目空项等现象，明确各类、各层级作业许可的管理职责和管理权限，规范作业许可证的存放和使用。

（3）作业前，必须进行工作前安全分析，逐项落实安全措施，并对建设单位、施工单位进行教育培训并考核合格后，方可进行许可作业。

（4）各类作业指令传达应与作业许可书面记录一致，或下达书面、电子签批、电话录音等正式作业指令，避免出现篡改指令等现象。

二、临时用电作业

（一）监督内容

（1）核查临时用电作业方案和作业许可证。

（2）监督确认作业前的安全条件。

（3）监督作业过程的安全措施落实。

（二）主要监督依据

JGJ 46—2005《施工现场临时用电安全技术规范》；

Q/SY 08240—2018《作业许可管理规范》；

《中国石油天然气集团公司临时用电作业安全管理办法》（安全〔2015〕37 号）。

（三）监督控制要点

（1）作业前，检查作业许可证、特种作业操作证持证等方面的情况。

> 监督依据标准：JGJ 46—2005《施工现场临时用电安全技术规范》、Q/SY 08240—2018《作业许可管理规范》、《中国石油天然气集团公司临时用电作业安全管理办法》（安全〔2015〕37 号）。
>
> 《中国石油天然气集团公司临时用电作业安全管理办法》（安全〔2015〕37 号）：
>
> 第三条　本办法所称的临时用电作业是指在生产或施工区域内临时性使用非标准配置 380V 及以下的低电压电力系统不超过 6 个月的作业。非标准配置的临时用电线路是指除按标准成套配置的，有插头、连线、插座的专用接线排和接线盘以外的，所有其他用于临时性用电的电气线路，包括电缆、电线、电气开关、设备等。

第五十四条　临时用电作业许可证的期限一般不超过一个班次。必要时，可适当延长作业许可期限，但最长不能超过15d。办理延期时，用电申请人、用电批准人、电气专业人员应重新核查工作区域，确认作业条件和风险未发生变化，所有安全措施仍然有效。

第二十四条　临时用电设备在5台（含5台）以上或设备总容量在50kW及以上的，用电单位应编制临时用电组织设计，内容包括：

（一）现场勘测。

（二）确定电源进线、变电所或配电室、配电装置、用电设备位置及线路走向。

（三）用电负荷计算。

（四）选择变压器容量、导线截面、电气的类型和规格。

（五）设计配电系统，绘制临时用电工程图纸。

（六）确定防护措施。

（七）制订临时用电线路设备接线、拆除措施。

（八）制订安全用电技术措施和电气防火、防爆措施。

Q/SY 08240—2018《作业许可管理规范》：

5.1.2　如果工作中包含下列工作，还应同时办理专项作业许可证：

——进入受限空间；

——挖掘作业；

——高处作业；

——移动式吊装作业；

——管线打开；

——动火作业。

JGJ 46—2005《施工现场临时用电安全技术规范》：

3.2.1　电工必须经过按国家现行标准考核合格后，持证上岗工作；其他用电人员必须通过相关安全教育培训和技术交底，考核合格后方可上岗工作。

3.2.2　电工等级应同工程的难易程度和技术复杂性相适应。

（2）作业前，核查各项临时用电安全条件的符合情况。

【关键控制环节】：

① 临时用电作业单位应在风险辨识的基础上，制订针对性安全控制措施。

② 作业人员清楚现场环境、作业风险及应急处置、救护方法。

③ 作业人员应按照规定穿戴和配备好相应的劳动防护用品。

④ 作业人员对临时用电接电部位进行确认并验电。

⑤ 现场临时线路满足作业区域防火、防爆、防水要求。

⑥ 所有开关箱、配电箱(配电盘)安全标志清楚。

监督依据标准：JGJ 46—2005《施工现场临时用电安全技术规范》《中国石油天然气集团公司临时用电作业安全管理办法》(安全〔2015〕37号)。

JGJ 46—2005《施工现场临时用电安全技术规范》：

3.2.3　各类用电人员应掌握安全用电基本知识和所用设备的性能，在使用电气设备前必须按规定穿戴和配备好相应的劳动防护用品。

《中国石油天然气集团公司临时用电安全作业管理办法》(安全〔2015〕37号)：

第三十七条　在防爆场所使用的临时用电线路和电气设备，应达到相应的防爆等级要求。

第二十七条　所有的临时用电线路必须采用耐压等级不低于500V的绝缘导线。

第三十九条　移动工具、手持电动工具等用电设备应有各自的电源开关必须实行“一机一闸一保护”制，严禁两台或两台以上用电设备(含插座)使用同一开关道接控制。

第二十八条　临时用电设备及临时建筑内的电源插座应安装漏电保护器，在每次使用之前应利用试验按钮进行测试。所有的临时用电都应设置接地或接零保护。

第三十五条　临时用电线路的自动开关和熔丝(片)应根据用电设备的容量确定，并满足安全用电要求，不得随意加大或缩小，不得用其他金属丝代替熔丝(片)。

第四十条　使用电气设备或电动工具作业前，应由电气专业人员对其绝缘进行测试，Ⅰ类工具绝缘电阻不得小于2MΩ，Ⅱ类工具绝缘电阻不得小于7MΩ，合格后方可使用。

第三十二条　配电箱(盘)、开关箱应设置端正、牢固。固定式配电箱、开关箱的中心点与地面的垂道距离应为1.4m～1.6m移动式配电箱(盘)、开关箱应装设在坚固、稳定的支架上，其中心点与地面的垂道距离宜为0.8m～1.6m。

第四十三条　临时照明应满足以下安全要求：

(一)现场照明应满足所在区域安全作业亮度、防爆、防水等要求。

(二)使用合适灯具和带护罩的灯座，防止意外接触或破裂。

(三)使用不导电材料悬挂导线。

(四)行灯电源电压不超过36V，灯泡外部有金属保护罩。

(五)在潮湿和易触及带电体场所的照明电源电压不得大于24V，在特别潮湿场所、导电良好的地面、锅炉或金属容器内的照明电源电压不得大于12V。

第四十四条　所有临时用电开关应贴有标签，注明供电回路和临时用电设备。所有临时插座都应贴上标签，并注明供电回路和额定电压、电流。

第三十一条　所有配电箱（盘）、开关箱应有电压标志和安全标志，在其安装区域内应在其前方 1m 处用黄色油漆或警戒带做警示。室外的临时用电配电箱（盘）还应设有安全锁具，有防雨、防潮措施。在距配电箱（盘）开关及电焊机等电气设备 15m 范围内，不应存放易燃、易爆、腐蚀性等危险物品。

（3）作业过程中，检查各项临时用电动态安全措施的落实情况。

【关键控制环节】：

① 安装、巡检、维修或拆除临时用电设备和线路，必须由电工完成，并应有人监护。

② 不应在电网内接入各类移动电源及外部自备电源；动力和照明线路分路设置。

③ 临时用电线路使用周期在 1 个月以上的，要架空敷设；周期在 1 个月以内的，可以采取架空或地面敷设。

④ 装设临时用电接线应采用橡套软线，导线截面满足负荷要求。

⑤ 临时用电单位不应擅自增加用电负荷，变更用电地点、用途。

⑥ 在开关上接引、拆除临时用电线路，其上级开关要断电上锁。

⑦ 暂停使用和搬移临时电源时，应先在接入点切断电源。

⑧ 临时用电结束后，生产单位应指派电气专业人员进行检查验收，并签字确认。

监督依据标准：JGJ 46—2005《施工现场临时用电安全技术规范》、《中国石油天然气集团公司临时用电作业安全管理办法》（安全〔2015〕37 号）。

JGJ 46—2005《施工现场临时用电安全技术规范》：

3.2.2　安装、巡检、维修或拆除临时用电设备和线路，必须由电工完成，并应有人监护。

《中国石油天然气集团公司临时用电作业安全管理办法》（安全〔2015〕37 号）：

第二十条　各类移动电源及外部自备电源，不得接入电网。动力和照明线路应分路设置。

第二十五条　使用时间在 1 个月以上的临时用电线路，应采用架空方式安装，并满足以下要求：

（一）架空线路应架设在专用电杆或支架上，严禁架设在树木、脚手架及临时设施上；架空电杆和支架应固定牢固，防止受风或者其他原因倾覆造成事故。

（二）在架空线路上不得进行接头连接；如果必须接头，则需进行结构支撑，确保接头不承受拉、张力。

（三）临时架空线最大弧垂与地面距离，在施工现场不低于 2.5m，穿越机动车道不低于 5m。

（四）在起重机等大型设备进出的区域内不允许使用架空线路。

第二十六条　使用时间在 1 个月以下的临时用电线路，可采用架空或地面走线等方式，地面走线应满足以下要求：

（一）所有地面走线应沿避免机械损伤和不得阻碍人员、车辆通行的部位敷设，且在醒目处设置“走向标志”和“安全标志”。

（二）电线埋地深度不应小于 0.7m，需要横跨道路或在有重物挤压危险的部位，应加设防护套管，套管应固定；当位于交通繁忙区域或有重型设备经过的区域时，应采取保护措施，并设置安全警示标志。

（三）要避免敷设在可能施工的区域内。

第三十八条　临时用电线路经过有高温、振动、腐蚀、积水及机械损伤等危害部位时，不得有接头，并采取有效的保护措施。

第四十九条　收到临时用电作业许可申请后，用电批准人应组织用电申请人、相关方及电气专业人员等进行书面审查。

第五十条　书面审查通过后，用电批准人应组织用电申请人、相关方及电气专业人员等进行现场核查。

第五十一条　书面审查和现场核查通过之后，用电批准人、用电申请人、电气专业人员和相关方均应在许可证上签字。

第二十条　各类移动电源及外部自备电源，不得接入电网。动力和照明线路应分路设置。

第二十一条　用电单位不得擅自增加用电负荷，变更临时用电地点、用途。否则供电单位应立即停止供电，并通知属地单位收回作业许可证。

第五十五条　当发生下列任何一种情况时，现场所有人员都有责任立即停止作业或报告属地单位停止作业，取消临时用电作业许可证，按照控制措施进行应急处置。需要重新恢复作业时，应重新申请办理作业许可。

（一）作业环境和条件发生变化而影响到作业安全时。

（二）作业内容发生改变。

（三）实际临时用电作业与作业计划的要求不符。

（四）安全控制措施无法实施。

（五）发现有可能发生立即危及生命的违章行为。

（六）现场发现重大安全隐患。

（七）发现有可能造成人身伤害的情况或事故状态下。

第五十六条　临时用电作业结束后，用电单位应及时通知供电单位和属地单位，电气专业人员按规定拆除临时用电线路，并签字确认。用电申请人和用电批准人现场确认无隐患后，在临时用电作业许可证上签字，关闭作业许可。

（四）典型“三违”行为

（1）不办理临时用电作业许可手续，擅自进行作业。

（2）特种作业人员未持证上岗。

（3）现场负责人、监护人职责不清，擅离职守。

（4）标志上锁、设置接地，架空、地面走线等安全防护措施落实不到位，实施作业。

（5）用电设备未安装漏电保护器、短路器、过载保护等。

（6）开工许可、危险作业超过批准时限未办理延期手续而继续作业。

（7）涉及其他危险作业时，未同时办理相关许可票证。

（五）事故案例分析

1. 事故经过

2006年7月21日，某施工现场，管工班班长刘某带领同班管工李某在进行管道对口，使用角向磨光机进行焊口打磨作业。刘、李二人在完成一头对口后，携带角向磨光机、榔头、撬杠等作业工具转向另一头作业。当刘某手持角向磨光机刚开始打磨不到1min时，由于未对移动后的电动工具进行检查，操作不慎，将电线接头扯拉裸漏，电线甩到刘某的腿上，致使刘某触电。事故发生后，项目部立即将刘某送往医院，经抢救无效死亡。

2. 主要原因

刘某、李某在工作时，未进行认真检查，使用操作不当，以致拉破电线造成触电，是造成本次事故的直接原因。

3. 事故教训

（1）电气作业人员、用电人员应具备相应的安全用电常识，作业前，进行工作前安全分析，确定操作步骤和每个步骤的操作风险的规避措施。

（2）用电设备应使用符合要求的负荷线，在使用前应针对用电机具电源线的完好性进行检查，在使用过程中严禁对电源线实施硬拉硬拽。

（3）现场严格按照工作前安全分析确定的措施进行操作，现场监督人员要履行监督职责，严禁操作者实施多余的操作动作，操作者要服从监护人的监督。

三、移动式吊装作业

（一）监督内容

（1）检查特种作业及相关人员持有效的资格证。

（2）检查吊装作业前的准备工作（安全会议、吊装计划等）。

（3）督促施工队检查吊装设备设施及安全防护设施的安全性能。

（4）监督吊装作业及相关人员的安全站位。

（5）监督防止吊装过程中的安全措施落实。

（二）主要监督依据

GB 6067.1—2010《起重机械安全规程　第1部分：总则》；

AQ 3021—2008《化学品生产单位吊装作业安全规范》；

Q/SY 08240—2018《作业许可管理规范》；

Q/SY 08248—2018《移动式起重机吊装作业安全管理规范》。

（三）监督控制要点

（1）作业前，检查吊装作业许可证，起重机司机、起重指挥和起重司索工等上岗人员资格证，以及吊装机械的完好情况。

> 监督依据标准：GB 6067.1—2010《起重机械安全规程　第1部分：总则》、Q/SY 08240—2018《作业许可管理规范》、Q/SY 08248—2018《移动式起重机吊装作业安全管理规范》。
>
> Q/SY 08248—2018《移动式起重机吊装作业安全管理规范》：
>
> 5.1.1　移动式起重机吊装作业实行作业许可管理，吊装前需办理吊装作业许可证。
>
> 5.6.1　任何非固定场所的临时吊装作业都应办理吊装作业许可证。
>
> 5.6.2　吊装作业许可证的有效期限一般不超过一个班次。如果在书面审查和现场核查过程中，经确认需要更多的时间进行作业，应根据作业性质、作业风险、作业时间，经相关各方协商一致确定作业许可证有效期限和延期次数，超过延期次数，应重新办理作业许可证。
>
> 5.7.3　起重指挥人员接受专业技术培训及考核，持证上岗。
>
> 5.7.4　司索人员（起重工）接受专业技术培训及考核，持证上岗。
>
> Q/SY 08240—2018《作业许可管理规范》：
>
> 5.1.2　如果工作中包含下列工作，还应同时办理专项作业许可证：
>
> ——进入受限空间；

——挖掘作业；
——高处作业；
——管线打开；
——临时用电；
——动火作业。

GB 6067.1—2010《起重机械安全规程　第1部分：总则》：

12.3.2　司机应具有：

j）操作起重机械的资质；出于培训目的在专业技术人员指挥监督下的操作除外。

12.4.2

k）吊装工具有担负该项工作的资质。

（2）督促施工队在吊装作业前召开安全会议，对较复杂的吊装作业制订吊装计划，对关键性吊装作业制订关键性吊装作业实施方案。

监督依据标准：Q/SY 08248—2018《移动式起重机吊装作业安全管理规范》。

5.4.3.2　较复杂的吊装作业还应编制吊装作业计划。

5.4.4　关键性吊装作业。

符合下列条件之一的，应视为关键性吊装作业。

——货物载荷达到额定起重能力的75%。
——货物需要一台以上的起重机联合起吊的。
——吊臂和货物与管线设备或输电线路的距离小于规定的安全距离。
——吊臂越过障碍物起吊，操作员无法目视且仅靠指挥信号操作。
——起吊偏离制造厂家的要求，如吊臂的组成与说明书中的吊臂组合不同；使用的吊臂长度超过说明书中的规定等。

凡属关键性吊装作业的，应制订关键性吊装作业计划。

（3）督促施工队检查起重机、吊具、吊钩等机械设备及相关防护设施的完好性，作业前核查均已符合安全作业施工程序要求后，再开始吊装作业。

监督依据标准：Q/SY 08248—2018《移动式起重机吊装作业安全管理规范》。

5.2.2　起重机司机每天工作前应对控制装置、吊钩、钢丝绳（包括端部的固定连接、平衡滑轮等）和安全装置进行检查，发生异常时，应在操作前排除。若使用中发现安全装置（如上限位装置、过载装置等）损坏或失效，应立即停止使用。每次检查及相应的整改情况均应填写检查表并保存。

5.2.3.1　起重机应进行定期检查，检查周期可根据起重机的工作频率、环境条件确定，但每年不得少于一次。检查内容由企业根据起重机的种类、使用年限等情况综合确定。此项检查应由本单位专业维修人员或企业指定维修机构进行。

5.2.3.2　起重机还应接受政府部门的定期检验。从启用到报废，应定期检查并保留检查记录。

5.4.2　起重机安全基本要求。

5.4.2.1　随机备有安全警示牌、使用手册、载荷能力铭牌并根据现场情况设置。

5.4.2.2　起重机操作室和驾驶室中应配置灭火器，所有排气管道应设置防护装置或隔热层；驾驶室所有窗户的玻璃应为安全玻璃；配置有标尺的油箱应密封良好，避免燃油溅出或溢出；起重机平台和走道应采用防滑表面，人员可接触的运动件或旋转件应安装有保护罩或面板。

5.4.2.3　根据起重机型号、出入起重机驾驶室、操作室均应配备梯子（带栏杆或扶手）或台阶；所有主臂、副臂应设置机械式安全停止装置。

5.4.2.4　如果起重机遭受了异常应力或载荷的冲击，或吊臂出现异常振动、抖动等，在重新投入使用前，应由专业机构进行彻底检查和修理。

5.4.2.5　在加油时起重机应熄火，在行驶中吊钩应收回并固定牢固。

（4）监督吊装作业中人员的安全站位满足相应要求。

【关键控制环节】：

① 吊装指挥人员应站在便于与司机沟通的安全位置，并利于观察人员、设备的状况，严禁不佩戴标志或无证人员指挥。

② 起重机起吊时，所有人员禁止站在悬吊物下方或从悬吊物下方通过。

③ 起重机起重臂下和旋转范围内严禁站人。

④ 被吊货物倾倒范围内严禁站人。

监督依据标准：Q/SY 08248—2018《移动式起重机吊装作业安全管理规范》。

5.3.6　起重机处于工作状态时，不应进行维护、修理及人工润滑。停机维护时应采取下列安全预防措施：

——起重机应转移到安全区域，将吊臂下降至支架上；在吊臂无法下降的情况下，应尽可能将吊钩滑轮组下降至地面，否则应将吊钩滑轮组机械固定。

——将所有控制器置于空挡位置并关闭开关，锁定启动器，取下点火钥匙。

——安装或拆卸吊臂时，应将吊臂垫实或固定牢靠，严禁人员在吊臂上下方停留或通过。

——手、脚、衣服应远离齿轮、绳索、绳鼓和滑轮组。

——不应用手穿钢丝绳，应使用木棒或铁棍排绳。

——在重新启动前，应安装好防护装置和面板，并通知周围人员撤离至安全位置。

——凡 2m 以上的高处维修作业，应采取防坠落措施。

5.4.3.4　起重机吊臂回转范围内应采用警戒带或其他方式隔离，无关人员不得进入该区域。

5.4.3.5　起重作业指挥人员应佩戴标志，并与起重机司机保持可靠的沟通，指挥信号应明确并符合规定，沟通方式的优先顺序如下：

——视觉联系。

——有线对讲装置。

——双向对讲机。

当联络中断时，起重机司机应停止所有操作，直到重新恢复联系。

5.4.3.6　操作中起重机应处于水平状态，在操作过程中可通过引绳来控制货物的摆动，禁止将引绳缠绕在身体的任何部位。

5.4.3.7　任何人员不得在悬挂的货物下工作、站立、行走，不得随同货物或起重机械升降。

5.4.3.8　在下列情况下，起重机司机不得离开操作室：

——货物处于悬吊状态。

——操作手柄未复位。

——手刹未处于制动状态。

——起重机未熄火关闭。

——门锁未锁好。

（5）监督吊装过程中吊具、载荷、环境、固定、吊装方式等方面满足相应要求。

【关键控制环节】：

① 吊装设备应使用专用吊具，长度适宜，强度满足吊装要求。

② 不得超起重机额定荷载吊装重物。

③ 严禁吊装成串的散件货物，以及吊装冻结、埋在地下或重量不清的货物。

④ 光线阴暗看不清或在恶劣环境状态下，停止吊装作业。

⑤ 被吊货物上的小件物品应固定牢固。

⑥ 起吊货物时，被吊货物上严禁站人或堆放浮置物。

⑦ 吊管材时，吊具应挂在管材的两端，平稳起吊。

⑧ 起重机在吊装或卸货物时，严禁与周围物体靠得过近。

⑨ 吊装重物时，起重机千斤必须加垫专用基础。

⑩ 吊挂时，严禁吊具夹角过小。

监督依据标准：Q/SY 08248—2018《移动式起重机吊装作业安全管理规范》。

5.1.3 禁止起吊超载、质量不清的物货和埋置物件。在大雪、暴雨、大雾等到恶劣天气及风力达到六级时应停止起吊作业，并卸下货物，收回吊臂。

5.1.4 任何情况下，严禁起重机带载行走；无论何人发出紧急停车信号，司机都应立即停车。

5.4.3.1 进入作业区域之前，应对基础地面及地下土层承载力，作业环境进行评估。在正式开始吊装作业前，应确认人员资质及各项安全措施。起重机司机必须巡视工作场所，确认支腿已按要求垫枕木，发现问题应及时整改。

5.4.3.3 需在电力线路附近使用起重机时，起重机与电力线路的安全距离应符合相关标准的规定。在没有明确告知的情况下，所有电线电缆均应视为带电电缆。必要时应制订关键性吊装计划并严格实施。

（四）典型"三违"行为

（1）不办理吊装作业许可手续，擅自进行作业。

（2）未取得特种作业操作证进行相关操作。

（3）货物在起吊和装车过程中不使用牵引绳，用脚蹬吊具，手扶货物。

（4）起吊时，人员站在悬吊物下方或从悬吊物下方通过。

（5）吊装作业时，起吊物品捆绑不牢或不平衡、吊钩保险未锁定、未系导向绳。

（6）在可能触及电线、建筑物、设施的情况下吊装。

（7）移动式起重机带载行驶。

（五）事故案例分析

1. 事故经过

2013 年 6 月 18 日上午，某建设公司工程处某队安全员兼材料员 A 某与外租公司的平板车司机、吊车司机、吊车随车起重工等人，将预制场北门口的三根钢梁吊装到板车上，用板车一侧槽钢立柱垫在钢梁下，吊装完成后，他们又将一件钢平台吊装放在平板车上，A 某站在板车左侧指挥吊装钢平台，吊装过程中，装在板车上最左侧的一根钢梁滑落，A 某躲闪不及，被压在钢梁下，经抢救无效死亡。

2. 主要原因

（1）起重工违规装载，对已吊装到平板车上的钢梁和钢平台未采取紧固和防滑措施，并违规将板车一侧的防护立柱槽钢拆掉垫在钢梁下。

（2）平板车司机在起重工拆除立柱、未采取紧固和防滑措施的情况下，没有制止并继续装车。

（3）起重工没有按照操作规程进行起重作业，没有设置警戒线。

（4）A 某作为安全员兼材料员，没有履行安全监督职责，违规进入吊装区域参与起重作业。

3. 事故教训

（1）开展吊装作业时，应办理相关的作业许可手续，落实作业安全防护措施。

（2）作业前，应进行工作前安全分析，分析吊装过程中的风险，分析连续吊装时，不同吊装物摆放时的风险。对拉运、装载的设备设施，应采取紧固和防滑措施。

（3）承包商施工作业，应分清建设方、承包商等的 HSE 职责和工作界面，避免违章指挥、违章操作。

（4）对承包商人员应进行培训、开展施工作业前能力准入评估，不合格者禁止上岗作业。

（5）建设单位应落实属地监督职责，制止承包商员工违章作业，及时将严重违章的施工作业人员清出施工现场并纳入“黑名单”。

四、高处作业

（一）监督内容

（1）核查高处作业许可证和作业人员的资质、能力。

（2）监督确认作业前的安全条件。

（3）监督作业过程的安全措施落实。

（4）监督作业结束后的安全措施落实。

（二）主要监督依据

GB/T 3608—2008《高处作业分级》；

AQ 3025—2008《化学品生产单位高处作业安全规范》；

《中国石油天然气集团公司高处作业安全管理办法》（安全〔2015〕37 号）；

Q/SY 08240—2018《作业许可管理规范》。

（三）监督控制要点

（1）作业前，检查作业许可证、特种作业操作证持证等方面的情况。

监督依据标准:AQ 3025—2008《化学品生产单位高处作业安全规范》《中国石油天然气集团公司高处作业安全管理办法》(安全〔2015〕37号)、Q/SY 08240—2018《作业许可管理规范》。

《中国石油天然气集团公司高处作业安全管理办法》(安全〔2015〕37号):

第二十七条 作业申请人负责与作业区域所属单位进行沟通,准备高处作业许可证等相关资料,提出高处作业申请。

第五十一条 高处作业许可证的期限一般不超过一个班次。必要时,可适当延长高处作业许可期限。办理延期时,作业申请人、作业批准人应重新核查工作区域,确认作业条件和风险未发生变化,所有安全措施仍然有效。

第二十三条 坠落防护应通过采取消除坠落危害、坠落预防和坠落控制等措施来实现,否则不得进行高处作业。

Q/SY 08240—2018《作业许可管理规范》:

5.1.2 如果工作中包含下列工作,还应同时办理专项作业许可证:

——进入受限空间;

——挖掘作业;

——移动式吊装作业;

——管线打开;

——临时用电;

——动火作业。

AQ 3025—2008《化学品生产单位高处作业安全规范》:

5.1.4 高处作业人员及搭设高处作业安全设施的人员,应经过专业技术培训及专业考试合格,持证上岗,并应定期进行体格检查。

《中国石油天然气集团公司高处作业安全管理办法》(安全〔2015〕37号):

第二十四条 作业申请人、作业批准人、作业监护人、属地监督必须经过相应培训,具备相应能力。

高处作业人员及搭设脚手架等高处作业安全设施的人员,应经过专业技术培训及专业考试合格,持证上岗,并应定期进行身体检查。对患有心脏病、高血压等职业禁忌证,以及年老体弱、疲劳过度、视力不佳等其他不适于高处作业的人员,不得安排从事高处作业。

(2)作业前,核查各项高处作业安全措施的落实情况。

【关键控制环节】:

① 作业单位按高处作业级别,制订相应的作业程序及安全措施。

②作业人员清楚现场环境、作业风险及意外处理、救护方法。

③有高处作业应急预案，有关人员熟知应急预案内容。

④作业使用的安全标志、工具、仪表、电气设备和各种设施完好、有效。

⑤需租用吊篮或升降机等特种设备时，应到有资质的单位去租赁。

⑥梯子结构牢固且符合标准要求。

⑦个人坠落保护装备及附件齐全、有效。

⑧高处作业与架空电线的安全距离符合要求。

⑨作业点下方设安全警戒区，有明显警戒标志，有专人监护。

监督依据标准：AQ 3025—2008《化学品生产单位高处作业安全规范》《中国石油天然气集团公司高处作业安全管理办法》（安全〔2015〕37号）。

AQ 3025—2008《化学品生产单位高处作业安全规范》：

5.1.10 高处作业前，作业单位现场负责人应对高处作业人员进行必要的安全教育，交代现场环境和作业安全要求，以及作业中可能遇到意外时的处理和救护方法。

5.1.8 高处作业前要制定高处作业应急预案，内容包括：作业人员紧急状况时的逃生路线和救护方法，现场应配备的救生设施和灭火器材等。有关人员应熟知应急预案的内容。

5.1.7 高处作业中的安全标志、工具、仪表、电气设施和各种设备，应在作业前加以检查，确认其完好后投入使用。

《中国石油天然气集团公司高处作业安全管理办法》（安全〔2015〕37号）：

第九条 作业申请由作业单位的现场作业负责人提出，作业单位参加作业区域所属单位组织的风险分析，根据提出的风险管控要求制订并落实安全措施。

第十条 作业审批由作业批准人组织作业申请人等有关人员进行书面审查和现场核查，确认合格后，批准高处作业许可。

第三十一条 高处作业应根据实际需要搭设或配备符合安全要求的吊架、梯子、脚手架和防护棚等。作业前应仔细检查作业平台，确保坚固、牢靠。

第三十二条 供高处作业人员上下用的通道板、电梯、吊笼、梯子等要符合有关规定要求，并随时清扫干净。

第四十三条 作业人员应按规定系用与作业内容相适应的安全带。安全带应高挂低用，不得系挂在移动、不牢固的物件上或有尖锐棱角的部位，系挂后应检查安全带扣环是否扣牢。

第四十四条 作业人员应沿着通道、梯子等指定的路线上下，并采取有效的安全措施。作业点下方应设安全警戒区，应有明显警戒标志，并设专人监护。

> 第四十五条　高处作业禁止投掷工具、材料和杂物等，工具应采取防坠落措施，作业人员上下时手中不得持物。所用材料应堆放平稳，不妨碍通行和装卸。
>
> 第四十六条　梯子使用前应检查结构是否牢固。禁止在吊架上架设梯子，禁止踏在梯子顶端工作。同一架梯子只允许一个人在上面工作，不准带人移动梯子。
>
> 第四十七条　禁止在不牢固的结构物上进行作业，作业人员禁止在平台、孔洞边缘、通道或安全网内等高处作业处休息。

（3）作业过程中，检查各项高处作业动态安全措施的落实情况。

【关键控制环节】：

① 作业过程中，作业人员应正确佩戴安全防护用具。

② 上下立体进行高处交叉作业时，不得在同一垂直方向上操作。

③ 梯子、脚手架、操作平台和升降机、个人坠落保护装备使用正确、到位。

④ 高处作业工具放入有防掉绳的工具袋，禁止投掷工具、材料及杂物。

⑤ 禁止两人及以上在同一架梯子上面作业，禁止带人移动梯子，禁止作业人员随意沿绳索、立杆或栏杆攀爬。

⑥ 禁止在六级以上大风、雷电、暴雨、大雾等特殊条件下及40℃及以上高温、-20℃及以下寒冷环境从事高空作业；在30～40℃高温环境下的高空作业实行轮换作业。

⑦ 作业中，如果发现情况异常，应发出信号，并迅速撤离现场。

> 监督依据标准：AQ 3025—2008《化学品生产单位高处作业安全规范》《中国石油天然气集团公司高处作业安全管理办法》（安全〔2015〕37号）。
>
> 《中国石油天然气集团公司高处作业安全管理办法》（安全〔2015〕37号）：
>
> 第四十二条　作业人员应按规定正确穿戴个人防护装备，并正确使用登高器具和设备。
>
> 第四十三条　作业人员应按规定系用与作业内容相适应的安全带。安全带应高挂低用，不得系挂在移动、不牢固的物件上或有尖锐棱角的部位，系挂后应检查安全带扣环是否扣牢。
>
> 第四十八条　高处作业与其他作业交叉进行时，应按指定的路线上下，不得上下垂直作业。如果需要垂直作业时，应采取可靠的隔离措施。
>
> 第四十七条　禁止在不牢固的结构物上进行作业，作业人员禁止在平台、孔洞边缘、通道或安全网内等高处作业处休息。
>
> 第四十五条　高处作业禁止投掷工具、材料和杂物等，工具应采取防坠落措施，作业人员上下时手中不得持物。所用材料应堆放平稳，不妨碍通行和装卸。

第四十六条　梯子使用前应检查结构是否牢固。禁止在吊架上架设梯子，禁止踏在梯子顶端工作。同一架梯子只允许一个人在上面工作，不准带人移动梯子。

第二十五条　严禁在六级以上大风和雷电、暴雨、大雾、异常高温或低温等环境条件下进行高处作业在 30℃～40℃高温环境下的高处作业应进行轮换作业。

第五十二条　当发生下列任何一种情况时，现场所有人员都有责任立即终止作业或报告作业区域所属单位停止作业，取消高处作业许可证，按照控制措施或方案进行应急处置。需要重新恢复作业时，应重新申请办理作业许可。

（一）作业环境和条件发生变化而影响到作业安全时。

（二）作业内容发生改变。

（三）实际高处作业与作业计划的要求不符。

（四）安全控制措施无法实施。

（五）发现有可能发生立即危及生命的违章行为。

（六）现场发现重大安全隐患。

（七）发现有可能造成人身伤害的情况或事故状态下。

AQ 3025—2008《化学品生产单位高处作业安全规范》：

5.2.1　高处作业应设监护人对高处作业人员进行监护，监护人应坚守岗位。

5.2.11　在采取地（零）电位或等（同）电位作业方式进行带电高处作业时，应使用绝缘工具或穿均压服。

5.2.3　作业场所有坠落可能的物件，应一律先行撤除或加以固定。高处作业所使用的工具、材料、零件等应装入工具袋，上下时手中不得持物。工具在使用时应系安全绳，不用时放入工具袋中。不得投掷工具、材料及其他物品。易滑动、易滚动的工具、材料堆放在脚手架上时，应采取防止坠落措施。高处作业中所用的物料，应堆放平稳，不妨碍通行和装卸。作业中的走道、通道板和登高用具，应随时清扫干净；拆卸下的物件及余料和废料均应及时清理运走，不得任意乱置或向下丢弃。

5.2.13　因作业必须，临时拆除或变动安全防护设施时，应经作业负责人同意，并采取相应的措施，作业后应立即恢复。

5.2.5　在临近有排放有毒、有害气体、粉尘的放空管线或烟囱的场所进行高处作业时，作业点的有毒物浓度应在允许浓度范围内，并采取有效的防护措施。在应急状态下，按应急预案执行。

5.2.12　发现高处作业的安全技术设施有缺陷和隐患时，应及时解决；危及人身安全时，应停止作业。

5.2.15　作业人员在作业中如果发现情况异常，应发出信号，并迅速撤离现场。

（4）作业结束后，检查完工安全措施的落实情况。

【关键控制环节】：

① 作业现场所有物料、工具清理干净。

② 拆除脚手架、防护棚时，应设置警戒线，有专人监护。禁止拆除过程中上下部同时施工。

③ 临时用电线路须由持证电工拆除。

④ 按照许可程序签字关闭作业。

> 监督依据标准：AQ 3025—2008《化学品生产单位高处作业安全规范》、Q/SY 08240—2018《作业许可管理规范》。
>
> AQ 3025—2008《化学品生产单位高处作业安全规范》：
>
> 5.3.1　高处作业完工后，作业现场清扫干净，作业用的工具、拆卸下的物件及余料和废料应清理运走。
>
> 5.3.2　脚手架、防护棚拆除时，应设警戒区，并派专人监护。拆除脚手架、防护棚时不得上部和下部同时施工。
>
> 5.3.3　高处作业完工后，高处作业的线路应由具有特种作业操作证书的电工拆除。
>
> Q/SY 08240—2018《作业许可管理规范》：
>
> 5.9.3　作业完成后，申请人与批准人或其授权人在现场验收合格后，双方签字后方可关闭作业许可证。

（四）典型“三违”行为

（1）不办理高处作业许可手续，擅自进行作业。

（2）高处作业未系安全带或未执行“高挂低用”的要求。

（3）允许不具备高处作业资格（条件）的人员从事高处作业。

（4）涉及其他危险作业时，未同时办理相关许可票证。

（五）事故案例分析

1. 事故经过

2013年11月20日，某防腐保温公司施工人员A某和B某在某石化公司热电厂锅炉厂房顶部进行施工吊装敞口封闭工作。16时左右，A某发现电钻和铆钉未拿，就独自顺原路返回。16时10分，A某行至4锅炉20m平台处，听到有物体坠落撞击的响声，A某下至锅炉厂房8m平台，在风道与火检风机之间发现了昏迷的B某，经医务人员确认B某已死亡。

2. 主要原因

对吊装留下的两个敞口未按要求设置警示和围栏等临边防护措施，作业人员对坠落风险认识不足，忽视了屋顶敞口处的坠落风险，施工人员在屋顶由北向南拖动瓦楞钢板时，不慎从屋顶待封闭的敞口处坠入锅炉厂房内 8m 平台处，造成死亡。

3. 事故教训

（1）高处作业（尤其是含临边作业），应重点辨识易发生坠落的平台边缘、敞口处等区域的作业风险，落实防护栏杆、盖板、围栏等安全防护措施。

（2）建设单位和工程监理应认真落实全过程的安全监督责任，对关键作业、高危作业要实施旁站监督，落实施工过程中的监督职责。

五、进入受限空间作业

（一）监督内容

（1）核查进入受限空间作业许可证和作业人员的能力。

（2）监督确认作业前的安全条件。

（3）监督作业过程的安全措施落实。

（4）监督作业结束后的安全措施落实。

（二）主要监督依据

Q/SY 08240—2018《作业许可管理规范》；

《中国石油天然气集团公司进入受限空间作业安全管理办法》（安全〔2014〕86 号）。

（三）监督控制要点

（1）作业前，检查作业许可证、作业人员能力等方面的情况。

监督依据标准：Q/SY 08240—2018《作业许可管理规范》《中国石油天然气集团公司进入受限空间作业安全管理办法》（安全〔2014〕86 号）。

《中国石油天然气集团公司进入受限空间作业安全管理办法》（安全〔2014〕86 号）：

第十九条　进入受限空间作业实行作业许可管理，应当办理进入受限空间作业许可证，未办理作业许可证严禁作业。

第二十二条　进入受限空间作业前应按照作业许可证或安全工作方案的要求进行气体检测，作业过程中应进行气体监测，合格后方可作业。

Q/SY 08240—2018《作业许可管理规范》：

5.1.2 如果工作中包含下列工作，还应同时办理专项作业许可证：

——挖掘作业；

——高处作业；

——移动式吊装作业；

——管线打开；

——临时用电；

——动火作业。

（2）作业前，核查各项进入受限空间作业安全措施的落实情况。

【关键控制环节】：

① 进入受限空间前，应开展工作前安全分析，制订控制风险的措施和应急预案。

② 施工单位、生产单位应对作业人员进行施工方案和安全技术交底。

③ 作业人员应清楚作业风险，熟悉相关安全管理制度，正确使用劳动保护用品。

④ 作业现场应设置明显的施工区域警示标志；防护设施、应急救援物资配置到位。

⑤ 所有与受限空间有联系的阀门、管道等工艺流程加盲板断开。

⑥ 受限空间内的作业现场进行了清理、置换、清洗、通风。

⑦ 作业环境可燃气体、有毒有害气体及氧气浓度检测合格。

监督依据标准：《中国石油天然气集团公司进入受限空间作业安全管理办法》（安全〔2014〕86号）。

第二十七条 作业区域所在单位应组织针对进入受限空间作业内容、作业环境等进行风险分析，作业单位应参加风险分析并根据结果制订相应控制措施，必要时编制安全工作方案和应急预案。

第二十八条 受限空间出入口应保持畅通，并设置明显的安全警示标志，空气呼吸器、防毒面具、急救箱等相应的应急物资和救援设备应配备到位。

第四十五条 进入受限空间作业期间，应当根据作业许可证或安全工作方案中规定的频次进行气体监测，并记录监测时间和结果，结果不合格时应立即停止作业。气体监测应当优先选择连续监测方式，若采用间断性监测，间隔不应超过2h。

第二十三条 作业人员在进入受限空间作业期间应采取适宜的安全防护措施，必要时应佩戴有效的个人防护装备。

第二十四条 发生紧急情况时，严禁盲目施救。救援人员应经过培训，具备与作业风险相适应的救援能力，确保在正确穿戴个人防护装备和使用救援装备的前提下实施救援。

第二十九条 根据需要，进入受限空间作业前应当做好以下准备工作：

（一）可采取清空、清扫(如冲洗、蒸煮、洗涤和漂洗)、中和危害物、置换等方式对受限空间进行清理、清洗。

（二）隔离核查清单，隔离相关能源和物料的外部来源上锁挂牌并测试，按清单内容逐项核查隔离措施。

第三十条　对可能存在缺氧、富氧、有毒有害气体、易燃易爆气体、粉尘等受限空间，作业前应进行检测，合格后方可进入。进入受限空间作业的时间距气体检测时间不应超过 30min。超过 30min 仍未开始作业的，应当重新进行检测。

氧浓度应保持在 19.5%～23.5%。使用便携式可燃气体报警仪或其他类似手段进行分析时，被测的可燃气体或可燃液体蒸汽浓度应小于其与空气混合爆炸下限的 10%（LEL），且应使用两台设备进行对比检测。使用色谱分析等分析手段时，被测的可燃气体或可燃液体蒸汽的爆炸下限大于或等于 4%（体积分数）时，其被测浓度应小于 0.5%（体积分数）；当被测的可燃气体或可燃液体蒸汽的爆炸下限小于 4%（体积分数）时，其被测浓度应小于 0.2%（体积分数）。有毒有害气体浓度应符合国家相关规定要求。

第三十一条　气体检测设备必须经有检测资质单位检测合格，每次使用前应检查，确认其处于正常状态。气体取样和检测应由培训合格的人员进行，取样应有代表性，取样点应包括受限空间的顶部、中部和底部。检测次序应是氧含量、易燃易爆气体浓度、有毒有害气体浓度。

第二十九条　根据需要，进入受限空间作业前应当做好以下准备工作：

（一）可采取清空、清扫(如冲洗、蒸煮、洗涤和漂洗)、中和危害物、置换等方式对受限空间进行清理、清洗。

（二）制隔离核查清单，隔离相关能源和物料的外部来源上锁挂牌并测试，按清单内容逐项核查隔离措施。

（3）作业过程中，检查各项安全措施的落实情况。

【关键控制环节】：

① 作业现场指定专人全程监护，监护人和作业人有明确的联络方式并始终保持有效沟通。

② 作业过程中指定专人定期对作业环境的可燃气体、有毒有害气体及氧气浓度进行检测。

③ 作业空间内保持自然通风。

④ 受限空间内保持光线良好，所用照明使用安全电压。

⑤ 在油气场所内的受限空间内，作业过程中应使用防爆工具。

⑥ 受限空间出入口内无障碍物，作业过程中始终保持畅通无阻。

⑦ 作业过程中严格控制进入受限空间内作业人数，轮换作业人员必须经过确认，并清点作业人员进行核对。

⑧ 作业过程中，监护人对安全措施落实情况进行定期检查，发现险情及隐患时有权终止作业，待整改合格后，方可恢复作业。

监督依据标准：《中国石油天然气集团公司进入受限空间作业安全管理办法》（安全〔2014〕86号）。

第二十九条　根据需要，进入受限空间作业前应当做好以下准备工作：

（一）可采取清空、清扫（如冲洗、蒸煮、洗涤和漂洗）、中和危害物、置换等方式对受限空间进行清理、清洗。

（二）编制隔离核查清单，隔离相关能源和物料的外部来源上锁挂牌并测试，按清单内容逐项核查隔离措施。

第四十条　受限空间内的温度应当控制在不对作业人员产生危害的安全范围。

第四十一条　受限空间内应当保持通风，保证空气流通和人员呼吸需要，可采取自然通风或强制通风，严禁向受限空间内通纯氧。

第四十二条　受限空间内应当有足够的照明，使用符合安全电压和防爆要求的照明灯具；手持电动工具等应当有漏电保护装置；所有电气线路绝缘良好。

第四十三条　受限空间作业应当采取防坠落或滑跌的安全措施；必要时，应当提供符合安全要求的工作面。

第四十七条　如发生紧急情况，需进入受限空间进行救援时，应当明确监护人员与救援人员的联络方法。救援人员应当佩戴相应的防护装备。必要时，携带气体防护装备。

第四十八条　进入受限空间作业期间，作业人员应当安排轮换作业或休息。每次进、出受限空间的人员都要清点和登记。

第四十九条　如果进入受限空间作业中断超过30min，继续作业前，作业人员、作业监护人应当重新确认安全条件。作业中断过程中，应对受限空间采取必要的警示或隔离措施，防止人员误入。

（4）作业结束后，检查完工安全措施的情况。

监督依据标准：《中国石油天然气集团公司进入受限空间作业安全管理办法》（安全〔2014〕86号）。

第四十六条　携带进入受限空间作业的工具、材料要登记作业结束后应当清点，以防遗留在受限空间内。

第五十二条　进入受限空间作业结束后，作业人员应当清理作业现场，解除相关隔离设施，现场确认无隐患后，作业申请人和作业批准人在作业许可证上签字，关闭作业许可。

（四）典型“三违”行为

（1）不办理进入受限空间作业许可手续，擅自进行作业。

（2）作业人员劳保穿戴不齐全、不正确，实施作业或参加救护。

（3）通风置换不彻底，未定时检测有毒有害气体和氧气浓度，相关流程封堵不严等安全防护措施落实不到位，实施作业。

（4）作业负责人、监护人擅离职守。

（5）进入受限空间作业时，使用220V电压照明灯。

（6）涉及其他危险作业时，未同时办理相关许可票证。

（五）事故案例分析

1. 事故经过

2018年3月24日，1名员工在对2号原油试采储罐进行检尺操作时，不慎将手机掉落在原油罐内，罐内当时液位为130cm，该员工会同其他3名人员将井场监控关闭，用自制漏勺打捞手机未成功。后经商议，待原油罐内液位下降后再进行打捞。3月25日下午13时左右，2号罐原油装车后，液位下降至19cm，13时06分，井场监控视频再次被人为关掉，直至14时15分恢复。在这期间，该员工又会同其他3名员工，用自制漏勺打捞手机未果。13时40分左右，一名员工脱掉衣服，从量油口进入罐内打捞手机，进入油罐1min后就感觉身体不适，遂晕倒在罐内。17时10分，经油气协调办、安监局、公安局、作业区研究制订救援方案，拆除储罐进口管线后端人孔，19时20分将该员工抬出，经确认已死亡。

2. 主要原因

罐内存在有毒有害气体，未对罐内进行气体采样分析，未采取任何防护措施，违规进罐搜寻手机，窒息死亡。

3. 事故教训

（1）对分包商监管不到位，对其人员、设备、制度环节把关不严，虽多次提出对分包商录用的新员工禁止上岗的要求，但未取得实际效果。

（2）全面开展制度规程梳理工作，层层组织建立各级部门、人员责任清单，配套及健全考核问责机制，确保安全环保责任横向到底、纵向到边。

（3）开展事故警示教育，深刻剖析事故原因，吸取事故教训，将事故整改情况层层传达至每名员工，杜绝类似事故再次发生。

六、挖掘作业

（一）监督内容

（1）核查挖掘作业许可证和作业人员的能力。

（2）监督确认作业前的安全条件。

（3）监督作业过程的安全措施落实。

（4）监督作业结束后的安全措施落实。

（二）主要监督依据

AQ 3023—2008《化学品生产单位动土作业安全规范》；

Q/SY 08240—2018《作业许可管理规范》；

《中国石油天然气集团公司进入受限空间作业安全管理办法》（安全〔2014〕86号）；

Q/SY 08247—2018《挖掘作业安全管理规范》。

（三）监督控制要点

（1）作业前，检查作业许可证、作业人员能力等方面的情况。

> 监督依据标准：AQ 3023—2008《化学品生产单位动土作业安全规范》、Q/SY 08240—2018《作业许可管理规范》、Q/SY 08247—2018《挖掘作业安全管理规范》。
>
> Q/SY 08247—2018《挖掘作业安全管理规范》：
>
> 5.1.1　挖掘作业实行作业许可，并办理挖掘作业许可证，地面挖掘深度不超过0.5m除外。
>
> 5.8.2　挖掘作业许可证的有效期限一般不超过一个班次。如果在书面审查和现场核查过程中，经确认需要更多的时间进行作业，应根据作业性质、作业风险、作业时间，经相关各方协商一致确定许可证的有效期限。
>
> Q/SY 08240—2018《作业许可管理规范》：
>
> 5.1.2　如果工作中包含下列工作，还应同时办理专项作业许可证：
>
> ——进入受限空间；
>
> ——高处作业；
>
> ——移动式吊装作业；
>
> ——管线打开；
>
> ——临时用电；
>
> ——动火作业。
>
> AQ 3023—2008《化学品生产单位动土作业安全规范》：
>
> 4.3　作业前，项目负责人应对作业人员进行安全教育。

（2）作业前，核查各项安全防护措施的落实情况。

【关键控制环节】：

① 对施工现场中存在的危险因素全面辨识，制订落实防范控制措施。

② 挖掘前，施工单位、作业场所所属单位应对作业人员进行安全教育和安全技术交底。

③ 现场作业人员清楚作业风险，熟悉相关安全管理制度，正确穿戴劳保防护服和使用劳动保护用品。

④ 挖掘作业现场应设置护栏、盖板和明显的警示标志，夜间应悬挂红灯警示。

⑤ 对作业中的主要风险应制订相应的应急预案或应急措施。

监督依据标准：Q/SY 08247—2018《挖掘作业安全管理规范》。

5.1.2　挖掘工作开始前应进行工作安全分析，根据分析结果，确定应采取的相关措施，必要时制订挖掘方案。

5.3.1　挖掘前应确定附近结构物是否需要临时支撑，必要时由有资质的专业人员对邻近结构物基础进行评价并提出保护措施建议。

5.1.3　挖掘工作开始前，应保证现场相关人员拥有最新的地下设施布置图，明确标注地下设施的位置、走向及可能存在的危害，必要时可采用探测设备进行探测。在铁路路基 2m 内的挖掘作业，须经铁路管理部门审核同意。

5.1.4　对地下情况复杂、危险性较大的挖掘项目，施工区域主管部门根据情况，组织电力、生产、机动设备、调度、消防和隐蔽设施的主管部门联合进行现场地下设施交底，根据施工区域地质、水文、地下管道、埋设电力电缆、永久性标桩、地质和地震部门设置的长期观测孔等情况，向施工单位提出具体要求。

5.1.5　施工区域所在单位应指派一名监督人员，对开挖处、邻近区域和保护系统进行检查，发现异常危险征兆，应立即停止作业。连续挖掘超过一个班次的挖掘作业，每日作业前应进行安全检查。

5.1.8　在坑、沟槽内作业应正确穿戴安全帽、防护鞋、手套等个人防护装备。不应再坑、沟槽内休息，不得在升降设备、挖掘设备下或坑、沟槽上端边沿站立、走动。

5.7.2　挖掘作业现场应设置护栏、盖板和明显的警示标志。在人员密集场所或区域施工时，夜间应悬挂红灯警示。

5.7.3　挖掘作业如果阻断道路，应设置明显的警示和禁行标志，对于确需通行车辆的道路，应铺设临时通行设施，限制通行车辆吨位，并安排专人指挥车辆通行。

5.7.4　采用警示路障时，应将其安置在距开挖边缘至少 1.5m 之外。如果采用废石堆作为路障，其高度不得低于 1m。在道路附近作业时应穿戴警示背心。

（3）作业过程中，检查各项安全措施的落实情况。

【关键控制环节】：

① 挖掘临近地下隐蔽工程或地下情况不明时，应采用人工方式进行。

② 对挖掘作业过程中暴露出管线、电缆或其他识别不清的物体时，应立即停止作业，并

重新确认、采取相应的保护措施。

③ 定期对可燃气体和有毒有害物质进行检测,作业中保持良好通风。

④ 在挖掘较深的坑、槽、井、沟时,必须设置两个方向以上的逃生通道,对于作业场所不具备设置逃生通道的,应设置逃生梯等逃生装置,并安排专人监护作业。

⑤ 在易引发塌陷、滑坡等地质灾害部位作业时,应安排专人对作业环境进行观察和检测,并对异常情况采取有效的措施。

监督依据标准:AQ 3023—2008《化学品生产单位动土作业安全规范》、Q/SY 08247—2018《挖掘作业安全管理规范》。

Q/SY 08247—2018《挖掘作业安全管理规范》:

5.1.6 应用手工工具(例如铲子、锹、尖铲)来确认1.2m以内的任何地下设施的正确位置和深度。

5.1.7 所有暴露后的地下设施都应及时予以确认,不能辨识时,应立即停止作业,并报告施工区域所在单位,采取相应安全保护措施后,方可重新作业。

5.7.1 采用机械设备挖掘时,应确认活动范围内没有障碍物(如架空线路、管架等)。

5.6.1 对深度超过1.2m,可能存在危险性气体的挖掘现场,应进行气体检测。

5.6.2 在填埋区域、危险化学品生产、储存区域等可能产生危险性气体的施工区域挖掘时,应对作业环境进行气体检测,并采取相关措施,如使用呼吸器、通风设备和防爆工具等。

5.2.1 对于挖掘深度6m以内的作业,为防止挖掘作业面发生坍塌,应根据土质的类别设置斜坡和台阶、支持和挡板等保护系统。对于挖掘深度超过6m所采取的保护系统,应由有资质的专业人员设计。

5.2.2 在稳固岩层中挖掘或挖掘深度小于1.5m,且已经过技术负责人员检查,认定没有坍塌可能性时,不需要设置保护系统。作业负责人应在挖掘作业许可证上说明理由。

5.4.1 挖掘深度超过1.2m时,应在合适的距离内提供梯子、台阶或坡道等,用于安全进出。

5.4.2 作业场所不具备设置进出口条件,应设置逃生梯、救生索及机械升降装置等,并安排专人监护作业,始终保持有效的沟通。

5.2.7 挖出物或其他物料至少应距坑、沟槽边沿1m,堆积高度不得超过1.5m,坡度不大于45°,不得堵塞下水道、窨井及作业现场的逃生通道和消防通道。

5.2.8 在坑、沟槽的上方、附近放置物料和其他重物或操作挖掘机械、起重机、卡车时,应在边沿安装板桩并加以支撑和固定,设置警示标志或障碍物。

5.3.2　如果挖掘作业危及邻近的房屋、墙壁、道路或其他结构物，应当使用支撑系统或其他保护措施，如支撑、加固或托换基础来确保这些结构物的稳固性，并保护员工免受伤害。

5.2.6　如果需要临时拆除个别构件，应先安装替代构件，以承担加载在支撑系统上的负荷。工程完成后，应自下而上拆除保护性支撑系统，回填和支撑系统的拆除应同步进行。

5.3.3　不得在邻近建筑物基础的水平面下或挡土墙的底脚下进行挖掘，除非在稳固的岩层上挖掘或已经采取了下列预防措施：

——提供诸如托换基础的支撑系统；

——建筑物距挖掘处有足够的距离；

——挖掘工作不会对员工造成伤害。

5.1.8　在坑、沟槽内作业应正确穿戴安全帽、防护鞋、手套等个人防护装备。不应在坑、沟槽内休息，不得在升降设备、挖掘设备下或坑、沟槽上端边沿站立、走动。

5.4.3　当允许员工、设备在挖掘处上方通过时，应提供带有标准栏杆的通道或桥梁，并明确通行限制条件。

5.5.1　雷雨天气应停止挖掘作业，雨后复工时，应检查受雨水影响的挖掘现场，监督排水设备的正确使用，检查土壁稳定和支撑牢固情况。发现问题，要及时采取措施，防止骤然崩坍。

5.5.2　如果有积水或正在积水，应采用导流渠，构筑堤防或其他适当的措施，防止地表水或地下水进入挖掘处，并采取适当的措施排水，方可进行挖掘作业。

5.8.3　当作业环境发生变化、安全措施未落实或发生事故，应及时取消作业许可，停止作业，并应通知相关方。

AQ 3023—2008《化学品生产单位动土作业安全规范》：

4.9.6　作业现场应保持通风良好，并对可能存在有毒有害物质的区域进行监测。发现有毒有害气体时，应立即停止作业，待采取了可靠的安全措施后方可作业。

4.10　作业人员多人同时挖土应相距在2m以上，防止工具伤人。作业人员发现异常时，应立即撤离作业现场。

4.11　在危险场所动土时，应有专业人员现场监护，当所在生产区域发生突然排放有害物质时，现场监护人员应立即通知动土作业人员停止作业，迅速撤离现场，并采取必要的应急措施。

（4）作业结束后，检查完工安全措施的情况。

> 监督依据标准：Q/SY 08247—2018《挖掘作业安全管理规范》。
>
> 5.1.9 施工结束后，应根据要求及时回填，并恢复地面设施。若地下隐蔽设施有变化，施工单位应将变化情况向作业区域所在单位通报，以完善地下设施布置图。
>
> 5.8.4 挖掘工作结束后，申请人和批准人（或其授权人）在现场验收合格后，双方签字关闭挖掘作业许可证。

（四）典型“三违”行为

（1）不办理挖掘作业许可手续，擅自进行作业。

（2）对地下管道、线路的走向、埋深不清楚，擅自进行挖掘作业。

（3）支护和放坡不合适、作业机械选择不正确、作业场所的机动车道和人行道未设路障等安全防护措施落实不到位，实施作业。

（4）涉及其他危险作业时，未同时办理相关许可票证。

（五）事故案例分析

1. 事故经过

2012年3月10日16时，某钻探公司施工队装载机操作手在钻前现场进行土石方倒运作业，其驾驶装载机在卸土石方后的回退过程中，在左后轮外侧距离安全警示带约0.7m处，临时边坡突然塌方，装载机失稳，装载机配重块右侧撞击临时边坡上部泥土，装载机翻转180°，落在临时边坡下方4.7m处的工作便道上，装载机底部朝天，驾驶室严重变形，操作手被困在装载机驾驶室内死亡。

2. 主要原因

由于连续下雨，雨水浸入土壤，土壤含水量增大，造成土壤承载力减弱，抗剪切力降低。塌方土体中砂含量较高，土质疏松。作业面通道狭窄，临时边坡较陡（大于70°），上下作业面高差达3.8～4.7m。装载机倒车时倾覆180°，驾驶室严重变形，致1人死亡。

3. 事故教训

（1）因连续降雨等特殊原因停工后，在恢复作业时，应重新进行工作前安全分析，辨识出每一操作步骤存在的操作风险和环境风险，补充、完善相关风险防控措施。

（2）施工组织设计和专项施工方案中，应对作业带宽度、临时边坡坡比提出具体要求，进行降坡处理，保证作业带满足施工和应急的需要。

（3）现场监护人员应进行相关培训，及时发现各项作业安全措施存在的问题和隐患。

七、管线打开作业

（一）监督内容

（1）检查作业人员资质、能力。

（2）检查作业许可证的办理情况。

（3）检查管线打开作业安全条件。

（4）督促作业人员按规定穿戴个人防护装备。

（5）监督管线打开作业。

（6）督促作业人员进行管线打开工作交接。

（二）主要监督依据

《中华人民共和国安全生产法》；

Q/SY 08240—2018《作业许可管理规范》；

Q/SY 08243—2018《管线打开安全管理规范》。

（三）监督控制要点

（1）检查特种作业及相关人员持有效的资格证。

> 监督依据：《中华人民共和国安全生产法》。
>
> 第二十三条　生产经营单位的特种作业人员必须按照国家有关规定经专门的安全作业培训，取得特种作业操作资格证书，方可上岗作业。

（2）作业前检查作业许可证、管线打开作业许可证。

> 监督依据标准：Q/SY 08240—2018《作业许可管理规范》、Q/SY 08243—2018《管线打开安全管理规范》。
>
> Q/SY 08240—2018《作业许可管理规范》：
>
> 5.1.1　在所辖区域内或在已交付的在建装置区域内，进行下列工作均应实行作业许可管理，办理作业许可证。
>
> ——非计划性维修工作（未列入日常维护计划或无程序指导的维修工作）；
>
> ——承包商作业；
>
> ——偏离安全标准、规则、程序要求的工作；
>
> ——交叉作业；
>
> ——在承包商区域进行的工作；
>
> ——缺乏安全程序的工作。
>
> 对不能确定是否需要办理许可证的其他工作，办理许可证。

5.1.2　如果工作中包含下列工作，还应同时办理专项作业许可证：进入受限空间，挖掘作业，高处作业，移动式吊装作业，管线打开，临时用电，动火作业。

5.7.3　作业许可证的有效期限一般不超过一个班次。如果在书面审查和现场核查过程中经确认需要更多的时间进行作业，应根据作业性质、作业风险、作业时间，经相关各方协商一致确定作业许可证有效期限和延期次数。

5.9.2　在规定的延期次数内没有完成作业，需重新办理作业许可证。

5.10.2　作业许可证一式四联。许可证应编号，编号由许可证批准人填写。

第一联：悬挂在作业现场。

第二联：张贴在控制室或公开处以示沟通，让现场所有有关人员了解现场正在进行的作业位置和内容。

第三联：送交相关方，以示沟通。

第四联：保留在批准人处。

Q/SY 08243—2018《管线打开安全管理规范》：

5.1.2　管线打开实行作业许可，应办理作业许可证。特殊情况下（如涉及含有剧毒介质、超高压介质、高温介质等的管线打开），企业应根据管线打开作业风险的大小，同时办理管线打开许可证。

5.1.5　凡是没有办理作业许可证，没有按要求编制安全工作方案，没有落实安全措施，禁止管线打开作业。

5.7.2　管线打开作业许可证的期限不得超过一个班次，延期后总的作业期限不能超过24h。

（3）管线打开作业前，作业单位应进行风险评估，根据风险评估的结果制订相应控制措施，必要时编制安全工作方案。需要打开的管线或设备要与系统隔离，物料清理合格。

监督依据标准：Q/SY 08243—2018《管线打开安全管理规范》。

5.3.1　管线打开作业前，作业单位应进行风险评估，根据风险评估的结果制订相应控制措施，必要时编制安全工作方案。安全工作方案应包括下列主要内容：

a）清理计划，应具体描述关闭的阀门、排空点和上锁点等，必要时应提供示意图。

b）安全措施，包括管线打开过程中冷却、充氮措施和个人防护装备的要求。

c）应急、救援、监护等预备人员的要求和职责。

d）应急预案。

e）描述管线打开影响的区域。

5.3.3.1　需要打开的管线或设备要与系统隔离，其中的物料采用排尽、冲洗、置换、吹扫等方法清理合格。清理合格应符合以下要求：

——系统温度介于 -10℃～60℃之间；

——已达到大气压力；

——与气体、蒸汽、雾沫、粉尘的毒性、腐蚀性、易燃性有关的风险已降低到可接受的水平。

5.3.4.1　隔离应满足以下要求：

——提供显示阀门开关状态、盲板、盲法兰位置的图表，如上锁点清单、盲板图、现场示意图、工艺流程图和仪表控制图等；

——所有盲板、盲法兰应挂牌；

——隔离系统内的所有阀门必须保持开启，并对管线进行清理，防止在管线（设备）内留存介质；

——对于存在第二能源的管线（设备），在隔离时应考虑隔离的次序和步骤；对于采用凝固（固化）工艺进行隔离及存在加热后介质可能蒸发的情况应重点考虑隔离。

5.3.4.5　应对所有隔离点进行有效隔断，并进行标志。

（4）督促作业人员按规定穿戴个人防护装备。

监督依据标准：Q/SY 08240—2018《作业许可管理规范》、Q/SY 08243—2018《管线打开安全管理规范》。

Q/SY 08240—2018《作业许可管理规范》：

5.4.4　凡是涉及有毒有害、易燃易爆作业场所的作业，作业单位均应按照相应要求配备个人防护装备，并监督相关人员佩戴齐全，执行相关个人防护装备管理的要求。

Q/SY 08243—2018《管线打开安全管理规范》：

5.6.1　管线打开作业时应选择和使用合适的个人防护装备，专业人员和使用人员应参与个人防护装备的选择。

5.6.2　个人防护装备在使用前，应由使用人员进行现场检查或测试，合格后方可使用。

5.6.3　应按防护要求建立个人防护装备清单，清单包括使用何种、何时使用、何时脱下个人防护装备等内容。应确保现场人员能够及时获取个人防护装备。

5.6.4　对含有剧毒物料等可能立刻对生命和健康产生危害的管线（设备）打开作业时应遵守以下要求：

——所有进入到受管线打开影响区域内的人员，包括预备人员，应同样穿戴所要求的个人防护装备；

——对于受管线打开影响区域外（位于路障或警戒线之外但能够看见工作区域）的人员，可不穿戴个人防护装备，但必须确保能及时获取个人防护装备。

（5）监督管线打开作业。

监督依据标准：Q/SY 08243—2018《管线打开安全管理规范》。

5.4.1 明确管线打开的具体位置。

5.4.2 必要时在受管线打开影响的区域设置路障或警戒线，控制无关人员进入。

5.4.3 管线打开过程中发现现场工作条件与安全工作方案不一致时（如导淋阀堵塞或管线清理不合格），应停止作业，并进行再评估，重新制订安全工作方案，办理相关作业许可证。

（6）管线打开工作交接的双方共同确认工作内容和安全工作方案。

监督依据标准：Q/SY 08243—2018《管线打开安全管理规范》。

5.5.1 管线打开工作交接的双方共同确认工作内容和安全工作方案，至少包括以下内容：

有关安全、健康和环境方面的影响；隔离位置、清理和确认清理合格的方法；管线（设备）状况；管线（设备）中残留的物料及危害等。

5.5.2 生产单位、维护单位或承包商的相关人员在工作交接时应进行充分沟通。

5.5.3 当管线打开时间需超过一个班次才能完成时，应在交接班记录中予以明确，确保班组间的充分沟通。

（四）典型“三违”行为

（1）未办理作业许可证作业。

（2）安全措施未落实开始作业。

（3）监护人未到位履行职责。

（4）固体、液体废弃物未在指定地点堆放、排放、焚烧的。

（五）事故案例分析

1. 事故经过

2014 年 10 月 31 日，某油田油建项目部安排人员去一输气管线改线施工作业现场进行下塞饼作业，完成带压封堵。操作人员 4 人将装好塞饼的塞堵结合器安装在管道夹板阀上，然后开始向塞堵结合器内注气进行压力平衡。1 名操作人员在刚开启夹板阀时，塞堵结合器内发生爆炸，塞饼落在西北方向 32m 处，结合器主轴散落在东南方向 5m 处，结合器筒体反向卷曲 360° 击穿围墙散落在东南方向 25m 处，天然气喷出着火。事故造成 2 人死亡、1 人重伤、4 人轻伤。

2. 主要原因

承包商对天然气的危险性认识不足，既没有装设连通管道和塞堵结合器之间的平衡管，也没有向塞堵结合器中注入氮气，擅自向塞堵结合器内注入高压氧气。带压封堵设备中，高浓度的氧气与塞饼上的润滑油脂发生剧烈反应，引燃爆炸性混合气体。

3. 事故教训

（1）带压封堵应严格执行相关特种作业程序，可燃气体置换应采用氮气或惰性气体。

（2）建设单位应严格实行承包商准入安全资质审查制度，严把承包商的单位资质关、HSE 业绩关、队伍素质关、施工监督关和现场管理关，严禁违规分包和转包。

（3）建设单位应加强施工作业过程中监督检查，对违规分包、不认真履行安全责任的承包商，应及时进行整顿或清退。

（4）作业前，应进行工作前安全分析。承包商、属地、监督、项目部门及所有参与此项工人均应参加工作前安全分析，对施工作业方案应进行充分论证和审核、审批。

八、脚手架作业

（一）监督内容

（1）检查作业队伍资质与所承揽的项目相符。

（2）检查作业许可管理落实。

（3）检查脚手架材料符合要求。

（4）检查脚手架搭设、拆除安全措施落实情况。

（5）脚手架使用安全可靠。

（二）主要监督依据

JGJ 130—2011《建筑施工扣件式钢管脚手架安全技术规范》；

JGJ 46—2005《施工现场临时用电安全技术规范》；

Q/SY 08240—2018《作业许可管理规范》；

Q/SY 08246—2018《脚手架作业安全管理规范》。

（三）监督控制要点

（1）检查作业队伍资质与所承揽的项目相符。

监督依据：Q/SY 08246—2018《脚手架作业安全管理规范》、JGJ 130—2011《建筑施工扣件式钢管脚手架安全技术》。

Q/SY 08246—2018《脚手架作业安全管理规范》：

5.1.1 脚手架搭设作业单位应具有脚手架作业相关资质。脚手架作业人员应经过培训并具有相应资质。

5.1.2 患有心脏病、高血压、癫痫等不适宜高处作业的人员不允许进行脚手架作业。

JGJ 130—2011《建筑施工扣件式钢管脚手架安全技术》：

9.0.1 扣件式钢管脚手架安装与拆除人员必须是经考核合格的专业架子工。架子工应持证上岗。

（2）作业许可管理落实。

监督依据标准：Q/SY 08240—2018《作业许可管理规范》、Q/SY 08246—2018《脚手架作业安全管理规范》。

Q/SY 08240—2018《作业许可管理规范》：

5.1.1 在所辖区域内或在已交付的在建装置区域内，进行下列工作均应实行作业许可管理，办理作业许可证：

非计划性维修工作（未列入日常维护计划或无程序指导的维修工作）；

——承包商作业；

——偏离安全标准、规则、程序要求的工作；

——交叉作业；

——在承包商区域进行的工作，缺乏安全程序的工作。

对不能确定是否需要办理许可证的其他工作，办理许可证。

5.1.2 如果工作中包含下列工作，还应同时办理专项作业许可证：进入受限空间，挖掘作业，高处作业，移动式吊装作业，管线打开，临时用电，动火作业。

5.7.3 作业许可证的有效期限一般不超过一个班次。如果在书面审查和现场核查过程中经确认需要更多的时间进行作业，应根据作业性质、作业风险、作业时间，经相关各方协商一致确定作业许可证有效期限和延期次数。

5.9.2 在规定的延期次数内没有完成作业，需重新办理作业许可证。

5.10.2 作业许可证一式四联。许可证应编号，编号由许可证批准人填写。

第一联：悬挂在作业现场；

第二联：张贴在控制室或公开处以示沟通，让现场所有有关人员了解现场正在进行的作业位置和内容；

第三联：送交相关方，以示沟通；

第四联：保留在批准人处。

Q/SY 08246—2018《脚手架作业安全管理规范》：

5.1.3　脚手架作业实行作业许可，应办理作业许可证，具体执行 Q/SY 1240—2009。作业前，作业单位应编制脚手架作业方案，并经建设单位审查。

5.1.4　脚手架设计人员应向作业人员进行作业方案交底，使作业人员了解脚手架搭设作业技术要求、存在危害，确保作业人员采取有效的安全措施。

5.1.5　脚手架作业前应进行工作安全分析，具体执行 Q/SY 1238—2009。工作前安全分析时应考虑但不限于：

——高处作业；

——现场存在的电力线或工艺设备；

——危险区域划分；

——作业环境；

——邻近工作人员的相互影响；

——脚手架基础或邻近区域挖掘作业的影响；

——气候的影响。

（3）脚手架材料符合要求。

监督依据标准：Q/SY 08246—2018《脚手架作业安全管理规范》、JGJ 130—2011《建筑施工扣件式钢管脚手架安全技术》。

Q/SY 08246—2018《脚手架作业安全管理规范》：

5.6.1　脚手架材料（如钢管、门架、扣件和脚手板等）应有厂商生产许可证、检测报告和产品质量合格证。重复使用的脚手架钢管、门架和扣件等材料的形状尺寸、性能应满足脚手架技术规范要求，严禁使用裂缝、变形、滑丝和锈蚀的脚手架材料。脚手板材料应符合作业方案中对承载力的要求，严禁使用腐朽（蚀）的脚手板。

5.6.2　在入库前和使用前应对脚手架材料和部件进行检查，任何有缺陷的部件应及时修复或销毁，在销毁前应附上标签避免误用。

5.6.3　应妥善保管脚手架部件，存放在干燥、无腐蚀的地方，禁止在上面堆放重物，防止损坏。

JGJ 130—2011《建筑施工扣件式钢管脚手架安全技术》：

3.1.2　脚手架钢管宜采用 $\phi 48.3 \times 3.6$ 钢管。每根钢管的最大质量不应大于 25.8kg。

3.1.3 脚手板可采用钢、木、竹材料制作，单块脚手板的质量不宜大于30kg。

3.4.1 可调托撑螺杆外径不得小于36mm。

3.4.2 可调托撑的螺杆与支托板焊接应牢固，焊缝高度不得小于6mm；可调托撑螺杆与螺母旋合长度不得少于5扣，螺母厚度不得小于30mm。

3.4.3 可调托撑抗压承载力设计值不应小于40kN，支托板厚不应小于5mm。

（4）脚手架的搭设、拆除安全措施落实。

监督依据标准：Q/SY 08246—2018《脚手架作业安全管理规范》、JGJ 130—2011《建筑施工扣件式钢管脚手架安全技术》。

Q/SY 08246—2018《脚手架作业安全管理规范》：

5.2.1 脚手架的搭建、拆除、移动、改装作业应在作业技术负责人现场指导下进行。

5.2.2 作业中，作业人员应正确使用安全帽、安全带、防滑鞋、工具袋等装备。

5.2.3 脚手架应正确设置、使用防坠落装置，每一作业层的架体应设置完整可靠的台面、防护栏杆和挡脚板。使用特殊防护设施时应在作业技术负责人指导下进行。

5.2.4 脚手板除了用作铺设脚手架外不可它用。

5.2.5 脚手架的支撑脚应可靠、牢固，能够承载许用最大载荷。不得将模板支架、缆风绳、泵送混凝土和砂浆的输送管等固定在脚手架上。严禁悬挂起重设备。

5.2.6 当脚手架的高度超过其最小基础尺寸的4倍时，应在其顶部采取防倾覆的措施。

5.2.7 脚手架搭设作业当日不能完成的，在收工前应进行检查，并采取临时性加固措施。

5.2.9 遇有6级以上强风、浓雾、大雪及雷雨等恶劣气候，不得进行露天脚手架搭设作业，正在使用中的脚手架应以红色挂牌替换绿色挂牌。雨雪过后，应把架面上的积雪、积水清除掉，避免发生滑跌。大风过后，应对脚手架作业安全设施逐一加以检查。

5.2.10 脚手架作业过程中禁止高空抛物、上下同时拆卸。杆件尚未帮稳时，禁止中途停止作业。

5.2.11 禁止携带物品上下脚手架，所有物品应使用绳索或其他传送设施传递。

JGJ 130—2011《建筑施工扣件式钢管脚手架安全技术》：

6.1.2 单排脚手架搭设高度不应超过24m；双排脚手架搭设高度不宜超过50m，高度超过50m的双排脚手架，应采用分段搭设等措施。

6.2.4 脚手板的设置应符合下列规定：

1 作业层脚手板应铺满、铺稳、铺实。

2　冲压钢脚手板、木脚手板、竹串片脚手板等，应设置在三根横向水平杆上。当脚手板长度小于2m时，可采用两根横向水平杆支承，但应将脚手板两端与其可靠固定，严防倾翻。脚手板的铺设应采用对接平铺或搭接铺设。脚手板对接平铺时，接头处应设两根横向水平杆，脚手板外伸长度应取130～150mm，两块脚手板外伸长度的和不应大于300mm；脚手板搭接铺设时，接头应支在横向水平杆上，搭接长度不应小于200mm，其伸出横向水平杆的长度不应小于100mm。

3　竹笆脚手板应按其主竹筋垂直于纵向水平杆方向铺设，且应对接平铺，四个角应用直径不小于1.2mm的镀锌钢丝固定在纵向水平杆上。

4　作业层端部脚手板探头长度应取150mm，其板的两端均应固定于支承杆件上。

6.3.1　每根立杆底部宜设置底座或垫板。

6.3.2　脚手架必须设置纵、横向扫地杆。纵向扫地杆应采用直角扣件固定在距钢管底端不大于200mm处的立杆上。横向扫地应采用直角扣件固定在紧靠纵向扫地杆下方的立杆上。

6.3.3　脚手架立杆基础不在同一高度上时，必须将高处的纵向扫地杆向低处延长两跨与立杆固定，高低差不应大于1m。靠边坡上方的立杆轴线到边坡的距离不应小于500mm。

6.3.4　单、双排脚手架底层步距均不应大于2m。

6.3.5　单排、双排与满堂脚手架立杆接长除顶层顶步外，其余各层各步接头必须采用对接扣件连接。

6.3.6　脚手架立杆的对接、搭接应符合下列规定：

1　当立杆采用对接接长时，立杆的对接扣件应交错布置，两根相邻立杆的接头不应设置在同步内，同步内隔一根立杆的两个相隔接头在高度方向错开的距离不宜小于500mm；各接头中心至主节点的距离不宜大于步距的1/3。

2　当立杆采用搭接接长时，搭接长度不应小于1m，并应采用不少于2个旋转扣件固定，端部扣件盖板的边缘至杆端距离不应小于100mm。

6.4.4　开口型脚手架的两端必须设置连墙件，连墙件的垂直间距不应大于建筑物的层高，并且不应大于4m。

6.4.5　连墙件中的连墙杆应呈水平设置，当不能水平设置时，应向脚手架一端下斜连接。

6.4.6　连墙件必须采用可承受拉力和压力的构造。对高度24m以上的双排脚手架，应采用刚性连墙件与建筑物连接。

6.6.1　双排脚手架应设置剪刀撑与横向斜撑，单排脚手架应设置剪刀撑。

6.6.2 单、双排脚手架剪刀撑的设置应符合下列规定：

每道剪刀撑宽度不应小于4跨，且不应小于6m，斜杆与地面的倾角应在45°～60°。

6.6.3 高度在24m及以上的双排脚手架应在外侧全立面连续设置剪刀撑；高度在24m以下的单、双排脚手架，均必须在外侧两端、转角及中间间隔不超过15m的立面上，各设置一道剪刀撑，并应由底至顶连续设置。

6.6.4 双排脚手架横向斜撑的设置应符合下列规定：

1 横向斜撑应在同一节间，由底至顶层呈之字形连续布置。

2 高度在24m以下的封闭型双排脚手架可不设横向斜撑，高度在24m以上的封闭型脚手架，除拐角应设置横向斜撑外，中间应每隔6m跨距设置一道。

6.6.5 开口型双排脚手架的两端均必须设置横向斜撑。

6.7.2 斜道的构造应符合下列规定：

1 斜道应附着外脚手架或建筑物设置。

4 斜道两侧及平台外围均应设置栏杆及挡脚板。栏杆高度应为1.2m，挡脚板高度不应小于180mm。

6.8.2 满堂脚手架搭设高度不宜超过36m；满堂脚手架施工层不得超过1层。

6.8.4 满堂脚手架应在架体外侧四周及内部纵、横向每6m～8m由底至顶设置连续竖向剪刀撑。当架体搭设高度在8m以下时，应在架顶部设置连续水平剪刀撑；当架体搭设高度在8m及以上时，应在架体底部、顶部及竖向间隔不超过8m分别设置连续水平剪刀撑。水平剪刀撑宜在竖向剪刀撑斜杆相交平面设置。剪刀撑宽度应为6m～8m。

6.8.6 满堂脚手架的高宽比不宜大于3，当高宽比大于2时，应在架体的外侧四周和内部水平间隔6m～9m，竖向间隔4m～6m设置连墙件与建筑结构拉结，当无法设置连墙件时，应采取设置钢丝绳张拉固定等措施。

6.8.9 满堂脚手架应设爬梯，爬梯踏步间距不得大于300mm。

7.1.5 应清除搭设场地杂物，平整搭设场地，并使排水畅通。

7.3.3 底座安放应符合下列规定：

2 垫板应采用长度不少于2跨、厚度不小于50mm、宽度不小于200mm的木垫板。

7.3.11 扣件安装应符合下列规定：

1 扣件规格应与钢管外径相同。

4 对接扣件开口应朝上或朝内。

5 各杆件端头伸出扣件盖板边缘的长度不应小于100mm。

7.3.12 作业层、斜道的栏杆和挡脚板的搭设应符合下列规定：

1　栏杆和挡脚板均应搭设在外立杆的内侧。

2　上栏杆上皮高度应为1.2m。

3　挡脚板高度不应小于180mm。

4　中栏杆应居中设置。

7.3.13　脚手板的铺设应符合下列规定：

1　脚手板应铺满、铺稳，离墙面的距离不应大于150mm。

2　脚手板探头应用直径3.2mm的镀锌钢丝固定在支承杆件上。

3　在拐角、斜道平台口处的脚手板，应用镀锌钢丝固定在横向水平杆上，防止滑动。

7.4.1　脚手架拆除应按专项方案施工，拆除前应做好下列准备：

4　应清除脚手架上杂物及地面障碍物。

7.4.2　单、双排脚手架拆除作业必须由上而下逐层进行，严禁上下同时作业；连墙件必须随脚手架逐层拆除，严禁先将连墙件整层或数层拆除后再拆脚手架；分段拆除高差大于2步时，应增设连墙件加固。

7.4.3　当脚手架拆至下部最后一根长立杆的高度（约6.5m）时，应先在适当位置搭设临时抛撑加固后，再拆除连墙件。当单、双排脚手架采取分段、分立面拆除时，对不拆除的脚手架两端，应先按本规范第6.4.4条、6.6.4条、6.6.5条的第1款和第2款的有关规定设置连墙件和横向斜撑加固。

7.4.5　卸料时各构配件严禁抛掷至地面。

9.0.2　搭拆脚手架人员必须戴安全帽、系安全带、穿防滑鞋。

9.0.4　钢管上严禁打孔。

9.0.8　当有六级强风及以上风、浓雾、雨或雪天气时应停止脚手架搭设与拆除作业。雨、雪后上架作业应有防滑措施，并应扫除积雪。

9.0.9　夜间不宜进行脚手架搭设与拆除作业。

9.0.11　脚手板应铺设牢靠、严实，并应用安全网双层兜底。施工层以下每隔10m应用安全网封闭。

9.0.12　单、双排脚手架、悬挑式脚手架沿架体外围应用密目式安全网全封闭，密目式安全网宜设置在脚手架外立杆的内侧，并应与架体绑扎牢固。

9.0.16　临街搭设脚手架时，外侧应有防止坠物伤人的防护措施。

9.0.19　搭拆脚手架时，地面应设围栏和警戒标志，并应派专人看守，严禁非操作人员入内。

（5）脚手架的使用安全可靠。

监督依据标准：Q/SY 08240—2018《作业许可管理规范》、Q/SY 08246—2018《脚手架作业安全管理规范》、JGJ 46—2005《施工现场临时用电安全技术规范》。

Q/SY 08240—2018《作业许可管理规范》：

5.4.4 凡是涉及有毒有害、易燃易爆作业场所的作业，作业单位均应按照相应要求配备个人防护装备，并监督相关人员佩戴齐全，执行相关个人防护装备管理的要求。

Q/SY 08246—2018《脚手架作业安全管理规范》：

5.1.6 脚手架管理实行绿色和红色标志：

——绿色表示脚手架已经过检查且符合设计要求，可以使用；

——红色表示脚手架不合格、正在搭设或待拆除，除搭设人员外，任何人不得攀爬和使用。

5.4.1 在脚手架作业前和作业过程中应根据需求设置安全通道和隔离区，隔离区应设置警戒标志，禁止在安全通道上堆放物品材料。

5.4.2 脚手架外侧应采用密目式安全网做全封闭，不得留有空隙。脚手架上不得放置任何活动部件，如扣件、活动钢管、钢筋、工器具等。

5.4.3 超出避雷装置保护范围的大型脚手架应按相关标准设避雷装置。

5.5.1 脚手架的使用者都应接受培训。培训的内容包括作业规程、作业危害、安全防护措施等。

5.5.2 脚手架的使用者应进行工作前安全分析，并采取适当的防护措施。

5.5.3 在脚手架使用过程中，现场应设置安全防护设施。

5.5.4 使用者应通过安全爬梯（斜道）上下脚手架。脚手架横杆不可用作爬梯，除非其按照爬梯设计。

5.5.5 脚手架上的载荷不允许超过其容许的最大工作载荷。

5.5.6 脚手架无扶手、腰杆和完整的踏板时，脚手架的使用者需使用防坠落保护设施。

5.5.7 不得在脚手架基础及其邻近处进行挖掘作业。

JGJ 46—2005《施工现场临时用电安全技术规范》：

7.1.2 架空线必须架设在专用电杆上，严禁架设在树木、脚手架及其他设施上。

（四）典型“三违”行为

（1）脚手架搭设作业单位、作业人员无相应资质。

（2）搭设脚手架前，未制订脚手架作业方案，或作业方案未经审查批准。

（3）未办理作业许可证作业。

（4）携带物品上下脚手架。

（5）脚手架上堆放物品材料。

（6）使用变形的钢管或脚手板，承载负荷不够。

（7）脚手架没有逃生通道或逃生通道不合格。

（五）事故案例分析

1. 事故经过

某建设公司将中标的油库防腐隐患治理工程私自转包给承包商，2015 年 7 月 10 日，10 名承包商施工人员进入库区进行脚手架拆除作业。16 时 15 分左右，1 名承包商员工站在管廊外侧的工字钢梁上，将拆除扣件后的连接杆抛向地面，此时其安全带还系挂在该连接杆上，在连接杆抛落过程中，将其一同拉向地面，致使其头部和胸腔受伤，经抢救无效死亡。

2. 主要原因

作业人员将脚手杆拆下并抛向地面时，系挂在脚手杆上的安全带将其一同牵坠到地面，头部和胸部撞击在已拆除的脚手杆及扣件上，造成重型颅脑挫伤导致死亡。

3. 事故教训

（1）承包商作业现场，安全监督要到位，确保承包商作业现场全过程受控。

（2）建设单位应加强承包商作业现场的人员培训与资质核查，提高其安全技能和安全意识，杜绝违章作业。

（3）应执行 Q/SY 08246—2018《脚手架作业安全管理规范》等相关规定，脚手架的搭建、拆除、移动、改装作业应在作业技术负责人现场指导下进行。拆除的脚手架杆应使用绳索溜放或人工传递的方式，严禁向下抛扔。

（4）加强承包商管理，对违反合同，擅自分包中标项目的承包商，应及时进行整顿或清退。

（5）脚手架作业时，选择安全可靠的安全带系挂点并及时调整。

九、大型装置开（停）车作业

（一）监督内容

（1）检查开（停）车作业方案。

（2）检查作业人员资质、能力。

（3）检查作业人员安全防护措施落实。

（4）检查作业中安全措施落实情况。

（5）监督装置停车操作。

（6）监督装置开车操作。

（二）主要监督依据

AQ 3027—2008《化学品生产单位盲板抽堵作业安全规范》；

AQ 2012—2007《石油天然气安全规程》；

SY/T 6320—2016《陆上油气田油气集输安全规程》；

SY 5225—2012《石油天然气钻井、开发、储运防火防爆安全生产技术规程》；

TSG 21—2016《固定式压力容器安全技术监察规程》；

Q/SY 08245—2018《启动前安全检查管理规范》；

Q/SY 1124.5—2007《石油企业现场安全检查规范　第5部分：炼化检维修》。

（三）监督控制要点

（1）检查开（停）车方案、应急预案。

监督依据标准：SY/T 6320—2016《陆上油气田油气集输安全规程》、TSG 21—2016《固定式压力容器安全技术监察规程》。

SY/T 6320—2016《陆上油气田油气集输安全规程》：

3.4.1　投产方案应明确安全要求，并按程序审批。

TSG 21—2016《固定式压力容器安全技术监察规程》：

7.1.4　机构、人员设置与应急救援：

符合下列条件之一的压力容器使用单位，应当设置专门的安全管理机构，配备专职安全管理人员，逐台落实安全责任人，并且制订应急预案，建立相应的应急救援队伍，配置与之相适应的救援装备，适时演练并且记录：

（1）使用超高压容器的。

（2）使用设计压力与容积的乘积大于或等于 10^5MPa·L的第Ⅲ类固定式压力容器的。

（3）使用移动式压力容器、非金属及非金属衬里压力容器、第Ⅲ类固定式压力容器，并且设备数量合计达到5台以上（含5台）的。

（4）使用100台以上（含100台）压力容器的。

（2）检查作业人员资质、能力。

监督依据：Q/SY 08245—2018《启动前安全检查管理规范》、SY/T 6320—2016《陆上油气田油气集输安全规程》、TSG 21—2016《固定式压力容器安全技术监察规程》。

Q/SY 08245—2018《启动前安全检查管理规范》：

5.3 b）人员：

——所有相关员工已接受有关HSE危害、操作规程、应急知识的培训。

——承包商员工得到相应的HSE培训，包括工作场所或周围潜在的火灾、爆炸或毒物释放危害及应急知识。

——新上岗或转岗员工了解新岗位可能存在的危险并具备胜任本岗位的能力。

SY/T 6320—2016《陆上油气田油气集输安全规程》：

3.4.3 油气集输厂（站）投产前，应由建设单位对相关管理人员和操作人员进行安全技术培训，使其熟悉工艺流程，掌握设备性能、结构、原理、用途，清楚危害因素，做到会操作、会保养、会排除一般故障、会避险和应急。

TSG 21—2016《固定式压力容器安全技术监察规程》：

7.1.3 作业人员要求

压力容器的作业人员应当按照规定取得相应资格，其主要职责如下：

（1）严格执行压力容器有关安全管理制度并且按照操作规程进行操作。

（2）按照规定填写运行、交接班等记录。

（3）参加安全教育和技术培训。

（4）进行日常维护保养，对发现的异常情况及时处理并且记录。

（5）在操作过程中发现事故隐患或者其他不安全因素，应当立即采取紧急措施，并且按照规定的程序，及时向单位有关部门报告。

（6）参加应急演练，掌握相应的基本救援技能，参加压力容器事故救援。

（3）检查作业人员安全防护措施落实。

监督依据：AQ 2012—2007《石油天然气安全规程》、Q/SY 1124.5—2007《石油企业现场安全检查规范　第5部分：炼化检维修》。

AQ 2012—2007《石油天然气安全规程》：

4.2.4 应建立员工个人防护用品、防护用具的管理和使用制度。根据作业现场职业危害情况为员工配发个人防护用品及提供防护用具，员工应按规定正确穿戴及使用个人防护用品和防护用具。

Q/SY 1124.5—2007《石油企业现场安全检查规范　第5部分：炼化检维修》：

5.5.1 生产方应根据风险评估报告要求，在检维修现场配备个体防护器具（如空气呼吸器、长管防毒面具）、救护器具等应急救援需要的安全装备和消防器材，并保证完好。

5.5.2 系统停车检修时，宜在现场配备一辆救护车，安排医务人员值班，同时现场应至少配备两副担架和必要的急救药品。没有救护车的单位，可准备一辆值班汽车。

5.5.3 系统停车检修时，应先与驻地消防队联系，必要时安排消防车到检修现场值班。

（4）检查作业中安全措施落实情况。

监督依据：SY/T 6320—2016《陆上油气田油气集输安全规程》、SY 5225—2012《石油天然气钻井、开发、储运防火防爆安全生产技术规程》、Q/SY 1124.5—2007《石油企业现场安全检查规范　第5部分：炼化检维修》。

SY/T 6320—2016《陆上油气田油气集输安全规程》：

3.4.5 油气集输厂（站）应配备可靠的通信设施，并保持通信畅通。一级油气集输泵站应配备应急通信手段，在易燃易爆区域应使用防爆通信设施。

3.4.6 站内具有易燃易爆危险的设施、设备及区域应设置安全警示标志。

10.6 配电闸刀应挂“运行”“检修”“禁止合闸”等标牌，并与运行状况一致。

11.2.4 消防泵应保持完好，能随时启动。

SY 5225—2012《石油天然气钻井、开发、储运防火防爆安全生产技术规程》：

6.1.2.5 在天然气集输、加压、处理和储存等厂、站易燃易爆区域内进行作业时，应使用防爆工具，并穿戴防静电服和不带铁掌的工鞋。禁止使用手机等非防爆通信工具。

6.1.2.6 机动车辆进入生产区，排气管应带阻火器。

6.1.2.7 天然气集输、加压、处理和储存等厂、站生产区内不应使用汽油、轻质油、苯类溶剂等擦地面、设备和衣物。

7.2.2.2 操作流程均应遵照“先开后关”的原则。具有高、低压部位的流程操作开通时，应先导通低压部位，后导通高压部位。关闭时，应先切断高压部位，后切断低压部位。

Q/SY 1124.5—2007《石油企业现场安全检查规范　第5部分：炼化检维修》：

5.7.1.1 作业许可票证应专证专用，不应代用、涂改。

5.7.1.2 办理票证时，应逐项填写内容，不应空缺，签字栏应由本人签字。

（5）监督装置停车操作。

① 置换介质的密度大于被置换介质的密度时，应由设备或管道最低点送入置换介质，由最高点排出被置换介质，取样点宜在顶部位置及易产生死角的部位；置换介质的密度低于被置换介质时，从设备最高点送入置换介质，由最低点排出被置换介质，取样点宜放在设备的底部位置和可能成为死角的位置。

② 用水作为置换介质时，保证设备内注满水，且在设备顶部最高处溢流口有水溢出，并持续一段时间。

③ 用惰性气体作置换介质时，惰性气体用量应为被置换介质容积的 3 倍以上。

④ 置换作业排出的气体应引入安全场所。

⑤ 应防止烫伤和碱液灼伤。

监督依据标准：AQ 3027—2008《化学品生产单位盲板抽堵作业安全规范》、Q/SY 1124.5—2007《石油企业现场安全检查规范　第 5 部分：炼化检维修》、SY 5225—2012《石油天然气钻井、开发、储运防火防爆安全生产技术规程》。

AQ 3027—2008《化学品生产单位盲板抽堵作业安全规范》：

4.2　盲板的直径应依据管道法兰密封面直径制作，厚度应经强度计算。

4.4　应按管道内介质性质、压力、温度选用合适的材料做盲板垫片。

5.1　盲板抽堵作业实施作业证管理，作业前应办理盲板抽堵安全作业证。

5.3　生产车间（分厂）应预先绘制盲板位置图，对盲板进行统一编号，并设专人负责。盲板抽堵作业单位应按图作业。

5.5　盲板抽堵作业应设专人监护，监护人不得离开作业现场。

5.6　在作业复杂、危险性大的场所进行盲板抽堵作业，应制订应急预案。

5.7　在有毒介质的管道、设备上进行盲板抽堵作业时，系统压力应降到尽可能低的程度，作业人员应穿戴适合的防护用具。

5.8　在易燃易爆场所进行盲板抽堵作业时，作业人员应穿防静电工作服、工作鞋；距作业地点 30m 内不得有动火作业；工作照明应使用防爆灯具；作业时应使用防爆工具，禁止用铁器敲打管线、法兰等。

5.9　在强腐蚀性介质的管道、设备上进行抽堵盲板作业时，作业人员应采取防止酸碱灼伤的措施。

5.10　在介质温度较高、可能对作业人员造成烫伤的情况下，作业人员应采取防烫措施。

5.12　不得在同一管道上同时进行两处及两处以上的盲板抽堵作业。

5.14　每个盲板应设标牌进行标志，标牌编号应与盲板位置图上的盲板编号一致。

7.2 盲板抽堵作业宜实行一块盲板一张作业证的管理方式。

7.3 严禁随意涂改、转借作业证，变更盲板位置或增减盲板数量时，应重新办理作业证。

Q/SY 1124.5—2007《石油企业现场安全检查规范　第5部分：炼化检维修》：

5.2.4.3 检维修作业需要占用道路时，应办理封路审批手续，另行指定消防通道，并告知消防队。

5.8.1.5 盲板应安装在来料阀门的下游法兰处，盲板两侧均应加垫片，并用螺栓紧固。

5.8.1.6 在装（拆）盲板作业过程中，作业人员应站在法兰口的侧面。如设备或管道内可能存有物料应佩戴防护面罩和防护手套。

SY 5225—2012《石油天然气钻井、开发、储运防火防爆安全生产技术规程》：

6.2.2.4 管道、设备或容器的排污至少应符合以下要求：

d）设备或容器内的残液不应排入边沟或下水道，可集中排入有关储罐或污油系统。

（6）监督装置开车操作。

大型装置开车时安全设施与主体设施必须同时投入使用。

监督依据标准：Q/SY 08245—2018《启动前安全检查管理规范》、SY/T 6320—2016《陆上油气田油气集输安全规程》、Q/SY 1124.5—2007《石油企业现场安全检查规范　第5部分：炼化检维修》、SY 5225—2012《石油天然气钻井、开发、储运防火防爆安全生产技术规程》。

Q/SY 08245—2018《启动前安全检查管理规范》：

3.1 启动前安全检查（简称PSSR）

在工艺设备启动前对所有相关因素进行检查确认，并将所有必改项整改完成，批准启动的过程。

5.1.2 应根据项目管理权限，成立相应的PSSR小组，按照事先编制好的检查清单进行启动前安全检查。

5.3a）工艺技术

——所有工艺安全信息（如危险化学品安全技术说明书、工艺设备设计依据等）已归档。

——工艺危害分析建议措施已完成。

——操作规程经过批准确认。

——工艺技术变更，包括工艺或仪表图纸的更新，经过批准并记录在案。

SY/T 6320—2016《陆上油气田油气集输安全规程》:

3.3.4　油气介质走向应有方向标志，管线、设备涂色应符合 SY 0043 的规定。

3.3.5　梯子、栈桥和护栏应齐全、可靠，安全通道应畅通。

3.3.6　机电设备转动部位应有防护罩，并安装可靠。

3.3.7　安全阀、温度计、压力表及硫化氢气体检测仪、可燃气体检测仪等安全仪器应完好，并在有效校验期内。

Q/SY 1124.5—2007《石油企业现场安全检查规范　第 5 部分：炼化检维修》:

5.9.1.2　检查检修所用的盲板，应按预设的装拆盲板图按编号如数拆卸或安装。

5.9.1.4　检查设备的防护装置和安全设施、避雷装置等；拆除的盖板、围栏扶手等设备附件，应恢复原状态。

5.9.1.5　应清除设备上、房屋顶上、厂房内外地面上的杂物垃圾。

5.9.1.6　检修所用的工机具、脚手架、临时电线、开关、临时用的警告标志等应清出现场。

5.9.3.3　确认设备、管道的耐压和气密性，电气接零、接地、静电跨接和接地、避雷接地、等电位连接情况良好。

5.9.3.4　生产方应按工艺操作规程进行工艺系统检查，确认压力、温度、流量、联锁、信号报警等仪表处于良好状态。

5.9.3.5　应确认安全装备、消防设施、急救器材完备好用，消防道路畅通，无火灾隐患。

SY 5225—2012《石油天然气钻井、开发、储运防火防爆安全生产技术规程》:

6.2.1.8　站内工艺管道及设备中的空气置换应直接采用氮气等惰性气体进行置换，或可利用输气管道置换时惰性气体段的气体进行置换。置换时管道内的气体流速不应大于 5m/s，混合气体应排放到站库放空系统，当排放口的气体含氧量低于 2% 时即为置换合格。

6.3.2　天然气处理装置的气体置换

天然气处理装置在投产前或大修后重新投用前应进行气体置换，应配备可燃气体监测设备，当排放出的气体含氧量不大于 2% 时为置换合格。用于置换的气体应为氮气等惰性气体，置换速度应不大于 5m/s。

（四）典型“三违”行为

（1）开(停)车方案未按程序审批开始作业。

（2）未办理作业许可证作业。

（3）未执行开(停)车方案要求作业。

（五）事故案例分析

1. 事故经过

2016年9月11日，某炼油厂润滑油车间白土装置大修完成后开车作业，在开车过程中，1号机泵和2号机泵一直处于半抽空状态，产生异响。车间负责人急忙停车，对机泵进行检修，发现泵进口开关有毛毡堵在入口线上。

2. 主要原因

由于工作人员疏忽，检修时将毛毡遗留在容器内，泵进口被毛毡堵塞，造成装置开车时机泵出现故障。

3. 事故教训

（1）装置在停车检修完毕后，在封人孔时必须由操作人员、带班人员进行检查确认，并认真填写确认表，促使各级人员责任落实到位。

（2）干部职工针对案例进行学习和教育，增强干部员工的工作责任心。

十、油气田检维修作业

（一）监督内容

（1）检查检维修队伍资质、能力和安全合同。

（2）检查检维修现场安全条件。

（3）监督检维修过程安全措施落实。

（4）监督检维修交接验收。

（二）主要监督依据

SY/T 6320—2016《陆上油气田油气集输安全规程》；

AQ 2012—2007《石油天然气安全规程》；

Q/SY 1124.5—2007《石油企业现场安全检查规范　第5部分：炼化检维修》；

Q/SY 08240—2018《作业许可管理规范》。

（三）监督控制要点

（1）检查检维修队伍资质、能力和安全合同。

监督依据：Q/SY 1124.5—2007《石油企业现场安全检查规范　第5部分：炼化检维修》。

5.2.1.3　特种作业人员应持有效特种作业人员操作证上岗。

5.2.3.1　装置、系统停工检修作业前，生产方应针对检修内容和风险评估报告对本方参检人员进行专项安全教育，并经考试合格；检修作业方应针对检修内容和HSE计划书，对本方参检人员进行作业规程、作业安全事项培训，并经考试合格。检修作业方进入检修现场作业前，还应接受生产方的专项安全教育，并经考试合格。

5.2.3.2　从事日常检维修人员宜相对固定，应经生产方、检修作业方分别教育并考核合格，定期进行再教育。

5.2.3.5　按5.2.3.1和5.2.3.2的规定进行教育的人员应达到如下要求：

a）掌握检维修作业内容，熟知检维修作业程序和方法。

b）熟悉作业场所有毒有害物质的危害特性及防护救护措施。

c）掌握安全防护设备、消防器材的使用方法。

d）熟悉检维修现场各种突发事故应急预案。

5.2.5.1　生产方和检修作业方在检修作业前应签订安全合同，明确双方的责、权、利及风险交底方式和文件。生产方应审核检修作业方的施工资质、安全资质和特种作业人员资质。检修作业方应具有与检维修任务一致的施工资质。

5.2.5.2　多个作业单位在同一检修现场作业，生产方应组织相关方签订安全协议，并负责施工总协调工作。

5.2.7.3　检修作业方在现场应有检修施工方案、应急预案、技术标准、检修规程等资料。

5.3.2.1　检修作业方、生产方应分别或共同制定检修现场火灾、爆炸、人员中毒窒息、人员碰伤、摔伤等突发性事故的应急预案。

5.3.2.2　应对现场施工人员进行应急预案培训，并组织演练。

（2）检查检维修现场安全条件。

监督依据标准：Q/SY 1124.5—2007《石油企业现场安全检查规范　第5部分：炼化检维修》、Q/SY 08240—2018《作业许可管理规范》、SY/T 6320—2016《陆上油气田油气集输安全规程》。

Q/SY 1124.5—2007《石油企业现场安全检查规范　第5部分：炼化检维修》：

5.1.2　装置日常检维修作业，由生产方、检修作业方车间主要负责人组织，并指定专人在现场指挥协调作业。

日常检维修作业应办理作业许可手续，通过许可审核落实相关人员责任和技术措施。

5.2.1.1 生产方应对进入施工现场人员进行安全教育。

5.2.1.2 进入施工现场的人员应正确佩戴劳动防护用品。

5.2.1.5 作业前应对设备、工具、作业环境进行检查，及时整改发现的问题。

5.2.4.1 现场指挥部、项目部、休息点、工具房应设置在检维修现场外的安全区域。检维修人员宿舍和食堂不应设置在检维修现场。

5.2.4.2 在装置内检修时，应设置明显标志将检修区与生产区分开。在易燃易爆生产区、贮罐区、仓库区检修作业时，附近路段应设置明显的标志，限制车辆通行。

5.2.4.3 检维修作业需要占用道路时，应办理封路审批手续，另行指定消防通道，并告知消防队。

5.2.4.5 检维修作业使用的备品配件、机具、材料等，应按指定地点整齐存放。拆卸的拟利用的阀门、螺栓等物品应定点摆放。施工现场应在每天收工前进行清理。

5.2.6.1 进入炼化检维修现场的机动车辆应办理通行许可手续，机动车辆应安装阻火器、携带灭火器，并经检查合格后方可进入。

5.2.6.2 机动车辆在厂区内干道的运行时速不应超过30km/h，在装置间通道的运行时速不应超过15km/h，在装置内的运行时速不应超过5km/h。

5.2.6.3 机动车辆不应携带任务以外其他易燃、易爆、腐蚀性物品。氧气瓶、乙炔瓶不应混装。

5.2.6.5 机动车辆不应客货混装，装载货物不应超载、超高、超宽和泄漏。

5.2.6.6 叉车不应以叉代运，不应违章载人。

5.3.3.1 炼化检维修作业不应雇用童工和未成年工。

5.3.3.5 检修现场应配备急救医药箱，医药箱内配备消毒水、创口贴、包扎纱布、消炎药、夹板、止泻药等，并定期清点药品，做好记录。

Q/SY 08240—2018《作业许可管理规范》：

5.1.1 在所辖区域内或在已交付的在建装置区域内，进行下列工作均应实行作业许可管理，办理作业许可证：

——非计划性维修工作（未列入日常维护计划或无程序指导的维修工作）；

——承包商作业；

——偏离安全标准、规则、程序要求的工作；

——交叉作业；

——在承包商区域进行的工作；

——缺乏安全程序的工作。

对不能确定是否需要办理许可证的其他工作，办理许可证。

5.1.2　如果工作中包含下列工作，还应同时办理专项作业许可证：进入受限空间；挖掘作业；高处作业；移动式吊装作业；管线打开；临时用电；动火作业。

5.4.4　凡是涉及有毒有害、易燃易爆作业场所的作业，作业单位均应按照相应要求配备个人防护装备，并监督相关人员佩戴齐全，执行相关个人防护装备管理的要求。

SY/T 6320—2016《陆上油气田油气集输安全规程》：

10.7　电气设备检修时，配电室送电闸刀应挂“禁止合闸”标牌，并有专人监护。

11.2.4　消防泵应保持完好，能随时启动。

（3）监督检维修过程安全措施落实。

监督依据：Q/SY 1124.5—2007《石油企业现场安全检查规范　第5部分：炼化检维修》、SY/T 6320—2016《陆上油气田油气集输安全规程》。

Q/SY 1124.5—2007《石油企业现场安全检查规范　第5部分：炼化检维修》：

5.2.1.4　现场检修人员不应脱岗、串岗、睡岗和饮酒后上岗。

5.2.1.6　不应使用汽油或易挥发溶剂等清洗设备、零件。

5.2.1.7　检修期间，生产方、检修作业方应每天召开协调会议，总结、安排安全工作。

5.2.4.4　检维修现场的消防设施不应挪用、拆除、停用、埋压、圈占，使用消防设施应经审批同意。

5.2.4.6　用高压水枪清洗设备、吊装作业、射线探伤作业及高处作业的下方应设置警戒绳，并指定专人监护。

5.2.5.3　检修现场如需要进行交叉配合作业时，生产方应在作业前组织相关方召开专题安全会议，共同识别施工中存在的风险、危害，制订安全防护措施、应急程序，并落实对相关方人员的交底或培训。生产方应安排专人在施工现场指挥协调作业。

5.3.4.1　拆除的废保温材料及油抹布、废旧手套、生活垃圾等固体废弃物应及时清理干净并运送到垃圾场。

5.3.4.2　拆除清理出的危险物应及时送到生产方指定的存放地点。

5.3.4.3　清洗设备的废水，应排入装置生产污水系统。用过的洗液应回收。

5.3.4.4　在草坪上检修应铺垫帆布或塑料布。

5.3.4.5　检修现场刷油、防腐作业下面应铺垫防渗布。

5.3.4.6　检修使用的设备应无渗漏，设备定期保养，卫生清洁。

5.3.4.7　施工结束后，应做到工完料净场地清，恢复原貌。

5.4.2　检维修现场检修作业方应配备必要的防毒面具、防酸工作服、石棉手套、防酸手套等个人特殊防护用品，由专人保管。品种和数量应符合风险评估报告的要求。

5.4.4　在含硫化氢等有毒有害气体场所检修时，现场人员应佩戴合格的防毒护具，生产方应提供现场有毒有害物质的检测数据。

5.5.1　生产方应根据风险评估报告要求，在检维修现场配备个体防护器具（如空气呼吸器、长管防毒面具）、救护器具等应急救援需要的安全装备和消防器材，并保证完好。

5.5.2　系统停车检修时，宜在现场配备一辆救护车，安排医务人员值班，同时现场应至少配备两副担架和必要的急救药品。没有救护车的单位，可准备一辆值班汽车。

5.5.3　系统停车检修时，应先与驻地消防队联系，必要时安排消防车到检修现场值班。

5.5.4　检维修现场小型消防器材的配备数量应符合化工装置的常规要求。如原现场已配备相应数量的小型消防器材，则应在检修前进行一次检查。

检维修现场应配备用于应急覆灭小火情或隔离覆盖备用的石棉布。

5.5.5　检维修现场应确保消防用水，压力满足消防安全要求，应安排专人检查消防栓、消防水带、水枪、消防工具并确保好用。

5.6.1　检修机械的防护装置、制动装置等应完整好用。

5.6.2　现场使用的氧气、乙炔等气瓶的瓶帽、防震圈、减压阀、压力表等安全附件应齐全、有效，色标应符合 GB 7144 的要求，气瓶应在检验周期内使用。

不同种类气体的气瓶应分开存放，使用、存放时应采取防曝晒措施。

5.6.3　电焊使用的焊机应一机一专用开关，一次线不应长于 5m，二次线应绝缘良好，接在焊点附近金属构件上。

5.6.5　起重机械在检修前应按 GB/T 6067 和 GB/T 5972 的要求进行检查，并做好记录。电（手）动葫芦、滑车、钢丝绳、千斤顶、索具等应无损伤、腐蚀，并由专人保管。

5.6.6　安全带、安全网、梯子等登高用具应符合 GB 6095、GB 5725 的要求。

5.7.1.1　作业许可票证应专证专用，不应代用、涂改。

5.7.1.2　办理票证时，应逐项填写内容，不应空缺，签字栏应由本人签字。

5.8.1.1　在检维修作业中，需对物料、氮气等采取隔离时，应在管道（设备）上安装盲板。

5.8.1.3　生产方应建立盲板管理台账，指派专人负责盲板管理工作。

5.8.1.5　盲板应安装在来料阀门的下游法兰处，盲板两侧均应加垫片，并用螺栓紧固。

5.8.1.6　在装(拆)盲板作业过程中,作业人员应站在法兰口的侧面。如设备或管道内可能存有物料应佩戴防护面罩和防护手套。

5.8.2.1　拆除整套装置或装置内大型设备、框架时,应制订安全拆除方案。方案由检修作业方组织制订,经生产方确认、审批,作业前应向拆除作业人员交底。

5.8.2.5　拆除作业过程中应落实以下安全措施:

b)在高处拆除物体时,应采用溜槽下滑或其他方法运送。

c)在高处作业时,拆除工具应妥善保管和使用,拴系安全绳,传递工具不应抛掷,防止掉落。

d)拆除作业施工时应设置路障、警告标志,限制车辆和人员通行。必要时设专人进行监视。

e)拆除的材料,应及时分类清理、运出,保持施工现场整洁,道路通畅。

5.8.3.5　有限空间的所有连接管线都应加盲板进行隔离。

5.8.3.8　在有限空间内上下层交叉作业时,层与层之间应做隔离。

5.8.3.11　应保证有限空间出口畅通无阻,内外不应有障碍物。

5.8.3.15　在塔、釜、罐、槽车等设备内动火和清理作业时,应采取机械通风措施。

5.8.4.4　临时用电线路应采用绝缘良好的橡胶软导线,主干动力电缆可采用铠装电缆。

电源线过路宜架设,室内不低于2.5m,室外不低于3.5m,横过马路不低于5m。在地面铺设时应采取防砸、防压措施,进入装置内的电源线中间不应有接头。

送电前应测量绝缘电阻,合格后方可送电。

5.8.4.5　现场设置的临时配电箱、电气施工机具宜集中存放在生产方指定的地点。

临时配电箱、电源开关应设箱上锁,应符合电气安全和现场安全要求,应采取防雨防水措施,箱门上应做文字警告标志。

零散用电电源应设铁盒开关,铁盒开关应垫起,高于地面,电缆接头应做防水、防短路、防触电处理,不应用一个开关同时启动两台及以上电气设备。

存放易燃、易爆、腐蚀性等有害物品距配电箱、开关及电焊机等电器设备的距离不应小于15m。

5.8.4.9　检修作业临时性用电的行灯,其电压不应超过36V。在潮湿地点、坑、井、沟或金属容器内部作业,行灯电压不应超过12V。易燃易爆场所应选用防爆型并带有金属保护罩的行灯。

5.8.4.10　雷雨天不应进行临时用电作业。

5.8.4.11　暂时停止临时用电作业时,应将用电设备一次电源切断。临时用电结束后,应立即拆除其设备。

5.8.5.7 不应在带压力的容器和管道上进行焊接作业。

5.8.5.8 在用电的设备上焊接作业应先切断电源。

5.8.5.9 储装氧气的容器、管道、设备应与动火部位隔绝(加盲板),如果动火,应用氮气置换,系统的氧气体积分数不应大于23.5%。

5.8.5.10 在金属容器内施焊时,容器应做可靠接地,不应向容器内输入氧气。

5.8.6.8 在检修现场可能存在高处坠落危险的地方(如深坑、预留洞口、框架平台、设备吊装口、电梯口等)应设置牢固的盖板、防护栏杆,并设置明显的安全标志,夜间应设红灯警示。

5.8.10.1 射线探伤操作人员应进行就业前和定期体检,接受放射知识培训,取得射线探伤作业资格证。

5.8.10.2 射线探伤作业应到生产方办理射线探伤作业许可手续,并应得到探伤地点周围相关方签字确认。

5.8.10.3 射线探伤操作人员,作业前应穿戴好防辐射保护用品,射线探伤地点应设置警戒绳,挂“当心电离辐射”的警告牌,夜间应设置警示红灯,并指定专人进行监护,无关人员不应进入作业区。

5.8.10.4 探伤仪器及附属电气设备,线路应绝缘良好,外壳应接地,非工作人员不应进行操作。

5.8.10.7 在封闭区域内进行着色探伤,应设置通风装置并戴好防毒面罩。

SY/T 6320—2016《陆上油气田油气集输安全规程》:

6.4.9 在含硫容器内作业,应进行硫化氢气体及氧气含量检测。当硫化氢含量超过或氧气低于安全临界浓度时,应佩戴正压式空气呼吸器。不应无监督单独作业。

(4)检维修交接验收。

监督依据:Q/SY 1124.5—2007《石油企业现场安全检查规范 第5部分:炼化检维修》

5.7.2.1 装置、系统停工检修,应办理检修书面许可手续。安全检修交接,生产方为交方,检修作业方为接方,由交接双方负责人签字认可。

5.7.2.2 装置日常检维修或局部抢修,以作业许可手续作为安全交接手续,应在双方签字确认后开始作业。

5.9.1.4 检查设备的防护装置和安全设施、避雷装置等;拆除的盖板、围栏扶手等设备附件,应恢复原状态。

5.9.2.1 生产装置停车检修或系统检修结束后,检修作业方为交方,生产方为接方,应履行安全交接程序。

（四）典型“三违”行为

（1）无特种作业证上岗作业。

（2）实施危险作业前，未办理作业许可证。

（3）未经审批挪用消防器材。

（4）检修机动车辆客货混装。

（5）现场无安全通道，或施工机具摆放不规范阻塞通行。

（五）事故案例分析

1. 事故经过

2016年12月24日8时50分左右，某油田螺杆泵井进行检换泵作业前施工准备工作，副队长员工A和当班班长员工B用蒸汽对井口进行解冻操作，员工B站在螺杆泵井南侧约1m处，员工A站在对侧的井口与井架之间。当员工B使用热蒸汽管线刺井口约5min，螺杆泵光杆瞬时发生反转，带动驱动皮带轮高速旋转，造成驱动轮破碎飞出，碎片击中员工B颈部。现场立即拨打120急救电话，经现场抢救无效死亡。

2. 主要原因

经现场勘查初步分析，解冻施工过程中，由于井口设备受热，螺杆泵驱动头、驱动轮刹车装置因热胀冷缩发生变化，受到扰动，造成防反转装置失灵，抽油杆扭矩瞬间释放，致使驱动头皮带轮高速旋转，驱动头皮带轮材质为铸铁，皮带轮在高速旋转下产生的离心作用，超过铸铁轮的强度发生爆裂飞出，碎片击中员工B。

3. 事故教训

（1）加强螺杆泵井洗井管理。缩短螺杆泵井洗井周期，提高洗井质量，减少卡泵数量。

（2）开展安全检查。针对螺杆泵日常管理和作业施工开展专项安全检查工作。

（3）开展风险分析。针对螺杆泵维修操作开展风险分析，提高员工自我保护意识。

十一、化学清洗作业

（一）监督内容

（1）检查危险化学品的贮存条件。

（2）核查化学清洗作业方案的审批情况。

（3）核查作业相关人员的能力。

（4）确认化学清洗作业前的安全条件。

（5）监督化学清洗作业过程的措施落实。

（二）主要监督依据

GB 17914—2013《易燃易爆性商品储藏养护技术条件》；

GB 17915—2013《腐蚀性商品储藏养护技术条件》；

SY/T 6137—2017《硫化氢环境天然气采集与处理安全规范》；

SY/T 6696—2014《储罐机械清洗作业规范》；

HG/T 2387—2007《工业设备化学清洗质量标准》；

TSG G5003—2008《锅炉化学清洗规则》；

《中国石油天然气股份有限公司预防硫化氢中毒事故管理暂行规定》（石油质字〔2003〕30号）。

（三）监督控制要点

（1）检查危险化学品贮存条件符合标准要求。

监督依据标准：GB 17915—2013《腐蚀性商品储藏养护技术条件》、GB 17914—2013《易燃易爆性商品储藏养护技术条件》。

GB 17915—2013《腐蚀性商品储藏养护技术条件》：

4.3.2　腐蚀性商品应按不同类别、性质、危险程度、灭火方法等分区分类储存，性质和消防施救方法相抵的商品不应同库储存，见附录A。

5.1.1.1　入库商品应附有产品检验合格证和安全技术说明书。进口商品还应有中文安全技术说明书或其他说明。

6.2.1.1　每天对库房内外进行安全检查，及时清理易燃物，应维护货垛牢固，无异常，无泄漏。

GB 17914—2013《易燃易爆性商品储藏养护技术条件》：

4　储存条件

4.1　建筑等级

应符合GB 50016—2006中3.3.2的要求，库房耐火等级不低于二级

4.2　库房

4.2.1　应干燥、易于通风、密闭和避光，并应安装避雷装置；库房内可能散发（或泄漏）可燃气体、可燃蒸气的场所应安装可燃气体检测报警装置。

4.2.2　各类商品依据性质和灭火方法的不同，应严格分区、分类和分库存放。

4.2.2.1　易爆性商品应储存于一级轻顶耐火建筑的库房内。

4.2.2.2　低、中闪点液体、一级易燃固体、自燃物品、压缩气体和液化气体类应储存于一级耐火建筑的库房内。

4.2.2.3　遇湿易燃商品、氧化剂和有机过氧化物应储存于一、二级耐火建筑的库房内。

4.2.2.4　二级易燃固体、高闪点液体应储存于耐火等级不低于二级的库房内。

4.2.2.5　易燃气体不应与助燃气体同库储存。

（2）作业前，核查化学清洗作业方案审批情况。

监督依据标准：TSG G5003—2008《锅炉化学清洗规则》。

第七条　化学清洗前应当由专业技术人员制订清洗方案，并且经过相关负责人审核、批准，清洗时应当严格执行清洗方案，如果有特殊情况需要改变方案，应当经过原审核、批准的负责人同意。

（3）作业前，核查作业相关人员的能力。

监督依据标准：TSG G5003—2008《锅炉化学清洗规则》《中国石油天然气股份有限公司预防硫化氢中毒事故管理暂行规定》（石油质字〔2003〕30号）。

TSG G5003—2008《锅炉化学清洗规则》：

第四条　从事锅炉化学清洗的人员应当通过培训考核，掌握锅炉化学清洗和有关安全知识后方能操作。

第二十五条　清洗单位应当根据本单位具体情况制订安全管理制度，有关清洗人员应当掌握安全操作规程，了解所使用的各种药剂的特性及其急救方法，并且进行自身的防护。

《中国石油天然气股份有限公司预防硫化氢中毒事故管理暂行规定》（石油质字〔2003〕30号）：

第三十二条　所有可能接触硫化氢的人员，上岗前必须接受有关防止硫化氢中毒及救护知识的教育培训，经考试合格后，方准上岗作业。

（4）作业前，确认化学清洗作业安全条件。

【关键控制环节】：

① 施工前，生产单位现场负责人向所有作业人员进行了安全交底、方案交底。

② 划定了施工作业区域，警示标志、风向标，设专人监护，非作业人员禁止进入。

③ 作业人员劳动防护用品穿戴正确、齐全，符合规定。

④ 作业人员清楚清洗作业过程存在的危险源点和危险状况，熟悉操作规程，掌握应急措施。

⑤ 空气呼吸器、硫化氢检测仪、消防器材、冲洗器等安全防护器材，卫生设施、设备按要求配备齐全。

⑥ 作业前，化学清洗作业应急救援预案演练不少于一次。

监督依据标准：GB 17915—2013《腐蚀性商品储藏养护技术条件》、HG/T 2387—2007《工业设备化学清洗质量标准》、TSG G5003—2008《锅炉化学清洗规则》、SY/T 6696—2014《储罐机械清洗作业规范》《中国石油天然气股份有限公司预防硫化氢中毒事故管理暂行规定》（石油质字〔2003〕30号）。

SY/T 6696—2014《储罐机械清洗作业规范》：

5 清洗准备

5.1 勘查现场

勘查现场宜参见附录C中的表C.1。

5.2 制作业方案

根据现场调查表中业主储罐信息，确定清洗设备、作业材料、作业人员、清洗工期、安全防护措施、应急准备等项的安排选用。

5.3 办理作业手续

根据现场勘查的情况，确定可进行机械清洗后，办理相关手续。

GB 17915—2013《腐蚀性商品储藏养护技术条件》：

7.2 作业时应穿戴防护服、护目镜、橡胶浸塑手套等防护用具，应做到：

a）操作时应轻搬轻放，防止摩擦震动和撞击；

b）不应使用沾染异物和能产生火花的机具，作业现场远离热源和火源；

c）分装、改装、开箱检查等应在库房外进行；

d）有氧化性强酸不应采用木制品或易燃材质的货架或垫衬。

HG/T 2387—2007《工业设备化学清洗质量标准》：

5.5.1.1 化学清洗前应拆除或隔离能受清洗液损害而影响正常运行的部件和其他配件，无法拆除或隔离者不应产生由于清洗而造成的损伤。拆除后的管件、仪表、阀门等可单独清洗。

TSG G5003—2008《锅炉化学清洗规则》：

第二十六条 清洗现场应当配备可靠的消防设备、安全灯、照明、劳动保护用品，受伤处理的常规和急救药品，并且设置“严禁明火”等安全警示标志。

第二十九条 化学清洗时，应当采取以下安全措施：

（一）对影响安全的扶梯、孔洞、沟盖板、脚手架等，做好妥善处理。

（二）清洗系统所有的连接部位安全可靠、阀门、法兰和清洗泵密封严密，清洗现场备有耐腐蚀的用于包扎管道、阀门的材料，以便漏酸时紧急处理。

（三）酸泵、取样点、监视管等附近设有用胶皮软管连接的清水水源及中和药剂，以备泄漏时冲洗、中和。

《中国石油天然气股份有限公司预防硫化氢中毒事故管理暂行规定》（石油质字〔2003〕30号）：

第二十八条 应根据生产岗位和工作环境特点，配备劳动防护用品，包括过滤式防毒面具和正压自给型空气呼吸器，并指定专人管理，定期检测、更换及维护，确保完好使用。

第二十九条 在所有可能产生硫化氢的沟、池、容器等低洼处作业时，应使用必要的防护用品，防止人员中毒。

第三十三条 凡可能发生硫化氢中毒事故的单位，应制订应急预案，并组织相关人员定期进行演练。

（5）作业过程中，检查各项化学清洗作业安全措施的落实情况。

【关键控制环节】：

① 作业期间，现场负责人、监护人不得无故离开作业现场，值班人员坚守岗位，巡回检查不缺项漏点。

② 按照方案和操作规程连接化学清洗系统，各部位连接可靠，无刺漏。

③ 搬运浓酸、浓碱时，应使用专用工具，禁止肩扛、手抱等可能危及人身安全的方式。

④ 按清洗作业方案，实施有毒有害气体检测；必要时，应立刻停止作业，待隐患排除后，方可重新作业。

⑤ 清洗作业现场无明火，无其他堵塞安全通道的障碍物。

⑥ 夜间禁止进行化学清洗作业，遇有五级及以上大风、暴（大）雨、雷雨等恶劣天气时，禁止化学清洗作业。

⑦ 清洗作业产生的残液、残渣不允许直接排入天然水体中，应就近纳入当地的污水处理系统，集中处理，达标排放。

⑧ 作业结束，现场指挥人员清点人数。

监督依据标准：HG/T 2387—2007《工业设备化学清洗质量标准》、TSG G5003—2008《锅炉化学清洗规则》、SY/T 6137—2017《硫化氢环境天然气采集与处理安全规范》《中国石油天然气股份有限公司预防硫化氢中毒事故管理暂行规定》（石油质字〔2003〕30号）。

TSG G5003—2008《锅炉化学清洗规则》：

第二十八条 清洗过程中，应当有专人值班，定时巡回检查，随时检修清洗设备的缺陷。

第二十七条　搬运浓酸、浓碱时，应使用专用工具，禁止肩扛、手抱等可能危及人身安全的方式。

第二十三条　严禁排放未经过处理的酸、碱清洗液，不得用渗坑、渗井和漫流等方式排放。

SY/T 6137—2017《硫化氢环境天然气采集与处理安全规范》：

5.5　外来参观者和其他临时指派人员进入潜在危险区域之前，应向其介绍出口路线、紧急集合区域、所用报警信号、紧急情况的响应措施及个人防护设备的使用等。

《中国石油天然气股份有限公司预防硫化氢中毒事故管理暂行规定》（石油质字〔2003〕30号）：

第二十一条　酸渣与碱渣不得混合排放，防止发生反应后造成硫化氢中毒事故。

HGT 2387—2007《工业设备化学清洗质量标准》：

5.1.7　化学清洗过程中的废液不允许直接排入水体中，应就近纳入当地的污水处理系统。具体指标参照 GB 8978 或当地污水排放标准的规定执行。

5.1.2　化学清洗后设备内的残液、残渣应清除干净。

（四）典型“三违”行为

（1）未制订化学清洗作业方案或方案未按程序审批，擅自进行作业。

（2）作业人员劳保防护用品不全、防护措施不到位，进行化学清洗作业。

（3）清洗作业产生的酸、碱清洗液未经处理，直接排放。

（4）作业过程中，未进行有毒有害气体检测。

（5）涉及其他危险作业时，未同时办理相关许可票证。

（五）事故案例分析

1. 事故经过

2013 年 7 月 26 日，4 名承包商作业人员进入某销售公司一加油站作业现场，在口头安全教育后进行油罐清洗作业。11 时 37 分，1 名清罐人员戴过滤式防毒面具和安全绳进入罐内，开始清罐，加油站经理带领 2 名员工和 3 名清罐人员监护。11 时 39 分，监护人员发现清罐人员昏倒，随即拽拉安全绳施救，由于安全绳穿戴方式错误，施救过程安全绳脱落，另 2 名清罐人员头戴过滤式防毒面具，在未系安全绳的情况下先后入罐内施救，不久即昏倒在罐底。两名施救人员经抢救无效死亡。

2. 主要原因

油罐内氧含量极低，承包商作业及施救人员因缺氧窒息。进入受限空间作业前，未检测氧气浓度和可燃气体浓度，盲目进罐作业。作业人员未按照施工方案要求使用能提供呼吸气源的正压式空气呼吸器或长管式呼吸器，错误地选择了过滤式防毒面具，致使作业人员在缺氧环境下作业窒息。施救人员缺乏必要的安全救护知识，盲目施救，造成人员伤害范围扩大。

3. 事故教训

（1）进入受限空间作业前，必须办理作业许可，对有毒有害气体和氧气浓度等进行检测，采取通风、置换等措施，降低作业风险。

（2）应针对不同的作业风险，配备合适的防护用品，避免出现在缺氧的情况下，使用无法提供气源的过滤式防毒面具。

（3）严格开展施工作业前能力准入评估，对无法满足施工需要的承包商人员和关键设备，要及时进行整顿或清退。

（4）建立岗位培训矩阵，开展安全环保履职考评，通过培训和考评，及时发现管理人员和作业人员的能力“短板”，提高安全环保履职能力。

十二、电力设施检维修作业

（一）监督内容

（1）核查检维修作业人员资质、工器具满足要求，工作职责正确履行。

（2）核查是否按规定办理作业票。

（3）确认安全保证措施得到落实。

（4）监督按规定周期进行巡回检查，发现问题及时处理。

（5）监督仪表自动化系统安全维护安全措施执行情况。

（二）主要监督依据

GB 26860—2011《电力安全工作规程　发电厂和变电站电气部分》。

（三）监督控制要点

（1）核查检维修作业人员资质、工器具满足要求，工作职责正确履行。

【关键控制环节】：

① 电力设备设施检维修、安装、试验作业的电气作业人员、焊接作业人员、高处作业人员应持有效特种作业人员操作证上岗。

② 外单位承担或外来人员参与电气作业的，应与管理单位签订安全合同（协议），明确双方安全责任。

监督依据标准：GB 26860—2011《电力安全工作规程　发电厂和变电站电气部分》。

4.1　工作人员

4.1.1　经医师鉴定，无妨碍工作的病症（体格检查至少每两年一次）。

4.1.2　具备必要的安全生产知识和技能，从事电气作业的人员应掌握触电急救等救护法。

4.1.3　具备必要的电气知识和业务技能，熟悉电气设备及其系统。

4.2　作业现场

4.2.1　作业现场的生产条件、安全设施、作业机具和安全工器具等应符合国家或行业标准规定的要求，安全工器具和劳动防护用品在使用前应确认合格、齐备。

4.2.2　经常有人工作的场所及施工车辆上宜配备急救箱，存放急救用品，并指定专人检查、补充或更换。

5.4　工作票所列人员的安全责任

5.4.1　工作票签发人：

a）确认工作必要性和安全性。

b）确认工作票上所填安全措施正确、完备。

c）确认所派工作负责人和工作班人员适当、充足。

5.4.2　工作负责人（监护人）：

a）正确、安全地组织工作。

b）确认工作票所列安全措施正确、完备，符合现场实际条件，必要时予以补充。

c）工作前向工作班全体成员告知危险点，督促、监护工作班成员执行现场安全措施和技术措施。

5.4.3　工作许可人：

a）确认工作票所列安全措施正确完备，符合现场条件。

b）确认工作现场布置的安全措施完善，确认检修设备无突然来电的危险。

c）对工作票所列内容有疑问，应向工作票签发人询问清楚，必要时应要求补充。

5.4.4　专责监护人：

a）明确被监护人员和监护范围。

b）工作前对被监护人员交代安全措施，告知危险点和安全注意事项。

c）监督被监护人员执行本标准和现场安全措施，及时纠正不安全行为。

5.4.5　工作班成员：

a）熟悉工作内容、工作流程，掌握安全措施，明确工作中的危险点，并履行确认手续。

b）遵守安全规章制度、技术规程和劳动纪律，执行安全规程和实施现场安全措施。

c）正确使用安全工器具和劳动防护用品。

（2）核查是否按规定办理作业票。

【关键控制环节】：

监督是否按规范规定填写第一种、第二种工作票、带电作业工作票或紧急抢修单。

监督依据标准：GB 26860—2011《电力安全工作规程　发电厂和变电站电气部分》。

5.2　工作票种类

5.2.1　需要高压设备全部停电、部分停电或做安全措施的工作。

5.2.2　大于表 1 安全距离的相关场所和带电设备外壳上的工作及不可能触及带电设备导电部分的工作，填用电气第二种工作票。

5.2.3　带电作业或与带电设备距离小于表 1 规定的安全距离但按带电作业方式开展的不停电工作，填用电气带电作业工作票。

5.2.4　事故紧急抢修工作使用紧急抢修单或工作票。非连续进行的事故修复工作应使用工作票。

表 1　设备不停电时的安全距离

电压等级，kV	安全距离，m
10 及以下	0.70
20、35	1.00
66、110	1.50
220	3.00
330	4.00
500	5.00
750	7.20
1000	8.70
±50 及以下	1.50
±500	6.00
±660	8.40
±800	9.30

注：1. 表中未列电压等级按高一档电压等级安全距离。

2. 13.8kV 执行 10kV 的安全距离。

3. 750kV 数据按海拔 2000m 校正，其他等级数据按海拔 1000m 校正。

（3）确认安全保证措施得到落实。

【关键控制环节】：

监督作业过程是否落实停电、验电、接地、悬挂标示牌和装设遮栏等措施。

监督依据标准：GB 26860—2011《电力安全工作规程　发电厂和变电站电气部分》。

6.2　停电

6.2.1　符合下列情况之一的设备应停电：

a）检修设备。

b）与工作人员在工作中的距离小于表2规定的设备。

c）工作人员与35kV及以下设备的距离大于表2规定的安全距离，但小于表1规定的安全距离，同时又无绝缘隔板、安全遮栏等措施的设备。

d）带电部分邻近工作人员，且无可靠安全措施的设备。

e）其他需要停电的设备。

表2　人员工作中设备带电部分的安全距离

电压等级，kV	安全距离，m
10及以下	0.35
20、35	0.60
66、110	1.50
220	3.00
330	4.00
500	5.00
750	8.00
1000	9.50
±50及以下	1.50
±500	6.80
±660	9.00
±800	10.10

注：1. 表中未列电压等级按高一档电压等级安全距离。
2. 13.8kV执行10kV的安全距离。
3. 750kV数据按海拔2000m校正，其他等级数据按海拔1000m校正。

6.2.2　停电设备的各端应有明显的断开点，或应有能反映设备运行状态的电气和机械等指示，不应在只经断路器断开电源的设备上工作。

6.2.3　应断开停电设备各侧断路器、隔离开关的控制电源和合闸能源，闭锁隔离开关的操作机构。

6.2.4　高压开关柜的手车开关应拉至“试验”或“检修”位置。

6.3　验电

6.3.1　直接验电应使用相应电压等级的验电器在设备的接地处逐相验电。验电前，验电器应先在有电设备上确证验电器良好。在恶劣气象条件时，对户外设备及其他无法直接验电的设备，可间接验电。

330kV 及以上的电气设备可采用间接验电方法进行验电。

6.3.2　高压验电应戴绝缘手套，人体与被验电设备的距离应符合表 1 的安全距离要求。

6.4　接地

6.4.1　装设接地线不宜单人进行。

6.4.2　人体不应碰触未接地的导线。

6.4.3　当验明设备确无电压后，应立即将检修设备接地（装设接地线或合接地刀闸）并三相短路。电缆及电容器接地前应逐相充分放电，星形接线电容器的中性点应接地。

6.4.4　可能送电至停电设备的各侧都应接地。

6.4.5　装、拆接地线导体端应使用绝缘棒，人体不应碰触接地线。

6.4.6　不应用缠绕的方法进行接地或短路。

6.4.7　接地线采用三相短路式接地线，若使用分相式接地线时，应设置三相合一的接地端。

6.5　悬挂标示牌和装设遮栏

6.5.1　在一经合闸即可送电到工作地点的隔离开关操作把手上，应悬挂“禁止合闸，有人工作！”或“禁止合闸，线路有人工作！”的标志牌。

6.5.2　在计算机显示屏上操作的隔离开关操作处，应设置“禁止合闸，有人工作！”或“禁止合闸，线路有人工作！”的标记。

6.5.3　部分停电的工作，工作人员与未停电设备安全距离不符合表 1 规定时应装设临时遮栏，其与带电部分的距离应符合表 2 的规定。临时遮栏应装设牢固，并悬挂“止步，高压危险！”的标志牌。35kV 及以下设备可用与带电部分直接接触的绝缘隔板代替临时遮栏。

6.5.4　在室内高压设备上工作，应在工作地点两旁及对侧运行设备间隔的遮栏上和禁止通行的过道遮栏上悬挂“止步，高压危险！”的标志牌。

6.5.5　高压开关柜内手车开关拉至“检修”位置时，隔离带电部位的挡板封闭后不应开启，并设置“止步，高压危险！”的标志牌。

6.5.6　在室外高压设备上工作，应在工作地点四周装设遮栏，遮栏上悬挂适当数量朝向里面的“止步，高压危险！”标志牌，遮栏出入口要围至临近道路旁边，并设有“从此进出！”的标志牌。

6.5.7　若室外只有个别地点设备带电，可在其四周装设全封闭遮栏，遮栏上悬挂适当数量朝向外面的“止步，高压危险！”标志牌。

6.5.8　工作地点应设置“在此工作！”的标志牌。

6.5.9　室外构架上工作，应在工作地点邻近带电部分的横梁上，悬挂“止步，高压危险！”的标志牌。在工作人员上下的铁架或梯子上，应悬挂“从此上下！”的标志牌。在邻近其他可能误登的带电构架上，应悬挂“禁止攀登，高压危险！”的标志牌。

6.5.10　工作人员不应擅自移动或拆除遮栏、标志牌。

（4）监督检维修作业人员正确操作。

【关键控制环节】：

① 监督雷电天气是否进行就地电气操作。

② 监督作业过程个人防护用品是否正确穿戴，是否使用合格的工器具。

监督依据标准：GB 26860—2011《电力安全工作规程　发电厂和变电站电气部分》。

7.3.6.1　停电操作应按照“断路器—负荷侧隔离开关—电源侧隔离开关”的顺序依次进行，送电合闸操作按相反的顺序进行。不应带负荷拉合隔离开关。

7.3.6.2　非程序操作应按操作任务的顺序逐项操作。

7.3.6.3　雷电天气时，不宜进行电气操作，不应就地电气操作。

7.3.6.4　用绝缘棒拉合隔离开关、高压熔断器，或经传动机构拉合断路器和隔离开关，均应戴绝缘手套。

7.3.6.5　雨天操作室外高压设备时，应使用有防雨罩的绝缘棒，并穿绝缘靴、戴绝缘手套。

7.3.6.6　装卸高压熔断器，应戴护目眼镜和绝缘手套，必要时使用绝缘夹钳，并站在绝缘物或绝缘台上。

11.6　进入 SF_6 电气设备低位区或电缆沟工作，应先检测含氧量（不低于18%）和 SF_6 气体含量（不超过1000μL/L）。

12.3　低压不停电工作，应站在干燥的绝缘物上，使用有绝缘柄的工具，穿绝缘鞋和全棉长袖工作服，戴手套和护目眼镜。

（四）典型“三违”行为

（1）未办理工作票或工作票签字不全，即开始作业。

（2）特种作业人员无证上岗。

（3）工作负责人（工作许可人）、专责监护人不在现场，或未正确履行职责。

（4）停电、验电、接地、悬挂标示牌和装设遮栏等安全措施未正确执行。

（5）违反工作票或操作规程操作。

（五）事故案例分析

1. 事故经过

2017 年 4 月 19 日，某公司 110kV 变电站进行 6kV 线路 3015 开关柜内装置检修工作，上午 10 时 44 分检修工作结束，10 时 54 分值班员 A 根据电力调度命令进行“3015 开关由检修转运行”操作，当进行完“合上 3015-2 刀闸”操作回到变电站控制室准备进行“合上 3015 开关”操作时，发现变电站操作监控系统显示 3015-2 开关存在故障，随即，A 与另一名值班员来到 3015 开关柜前检查 3015-2 刀闸状况，在检查过程中开关柜内突然放出高压电弧，导致 A 当场死亡。

2. 主要原因

3015 开关柜型号老旧，闭锁机构磨损，防护性能下降，在当事人违规强行操作下闭锁失效，柜门被打开，值班员 A 违规进入高压开关柜，遭受 6kV 高压电击致死。

3. 事故教训

（1）加强岗位员工培训，严格按照操作规程作业，杜绝习惯性违章。

（2）加强设备设施的隐患排查、维护保养，保证设备设施的完整性。

十三、含硫化氢场所作业

（一）监督内容

（1）监督硫化氢作业环境的危险性告知。

（2）作业场所安全检测、防护设施配备到位。

（3）安全防护设备使用正确。

（4）相关作业人员保护措施、培训到位，持证上岗。

（5）硫化氢作业环境有限空间实施许可管理。

（6）可能产生硫化氢的厂、站安全防护管理措施落实到位。

（7）危险废弃物处理正确。

（8）应急预案全面准确。

（二）主要监督依据

AQ 2012—2007《石油天然气安全规程》；

SY/T 6137—2017《硫化氢环境天然气采集与处理安全规范》；

SY/T 6277—2017《硫化氢环境人身防护规范》；

SY/T 7356—2017《硫化氢防护安全培训规范》；

（三）监督控制要点

（1）安全防护设备使用正确。

> 监督依据：SY/T 6277—2017《硫化氢环境人身防护规范》。
>
> 6.1 空气压缩机
>
> 6.1.1 在已知含有硫化氢的工作场所应至少配备一台空气压缩机，其输出空气压力应满足正压式空气呼吸器充气要求。
>
> 6.1.2 没有配备空气压缩机的工作场所应有可靠的气源。
>
> 5.2 便携式硫化氢检测仪
>
> 5.2.1 配备
>
> 5.2.1.2 在已知含有硫化氢的陆上工作场所应至少配备探测范围为 0mg/m^3～30mg/m^3（0ppm～20ppm）和 0mg/m^3～150mg/m^3（0ppm～100ppm）的便携式硫化氢检测仪各 2 套。
>
> 5.2.1.3 在已知含有硫化氢的海上工作场所除按 5.2.1.2 要求外，还应配备 1 套便携式比色指示管探测仪和 1 套便携式二氧化硫探测仪。
>
> 5.2.1.4 在预测含有硫化氢的陆上工作场所或探井井场应至少配备探测范围为 0mg/m^3～30mg/m^3（0ppm～20ppm）和 0mg/m^3～150mg/m^3（0ppm～100ppm）的便携式硫化氢检测仪各 1 套。
>
> 5.2.1.5 在预测含有硫化氢的海上工作场所或探井井场应至少配备探测范围为 0mg/m^3～30mg/m^3（0ppm～20ppm）和 0mg/m^3～150mg/m^3（0ppm～100ppm）的便携式硫化氢检测仪各 2 套。
>
> 5.2.1.6 在输送管道、污油水处理厂（池、沟）、电缆暗沟、排（供）水管（暗）道、隧道等其他可能含有硫化氢的场所，从事相应工作的单位应至少配备探测范围为 0mg/m^3～30mg/m^3（0ppm～20ppm）的便携式硫化氢检测仪 1 套。

（2）相关作业人员保护措施、培训到位，持证上岗。

监督依据：SY/T 6137—2017《硫化氢环境天然气采集与处理安全规范》、SY/T 6277—2017《硫化氢环境人身防护规范》、AQ 2012—2007《石油天然气安全规程》。

SY/T 6137—2017《硫化氢环境天然气采集与处理安全规范》：

3.2　人员要求

从事含硫化氢原油采集与处理作业人员的基本条件应按照 SY/T 7356 的规定，接受培训，经考核合格后持证上岗。

SY/T 6277—2017《硫化氢环境人身防护规范》：

4.1　人员要求

4.1.1　员工应年满 18 周岁。

4.1.2　员工上岗前、离岗时、在岗期间（每年）应进行健康体检，体检医院级别不低于二等甲级。

4.1.3　对疑似职业病患者应到政府卫生行政主管部门认可的机构进行确诊。

4.2　培训

硫化氢环境中人员培训应符合 SY/T 7356 的规定。

SY/T 7356—2017《硫化氢防护安全培训规范》：

5　培训模块

5.1　理论模块

5.1.1　模块一：基础知识

应包括但不限于以下内容：

a）硫化氢和二氧化硫的性质、特点。

b）硫化氧的来源。

c）硫化氢的危害。

5.1.2　模块二：应急管理

应包括但不限于以下内容：

a）应急事件种类。

b）应急预案主要内容。

5.1.3　模块三：应急处置

应包括但不限于以下内容：

a）应急事件种类。

b）现场应急处置方案。

5.1.4　模块四：工作场所安全设施

应包括但不限于以下内容：

a）固定式硫化氢监测报警系统。

b）空气压缩机。

c）风向标。

d）通风排气装置。

e）放空与点火装置。

f）报警装置。

g）逃生设施。

h）安全警示。

AQ 2012—2007《石油天然气安全规程》：

4.5.1 在含硫化氢的油气田进行施工作业和油气生产前，所有生产作业人员包括现场监督人员应接受硫化氢防护的培训，培训应包括课堂培训和现场培训，由有资质的培训机构进行，培训时间应达到相应要求。应对临时人员和其他非定期派遣人员进行硫化氢防护知识的教育。

（3）含有已知或潜在的硫化氢危险的封闭设施和有限空间的进入必须经过许可。

监督依据：SY/T 6137—2017《硫化氢环境天然气采集与处理安全规范》。

6.2.1.7 管道阀室、受限空间，以及存在天然气泄漏，硫化氢易积聚的低洼区域应先通风或置换，再检测硫化氢浓度，最后再进入。

（4）可能产生硫化氢的厂、站安全防护管理措施落实到位。

监督依据：AQ 2012—2007《石油天然气安全规程》。

4.5.3 含硫化氢环境中生产作业时应配备防护装备，符合以下要求：

——在钻井过程，试油（气）、修井及井下作业过程，以及集输站、水处理站、天然气净化厂等含硫化氢作业环境应配备正压式空气呼吸器及与其匹配的空气压缩机；

——配备的硫化氢防护装置应落实人员管理，并处于备用状态；

——进行检修和抢险作业时，应携带硫化氢监测仪和正压式空气呼吸器。

4.5.5 在含硫化氢环境中钻井、井下作业和油气生产及气体处理作业使用的材料及设备，应与硫化氢条件相适应。

4.5.9 含硫化氢油气生产和气体处理作业，应符合以下安全要求：

——作业人员进入有泄漏的油气井站区、低凹区、污水区及其他硫化氢易于积聚的区域时，以及进入天然气净化厂的脱硫、再生、硫回收、排污放空区进行检修和抢险时，应携带正压式空气呼吸器。

（5）危险废弃物处理正确。

监督依据：SY/T 6137—2017《硫化氢环境天然气采集与处理安全规范》。

7.1.1　废弃作业前应进行风险和危害识别工作，制订废弃方案，如技术方案和HSE方案，并制定应急预案。

7.1.2　废弃作业区域应设置安全警示标志，严禁无关人员进入。

7.1.3　废弃作业完成后应清扫场地，不留污物。所占用土地宜尽可能恢复原上地利用状况。

7.1.4　弃井作业工艺、施工作业记录等应及时存档。管理单位应永久保存这些弃井作业记录文件，同时承担相应的责任。

（6）应急预案全面准确。

监督依据标准：SY/T 6137—2017《硫化氢环境天然气采集与处理安全规范》。

8.2　应急行动

8.2.1　应按照制订的应急处置方案，以应急事件发现、类型辨识、严重程度判断、现场处置（撤离）、信息报送采取以下应急行动：

a）信息报送应明确发生时间、地点及现场情况。

b）已经造成或可能造成的损失情况。

c）已经采取的措施。

d）简要处置经过。

e）其他需要上报的情况。

8.2.2　硫化氢气体泄漏处置措施：

a）利用事故区域固定消防设施和强风消防车等移动设施，通过水雾稀释，降低硫化氢浓度；消防车要选择上风方向的人口、通道进入现场，停靠在上风方向或侧风方向，进入危险区的车辆应戴防火罩。在上风、侧上风方向选择进攻路线，并设立水枪阵地。使用上风向的水源，合理组织供水，保证持续充足的现场消防供水。不允许救援人员在泄漏区域的下水道或地下空间的顶部、井口处、储罐两端等处滞留，防止爆炸冲击造成伤害。

b）吹扫硫化氢等气体，控制气体扩散流动方向。

c）掩护、配合工程抢险人员施工。

d）杜绝气体泄漏区域及其周边范围产生火源，防止发生爆炸。

8.2.3　硫化氢气体着火爆炸处置措施：

a）做好灭火前各项准备，重点做好着火部位及周边设施冷却降温。

b）有效控制风险源，根据现场情况进行灭火。

c）灭火后，为防止复燃，应继续冷却降温。

8.2.4　井喷失控处置措施应按SY/T 6277的要求进行处置。

8.2.5　当发生站场、管道内压力超高或硫化氢浓度超标、井场失火、管线爆破情况，应在确保安全的前提下迅速截断井口气源、关断事发区域上下游截断阀，并实施放空。

8.3　应急撤离

8.3.1　当发生下列情况时应急处置人员应立即疏散撤离：

a）井喷失控。

b）当现场的硫化氢已经或可能会高于30mg/m^3（20ppm），场站围栏或围墙外环境空间已经能够检测出硫化氢比浓度可能达到或超过15mg/m^3（10ppm）。

8.3.2　生产经营单位代表或其授权的现场总负责人决策撤离，采用有线应急广播或声光报警等通知方式。

8.3.3　撤离主要程序：

a）向企业、当地政府报告，直接或通过当地政府机构通知公众，协助、引导当地政府做好居民的疏散、撤离工作。

b）应向远离泄漏源的上风向、逆风向、高处疏散撤离。

c）疏散撤离时佩戴硫化氢防护器具或使用湿毛巾捂住口鼻呼吸等措施。

d）监测暴露区域大气情况（在实施清除泄漏措施后），以确定何时可以重新安全进入。

8.4　培训和演练

8.4.1　涉及硫化氢环境天然气采集与处理的相关单位部门应定期组织应急处置方案的培训与演练。人员培训和应急演练记录应形成文件并至少保留一年。

8.4.2　应急演练可以通过实操演练和模拟演练的方式进行。演练应通知地方相关部门参加。对预案演练中存在的不足还应进行修订和再测试。其中，演练内容宜包括但不限于以下内容：

a）采取应急措施的各种必要操作及步骤。

b）正压式空气呼吸器保护设备的使用演练。

c）硫化氢中毒人员施救的演练。

8.4.3　应急培训与演练应确保作业队人员明确自己的紧急行动责任及操作要点，熟悉紧急情况下装置关停程序、救援措施、通知程序、集合地点、紧急设备的位置和应急疏散程序。

（四）典型“三违”行为

（1）作业前，未制订硫化氢危险区域作业方案或措施。

（2）作业人员无证上岗。

（3）检测仪器未定期校验。

（4）进入硫化氢危险区域未穿戴个人防护装备、未进行气体检测。

（五）事故案例分析

1. 事故经过

2005 年 10 月 12 日下午，某修井队将 40 袋除垢剂（主要成分：氨基磺酸）搬至罐顶平台上，副队长带领 3 名员工站在平台上向罐内倒除垢剂。当倒至第 24 袋时，4 人突然晕倒，其中 3 人掉入罐内，1 人倒在平台上。应急抢险人员佩戴正压呼吸器将掉入罐内的 3 人救出，送往当地医院救治，3 人经抢救无效死亡。

2. 主要原因

井下环境产生了大量硫酸盐还原菌，生成硫化亚铁，硫化亚铁在洗井时返出地面，滞留在配液罐中。氨基磺酸与储液罐内残泥中的硫化亚铁发生化学反应，产生了硫化氢气体。致使人员中毒死亡。

3. 事故教训

（1）作业前进行安全分析，辨识出每个操作步骤在不同作业设备、作业环境、特殊天气、特殊季节下存在的风险。

（2）配液作业前要将配液罐清理干净。

（3）严格设备管理，配液时使用专用的配液罐。

（4）井下除垢作业前，对井筒水进行取样分析，若含有硫化亚铁成分禁止使用酸性液体除垢。

（5）在配制除垢剂作业前，进行除垢剂与井筒返出物反应检测实验，如产生有毒气体，应制订针对措施。

第三章　安全管理基础知识

第一节　HSE管理体系

HSE管理体系是指实施健康（Health）、安全（Safety）与环境（Environment）管理的组织机构、策划活动、职责、制度、程序、过程和资源等构成的动态管理系统。HSE管理体系由若干要素构成，遵循闭环管理的运行模式，要素间相互关联、相互作用，通过实施风险管理，采取有效的预防、控制和应急措施，以减少可能引起的人员伤害、财产损失和环境污染，最终实现企业的HSE方针和目标。

HSE管理体系是国际石油天然气工业通用的一种科学、系统的管理体系，集各国同行管理经验之大成，突出了"以人为本、预防为主、全员参与、持续改进"的管理思想，具有高度自我约束、自我完善、自我激励的运行机制，是石油天然气企业实现现代化管理、走向国际市场的通行证。

HSE管理体系相对于传统的安全管理，具有如下特点：注重系统管理与过程控制相结合，突出现代企业管理的科学性和系统性；注重文化引导和制度规范相结合，突出现代社会人文精神；注重风险防范和应急处理相结合，突出全过程、全方位控制；注重业绩评估和持续改进相结合，突出过程监控和自我完善机制；注重健康、安全与环境管理相结合，突出系统化、一体化要求。

集团公司围绕HSE管理体系建设重点任务，不断总结工作经验、创新工作方法，形成了具有集团公司特色的"33333"体系推进模式，即确立三大目标（转变观念、养成习惯、提高能力）、明确三大任务（健全HSE制度标准、完善HSE培训系统、改进HSE绩效管理）、推进三个层次（领导层、管理层、操作层）、突出三个重点（行为安全、工艺安全、承包商安全）、采取三种方式（试点引路、重点指导、全面推广）。通过HSE管理体系深入推进与持续发展，全员安全环保意识进一步增强，HSE文件体系进一步规范，基层风险管理水平进一步提高，安全环保执行力进一步强化，极大地提升了集团公司HSE管理整体水平。

本节主要介绍量化审核标准、两书一表和基层站队HSE标准化建设三个方面内容。

一、量化审核标准

为进一步规范和深化总部HSE审核工作，提高审核质量和效果，推动企业加快提升整体 HSE 管理水平，根据集团公司领导要求，中国石油天然气集团有限公司质量安全环保部在各专业分公司的大力支持和配合下，组织安全环保技术研究院和部分企业专家，认真总结分析集团公司 2012 年以来的全覆盖体系审核工作经验，编制了 HSE 管理体系量化审核标准试行稿，2015 年下半年分板块对 16 家企业进行了试点应用，在此基础上形成 HSE 管理体系量化审核标准第 1 版。2016 年组织在九十余家企业全面推行量化审核，并经多次研究审查和修改完善，于 2017 年 2 月形成集团公司 HSE 管理体系量化审核标准第 2 版（以下简称“审核标准”）。

（一）功能和定位

1. 量化企业 HSE 管理绩效水平

审核标准主要应用于集团公司总部（含专业分公司）对企业整体 HSE 管理水平的总体量化评价，便于企业清楚自身 HSE 管理水平，对标先进、改进差距。企业可借鉴参考，应用于内部审核工作。

2. 强化环保管理和职业卫生工作

审核标准强化了对企业环保管理和职业卫生工作的系统审核，改变过去审核长期存在的重安全、轻环保和职业卫生的现象。

3. 采取得分制突出正向激励

审核标准采取得分制的评分方式，引导企业积极展示 HSE 工作及成效，主动加强 HSE 管理。也有利于审核员与企业沟通交流，便于审核工作顺利进行。

4. 强化过程管理，推动企业提升 HSE 管理水平

审核标准既考虑了 HSE 管理的系统性，又突出强调了各项管理活动的过程管控，有利于推动企业持续改进和不断完善 HSE 管理体系。

（二）思路和原则

1. 与 HSE 管理体系标准保持一致

审核标准以 HSE 管理体系的七个一级要素为主线，融合健康、安全、环保三个方面内容，涵盖了企业 HSE 管理的所有内容。

2. 推动有感领导和直线责任的落实

审核标准既是对企业 HSE 管理体系的系统审核，又突出了对各级领导带头作用、引领效果及职能部门落实“管工作管安全、管业务管安全”的原则。

3. 突出 HSE 管理的重点工作和薄弱环节

审核标准立足于当前严格监管的阶段特征，既考虑 HSE 管理体系的系统性，又加大了

对风险分级防控、承包商管理、隐患治理、作业许可、污染减排等日常重点工作和薄弱环节的审核。

4. 通用管理内容与专业管理要求相结合

审核标准明确了通用的 HSE 管理内容,同时突出了专业管理要求,由专业分公司结合管理实际,编制各专业设备设施和生产运行两个审核主题内容,并给出了较高的分值,提高了标准的针对性和专业性。

5. 强化关键环节控制和突出工作效果

审核标准注重对作业现场、风险管控等活动过程管理的审核,又突出对 HSE 管理工作效果和业绩表现的审核,体现 HSE 管理的递进层级。

6. HSE 管理的规定动作与最佳实践相补充

审核标准既包含国家法规、标准和集团公司规章制度明确要求的各项规定动作,同时也展示了集团公司提倡的、部分企业已实施的 HSE 最佳实践和推荐做法。

(三)框架和内容

审核标准框架包含要素、审核主题、审核项、审核内容、评分项、评分说明及相应分值。

1. 要素

要素是指 HSE 体系规范标准的七个一级要素,即:领导和承诺,健康、安全与环境方针,策划,组织结构、资源和文件,实施和运行,检查和纠正措施,管理评审。

2. 审核主题

对应 HSE 管理体系规范标准的七个一级要素,结合健康、安全、环保三方面管理要求,设置了 27 个审核主题(包括设备设施和生产运行)。审核主题既包含 HSE 管理体系标准的主要二级要素,也包含消防安全、道路交通安全、标准化建设等日常业务工作。其中,危害辨识、风险评价和控制措施,能力培训和意识,承包商与供应方,内部审核等 4 个审核主题是每次审核的必查项。设备设施和生产运行两个审核主题由专业分公司在每次审核前确定具体的审核内容。

3. 审核项

每个审核主题下,按照集团公司明确要求及制度规定的管理活动,设置内容相对独立的审核项。25 个审核主题(不包括设备设施和生产运行)共包括 78 个审核项。

4. 审核内容

按照 PDCA 循环,针对每个审核项确定若干审核内容,明确具体的审核依据(如法规、制度、标准等),突出体现各项工作的重点内容和落实要求,共包括 216 项审核内容(不包括设备设施和生产运行部分)。

5. 评分项

针对每项审核内容细化展开设置了若干评分项,内容设置关注过程管理,体现基础、良好和优秀的递进层级。

基础级主要指建立了制度或明确了要求,工作只是满足了法规和制度的基本要求和规定动作;良好级主要指法规和制度要求得到实施,并取得较好效果;优秀级主要是指工作体现了各级领导、管理人员和基层员工能够积极主动参与 HSE 管理,形成了最佳实践和特色做法。

6. 评分说明

为便于审核实施,针对每个评分项给出明确的评分说明,包括审核对象、评分内容、评分方式及相应分值等。四种类型的评分方式具体如下:

(1)是否型评分项,即:做了或有,得满分;不做或没有,不得分。

(2)百分比型评分项,设置了两种得分情况,一是视审核样本的符合比例得分(一般适用于审核单位等样本量较少的情况)。二是审核样本量全部满足,得满分;50% 及以上满足,得 60% 分;低于 50% 满足,不得分(一般适用于审核人员、资料等样本量较多的情况)。

(3)频度型评分项,即根据开展工作频率的高低得分,频率高的得分高。

(4)程度型评分项,根据工作质量和效果,由审核员视情况判断得分。

同时,对于企业应遵守的守法合规红线要求和集团公司规定的最基本和关键的要求,设置了不同程度的否决项。特别是,审核过程中如发现有资料造假,相应的“评分项”不得分。

另外,为鼓励企业积极创新最佳实践,审核组在充分讨论并达成一致的基础上可以对运行 3 个月之上、值得推广的 HSE 管理有效做法给予适当加分,但加分后的分值不能超过所在评分项的总分值;且对每个企业进行加分的最佳实践个数不能超过 2 个。

7. 审核结果及分级

审核的总分值最后折算到百分制,根据审核得分情况将企业 HSE 管理情况分成 4 级 7 档,见表 3-1。

表 3-1　审核结果及分级

级别	优秀级(A 级)		良好级(B 级)		基础级(C 级)		本能级(D 级)
分值	95～100	90～<95	85～<90	80～<85	70～<80	60～<70	<60
档级	A1	A2	B1	B2	C1	C2	D

注:各分值均包含其下限起点。

以下情况在审核结果的基础上采取降级或降档：一是当企业在审核年度内发生生产安全亡人事故或对集团公司造成较大负面影响的事故事件，进行降一级处理；二是出现审核主题的得分率在40%以下的，进行降一档处理。

8. 审核抽样

审核标准评分说明中明确了具体的审核对象，如企业、二级单位、基层单位，对二级单位和基层单位的审核是对企业HSE管理的追踪和验证。

对于审核企业，标准尽可能明确到了相关业务的职能部门。对于审核二级单位，抽样量一般不少于2个。对于审核基层单位、制度规程、建设项目、作业活动等，抽样量一般不少于3个。对于审核管理人员、基层岗位员工、记录资料等，抽样量一般不少于5个。在审核实施过程中，审核组可结合企业规模、审核时间和人员等实际情况确定抽样量。

（四）审核实施前准备

1. 做好审核组织策划

结合季节时段和重点薄弱环节选择确定审核内容（必须包含审核必查项）。同时，要认真进行审核组织策划，制订审核方案及工作安排，确保审核工作有效实施。

2. 抽调审核人员

针对不同企业的规模和特点，组建审核组，确保每个审核组人员数量要满足审核要求且专业结构合理。审核组成员要包含健康、安全、环保、设备、技术、生产等管理和专业技术人员，审核组长应经过量化审核标准的专项培训。

3. 开展审核前培训

在审核开始前，应集中审核组全体成员，专题开展审核前培训，准确理解审核标准内容，统一评分尺度，开展审核模拟演练，组织研讨交流等。

4. 审核组工作策划

审核组要根据每个被审核企业的特点及审核组人员实际，制订详细的审核计划，明确审核人员分组，策划审核分工安排，确定审核抽样的部门、人员和数量，做好现场审核实施的准备工作。

（五）审核实施

1. 审核内容要全覆盖

审核组要对专业分公司确定的审核内容全部进行审核评分，并做好抽样量、问题发现等记录。

2. 审核抽样要有代表性

为确保量化审核结果的客观性，审核抽样的对象要具有代表性。企业层面应覆盖主要职能部门，抽取二级单位要选择主要生产经营和风险较大的单位，基层现场应关注安全环保风险较大的活动和场所，应抽取与业务紧密相关的人员。

3. 审核方式

审核方式一般包括查阅资料、人员访谈、现场观察。同时，可结合实际情况增加问卷调查、测试、演练、追踪验证等审核方式。

4. 审核追溯时限

审核中各类管理事项及资料的追溯时间一般不超过一年，其中亡人事故、环境事件及重大影响事件的数据为当年。

5. 评分及汇总统计

审核组要认真对照标准评分说明，按照抽样量的符合程度，在对审核发现进行集中汇总、统计分析的基础上进行综合评分。

6. 编写审核报告

审核完成后，审核组应对审核发现和分值进行汇总、统计和分析，确定管理短板，提出改进建议，并编写审核报告。审核报告主要包括审核基本情况、典型做法、主要问题及改进建议、审核结论，并将分值汇总统计、问题清单等内容作为附件。

二、两书一表

HSE 管理体系的核心内容是风险管理。有效防范事故发生，将危害及其影响降低到“合理、实际且尽可能低”的程度是 HSE 管理体系运行的最直接目的，对风险的正确识别、评价和有效控制是达到这一目的的关键所在。风险识别与控制的重点在基层，为强化基层组织风险管理意识，规范基层组织 HSE 管理工作，2001 年集团公司颁布了《中国石油天然气集团公司 HSE 作业指导书、HSE 作业计划书编写指南的通知》（中油质字〔2001〕199 号），正式启动了基层组织 HSE “两书一表” 工作。

（一）HSE “两书一表” 基本内涵

HSE 作业指导书、HSE 作业计划书和 HSE 现场检查表简称 HSE “两书一表”，是 HSE 管理体系在基层的文件化表现，是适应国内外市场需要，建立现代企业制度，增强队伍整体竞争能力的重要组成部分。“两书一表” 之间的关系见表 3–2。

表 3-2 "两书一表"之间的关系

项目	HSE 作业指导书	HSE 作业计划书	HSE 现场检查表
编制的组织	由公司或分公司组织，经管理层审核批准后发布实施	由项目部或基层队（站）组织编制	由公司或分公司组织，针对指导书和计划书要求分级编制，是指导书和计划书的支持文件；指导书和计划书要求的检查内容发生变化时，检查表随之修订和变化，操作性强，简单直观；检查表应存档保管
应用范围	公司或分公司内所有常规作业活动	项目部或基层队（站）具体的作业活动	
主要内容	包括所有基层岗位和作业活动，包括岗位任职条件、岗位职责、岗位操作规程、巡回检查路线及主要检查内容、应急处置程序等	对指导书中没有涉及的风险进行识别，简单、具体、实用，对指导书进行补充	
文件变化程度	相对固定、静态，一般变动不大	变化、动态、阶段性文件	
修改周期	随内部审核和管理评审进行修订	随项目或作业活动变化而编制新的计划书	
文件大小	文件多、厚，一般都装订成册，甚至有分册	文件简单、薄，单行材料，甚至可简单成一张纸	
支持性	受计划书和检查表支持	是指导书的支持文件	
应急要求	一般程序规定	具体的应急计划或预案	

1. HSE 作业指导书

HSE 作业指导书是对常规作业的 HSE 的管理，也是对常规作业 HSE 风险的管理。它是通过对常规作业中风险的识别、评估、消减或控制及采取应急管理等手段，把风险控制在"合理、实际并尽可能低"的水平。它是对各类风险制订对策措施，经过业务主管部门（或 HSE 监督部门）组织评审后，整理汇编成相对固定的、指导现场作业全过程的 HSE 管理文件。

2. HSE 作业计划书

HSE 作业计划书是针对变化了的情况，由基层组织结合具体施工作业情况和所处环境等特定条件，为满足新项目作业的 HSE 管理体系要求，以及业主、承包商、相关方等对项目风险管理的特殊要求，在进入现场或从事作业前所编制的 HSE 具体作业文件。编制 HSE 作业计划书的基础是 HSE 作业指导书，但在内容上主要偏重 HSE 作业指导书中没有涵盖的内容，或是在新的风险识别基础上编制更详细的作业规程、应急处置预案及具体作业许可程序等。

3. HSE 现场检查表

HSE 现场检查表是在现场施工过程中实施检查的工具，它涵盖 HSE 作业指导书和 HSE 作业计划书的主要检查要求和检查内容，是事先精心设计的一套与"两书"要求相对应的检查表格，主要是对设备、设施及施工作业现场安全状态的检查与管理。

总之，通过推行 HSE "两书一表" 管理，使基层岗位员工树立了岗位风险意识，不断强化和规范了基层队、车间和班组的HSE风险管理，提升了施工作业现场的HSE管理水平，保护了职工身心健康和安全，推进了企业清洁生产，同时也增强了服务队伍参与国内外市场的竞争实力。实践证明，HSE“两书一表”是实现HSE管理体系文件在基层“落地”与“生根”的一种有效途径。“两书一表”的实施，使HSE管理体系在基层组织得到有效运行，提高了基层组织HSE风险管理水平，建立起了基层组织HSE管理体系运行模式，对推动整个HSE管理体系的实施发挥了很好的作用。

（二）HSE“两书一表”的主要内容、编制和应用

1. HSE作业指导书

HSE作业指导书主要内容有岗位任职条件、岗位职责、岗位操作规程、巡回检查及主要检查内容、应急处置程序。编制HSE作业指导书时，应按照岗位任职条件、岗位职责、岗位操作规程、巡回检查路线及主要检查内容、应急处置程序等五部分内容进行汇编、修改和完善。

随着基层员工掌握程度和接受能力的提高，可逐步完善指导书的相关内容。对条件成熟的单位，应把现行的作业程序、设备操作规程、工艺技术规程及应知应会知识等文件进行清理，充实指导书的内容，减少基层文件重复的现象，确保HSE作业指导书在规范基层员工作业行为上具有唯一性和权威性。

2. HSE作业计划书

HSE作业计划书是对HSE作业指导书没有覆盖到的新增危害，特别是当人员、环境、工艺、技术、设备设施等发生变化（变更）时，针对基层岗位员工特定作业活动和操作行为的工作指南。HSE作业计划书在内容上是对HSE作业指导书的补充，重点是满足基层组织实施动态风险管理。HSE作业计划书随项目或作业条件变化而变化。

HSE作业计划书的主要内容有项目概况、作业现场及周边情况、人员能力及设备状况、项目新增危害因素辨识与主要风险提示、风险控制措施与应急预案。以上六部分是HSE作业计划书的内容。基层组织可以参照上述内容，编制HSE作业计划书，作为HSE作业指导书的补充文件。

编制HSE作业计划书时，在内容上应满足“适时、实用、简练”的要求。HSE作业计划书的编写应在基层组织主要负责人（队长、项目经理）主持下，对项目（活动）在人员、环境、工艺、技术、设备设施等方面发生变化或变更而产生的危害因素进行辨识，由生产技术人员、班组长、关键岗位员工及安全员共同参与，编制HSE作业计划书。HSE作业计划书编制完成后，应组织培训，并对相关方进行告知。

3. HSE现场检查表

安全检查包括班组、岗位员工的交接班检查和岗位巡回检查，以及工艺、设备、安全等专业技术人员专项检查。特别对关键要害部位要重点检查和巡查，发现问题和隐患后，岗位

能立即整改的要立即整改,不能立即整改的及时上报整改,并做好隐患整改记录进行追踪消项整改。

HSE 现场检查表内容:HSE 现场检查表的内容决定其使用的对象和目的,HSE 现场检查表必须包括系统的全部主要部位,并从检查部位中引申和发掘与之有关的其他潜在危险因素,不能忽略主要的、潜在的不安全因素。因此 HSE 现场检查表的内容应包括:分类、项目、检查要点、检查情况、检查日期及检查者,对不符合要求的要列出存在问题的处理措施及限改日期。HSE 现场检查表——采油井场检查表(节选)见表 3-3。

表 3-3 HSE 现场检查表——采油井场检查表(节选)

项目	检查内容	检查结果	备注
井场布置	加热炉应布置在当地最小频率风的上风侧		
	油气井井场应在适当位置设有醒目的安全警示标志,建立严格的防火防爆制度		
	井场平整、清洁,井场周围留有一定宽度的安全防护带		
	井场无油污、无杂草、无其他易燃易爆物品,同时应符合当地的环保要求		
	油、气井的井场平面布置、防火间距及油、气井与周围建(构)筑物的防火间距,按 GB 50183《石油天然气工程设计防火规范》的规定执行;无自喷能力且井场没有储罐和工艺容器的油井,按标准执行有困难时,防火间距可适当缩小,但应满足修井作业要求		
	居民区内及靠近居民区的采油井场应设围栏或围墙等保护措施		
	通信杆路与油气井或地面露天油池的最小距离为 20m		
	施工作业的热洗清蜡车应距井口 20m 以上;污油池边离井口应不小于 20m		
	含硫化氢、二氧化碳井,井口到分离器的设备、地面流程应抗硫、抗二氧化碳腐蚀,井场应配置固定式及便携式硫化氢监测仪		
配电系统	当机械采油井场采用非防爆启动器时,距井口水平距离不得小于 5m		
	井场主电路电缆均采用 YCW 防油橡套电缆		
	变压器安装距井口不得小于 50m,超过 500m 应架设高压线		
	变压器应安装在支架座上,其高度应距地面 2.5m,摆放平稳;采用砖砌水泥台面,台面距地面高度为 500mm		
	变压器周围用不低于 2.5m 的钢网作围栏,围栏距变压器外壳不得小于 800mm;进出围栏应上锁,并在围栏上设置"有电危险"的指示牌		
	变压器接地体埋设深度不小于 1.5m,接地电阻不大于 4Ω;接地方式采用变压器低压侧零线直接接地		
	盘、柜的接地应牢固可靠,标志应明显		
	盘、柜孔洞及电缆管封堵严密;可能结冰的地区还应有防止管内积水结冰的措施		

续表

项目	检查内容	检查结果	备注
配电系统	装有电器的可开启的门,应以多股铜软线与接地的金属构架可靠连接		
	引入盘柜内的电缆、芯线不应有接头,电缆芯线与绝缘应无损伤		
	铠装电缆在进入盘、柜后,钢带切断处应扎紧,钢带在盘、柜侧一点接地		
	屏蔽电缆的屏蔽层应接地良好		
	室外安装的非防护型的低压电器,应有防雨、雪和风沙侵入的措施		
	集中在一起安装的按钮应有编号或不同的识别标志,紧急按钮应有明显标志,并设保护罩		
	落地安装的低压电器,其底部宜高出地面 50～100mm		

HSE 现场检查表编制时,内容必须全面,避免遗漏主要的潜在危险;每项检查要点要定义明确,便于操作;要重点突出,简明扼要;此外,重要的检查条款可做出标记,以便认真查对。HSE 现场检查表的编制人员应根据单位的实际情况,从人、机(物料、设备)、环境、管理几个方面剖析环境因素、危险因素,找出可能导致隐患或事故发生的潜在、触发因素,编制 HSE 现场检查表。通常情况, HSE 现场检查表的项目、内容不是一成不变的,而是要随工艺的改造、设备的变动、环境的变化和生产异常情况的出现而不断修订、变更和完善。

三、基层站队 HSE 标准化建设

为深入实施安全环保基础性工程,深化 HSE 管理体系建设,建设重心下移,切实将 HSE 管理的先进理念和各项制度要求融入业务流程,消除基层 HSE 工作与日常生产作业活动相脱节现象,根治现场“低老坏”问题和习惯性违章,集团公司结合国家安全生产标准化工作要求,从 2015 年起全面开展基层站队 HSE 标准化建设工作。

(一)基层站队 HSE 标准化建设实施背景

(1)推进基层站队 HSE 标准化建设是强化基层基础的客观需要。

(2)推进基层站队 HSE 标准化建设是深化体系运行的有效途径。

(3)推进基层站队 HSE 标准化建设,就是要着力解决 HSE 管理体系建设与基层生产经营活动相脱节的问题。

(4)推进基层站队 HSE 标准化建设是贯彻国家安全生产标准化工作部署的有力保障。

(二)基层站队 HSE 标准化建设总体思路

立足基层,以强化风险管控为核心,以提升执行力为重点,以标准规范为依据,以达标考核为手段，总部推动引导，企业组织实施，基层对标建设，员工积极参与，建立实施基层站队HSE标准化建设达标工作机制，推进基层安全环保工作持续改进。

(三)基层站队HSE标准化建设工作目标

(1)2015年，企业100%基层站队启动HSE标准化建设工作。

(2)2017年，企业40%基层站队实现HSE标准化建设达标。

(3)2020年，企业80%以上基层站队实现HSE标准化建设达标。整体上实现基层HSE管理科学规范，现场设备设施完整可靠，岗位员工规范操作，生产作业活动风险得到全面识别和有效控制。

(四)基层站队HSE标准化建设遵循原则

(1)继承融合，优化提升。基层站队HSE标准化建设是对现有基层HSE工作的再总结、再完善、再提升，应与企业现行“三标”建设、“五型班组”建设、安全生产标准化专业达标和岗位达标等工作相融合，避免工作重复、内容矛盾。

(2)突出重点，简便易行。立足基层现场，紧密围绕生产作业活动风险识别、管控和应急处置工作主线，确定重点内容，突出专业要求，明确建设标准，严格达标考核，做到标准简洁明了，操作简便易行。

(3)激励引导，持续改进。强化正向激励和示范引领，加大资源投入，加强工作指导，营造浓厚氛围，鼓励员工积极参与，推动基层对标建设，持续改进提升。

(五)基层站队HSE标准化建设主要内容

1. 管理合规

基层站队突出风险管控，运用安全检查表、工作前安全分析、安全经验分享等方法，识别风险，排查隐患，做到风险隐患有数、事件上报分享、防范措施完善；落实“一岗双责”，明晰目标责任，强化激励约束，加强属地管理，做到领导率先示范、员工积极参与；强化岗位培训，完善培训矩阵，开展能力评估，积极沟通交流，规范班组活动，做到员工能岗匹配、合格上岗；严格承包商监管，开展安全交底，落实安全措施，强化现场监管，禁止违章作业；依法合规管理，依据制度标准，结合基层实际，优化工作流程，严格规范执行。

2. 操作规范

基层站队完善常规作业操作规程，强化操作技能培训，严格操作纪律检查考核，做到操作规范无误、运行平稳受控、污染排放达标、记录准确完整；严格非常规作业许可管理，规范办理作业票证，完善能量隔离措施，作业风险防控可靠；落实岗位交接班制，建立岗位巡检、日检、周检制度，及时发现整改隐患，杜绝违章行为；各类工艺技术资料齐全完整，开工、停工等操作变动及其他工艺技术变更履行审批程序，变更风险受控；各类突发事件应急预案和处置程序完善，应急物资完备，定期培训演练，员工熟练使用应急设施，熟知应急程序。

3. 设备完好

基层站队按标准配备齐全各类健康安全环保设施和生产作业设备，做到质量合格、规程完善、资料完整；严格装置和设备投用前安全检查确认，做到检查标准完善、检查程序明确、检查合格投用；开展设备润滑、防腐保养和状态监测，强化特种设备和职业卫生防护、安全防护、安全检测、消防应急、污染物监测和处理等设施管理，落实检修计划，消除故障隐患，做到维护到位、检修及时、运行完好；落实设备变更审批制度，及时停用和淘汰报废设备，设备变更风险得到有效管控。

4. 场地整洁

基层站队生产作业场地和装置区域布局合理，办公操作区域、生产作业区域、生活后勤区域的方向位置、区域布局、安全间距符合标准要求；装置和场地内设备设施、工艺管线和作业区域的目视化标志齐全醒目；现场人员劳保着装规范，内外部人员区别标志；现场风险警示告知，作业场地通风、照明满足要求；固体废弃物分类存放，标志清晰，危险废弃物合法处置；作业场地环境整洁卫生，各类工器具和物品定置定位，分类存放，标志清晰。

（六）基层站队 HSE 标准化建设评比标准

基层站队 HSE 标准化建设评比标准，见表 3-4。

表 3-4　基层站队 HSE 标准化建设评比标准

管理主题	重点内容	规范要求
1. 风险管理	1.1 风险辨识	工作前安全分析和工艺危害分析等风险管理工具得到有效应用，风险辨识评价全面准确，控制措施有效可行
	1.2 重大危险源管理	重大危险源得到辨识，控制措施有效可行
	1.3 隐患管理	隐患实行动态管理，及时发现、报告并整改
	1.4 员工参与	员工参与岗位风险识别，并清楚本岗位风险和控制措施
2. 责任落实	2.1 岗位职责	按照“一岗双责”和风险管控要求，所有岗位 HSE 职责清晰明确
	2.2 有感领导	基层领导认真落实本岗位 HSE 职责，制订并有效实施个人安全行动计划
	2.3 直线责任	管理人员按照“管工作管安全”的原则，认真履行岗位 HSE 职责
	2.4 属地管理	属地划分清晰、责权明确；岗位员工能够严格落实属地责任
3. 目标指标	3.1 制订分解	站队和岗位都有明确的 HSE 目标指标，包括过程性指标和结果性指标
	3.2 实施方案	对关键性的 HSE 目标指标应制订方案并实施，方案要明确所需要的资源、方法、时间及责任等

续表

管理主题	重点内容	规范要求
3. 目标指标	3.3 跟踪考核	定期监督检查 HSE 目标指标的完成情况,依据考核细则进行严格考核,鼓励正向激励
4. 能力培训	4.1 上岗条件	明确各岗位上岗条件和能力要求,培训合格,能岗匹配,持证上岗
	4.2 培训实施	培训矩阵得到运用,根据不同岗位人员能力需求制订了有针对性的培训计划并有效实施
	4.3 能力评价	根据日常工作表现和岗位 HSE 目标指标完成情况,定期对岗位员工的 HSE 意识、知识和技能等进行评价
5. 沟通协商	5.1 站队安全活动	每月至少一次安全活动,传达上级 HSE 要求和文件精神,通报生产情况、重大作业活动并明确安全要求
	5.2 班组安全活动	每周开展班组安全活动,分享经验和教训,基层领导定期参加
	5.3 岗位员工参与	员工积极参与各种安全活动,安全经验分享、安全观察与沟通得到广泛应用,合理化建议得到及时反馈和处理,不安全行为及时得到发现和纠正
	5.4 相关方的沟通	建立并保持与社区等相关方沟通渠道
6. 设备设施管理	6.1 基础资料	相关人员熟悉设备设施的管理要求,所有设备设施基础资料齐全完整,实行动态管理
	6.2 检查确认	所有设备设施投用前都经过安全检查确认
	6.3 运行保养	操作规程完善,员工熟练掌握并严格执行;保养及时到位,定期检验监测,设备设施正常运行
	6.4 检修维护	备品备件完备,及时检修维护,设备设施不带病运行
7. 生产运行	7.1 基础资料	工艺技术资料信息齐全完整
	7.2 操作规程	现场所有常规作业活动都编制了操作(作业)规程、操作卡片,并动态管理
	7.3 运行管理	员工严格遵守工艺纪律和操作纪律,熟练掌握操作规程并严格执行;严格交接班、巡检管理,规范开停工等操作变动管理
8. 承包方管理	8.1 培训交底	对承包方员工进行入场教育或培训,并考试合格;入场前进行安全交底,告知现场风险和 HSE 要求
	8.2 属地监管	检查承包方人员资质和工器具符合性,确认风险控制措施落实到位,对承包方现场施工作业全过程进行监管
	8.3 验收评价	对工作内容和施工质量进行验收确认,对承包方作业过程中的 HSE 表现进行评价
9. 作业许可	9.1 项目识别	现场所有非常规作业和高风险作业活动都得到有效识别,相关人员熟悉、掌握作业许可管理程序
	9.2 风险分析与交底	工作前安全分析得到有效应用,能量隔离等控制措施有效可行;作业人员及相关人员清楚并掌握作业风险及相应控制措施

续表

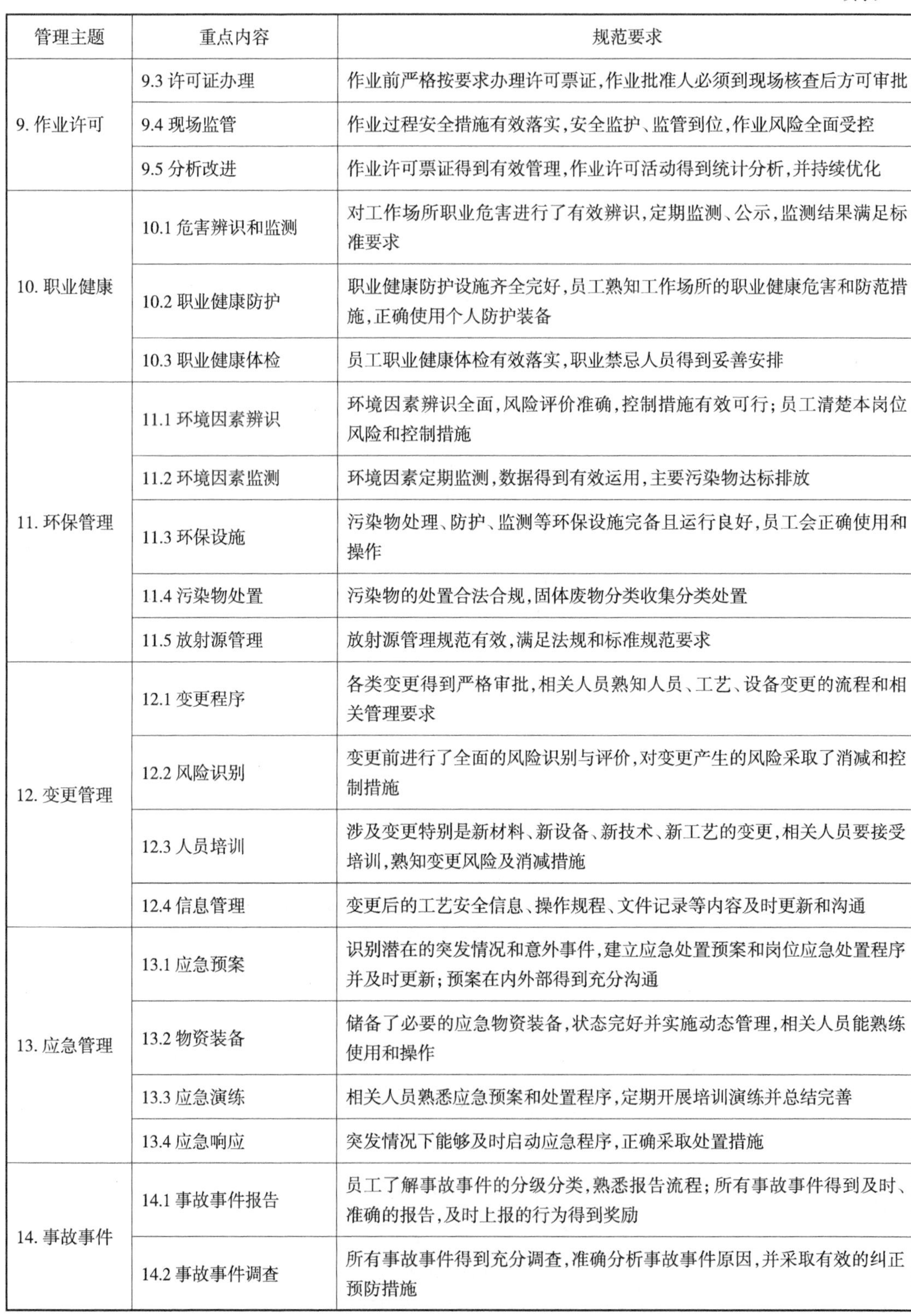

管理主题	重点内容	规范要求
9. 作业许可	9.3 许可证办理	作业前严格按要求办理许可票证，作业批准人必须到现场核查后方可审批
	9.4 现场监管	作业过程安全措施有效落实，安全监护、监管到位，作业风险全面受控
	9.5 分析改进	作业许可票证得到有效管理，作业许可活动得到统计分析，并持续优化
10. 职业健康	10.1 危害辨识和监测	对工作场所职业危害进行了有效辨识，定期监测、公示，监测结果满足标准要求
	10.2 职业健康防护	职业健康防护设施齐全完好，员工熟知工作场所的职业健康危害和防范措施，正确使用个人防护装备
	10.3 职业健康体检	员工职业健康体检有效落实，职业禁忌人员得到妥善安排
11. 环保管理	11.1 环境因素辨识	环境因素辨识全面，风险评价准确，控制措施有效可行；员工清楚本岗位风险和控制措施
	11.2 环境因素监测	环境因素定期监测，数据得到有效运用，主要污染物达标排放
	11.3 环保设施	污染物处理、防护、监测等环保设施完备且运行良好，员工会正确使用和操作
	11.4 污染物处置	污染物的处置合法合规，固体废物分类收集分类处置
	11.5 放射源管理	放射源管理规范有效，满足法规和标准规范要求
12. 变更管理	12.1 变更程序	各类变更得到严格审批，相关人员熟知人员、工艺、设备变更的流程和相关管理要求
	12.2 风险识别	变更前进行了全面的风险识别与评价，对变更产生的风险采取了消减和控制措施
	12.3 人员培训	涉及变更特别是新材料、新设备、新技术、新工艺的变更，相关人员要接受培训，熟知变更风险及消减措施
	12.4 信息管理	变更后的工艺安全信息、操作规程、文件记录等内容及时更新和沟通
13. 应急管理	13.1 应急预案	识别潜在的突发情况和意外事件，建立应急处置预案和岗位应急处置程序并及时更新；预案在内外部得到充分沟通
	13.2 物资装备	储备了必要的应急物资装备，状态完好并实施动态管理，相关人员能熟练使用和操作
	13.3 应急演练	相关人员熟悉应急预案和处置程序，定期开展培训演练并总结完善
	13.4 应急响应	突发情况下能够及时启动应急程序，正确采取处置措施
14. 事故事件	14.1 事故事件报告	员工了解事故事件的分级分类，熟悉报告流程；所有事故事件得到及时、准确的报告，及时上报的行为得到奖励
	14.2 事故事件调查	所有事故事件得到充分调查，准确分析事故事件原因，并采取有效的纠正预防措施

续表

管理主题	重点内容	规范要求
14. 事故事件	14.3 资源共享	内外部事故事件的经验教训得到充分分享
15. 检查改进	15.1 日常检查	岗位巡检、日检、周检、专项检查等各类检查有效开展，及时发现各类问题
	15.2 问题整改	各类检查发现的问题形成台账，落实责任整改销项；针对问题产生的原因，及时采取预防性措施
	15.3 分析改进	对各类检查发现的问题进行统计分析，查找系统性缺陷并落实改进
16. 健康安全环保设施	16.1 职业健康防护设施	洗眼器、淋浴器、呼吸器、防尘降噪设施等按照标准配备齐全，完好投用
	16.2 安全消防设施	消防应急设施、防雷防静电设施、安全检测设施、安全报警设施、放空泄压设施等按标准配置齐全，完好投用
	16.3 环境保护设施	“三废”处理设施、三级防控设施、在线监测设施等按标准配置齐全，完好投用
17. 生产作业设备设施	17.1 特种设备	锅炉、压力容器、压力管道、起重机械等完好运行
	17.2 关键生产设备	机泵、压缩机、机床等完好运行
18. 生产作业场地环境		场地布置、安全间距、营地建设、通风照明、安全目视化、物品摆放等符合标准，场地整洁卫生

（七）基层站队 HSE 标准化建设达标考核

（1）基层申报。基层单位依据本专业领域基层站队 HSE 标准化建设标准，开展达标建设，自评达到标准后，向企业提出达标考核申请。凡是有关事故或事件指标超过上级下达控制指标的基层站队，不具备达标申报资格。

（2）企业考评。企业制订考评标准，组织安全、环保、生产、技术、设备等方面人员，组成专家考评组，采取量化打分方式，对提出申报的基层站队 HSE 标准化建设情况进行考核评审，根据考评结果确定是否达标。

（3）达标管理。通过企业考评的基层站队，由企业公告和授牌，给予适当奖励，并每三年考评确认一次。对于特别优秀的基层站队，由企业向总部提出考评申请，总部组织抽查验证，通过后由总部统一公告。凡事故或事件超过控制指标的基层站队，取消 HSE 标准化建设达标站队称号。

第二节 双重预防性工作机制建设

近年来发生的重特大事故暴露出当前安全生产领域“认不清、想不到”的问题突出。针对这种情况，习近平总书记多次指出：“对易发生重特大事故的行业领域，要将安全风险逐一建档入账，采取风险分级管控、隐患排查治理双重预防性工作机制，把新情况和想不到的问题都想到”。构建双重预防机制就是针对安全生产领域“认不清、想不到”的突出问题，强调安全生产关口前移，从事故处理前移到风险分级防控和隐患排查治理，即把安全风险管控挺在隐患前，把隐患排查治理挺在事故前。

双重预防性工作机制就是构筑防范生产安全事故的两道防火墙。第一道是管风险，以安全风险辨识和管控为基础，从源头上系统辨识风险、分级管控风险，努力把各类风险控制在可接受范围内，杜绝和减少事故隐患；第二道是治隐患，以隐患排查和治理为手段，认真排查风险管控过程中出现的缺失、漏洞和风险控制失效环节，坚决把隐患消灭在事故发生之前。可以说，安全风险管控到位就不会形成事故隐患，隐患一经发现并及时治理就不可能酿成事故，要通过双重预防的工作机制，切实做到事先对危害采取风险防控措施，切实在风险防控措施出现问题时能及时被发现和消除，切实通过风险防控和隐患排查治理有效防范事故的发生。

一、双重预防性工作机制概述

（一）双重预防性工作机制的含义

双重预防是指风险分级管控和隐患排查治理，风险分级管控是隐患排查治理的前提和基础，隐患排查治理是风险分级防控的强化和深入。事故隐患来源于风险的管控失效或弱化，风险得到有效管控就不会出现或少出现隐患。

（二）国家双重预防性工作体系建设的总体部署

国家双重预防工作体系建设总体部署文件如下：

2016 年 4 月 28 日，《国务院安委会办公室关于印发标本兼治，遏制重特大事故工作指南的通知》（安委办〔2016〕3 号）；

2016 年 5 月 27 日，国家安全生产监督管理总局发布《关于印发非煤矿山领域遏制重特大事故工作方案的通知》（安监总管一〔2016〕60 号）—上游生产企业；

2016 年 6 月 3 日，国家安全生产监督管理总局发布《关于印发遏制危险化学品和烟花爆竹重特大事故工作意见的通知》（安监总管三〔2016〕62 号）—下游生产企业；

2016 年 10 月 9 日，《国务院安委会办公室关于实施遏制重特大事故工作指南构建双重预防机制的意见》（安委办〔2016〕11 号）；

2016 年 11 月 29 日，《国务院办公厅关于印发危险化学品安全综合治理方案的通知》（国办发〔2016〕88 号）；

2016 年 12 月 9 日，《中共中央国务院关于推进安全生产领域改革发展的意见》（中发〔2016〕36 号）；

2017 年 1 月 12 日，《国务院办公厅关于印发安全生产“十三五”规划的通知》（国办发〔2017〕3 号）；

2017年2月6日,《国务院安委会办公室关于实施遏制重特大事故工作指南 全面加强安全生产源头管控和安全准入工作的指导意见》(安委办〔2017〕7号)。

按照《国务院安委会办公室关于印发标本兼治,遏制重特大事故工作指南的通知》(安委办〔2016〕3号),要求企业把安全风险管控挺在隐患前面,把隐患排查治理挺在事故前面,扎实构建事故应急救援最后一道防线。到2018年构建形成点、线、面有机结合、无缝对接的安全风险分级管控和隐患排查治理双重预防性工作体系,全面遏制重特大事故发生。

(三)集团公司双重预防性工作机制工作面临的形势及工作进展情况

过去十多年来,集团公司先后发生过井喷失控、炼化装置着火爆炸、输油管道爆炸等重特大事故,给集团公司造成严重的负面影响,说明集团公司的风险管控能力还不能完全适应业务快速发展的需要。

随着集团公司生产经营范围的扩展、业务扩大,在持续重组过程中,面临着员工队伍的新老交替,用工方式的多样化。特别是新技术、新工艺、新设备、新材料,(即“四新”)的不断应用,面临的安全风险也在不断加大。

集团公司组织的各种安全检查和HSE管理体系审核中发现的大量问题,反映出企业在风险管理方面仍然存在薄弱和不足,如基层危害因素辨识凭经验、拍脑袋;没有建立危害因素辨识的机制,靠突击或者以大检查替代危害辨识;地区公司重点防控风险本应建立在基层单位辨识、评估的基础上,但在现实中也是凭经验、拍脑袋;危害因素辨识不全面,风险评估不准确,控制措施不具体,防控责任不落实;风险管理程序、方法与标准不健全,高危作业风险管控要求执行不严格,未能建立起分类、分级、分层、分专业的风险防控机制。

“十二五”期间,集团公司提出“识大风险、除大隐患,确保不发生大事故”的风险防控总体原则。

2013年4月,集团公司提出构成重大影响的安全八大风险,主要分布在勘探开发、炼油化工、大型储库、油气管道、海上作业、油气销售、交通运输及重大自然灾害等领域,并分析确定了可能引发重大环保事故的六项因素,主要包括安全事故次生灾害、危化品泄漏、油气泄漏污染、放射源及火工品散失、环境违法、三废排放等。

2014年5月13日,集团公司在大庆油田召开风险管理研讨会,生产安全风险防控试点工作开始全面推进。

在集团公司2016年安全环保节能工作会议上,集团公司副总经理 *** 指出:目前集团公司已经形成风险分级监管、审核覆盖监管、专家会诊监管的“三项监管制度”。风险分级监管就是要明确集团公司、企业、二级单位、车间(站队)、岗位等不同层级的安全风险,形成“分层分级、上下衔接、逐级负责”的立体化防控机制。

2016年9月7日,在大庆油田召开的集团公司基层站队HSE标准化建设推进会上,进一步明确了集团公司“十三五”风险防控总体原则是“识别危害、控制风险、消除隐患，努力减少亡人事故”。

（四）集团公司双重预防性工作机制相关制度标准

目前，根据风险防控工作的需要，制订和发布了4项制度、1项标准：

（1）《关于切实抓好安全环保风险防控能力提升工作的通知》（中油安〔2013〕147号）。

（2）《生产安全风险防控管理办法》（中油安〔2014〕445号）。

（3）《安全环保事故隐患管理办法》（中油安〔2015〕297号）。

（4）Q/SY 1805—2015《生产安全风险防控导则》。

（5）《关于切实做好标本兼治遏制重特大事故的通知》（安委办〔2016〕20号）。

二、风险分级防控

风险分级防控是指在危害因素辨识和风险评估的基础上，预先采取措施消除或控制生产安全风险的过程。按照集团公司双重预防性工作机制建设和《生产安全风险防控导则》的要求，各企业风险分级防控主要从生产作业活动和生产管理活动两个方面入手，系统地对生产安全进行危害辨识、风险评估和控制，进而明确企业、二级单位、车间(站队)、基层岗位的生产安全风险防控重点，落实各级生产安全风险防控责任，建立健全生产安全风险防控机制。

（一）生产作业活动风险管控

生产作业活动是班组、岗位员工为完成日常生产任务进行的全部操作活动。生产作业活动风险管控以基层作业活动为研究对象，按照信息资料收集、生产作业活动分解、危害辨识、风险分析评估、风险控制措施制订和完善等步骤开展工作，并最终将风险控制措施落实到岗位“五位一体”（员工岗位职责、作业规程、检查表、应急处置卡、岗位培训矩阵）。

1. 信息资料收集

信息资料收集是开展生产作业活动风险防控的基础工作。信息资料收集内容主要包括：基层组织结构、基层岗位设置及岗位职责要求、基层属地区域划分、相关工艺流程、主要设备设施、操作规程、安全检查表、应急处置预案和应急处置卡、相关事故和事件案例、危害因素辨识和风险分析情况、风险评估或安全评价报告等。

2. 生产作业活动分解

首先，辨识现场存在的所有生产作业活动；其次，将生产作业活动划分为管理单元；最后，将管理单元划分为具体的操作项目，通过对操作项目和操作步骤的分解、设备设施的拆分来进行。

1）操作项目分解

（1）对管理单元中的工作任务进行细分，分解成相对独立的工作任务，即操作项目。

（2）对每个操作项目进一步细分，最后分解成进行危害因素辨识的一系列连续的基本操作步骤。

2）设备设施拆分

（1）梳理现场所有设备设施，确定拆分设备设施（包括生产工具）的清单。

（2）对每台（套）设备设施，根据设备设施说明书、结构图、操作规程或技术标准等，按顺序对设备设施每个部分逐项分析、进行拆分，最后拆分成可进行危害因素辨识的关键部件，各个关键部件应相互独立。

3. 危害辨识

生产作业活动危害辨识可以参照 GB/T 13861《生产过程危险和有害因素分类与代码》规定，按照物的因素、人的因素、环境因素和管理因素进行分类。

班组、岗位员工宜采用经验法和头脑风暴法；安全管理人员或技术人员参与危害辨识时，常规生产作业活动宜采用工作前安全分析法；非常规作业活动（包括临时作业等）宜按照作业许可要求，采用工作前安全分析法开展危害辨识；设备设施宜采用安全检查表法。

4. 风险分析与评估

风险分析与风险评估是针对已经确定的操作步骤、设备设施关键部件存在的危害进行风险分析和评估的过程，以确定应采取何种风险控制措施，以及评估目前的控制措施是否有效。

风险分析与评估可采用定性和定量两种评估方式，或者它们的组合，基层单位建议采用经验法、头脑风暴法等定性分析方法；安全管理人员或技术人员可采用 RAM 法、LEC 法等。

5. 制订和完善风险控制措施

针对评估结果，应制订新的风险控制措施，或对目前的控制措施提出修订意见，并最终将风险控制措施纳入操作规程、安全检查表、岗位应急处置程序、岗位培训矩阵和岗位责任"五位一体"风险管控体系。

（二）生产管理活动风险管控

生产管理活动是指企业、二级单位和车间（站队）等管理层级的各职能部门，在生产经营过程中按流程所开展的业务活动。生产管理活动风险管控以各管理层级各职能部门的主要业务活动为研究对象，按照信息资料收集、生产管理活动分解、风险分析与评估、风险控制措施制订与完善等步骤开展，并最终将风险控制措施落实到部门（基层站队）职责、岗位职责、以及相关管理制度中。

1. 信息资料收集

信息资料收集是开展生产管理活动风险防控的基础工作。信息资料收集内容主要包括：企业和所属单位组织结构，部门管理岗位设置及岗位职责要求，适用的法律法规、标准规范、规章制度要求，危害因素辨识和风险分析情况，风险防控措施制订和落实等情况，应急响应预案、救援预案等，相关事故、事件案例，以及风险评估或安全评价报告等。

2. 生产管理活动分解

首先，组织各部门（主要为规划计划、人事培训、生产组织、工艺技术、设备设施、物资采购、工程建设、安全环保等）梳理本部门所有生产管理活动，建立管理活动清单；其次，对所有管理活动进行管理模块（或管理环节）的划分，建立每个管理活动的流程图（如设备管理可大致划分为选型、招标、购置、安装、投运、检维修、事故处理等）。

3. 风险分析与评估

风险分析与评估是针对生产管理活动已经划分的管理环节进行风险分析和评估，以确定应采取何种风险控制措施，以及评估目前的控制措施是否有效。

风险分析与评估无论采用定性或定量分析，都必须考虑部门与部门间的横向联系，以及企业部门与单位部门、基层管理间的纵向关系，要避免管理活动存在的管理空白或管理职责不清的交叉现象。

4. 制订和完善风险控制措施

针对评估结果，应制订新的风险控制措施，或对目前的控制措施提出修订意见，并最终将风险控制措施纳入部门（基层站队）职责、岗位职责、部门管理制度、基层站队建设标准、各级应急预案中。

（三）风险评估与“红橙黄蓝”四色图

按照国家和地方政府要求，企业风险评估后应对风险进行分级，分级宜采用“红橙黄蓝”四色法，其中，红色风险最高，蓝色风险最低。为此：

（1）企业应制订风险评价标准或风险判定准则，以确定风险等级的划分，并与国家生产安全风险“红橙黄蓝”四色相对应。

（2）按照地方政府要求，规划出本企业、各单位，以及现场的风险“四色”图，绘制安全风险分布电子图，并将重大风险监测监控数据接入信息化平台。

（四）风险防控方案

企业、二级单位、基层车间（站队）在风险评估基础上，确定不同层级的“红橙黄蓝”风险四色图，原则上，对确定为红色的风险，均应按照集团公司“企业级生产安全风险防控方案编制工作指南”编制风险防控方案。

企业级生产安全风险是指通过对二级单位风险评估结果进行分析，结合生产作业活动所涉及的业务、重点队种，确定本企业重点防控的生产安全风险，包括设备设施存在的固有风险、生产作业过程中存在的可预见风险和自然环境存在的潜在风险等。

企业级风险防控方案是以推进风险防控责任的归位、实施分级防控、落实直线责任为目标，通过方案制订、实施、效果评价和持续改进，实现对企业重大生产安全风险全过程、动态化、重预防的管理。

三、隐患排查治理

（一）事故隐患的定义和分类

“集团公司安全环保隐患管理办法”明确的生产安全事故隐患，是指不符合安全生产法律、法规、规章、标准、规程和安全生产管理制度的规定，或者因其他因素在生产经营活动中存在可能导致事故发生或者导致事故后果扩大的物的危险状态、人的不安全行为和管理上的缺陷。隐患按照整改难易及可能造成后果的严重性，分为一般事故隐患和重大事故隐患。

（二）涉及事故隐患管理的政策、法规、办法

有关事故隐患管理的政策、法规、办法如下：

国家安全生产监督管理总局《安全生产事故隐患排查治理暂行规定》（总局2007第16号令）；

《国务院关于进一步加强企业安全生产工作的通知》（国发〔2010〕23号）；

《国务院关于坚持科学发展安全发展促进安全生产形势持续稳定好转的意见》（国发〔2011〕40号）；

《国务院安委会关于贯彻落实国务院会议精神进一步加强安全生产工作的通知》（安委明电〔2011〕8号）；

《国务院办公厅关于继续深入扎实开展安全生产年活动的通知》（国办发〔2012〕14号）；

《国务院安委会办公室关于建立安全隐患排查治理体系的通知》（安委办〔2012〕1号）；

《国务院安委会关于集中开展“六打六治”打非法治专项行动的通知》（安委〔2014〕6号）；

《国务院安委会关于开展油气管道隐患治理攻坚战的通知》（安委〔2014〕7号）；

《中国石油天然气集团公司安全环保事故隐患管理办法》（中油安〔2015〕297号）。

（三）隐患排查和治理

隐患的排查与治理通常包括隐患排查、隐患评估、隐患治理、隐患排查与治理的信息化建设等环节。

1. 隐患排查与评估

隐患排查即查找生产作业活动和生产管理活动中风险防控措施存在失效、弱化、缺陷和不足的过程。

企业要研究解决谁来排查隐患、怎么排查隐患、排查的频次，以及如何处置隐患等管理环节，通常情况下，隐患的排查有以下形式：

（1）岗位的自查、巡查，重点针对物的状态、人的行为、施工现场环境等。

（2）班组的排查，重点针对物的状态、人的行为、施工作业环境等。

（3）车间、站队的排查，重点针对物的状态、人的行为、施工作业环境等。

（4）业务管理部门的排查，重点针对业务管理流程风险。

（5）二级单位及企业级的排查，重点针对物的状态、人的行为、施工作业环境、管理缺陷等。

（6）专门机构的排查（如防雷避电检测、特种设备检测等），重点针对专业风险。

所有排查出的隐患，要按照隐患评估结果进行分级登记，建立事故隐患信息档案。

2. 隐患治理与销项

隐患治理就是指消除或控制隐患的活动或过程。包括对排查出的事故隐患按照职责分工，明确整改责任、制订整改计划、落实整改资金、实施监控治理和复查验收的全过程。

隐患实行分级治理，由隐患发生单位确定治理责任人，通常情况下，隐患可采取岗位纠正、班组治理、车间（站队）治理、业务部门治理、单位或公司治理等方式，如确认无能力实施治理，则应向上一级申请实施治理。

无论实施哪级治理，都应对查出的隐患做到责任、措施、资金、时限和预案“五到位”，对重大事故隐患应严格落实“分级负责、领导督办、跟踪问效、治理销项”制度。

3. 隐患排查与治理的其他注意事项

（1）应完善隐患排查管理流程，建立企业自查、自改、自报事故隐患的信息系统。

（2）应建立健全事故隐患治理的管理流程，实现隐患排查、登记、评估、治理、报告、销项等闭环管理。

（3）应明确隐患排查的频次，并与日常管理、专项检查、监督检查、HSE 体系审核等工作相结合。

四、应急管理

（一）应急管理基本概念

1. 应急预案

针对可能发生的事故，为迅速、有序地开展应急行动而预先制订的行动方案。

2. 应急准备

针对可能发生的事故,为迅速、有序地开展应急行动而预先进行的组织准备和应急保障。

3. 应急响应

事故发生后,有关组织或人员采取的应急行动。

4. 应急救援

在应急响应过程中,为消除、减少事故危害,防止事故扩大或恶化,最大限度地降低事故造成的损失或危害而采取的救援措施或行动。

5. 恢复

事故的影响得到初步控制后,为使生产、工作、生活和生态环境尽快恢复到正常状态而采取的措施或行动。

(二)应急管理的四个阶段

应急管理是一个动态的过程,包括预防、准备、响应和恢复四个阶段。

1. 预防

在应急管理中预防有两层含义:第一层是事故预防工作,即通过安全管理和安全技术等手段,尽可能地防止事故的发生,实现本质安全化;第二层是在假定事故必然发生的前提下,通过预先采取的预防措施,来达到降低或减缓事故影响或后果严重程度。任何企业都应该在生产过程中对预防工作引起高度的重视,防患于未然。预防阶段的主要工作内容为:危险源辨识、风险评价、风险控制。

2. 准备

准备的目标是保障重大事故应急救援所需的应急能力,主要集中在制订应急操作计划及发展完善系统上。准备阶段的主要工作内容为:预案编制、建立预警系统、进行应急培训和应急演练。

3. 响应

响应的目的是通过发挥预警、疏散、搜寻和营救及提供避难所和医疗服务等紧急事务功能,尽可能地抢救受害人员,保护可能受到威胁的人群;尽可能控制并消除事故,最大限度地减少事故造成的影响和损失,维护社会稳定和人民生命财产安全。响应阶段的主要工作内容为:情况分析、预案实施、展开救援行动、进行事态控制。

4. 恢复

恢复工作应在事故发生后立即进行,它首先使事故影响地区恢复相对安全的基本状态,然后继续努力逐步恢复到正常状态。要求立即开展的恢复工作包括事故损失评估、事故原因调查、清理废墟等；长期恢复工作包括厂区重建和社区的再发展及实施安全减灾计划。恢复阶段主要工作内容为：影响评估、清理现场、常态恢复、预案评审。

（三）应急救援体系的构成

应急救援体系主要由组织体系、运作机制、预案体系、保障体系、法规制度等部分组成。

（四）应急预案

1. 应急预案体系的构成

根据 AQ/T 9002—2006《生产经营单位安全生产事故应急预案编制导则》，将应急预案体系分为三级结构体系，包括：综合应急预案、专项应急预案、现场处置方案（现场应急预案）。

（1）综合应急预案（综合预案）是从总体上阐述处理事故的应急方针、政策，应急组织机构及相关应急职责，应急行动、措施和保障等基本要求和程序，是应对各类事故的综合性文件。

（2）专项应急预案（专项预案）是针对具体的事故类别、危险源和应急保障而制订的计划或方案，是综合应急预案的组成部分，应按照综合应急预案的程序和要求组织制订，并作为综合应急预案的附件。专项应急预案应制订明确的救援程序和具体的应急救援措施。

（3）现场处置方案（现场预案）是针对具体的装置、场所或设施、岗位所制订的应急处置措施。现场处置方案应具体、简单、针对性强。现场处置方案应根据风险评估及危险性控制措施逐一编制，做到事故相关人员熟练掌握应知应会，并通过应急演练，做到迅速反应、正确处置。

2. 应急预案的编制步骤

应急预案的编制步骤如下：

（1）成立预案编制小组。

（2）收集相关资料。

（3）危险源辨识与风险分析。

（4）应急能力评估。

（5）应急预案编制。

（6）应急预案评审与发布。

3. 应急预案的评审方法

应急预案评审分为形式评审和要素评审，评审可采取符合、基本符合、不符合三种方式简单判定。对于基本符合和不符合的项目，应提出指导性意见或建议。

1）形式评审

依据有关规定和要求，对应急预案的层次结构、内容格式、语言文字和制订过程等内容进行审查。形式评审的重点是应急预案的规范性和可读性。

2）要素评审

依据有关规定和标准，从符合性、适用性、针对性、完整性、科学性、规范性和衔接性等方面对应急预案进行评审。要素评审包括关键要素和一般要素。为细化评审，可采用列表方式分别对应急预案的要素进行评审。

评审应急预案时，将应急预案的要素内容与表中的评审内容及要求进行对应分析，判断是否符合表中要求，发现存在问题及不足。

4. 应急预案的评审程序

1）评审准备

应急预案评审应做好以下准备工作：

（1）成立应急预案评审组，明确参加评审的单位或人员。

（2）通知参加评审的单位或人员具体评审时间。

（3）将被评审的应急预案在评审前送达参加评审的单位或人员。

2）会议评审

会议评审可按照以下程序进行：

（1）介绍应急预案评审人员构成，推选会议评审组组长。

（2）应急预案编制单位或部门向评审人员介绍应急预案编制或修订情况。

（3）评审人员对应急预案进行讨论，提出修改和建设性意见。

（4）应急预案评审组根据会议讨论情况，提出会议评审意见。

（5）讨论通过会议评审意见，参加会议评审人员签字。

3）意见处理

评审组组长负责对各位评审人员的意见进行协调和归纳，综合提出预案评审的结论性意见。生产经营单位应按照评审意见，对应急预案存在的问题及不合格项进行分析研究，对应急预案进行修订或完善。反馈意见要求重新审查的，应按照要求重新组织审查。

5. 应急预案备案应当提交的材料

（1）应急预案备案申请表。

（2）应急预案评审或者论证意见。

（3）应急预案文本及电子文档。

6. 应急预案修订与更新情况

应就下述情况对应急预案进行定期和不定期的修改或修订：

（1）日常应急管理中发现预案的缺陷。

（2）训练或演练过程中发现预案的缺陷。

（3）实际应急过程中发现预案的缺陷。

（4）组织机构发生变化。

（5）原材料、生产工艺的危险性发生变化。

（6）施工区域范围的变化。

（7）布局、消防设施等发生变化。

（8）人员及通信方式发生变化。

（9）有关法律、法规、标准发生变化。

（10）其他情况。

（五）应急演练

1. 应急演练的目的

（1）在事故发生前暴露预案和程序的缺点。

（2）辨识出缺乏的资源(包括人力和设备)。

（3）改善各种反应人员、部门和机构之间的协调水平。

（4）在企业应急管理的能力方面获得大众认可和信心。

（5）增强应急反应人员的熟练性和信心。

（6）明确每个人各自岗位和职责。

（7）努力增加企业应急预案与政府、社区应急预案之间的合作与协调。

（8）提高整体应急反应能力。

2. 应急演练的种类

1）桌面演练

桌面演练是指由应急组织的代表或关键岗位人员参加的、按照应急预案及其标准运作程序，讨论紧急情况时应采取的演练活动。桌面演练的主要特点是对演练情景进行口头演练，一般是在会议室内举行的非正式活动。主要目的是锻炼演练人员解决问题的能力，以及解决应急组织相互协作和职责划分的问题。

桌面演练只需要展示有限的应急响应和内部协调活动，应急响应人员主要来自本地应急组织，事后一般采取口头评论形式收集演练人员的建议，并提交一份简短的书面报告，总结演练活动和提出有关改进相应应急工作的建议。桌面演练方法成本较低，主要用于为功能演练和全面演练做准备。

2）功能演练

功能演练是指针对某项应急响应功能或其中某些应急响应活动而举行的演练活动，主要目的是针对应急响应功能，检验应急响应人员及应急管理体系的策划和响应能力。例如指挥和控制功能的演练，其目的是检测、评价部门在一定压力情况下的应急运行和及时响应能力，演练地点主要集中在若干个应急指挥中心或现场指挥所，并开展有限的现场活动，调用有限的外部资源。

功能演练比桌面演练规模要大，需动员更多的应急响应人员和组织，因而协调工作的难度也随着更多应急组织的参与而增大。演练完成后，除采取口头评论形式外，还应向地方提交有关演练活动的书面汇报，提出改进建议。

3）全面演练

全面演练是针对应急预案中全部或大部分应急响应功能，检验、评价应急组织应急运行能力的演练活动。全面演练一般要求持续几个小时，采取交互式方式进行，演练过程要求尽量真实，调用更多的应急响应人员和资源，并开展人员、设备及其他资源的实战性演练，以展示相互协调的应急响应能力。

与功能演练类似，全面演练也少不了负责应急运行、协调和政策拟定人员的参与，以及国家级应急组织人员在演练方案设计、协调和评估工作中提供技术支持。但在全面演练过程中，这些人员或组织的演示范围要比功能演练更广。演练完成后，除采取口头评论、书面汇报外，还应提交正式的书面报告。

三种演练类型的最大差别在于演练的复杂程度和规模。无论选择何种应急演练方法，应急演练方案必须适应辖区重大事故应急管理的需求和资源条件。应急演练的组织者或策划者在确定应急演练方法时，应考虑本项目事故应急预案和应急执行程序制订工作的进展情况、本项目现有应急响应能力、应急演练成本及资金筹措状况等因素。

第三节　一岗双责

安全生产责任制是企业岗位责任制的一个组成部分，是企业中最基本的一项安全制度，也是企业安全生产、劳动保护管理制度的核心。

2013 年 7 月 18 日召开的中央政治局第 28 次常委会上强调：“落实安全生产责任制，要落实行业主管部门直接监管、安全监管部门综合监管、地方政府属地监管，坚持管行业必须管安全，管业务必须管安全，管生产经营必须管安全，而且要党政同责、一岗双责、齐抓共管、失职追责”。

《中华人民共和国安全生产法》（中华人民共和国主席令第七十号，2014 年修正）中对安全生产责任制的建立健全、监督考核有明确规定。其中第九条规定："生产经营单位的安全生产责任制应当明确各岗位的责任人员、责任范围和考核标准等内容。生产经营单位应当建立相应的机制，加强对安全生产责任制落实情况的监督考核，保证安全生产责任制的落实"。

《国家安全生产监督管理总局关于印发企业安全生产责任体系五落实五到位规定的通知》（安监总办〔2015〕27号）中，为进一步健全安全生产责任体系，强化企业安全生产主体责任落实，国家安全生产监督管理总局制订了《企业安全生产责任体系五落实五到位规定》（安监总办〔2015〕27号），对党政同责、一岗双责等提出具体要求。

一、安全环保履职能力评估

（一）安全环保履职能力评估的含义

2014年12月18日，中国石油天然气集团公司下发了《关于印发〈中国石油天然气集团公司员工安全环保履职考评管理办法〉的通知》（中油安〔2014〕482号），规范开展员工安全环保履职考评工作，强化落实全员安全环保职责。

安全环保履职考评包括安全环保履职考核和安全环保履职能力评估。安全环保履职考核，是指对员工在岗期间履行安全环保职责情况进行测评，测评结果纳入业绩考核内容。安全环保履职能力评估，是指对员工是否具备相应岗位所要求的安全环保能力进行评估，评估结果作为上岗考察依据。

安全环保履职考评按领导人员和一般员工两类人员分别组织。领导人员是指按照管理层级由本级组织直接管理的干部，一般员工指各级一般管理人员、专业技术人员和操作服务人员。

安全环保履职考评遵循"统一领导、分级负责、逐级考评、全员覆盖"的原则。

（二）安全环保履职能力评估的内容、方法和程序

2015年8月18日，中国石油天然气集团公司HSE（安全生产）委员会办公室下发了《关于印发〈领导干部安全环保履职能力评估工作实施指南〉的通知》（安委办〔2015〕21号），进一步规范和指导企业开展领导干部安全环保履职能力评估工作，强化安全环保责任落实和执行力建设。

1. 领导人员安全环保履职能力评估

1）人员范围

领导人员调整到或提拔到生产、安全等关键岗位，应及时进行安全环保履职能力评估。评估内容应突出岗位特点，依据岗位职责和风险防控等要求分专业、分层级确定。

2）内容

领导人员的安全环保履职能力评估内容包括安全领导能力、风险掌控能力、安全基本能力及应急指挥能力等四个方面，同时要关注个人的安全意愿。

（1）安全领导能力是指示范、指导、引领下属重视 HSE 工作并有效落实责任的能力。

（2）风险掌控能力是指组织辨识、评价、管控业务范围内 HSE 风险的能力。

（3）安全基本能力是指满足本岗位安全环保履职所必备的基本知识和技能。

（4）应急指挥能力是指应对突发事件的组织、协调、指挥和处置能力。

3）方法

安全环保履职能力评估可采用日常表现与现场考察、知识测试及员工感知度调查等定性评价及定量打分相结合的方式开展。

4）程序

领导人员安全环保履职能力评估工作一般按照以下程序进行：

（1）成立评估小组，明确职责和分工。

（2）编制评估方案。

（3）依据拟入职岗位的安全环保能力要求制订评估标准。

（4）选用评估工具，包括建立测试题库、准备员工感知度调查问卷和编制访谈清单。

（5）采取访谈、测试、资料验证、向下属员工和同级人员发放调查问卷等方式开展能力评估。

（6）评估结果分析，对被评估人员进行综合评价。

（7）评估组对被评估人员进行反馈。

5）评估结果及应用

安全环保履职能力评估结果分为杰出、优秀、良好、一般、较差五个档次。

安全环保履职能力评估结果为“一般”和“较差”的拟提拔或调整人员，不得调整或提拔任用。不合格人员需接受再培训和学习，评估合格后方能调整或提拔任用。

安全环保履职能力评估发现的改进项，由被评估人制订切实可行的措施和计划予以改进，直线领导对下属的改进实施情况进行跟踪与督导。

2. 一般员工安全环保履职能力评估

1）人员范围

一般员工新入厂、转岗和重新上岗前，应依据新岗位的安全环保能力要求进行培训，并进行入职前安全环保履职能力评估。

2）内容

评估内容应突出岗位特点，依据岗位职责和风险防控等要求分专业、分层级确定。

一般员工的安全环保履职能力评估内容包括 HSE 表现、HSE 技能、业务技能和应急处置能力等方面。鼓励以拟入职岗位的 HSE 培训矩阵作为员工安全环保履职能力评估的标准。

3）方式

安全环保履职能力评估可采用日常表现与现场考察、知识测试及员工感知度调查等定性评价及定量打分相结合的方式开展。

4）程序和方法

一般员工安全环保履职能力评估可按照以下程序和方法进行：

（1）成立评估小组，明确责任和分工。

（2）制订评估实施方案。

（3）向被评估员工告知相关评估事宜。

（4）依据拟入职岗位的安全环保能力要求制订评估标准。

（5）采取观察、访谈、沟通、笔试、口试、实际或模拟操作、网上答题等方式开展能力评估。

（6）查阅被评估员工事故、违章等记录。

（7）评估结果分析，对被评估人员进行综合评价。

（8）直线评估人员对被评估人员进行反馈。

5）结果及应用

安全环保履职能力评估结果分为杰出、优秀、良好、一般、较差五个档次。

安全环保履职能力评估结果为“一般”和“较差”的拟提拔或调整人员，不得调整或提拔任用。评估结果为“较差”的员工不得上岗或转岗。不合格人员需接受再培训和学习，评估合格后方能调整、提拔任用或上岗。

安全环保履职能力评估发现的改进项，由被评估人制订切实可行的措施和计划予以改进，直线领导对下属的改进实施情况进行跟踪与督导。

二、安全环保述职

为强化安全生产责任制的落实，近年来，集团公司通过安全述职的方式，促进直线领导落实 HSE 管理责任，提升各级执行力。《中国石油天然气集团公司安全生产和环境保护责任制管理办法》（中油安〔2014〕13 号）第二十一条规定：“各级组织应当通过签订安全环保责任书、开展安全环保述职、HSE 管理体系审核和安全环保专项检查等方式，加强对安全环保责任制建立健全和执行情况的监督检查”。

按集团公司文件要求，直线领导应了解直接下属的HSE职责，督促指导直接下属履行HSE职责，定期听取下属HSE工作情况汇报（述职）等，应定期（半年或一年）组织领导干部和职能部门进行安全环保述职，并将HSE履职情况纳入提拔考核范畴，实行一票否决。

安全环保述职主要是上级考核、评估、任免、使用干部的依据，是述职者本人总结经验、改进工作、提高素质的一个途径。

安全环保述职分为一般述职和特殊述职两种方式。一般述职是指每年定期组织领导干部和职能部门进行安全环保述职。述职人按照规定内容提交书面述职材料或在HSE委员会等会议上进行述职。特殊述职是指单位发生人员伤亡、环境保护事故等情况时，按事故等级或隐患等级等判定条件，由上级根据工作需要决定。

述职人应依据岗位HSE职责和工作目标，对自己一段时间内的安全环保工作开展情况做自我评估、鉴定和定性。述职内容应以事实和材料为依据，做到点面结合，重点突出，总结问题教训，制订针对性工作计划。

述职内容主要有：安全环保责任制履职完成情况，安全环保法律、法规宣贯执行情况，安全环保风险防控情况，安全环保制度、操作规程建立健全情况，安全环保教育和培训情况，安全环保监督检查情况，安全环保隐患排查治理情况，安全环保应急管理情况，安全环保事故、事件管理情况等。

第四节　安全生产教育培训

安全生产教育培训是风险防控、事故预防的重要内容，开展安全教育培训是国家法律法规的要求，是企业安全生产管理的需要，也是安全生产从业人员的权利。安全生产教育培训主要包括安全教育和安全培训两部分。安全教育是通过宣传、活动、竞赛等各种形式，提高从业人员的安全意识和素质。安全培训则更具体，主要是培训技能，使从业人员在企业特定的作业内容、作业环境下，能够正确、安全地完成工作任务。

为确保《中华人民共和国安全生产法》关于安全生产教育培训的要求得到贯彻落实，国家安全生产监督管理总局陆续颁布了《生产经营单位安全培训规定》（国家安全生产监督管理总局令第3号）、《安全生产培训管理办法》（国家安全生产监督管理总局令第44号，2015年修正）等一系列政策、规章。

集团公司始终高度重视安全教育培训工作，认真贯彻落实国家有关方针政策和法律法规，把安全教育培训作为安全生产管理的重中之重，形成了岗前培训、师带徒、岗位练兵、劳动竞赛等好经验、好做法，发布了Q/SY 08234—2018《HSE培训管理规范》《关于进一步加强基层HSE培训工作的通知》（安全〔2011〕195号）、《中国石油天然气集团有限公司HSE培训管理办法》（人事〔2018〕68号）等一系列安全生产教育培训管理办法。

一、三项岗位人员持证上岗

三项岗位人员是指生产经营单位的主要负责人、安全生产管理人员和特种作业人员，三项岗位人员必须具备与所在单位从事的生产经营活动匹配的安全生产知识、管理能力和操作能力，必须按照国家有关规定经专门的安全培训，取得相应资格，持证上岗。

（一）主要负责人的培训内容和时间

1. 初次安全培训的主要内容

《生产经营单位安全培训规定》（国家安全生产监督管理总局令第3号）第七条规定：

生产经营单位主要负责人安全培训应当包括下列内容：

（1）国家安全生产方针、政策和有关安全生产的法律、法规、规章及标准。

（2）安全生产管理基本知识、安全生产技术、安全生产专业知识。

（3）重大危险源管理、重大事故防范、应急管理和救援组织及事故调查处理的有关规定。

（4）职业危害及其预防措施。

（5）国内外先进的安全生产管理经验。

（6）典型事故和应急救援案例分析。

（7）其他需要培训的内容。

2. 再培训的主要内容

对已取得上岗资格证书的主要负责人，应每年进行再培训，主要内容是新颁布的政策、法规，有关安全生产的法律、法规、规章、规程、标准等，安全生产的新技术、新知识，安全生产管理经验，典型事故案例等。

3. 培训时间

《生产经营单位安全培训规定》（国家安全生产监督管理总局令第3号）第九条规定：

（1）生产经营单位主要负责人和安全生产管理人员初次安全培训时间不得少于32学时，每年再培训时间不得少于12学时。

（2）煤矿、非煤矿山、危险化学品、烟花爆竹、金属冶炼等生产经营单位主要负责人和安全生产管理人员初次安全培训时间不得少于48学时，每年再培训时间不得少于16学时。

（二）安全生产管理人员的培训内容和时间

1. 初次安全培训的主要内容

《生产经营单位安全培训规定》（国家安全生产监督管理总局令第3号）第八条规定：

生产经营单位安全生产管理人员安全培训应当包括下列内容：

（1）国家安全生产方针、政策和有关安全生产的法律、法规、规章及标准。

（2）安全生产管理、安全生产技术、职业卫生等知识。

（3）伤亡事故统计、报告及职业危害的调查处理方法。

（4）应急管理、应急预案编制及应急处置的内容和要求。

（5）国内外先进的安全生产管理经验。

（6）典型事故和应急救援案例分析。

（7）其他需要培训的内容。

2. 再培训的主要内容

对已取得上岗资格证书的安全生产管理人员，应每年进行再培训，主要内容是新颁布的政策、法规，有关安全生产的法律、法规、规章、规程、标准等，安全生产的新技术、新知识，安全生产管理经验，以及典型事故案例等。

3. 培训时间

《生产经营单位安全培训规定》（国家安全生产监督管理总局令第3号）第九条规定：

（1）生产经营单位主要负责人和安全生产管理人员初次安全培训时间不得少于32学时，每年再培训时间不得少于12学时。

（2）煤矿、非煤矿山、危险化学品、烟花爆竹、金属冶炼等生产经营单位主要负责人和安全生产管理人员初次安全培训时间不得少于48学时，每年再培训时间不得少于16学时。

（三）特种作业人员的培训内容和时间

《特种作业人员安全技术培训考核管理规定》（国家安全生产监督管理总局令第30号，2015年修正）第三条规定：

本规定所称特种作业，是指容易发生事故，对操作者本人、他人的安全健康及设备、设施的安全可能造成重大危害的作业。特种作业的范围由特种作业目录规定。

本规定所称特种作业人员，是指直接从事特种作业的从业人员。

第四条规定：

特种作业人员应当符合下列条件：

（1）年满18周岁，且不超过国家法定退休年龄。

（2）经社区或者县级以上医疗机构体检健康合格，并无妨碍从事相应特种作业的器质性心脏病、癫痫病、美尼尔氏征、眩晕征、分离性障碍（癔病）、帕金森病、精神病、痴呆征及其他疾病和生理缺陷。

（3）具有初中及以上文化程度。

（4）具备必要的安全技术知识与技能。

（5）相应特种作业规定的其他条件。

危险化学品特种作业人员除符合前款（1）（2）（4）和（5）规定的条件外，应当具备高中或者相当于高中及以上文化程度。

第五条规定：

特种作业人员必须经专门的安全技术培训并考核合格，取得"中华人民共和国特种作业操作证"（以下简称特种作业操作证）后，方可上岗作业。

1. 培训内容

特种作业人员应当接受与其所从事的特种作业相应的安全技术理论培训和实际操作培训。培训内容按照中华人民共和国应急管理部制订的特种作业人员培训大纲和煤矿特种作业人员培训大纲进行。

2. 考核发证

特种作业人员的考核包括考试和审核两部分。考试由考核发证机关或其委托的单位负责；审核由考核发证机关负责。

在《特种作业人员安全技术培训考核管理规定》（国家安全生产监督管理总局令第30号，2015年修正）第十九条规定：

特种作业操作证有效期为六年，在全国范围内有效。

特种作业操作证由安全监管总局统一式样、标准及编号。

3. 复审内容和时间

《特种作业人员安全技术培训考核管理规定》（国家安全生产监督管理总局令第30号，2015年修正）第二十一条规定：

特种作业操作证每三年复审1次。

特种作业人员在特种作业操作证有效期内，连续从事本工种10年以上，严格遵守有关安全生产法律法规的，经原考核发证机关或者从业所在地考核发证机关同意，特种作业操作证的复审时间可以延长至每六年一次。

第二十三条规定：

特种作业操作证申请复审或者延期复审前，特种作业人员应当参加必要的安全培训并考试合格。

安全培训时间不少于8学时，主要培训法律、法规、标准、事故案例和有关新工艺、新技术、新装备等知识。

（四）三项岗位人员负事故责任的培训要求

《安全生产培训管理办法》（国家安全生产监督管理总局令第44号，2015年修正）第十二条规定：

中央企业的分公司、子公司及其所属单位和其他生产经营单位,发生造成人员死亡的生产安全事故的,其主要负责人和安全生产管理人员应当重新参加安全培训。

特种作业人员对造成人员死亡的生产安全事故负有直接责任的,应当按照《特种作业人员安全技术培训考核管理规定》重新参加安全培训。

二、入厂安全教育

生产经营单位应当进行安全培训的从业人员包括主要负责人、安全生产管理人员、特种作业人员和其他从业人员,三项岗位人员在接受相关取证考核的同时,在上岗前,还应和其他从业人员一样,接受入厂安全教育。

《生产经营单位安全培训规定》(国家安全生产监督管理总局令第 3 号)第十一条规定:

煤矿、非煤矿山、危险化学品、烟花爆竹、金属冶炼等生产经营单位必须对新上岗的临时工、合同工、劳务工、轮换工、协议工等进行强制性安全培训,保证其具备本岗位安全操作、自救互救及应急处置所需的知识和技能后,方能安排上岗作业。

1. 教育方式

入厂安全教育主要通过三级安全教育开展。三级安全教育是指厂、车间、班组的安全教育,是安全生产领域多年发展、总结、积累而形成的一套行之有效的安全教育培训方法。

《生产经营单位安全培训规定》(国家安全生产监督管理总局令第 3 号)第十二条规定:

加工、制造业等生产单位的其他从业人员,在上岗前必须经过厂(矿)、车间(工段、区、队)、班组三级安全培训教育。

生产经营单位应当根据工作性质对其他从业人员进行安全培训,保证其具备本岗位安全操作、应急处置等知识和技能。

2. 教育内容

生产经营单位的从业人员有权了解其作业场所和工作岗位存在的危险因素、防范措施及事故应急措施。

《中华人民共和国安全生产法》第四十一条规定:

生产经营单位应当教育和督促从业人员严格执行本单位的安全生产规章制度和安全操作规程;并向从业人员如实告知作业场所和工作岗位存在的危险因素、防范措施及事故应急措施。

第四十二条规定:

生产经营单位必须为从业人员提供符合国家标准或者行业标准的劳动防护用品,并监督、教育从业人员按照使用规则佩戴、使用。

厂级岗前安全教育内容依据《生产经营单位安全培训规定》(国家安全生产监督管理总

局令第 3 号）第十四条规定：

厂（矿）级岗前安全培训内容应当包括：

（1）本单位安全生产情况及安全生产基本知识。

（2）本单位安全生产规章制度和劳动纪律。

（3）从业人员安全生产权利和义务。

（4）有关事故案例等。

煤矿、非煤矿山、危险化学品、烟花爆竹、金属冶炼等生产经营单位厂（矿）级安全培训除包括上述内容外，应当增加事故应急救援、事故应急预案演练及防范措施等内容。

车间级安全教育是在从业人员的工作岗位、工作内容基本确定后由车间一级组织，依据《生产经营单位安全培训规定》（国家安全生产监督管理总局令第 3 号）第十五条规定：

车间（工段、区、队）级岗前安全培训内容应当包括：

（1）工作环境及危险因素。

（2）所从事工种可能遭受的职业伤害和伤亡事故。

（3）所从事工种的安全职责、操作技能及强制性标准。

（4）自救互救、急救方法、疏散和现场紧急情况的处理。

（5）安全设备设施、个人防护用品的使用和维护。

（6）本车间（工段、区、队）安全生产状况及规章制度。

（7）预防事故和职业危害的措施及应注意的安全事项。

（8）有关事故案例。

（9）其他需要培训的内容。

班组级安全教育是在从业人员具体工作岗位确定后，由班组组织，除班组长、安全员对其进行安全教育培训外，还有自我学习、师带徒等方式。新从业人员，都应安排具体的跟班学习、实习期，期间不允许安全单独上岗或顶岗作业。《生产经营单位安全培训规定》（国家安全生产监督管理总局令第 3 号）第十六条规定：

班组级岗前安全培训内容应当包括：

（1）岗位安全操作规程。

（2）岗位之间工作衔接配合的安全与职业卫生事项。

（3）有关事故案例。

（4）其他需要培训的内容。

3. 教育时间

《生产经营单位安全培训规定》（国家安全生产监督管理总局令第 3 号）第十三条规定：

生产经营单位新上岗的从业人员，岗前安全培训时间不得少于 24 学时。

煤矿、非煤矿山、危险化学品、烟花爆竹、金属冶炼等生产经营单位新上岗的从业人员安全培训时间不得少于72学时,每年再培训的时间不得少于20学时。

三、日常教育培训

由于生产经营单位的生产环境、工艺、机械设备,以及从业人员的安全意识、技能、心理状态都始终在不断变化,因此安全教育培训不可能一劳永逸,必须开展经常性的安全教育培训。

(一)职责分工

生产经营单位培训管理部门作为牵头部门,应将HSE培训计划纳入总体培训计划,协调培训资源,并协助直线领导实施培训。

HSE部门应协助培训管理部门开展培训需求的识别,对培训的实施提供咨询、支持和审核。

《中华人民共和国安全生产法》在2014年修订时,生产经营单位的主要负责人、安全生产管理机构及安全生产管理人员都新增加了安全生产教育培训的工作职责。

《中华人民共和国安全生产法》第十八条规定:

生产经营单位的主要负责人对本单位安全生产工作负有下列职责:组织制订并实施本单位安全生产教育和培训计划。

第二十二条规定:

生产经营单位的安全生产管理机构及安全生产管理人员履行下列职责:组织或者参与本单位安全生产教育和培训,如实记录安全生产教育和培训情况。

在Q/SY 08234—2018《HSE培训管理规范》中,规定直线领导负责下属员工培训需求识别与维护、培训计划的编制与实施、实施效果的评价与跟踪。

(二)培训内容与培训计划

培训内容主要通过培训需求调查来确定,需求主要包括:岗位基本技能要求、岗位风险、岗位操作规程、HSE管理规范或程序、相关法律法规及其他要求、人员(工艺、设备)等变更、事故和意外事件的教训、履职能力考评、应急演练与应急相应的总结、单位HSE方针(目标、指标)、再培训等。

生产经营单位应依据岗位风险和任职要求,分层次编制岗位HSE培训需求矩阵,并每年对岗位HSE培训需求进行评估,根据评估结果及时更新培训需求矩阵。

依据培训需求矩阵及直线领导对下属的期望,结合员工现有能力,制订员工个人培训计划,由培训管理部门对培训计划进行汇总,编制年度培训计划。

在《生产经营单位安全培训规定》（国家安全生产监督管理总局令第3号）中还有关于培训管理的要求。其第十七条规定：

从业人员在本生产经营单位内调整工作岗位或离岗一年以上重新上岗时，应当重新接受车间（工段、区、队）和班组级的安全培训。

生产经营单位采用新工艺、新技术、新材料或者使用新设备时，应当对有关从业人员重新进行有针对性的安全培训。

（三）培训实施

培训方式主要有：

（1）典型课堂培训：适用于HSE规范、程序，通用HSE知识的培训，如企业核心价值，HSE方针、政策、目标，通用规则及HSE法律、法规等。

（2）强化课堂培训：适用于HSE专业知识培训，除课堂讲解之外，辅助有对应的考试测验。

（3）各种会议：适用于工作过程中不同级别、专业和资历的员工之间HSE经验和知识的交流与分享。

（4）专题讨论：适用于解决实际工作中出现的普遍性问题，或者澄清HSE规范、程序执行中出现的偏差或疑惑。

（5）岗位实际练习：适用于现场执行的管理规范、程序和操作规程的培训，须在有资质员工的指导和观察下，实际演练培训的内容，掌握必要的技能。

（6）网络培训：适用于时间、空间难以集中的培训对象的HSE知识培训。

培训实施人可以是企业最高管理者、员工的直线领导、HSE专职人员、管理人员、专业技术人员、资深的员工、专职教师，还可以是聘请的外部资深专家。

一般情况下，HSE培训计划不得随意取消（受培训员工的工作性质发生改变除外）。如果确因客观原因不能按原计划执行时，直线领导应与培训管理部门进行沟通协调，及时调整培训计划。

培训后还应跟踪开展培训效果评估，主要评估：

（1）学员的HSE意识和能力是否提高及提高的程度。

（2）HSE管理规范、程序和操作规程是否得到有效执行。

（3）培训课程的设置（包括培训方法、培训内容、培训师等）是否满足学员的实际需要。

根据评估结果，对教育培训进行持续改进和完善。

（四）培训档案管理

《生产经营单位安全培训规定》（国家安全生产监督管理总局令第3号）第二十二条规定：

生产经营单位应当建立健全从业人员安全生产教育和培训档案，由生产经营单位的安全生产管理机构及安全生产管理人员详细、准确记录培训的时间、内容、参加人员及考核结果等情况。

四、外来人员和承包商教育培训

1. 外来人员教育培训

外来检查、参观等人员，职业学校、高等学校等学生实习的，生产经营单位应对其组织专项教育培训，告知生产经营场所的安全生产管理要求、行为规范、主要风险、应急疏散等内容，提供必要的劳动防护用品。培训完成后，确认外来人员同意遵守企业管理，了解、掌握相应的安全生产教育培训内容后，方可入厂。

2. 承包商教育培训

承包商的从业人员到生产经营单位提供劳动服务的，生产经营单位应当将承包商派遣的劳动者纳入本单位从业人员统一管理，对被派遣的劳动者进行岗位安全操作规程和安全操作技能的教育和培训。同时，承包商也应当对被派遣的劳动者进行必要的安全生产教育和培训。

承包商的教育培训由建设单位和承包商分别负责，《中国石油天然气集团公司承包商安全监督管理办法》（中油安〔2013〕483号）第二十四条规定：

建设单位应当在合同中约定，承包商根据建设（工程）项目安全施工的需要，编制有针对性的安全教育培训计划，入厂（场）前对参加项目的所有员工进行有关安全生产法律、法规、规章、标准和建设单位有关规定的培训，重点培训项目为执行的规章制度和标准、HSE作业计划书、安全技术措施和应急预案等内容，并将培训和考试记录报送建设单位备案。

第二十七条规定：

建设单位应当对承包商参加项目的所有员工进行入厂（场）施工作业前的安全教育，考核合格后，发给入厂（场）许可证，并为承包商提供相应的安全标准和要求。

入厂（场）安全教育开始前，建设单位应当审查承包商参加安全教育人员的职业健康证明和安全生产责任险，合格后才能参加安全教育。

五、HSE培训矩阵

（一）HSE培训矩阵定义

矩阵（Matrix）是数学名词，是把一个线性变换的全部系数作为一个整体，最早来自方程组的系数及常数所构成的方阵，是纵横排列的二维数据表格。

HSE 培训矩阵是 HSE 培训需求矩阵的简称，是建立在需求分析的基础上，以主动适应需求为目标的矩阵，是为了满足特定岗位实际需要而必须完成的培训内容。在 Q/SY 08234—2018《HSE 培训管理规范》中，将 HSE 培训需求矩阵定义为：将培训需求与有关岗位列入同一个表中，以明确说明各岗位需要接受的培训内容、掌握程度、培训频率等，这样的表成为培训需求矩阵。

（二）HSE 培训矩阵的主要内容

培训矩阵的主要内容与其他培训一样，归纳起来有：培训对象、培训项目、培训课时、培训周期、培训方式、培训效果、授课人等。其中：

（1）培训项目包括通用 HSE 知识、本岗位基本操作技能、生产受控管理流程、HSE 理念和方法与工具四方面，是岗位 HSE 培训矩阵的核心。

（2）培训课时按常规教育培训的计时方法计算，根据培训内容多少、接受难易程度、需要达到的效果等确定。课时以 0.5h 为基础，事故案例等经常性和其他随时进行的 HSE 培训，可不受时间限制。

（3）培训周期是指同一内容两次培训的时间间隔。最长培训周期不超过 3 年，需要员工达到“了解”和“掌握”的培训项目，培训周期可不小于 1 年，不超过 3 年，事故案例等需要随时进行的培训项目应当不确定周期。

（4）培训方式是指根据不同的培训项目、培训效果、培训对象可采取的培训手段或形式，主要有课堂、现场、会议、自学、网络培训等形式，针对一些特殊培训项目或条件较特殊的对象也可以不限定具体的培训形式。需要动手操作的项目，以实际操作培训为主。

（5）培训效果是指员工经过培训后，希望或要求达到的目标，一般分为“了解”“掌握”“能够正确应用并指导他人”三个梯度。

（三）HSE 培训矩阵的建立

以基层岗位 HSE 培训矩阵的建立为例，HSE 培训矩阵的建立包含以下步骤：

1. 基层岗位 HSE 培训基本需求调查分析

（1）法律法规、标准规范、规章制度调查分析。

（2）管理单元和操作项目调查分析。

（3）基层岗位 HSE 培训现状调查。

（4）基层岗位 HSE 培训基本需求分析。

2. 基层岗位 HSE 培训项目确定

（1）通用 HSE 知识。

（2）本岗位基本操作技能。

（3）生产受控管理流程。

（4）HSE 理念、方法与工具。

3. 基层岗位 HSE 培训要求确定

（1）HSE 培训课时：是指针对某一培训项目需要的授课时间，应按照常规教育培训的计时方法计算，根据培训内容多少、接受难易程度、需要达到的效果等确定。

（2）HSE 培训周期：是指同一内容两次培训的间隔时间。

（3）HSE 培训方式：是指根据不同的培训项目、培训效果、培训对象可采取的培训手段或形式，主要有课堂、现场、会议等形式。

（4）HSE 培训效果：是指员工经过培训后，希望或者要求达到的目标，一般分为“了解”“掌握”“能够正确应用并指导他人”三个梯度。

（5）HSE 培训师：是指能够满足某一培训项目需要的培训师。

（6）其他要求：除上述培训要求外，还要求设有编写人、审查人、批准人签字区域，供编写人、审查人、批准人签字，以确保培训举证的权威性、可靠性、可追溯性，同时进行编号还可便于登记、检索。

4.HSE 培训矩阵的形成、审批、发布和备案

1）基层岗位 HSE 培训矩阵的形成

通过开展基层 HSE 培训基本需求调查，分析法律法规、标准规范、规章制度等要求，划分管理单元，梳理管理内容，分解操作项目，将操作项目对应到具体岗位，确定 HSE 培训项目，按照培训项目与安全操作的关系和培训实施难易程度确定培训要求，编制基层岗位 HSE 培训矩阵的条件已经具备。

2）基层岗位 HSE 培训矩阵的审批

HSE 培训矩阵审批应当坚持“谁应用谁评审，谁主管谁审批”的原则。HSE 培训矩阵编制完成后，应当由编制组组织基层站队管理人员、相关的岗位员工进行评审，征求意见和建议，通过评审后，报有关专业部门审查确认，报主管培训部门批准。负责审查、批准的部门应当认真审批，对 HSE 培训矩阵的审批负责。

3）基层岗位 HSE 培训矩阵的发布

作为基层岗位 HSE 培训的重要规范，通过批准的 HSE 培训矩阵应当在本单位范围内发布，印制成文件发放到相关岗位员工、基层站队、有关部门和领导手中，或者通过网络传递等方式告知。基层站队应当对岗位员工了解掌握本岗位 HSE 培训情况进行验证，确保岗位员工人人掌握本岗位的 HSE 培训矩阵。

4）基层岗位 HSE 培训矩阵的备案

基层岗位 HSE 培训矩阵与其他文件一样需要查阅、追踪，做好 HSE 培训矩阵的备案工作，有助于 HSE 培训矩阵的管理应用。已发布的 HSE 培训矩阵，应当报培训主管部门和安全管理部门备案，按照受控文件进行登记、存档。

第五节　承包商管理

一、承包商的定义与分类

（一）承包商的定义

承包商是指在中国石油天然气集团有限公司范围内承担工程建设、工程技术服务、装置设备维修检修等建设（工程）项目的单位，分为内部承包商和外部承包商。

承包商安全监督管理工作实行总部监督、专业分公司监管、建设单位负责的体制。建设单位也称业主或者甲方，是承包商的安全监管责任主体，应当严把承包商的单位资质关、HSE 业绩关、队伍素质关、施工监督关和现场管理关，做到制度统一、标准统一、文化融合，承包商相对固定。

（二）集团公司承包商安全监督管理工作遵循的原则

集团公司承包商安全监督管理工作遵循的原则如下：

（1）安全第一、预防为主。

（2）统一领导、分级负责，直线责任、属地管理。

（3）谁发包、谁监管，谁用工、谁负责。

（4）建设单位安全生产责任不可替代。

（三）管理职责

建设单位是建设（工程）项目承包商安全管理的责任主体，履行以下主要职责：

（1）制修订本单位承包商安全监督管理制度。

（2）组织开展授权范围内承包商安全准入的评审和审批。

（3）负责承包商选择、使用、评价等环节的安全监督管理工作，及时清退不合格承包商。

（4）组织对承包商采用的新工艺、新技术、新材料、新设备进行安全性评估和审核。

（5）监督、检查和指导下属单位承包商安全监督管理工作。

（6）保证建设（工程）项目所需安全生产投入、工期、施工环境、安全监管人员配备等资源。

（7）参与、配合做好本单位承包商生产安全事故的调查处理工作。

建设单位应当分别确定工程建设、工程技术服务、装置设备维修检修承包商的主管部门，并明确主管部门对承包商的安全监管职责。

建设（工程）项目实行总承包的，建设单位对总承包单位的安全生产负有监管责任，总承包单位对施工现场的安全生产负总责。

总承包单位应当承担对分包单位的安全监管职责，对分包单位实行全过程安全监管，并对分包单位的安全生产承担连带责任。

二、承包商监督管理

（一）单位资质关

1. 承包商准入的安全监督管理

1）资质验证

（1）承包商营业能力和经营范围符合要求（营业执照）。

（2）具有法人资格且取得安全生产许可证。

（3）近三年安全生产业绩证明，承包商采用新工艺、新技术、新材料、新设备的还需要提供风险评估报告。

2）HSE 审查

主要包括：

（1）主要负责人、项目负责人、现场安全管理人员取得安全资格证书。

（2）特种作业人员，持有效的特种作业人员操作证。

（3）按规定设置承包商 HSE 监督管理组织机构，配备专、兼职 HSE 管理人员。

（4）建立 HSE 管理体系，有健全的规章制度和完备的 HSE 操作规程。

（5）依法为从业人员进行职业健康体检，并参加工伤保险。

3）现场查验

主要包括：

（1）施工装备、机具配备满足行业标准规定并经检验合格。HSE 防护设施齐全，工艺符合有关 HSE 法律、法规和规程要求，性能可靠。

（2）有事故应急救援预案、应急救援组织或者应急救援人员、配备必要的应急救援器材和设备。

（3）有职业危害防治措施，接触职业危害作业人员“三岗”（上岗前、在岗期间、离岗时）体检有记录，从业人员配备的劳保用品符合国家标准或行业标准。

2. 承包商选择的安全监督管理

1）项目招标

建设单位招标管理部门应在招标文件中提出承包商遵守的：

（1）HSE 标准与要求、执行的工作标准。

（2）人员的专业要求、行为规范及 HSE 工作目标。

（3）项目可能存在的 HSE 风险。

（4）列出 HSE 费用项目清单。

2）项目投标

承包商投标文件中应包括：

（1）施工作业过程中存在风险的初步评估。

（2）HSE 作业计划书。

（3）安全技术措施和应急预案。

（4）单独列支 HSE 费用使用计划。

3）合同签订

建设单位合同承办部门应根据项目的特点，参照集团公司和建设单位安全生产（HSE）合同示范文本，组织制订 HSE 条款，与承包商签订安全生产（HSE）合同。

安全生产（HSE）合同应与工程服务合同同时谈判、同时报审、同时签订、同时履行。工程服务合同没有相应的安全生产（HSE）合同或者 HSE 条款内容的，一律不准签订。

安全生产（HSE）合同中至少应约定以下内容：

（1）工程概况：对项目作业内容、要求及其危害进行基本描述。

（2）建设单位安全生产权利和义务。

（3）承包商安全生产权利和义务。

（4）双方安全生产违约责任与处理。

（5）合同争议的处理。

（6）合同的效力。

（7）其他有关安全生产方面的事宜。

两个及以上的承包商在同一作业区域内进行作业，可能危及对方生产安全的，在施工前，承包商互相要签订安全生产（HSE）合同，明确各自的 HSE 管理职责、采取的安全措施。

实行总承包的项目,建设单位应在与总承包单位签订的合同中明确分包单位的HSE资格,分包单位的HSE资格应经建设单位认可;总承包单位与分包单位签订工程服务合同的同时,应签订安全生产(HSE)合同,约定双方在HSE方面的权利和义务,并报送建设单位备案。

(二)队伍素质关

1.开工前的监督管理

集团公司对承包商施工作业前能力准入评估实施分类和分级管理,根据项目规模、复杂程度和风险大小,结合集团公司投资管理有关规定,将项目划分为工程技术服务项目、工程建设服务项目和检维修服务项目,所有参加施工的外部承包商队伍施工作业前必须签订工程项目HSE承诺书。

(1)工程技术服务项目包括:物探(地震、重磁、电法、化探、测量)、井筒的设计和施工作业服务[包括钻井、固井、测井、射孔、综合录井、大修井(侧钻)、小修井、压裂、酸化、试油、地层测试等]、欠平衡钻井技术服务、钻井液技术服务、空气钻井技术服务、连续油管作业等特殊服务等。

(2)工程建设服务项目包括:投资新建、改建及扩建的油气田地面、炼油化工、油气储运、加油(气)站、建构筑物等。

(3)检维修服务项目包括:设备或装置的定期保养、运行维护和检修,检修项目中涉及的设备维修、安装、更新和改造,及检验检测工作。

建设单位应开展承包商施工作业前能力准入评估,在承包商施工队伍入厂(场)前对其参与施工作业人员资质能力、设备设施安全性能、安全组织架构及管理制度进行审查评估,防止不符合要求的承包商施工队伍和人员进入现场作业。承包商施工作业前能力准入评估按照"谁主管、谁负责"的原则,由建设单位项目管理部门牵头,人事劳资、机动设备、安全环保等相关业务部门参加。

工程项目实行总承包的,建设单位要与总承包单位在合同中约定由双方共同或单方负责分包单位施工作业安全准入评估审查。

1)承包商施工队伍人员资质能力评估

建设单位对承包商施工队伍参加项目所有人员的资质能力开展准入评估。评估开始前,首先编写施工作业前能力准入评估方案,要审查项目合同是否明确禁止变更的关键岗位人员清单,允许变更的人员是否履行了相应的变更程序,人员资格等级是否与投标文件承诺条件保持一致。审查评估主要内容如下:

(1)人员基本信息:姓名、身份证、学历、职称等。

（2）资格证书：国家、行业、企业要求的上岗资格证书。

（3）工作履历：近两年参加项目情况、HSE 履职情况等。

（4）接受建设单位和承包商施工作业前安全培训的证明。

（5）安全生产责任险。

（6）社会保险证明。

（7）健康体检证明。

2）承包商施工队伍设备设施安全性能评估

建设单位要评估承包商施工队伍设备设施安全性能是否满足项目安全生产的需要。重点审查入厂（场）的主要设备设施和 HSE 设施的名称、型号规格、操作规程、安全附件、检验检测合格证明、维护保养记录等情况；还要审查临时营地的卫生、消防、用电设施，危险物品、固体废弃物、生活污水存放处置设施，以及劳动防护用品、必要的医疗设施和相关药品等。

3）承包商施工队伍安全组织架构和管理制度评估

评估承包商施工队伍安全组织架构和管理制度是否满足项目安全生产的需要。重点审查工程项目 HSE 承诺书签订、工程项目安全管理机构设置和人员配备、承包商资质和安全生产许可证及其备案、安全生产（HSE）合同（安全生产管理协议）、项目执行的 HSE 规章制度（特别是工作前安全分析、目视化管理、作业许可、变更管理、隐患排查治理、事故事件等）、施工方案、安全技术交底、开工证明、HSE 作业计划书、安全生产施工保护费用使用计划、施工作业人员入厂（场）前安全生产教育培训记录和施工作业期间培训计划等情况。

审查监理单位编制的项目监理规划，以及住房和城乡建设部规定的中型及以上项目和《建设工程安全生产管理条例》（中华人民共和国国务院令〔2003〕第 393 号）第二十六条规定的危险性较大的分部分项工程的监理实施细则，规划和细则必须包括安全监理内容。

承包商应根据建设（工程）项目安全施工的需要，编制有针对性的 HSE 教育培训计划，入厂（场）前对参加项目的所有员工重点培训项目执行的 HSE 规章制度和标准、HSE 作业计划书、安全技术措施和应急预案等内容，并将培训和考试记录报送建设单位备案。

2. 入场前的监督管理

建设单位对承包商参加项目的所有员工进行入厂（场）施工作业前的 HSE 教育，考核合格后，发给入厂（场）许可证（施工中随身携带），并为承包商提供相应的 HSE 标准和要求。

3. 其他培训

1）建设单位

（1）凡是进入集团公司系统内从事施工作业的外部承包商人员，必须经过培训考核合格持证上岗，培训由建设单位组织实施。工程建设和检维修项目的外部承包商施工作业人员，每个项目开工前必须进行培训取证；工程技术服务和其他项目的外部承包商施工作业人员，每年至少进行一次培训取证；人员变更的必须取证。

（2）对特殊环境和要害场所进行的施工作业，对作业人员进行专门培训和风险交底。

（3）对被责令停工的承包商进行培训，考核合格后，报主管部门或 HSE 监管部门备案后方可复工。

2）承包商

（1）对特殊环境和要害场所进行的施工作业，应对作业人员进行专门培训和风险交底，如特定个人防护装备的使用、关键作业的程序和关联工艺等。

（2）总包方对分包方进行 HSE 培训与考核。

（3）对离开工作区域 6 个月以上、调整工作岗位、工艺和设备变更、作业环境变化或者采用新工艺、新技术、新材料、新设备的，应对其进行专门的 HSE 教育和培训。经建设单位考核合格后，方可上岗作业。

（三）施工监督关

1. 开工前交底

（1）向承包商提供符合规定要求的安全生产条件。

（2）对承包商进行安全技术交底或生产与施工界面交接。

（3）向承包商提供项目存在的危害和风险、地下工程资料、邻井资料、施工现场及相邻区域内环境情况等资料。

2. 开工前审查

（1）按规定编制 HSE 作业计划书，并获得建设单位批准。

（2）按规定进行施工方案、关联工艺、作业（岗位）风险、防范措施、应急预案“五交底”。

（3）安全、消防设施及劳动防护用品、施工机具符合国家、行业标准。

（4）开工申请报告已经批准。

（5）作业许可按要求办理作业票。

（6）作业人员经培训考核合格。

3. 施工资质及技术方案监督

（1）安全生产许可证。

（2）承包商管理人员的安全管理人员资格证。

（3）特殊工种作业人员操作证。

（4）工艺技术方案、施工作业方案、HSE 作业计划书、HSE 开工许可证等。

（5）健康体检证明与工伤保险。

4. 安全管理监督

（1）签订 HSE 合同或合同中有 HSE 条款。

（2）建立安全生产制度和组织架构。

（3）对全体人员进行安全教育并有记录。

（4）危害因素辨识与控制措施，并向施工人员进行安全技术交底，并形成记录。

5. 应急管理监督

（1）配备满足需要的消防器材。

（2）配备满足需要的监测器材。

（3）配备满足需要的防护器材。

（4）配备符合项目的抢险器材。

（5）制订符合项目的应急方案。

（6）定期开展应急演练。

6. 现场验证

（1）检查承包商作业人员是否与投标文件中承诺的管理人员、技术人员、特种作业人员和关键岗位人员一致，是否持证上岗。

（2）检查项目中特种设备、压力容器或 HSE 防护设施的完好情况。

（3）检查承包商列入概算的 HSE 费用是否按规定使用、是否专款专用。

（4）检查施工过程中的安全技术措施和应急预案的落实情况。

（5）检查承包商员工进入油气站场、重要生产设施等场所，是否携带“临时出入证”。

（6）检查施工作业期间，项目主要负责人在项目施工现场时间不得低于 70%，且关键作业，危险作业必须在场。

（7）检查检维修项目生产交检修和检修交生产的界面验收与环境确认。

（8）其他需要监督的内容。

（四）现场管理关

1. 强化施工现场门禁管理

所有施工作业现场实行封闭管理，出入口设置门岗值班，凭培训合格证明办理入场。

固定作业场所和有条件扩野外施工现场设置门禁，其他现场必须设置专人进行出入登记。

2. 强化施工过程全时段监督

外部承包商承担的高危作业和非常规作业要严格执行作业许可制度，建设单位必须实行全过程的旁站监督。

节假日和重要敏感时段必须进行的高危作业和非常规作业要实行升级管理，建设单位领导干部必须现场指挥、专职监督人员必须全过程旁站监督。

3. 纠正

（1）对于发现承包商违反有关规定的，应及时通知其采取措施进行改正，并现场验证整改情况。

（2）发现存在事故隐患无法保证安全的，或者发现危及员工生命安全的紧急情况时，应责令停工。

（3）停工期间，由建设单位组织承包商开展HSE培训，完善安全生产条件，经考核评估合格后，报主管部门和HSE监管部门备案后方可复工。

4. 清出现场

承包商员工存在下列情形之一的，由建设单位项目管理部门按照有关规定清出施工现场，并收回临时出入证：

（1）未按规定佩戴劳动防护用品和用具的。

（2）未按规定持有效资格证上岗操作的。

（3）在易燃、易爆、禁烟区域内吸烟或携带火种进入禁烟区、禁火区及重点防火区的。

（4）在易燃易爆区域接打手机的。

（5）机动车辆未经批准进入爆炸危险区域的。

（6）私自使用易燃品清洗物品、擦拭设备的。

（7）违反操作规程操作的。

（8）脱岗、睡岗和酒后上岗的。

（9）未对动火、进入有限空间、挖掘、高处作业、吊装、管线打开、临时用电及其他危险作业进行风险辨识的。

（10）无票证从事动火、进入有限空间、挖掘、高处作业、吊装、管线打开、临时用电及其他危险作业的。

（11）未进行可燃、有毒有害气体、氧含量分析，进入有限空间作业的。

（12）危险作业时间、地点、人员发生变更，未履行变更手续的。

（13）擅自变更施工设计或项目设计，发生更改后未进行重新确认的。

（14）擅自拆除、挪用、损坏安全防护设施、设备、器材的，或 HSE 防护设备、设施不齐备的。

（15）擅自动用未经检查、验收、移交或者查封的设备的。

（16）脚手架未经验收投入使用的。

（17）井控装置安装后未试压的。

（18）钻修井作业未设置污染物排放设施，或设施不符合环境保护要求的。

（19）尘毒危害作业现场未采取个人防护措施的。

（20）高处作业应使用安全带而未使用的，或应装设防护网而未装的。

（21）管沟挖掘深度不小于1.2m，防护措施违反下列规范要求的：

① 作业人员在坑、沟槽内休息。

② 作业现场未设置围栏、警戒线、警告牌、夜间警示灯和安全逃生设施。

③ 未进行放坡处理和固壁支撑措施。

（22）违反规定运输民爆物品、放射源和危险化学品的。

（23）未正确履行 HSE 职责，对生产过程中发现的事故隐患、危险情况不报告、不采取有效措施积极处理的。

（24）按有关要求应履行监护职责而未履行，或履行监护职责不到位的。

（25）未对已发生的事故采取有效处置措施，致使事故扩大或者发生次生事故的。

（26）违章指挥、强令他人违章作业的、代签作业票证的。

（27）其他违反安全生产规定应清出施工现场的行为。

5. 事故事件管理

（1）考核：外部承包商发生事故的，对建设单位进行考核；内部承包商发生事故的，根据责任划分进行考核，并追究相关单位和责任人责任。

（2）责任追究：承包商违反国家安全生产法律法规和合同约定的，建设单位应依据合同约定对其进行责任追究；对外部承包商生产安全事故实行“一事双查、一事双免”；对集团公司内部承包商按照集团公司规定追究有关单位和责任人责任，对建设单位同等追责；由内部承包商托管、代管的外部施工队伍和外雇员工发生的生产安全事故，对建设单位和内部承包商同等追责。

（3）其他：对承包商因管理混乱、违章施工导致事故的，以及项目结束后因承包商作业质量缺陷导致事故的，建设单位应按国家、集团公司有关规定和合同约定调查处理，追究有关单位和责任人责任。

6. 承包商“黑名单”管理

建设单位建立承包商“黑名单”制度，限制进入“黑名单”的承包商及其施工作业人员再次进入现场，并定期公告承包商“黑名单”和人员“黑名单”。

外部承包商施工队伍存在下列问题之一的，纳入安全生产“黑名单”：

（1）被政府负有安全生产监督管理职责的部门认定纳入“黑名单”的，或者年度内因安全生产违法行为受到地方政府有关部门2次及以上重大行政处罚的。

（2）发生一般A级及以上工业生产安全责任事故的。

（3）承包商安全绩效评估结果为不合格的，或者连续2年安全绩效评估结论为“观察使用”予以黄牌警告的。

（4）提供虚假安全资质材料和信息，骗取准入资格的。

（5）未按照承诺和合同约定，提供满足施工作业安全生产需要的人员、设备设施、安全生产费用等资源的。

（6）现场管理混乱、隐患不及时治理，不能保证安全生产的。

（7）违反国家有关法律、法规、规章、标准及集团公司有关规定，拒不服从管理的。

（8）发生事故隐瞒不报、谎报，或者伪造、故意破坏事故现场的，或者转移、隐匿、伪造、毁灭有关证据的，或者主要负责人逃逸的。

（9）发生事故未采取有效控制措施导致事故扩大或产生次生事故的。

（10）其他违反安全生产规定应当纳入“黑名单”的行为。

外部承包商施工人员存在下列问题之一的，纳入安全生产“黑名单”：

（1）未按规定佩戴劳动防护用品和用具的。

（2）未按规定持有效资格证上岗操作的。

（3）在易燃、易爆、禁烟区域内吸烟或携带火种进入禁烟区、禁火区及重点防火区的。

（4）在易燃易爆区域接打手机的。

（5）机动车辆未经批准进入爆炸危险区域的。

（6）私自使用易燃品清洗物品、擦拭设备的。

（7）违反操作规程操作的。

（8）脱岗、睡岗和酒后上岗的。

（9）未对动火、进入有限空间、挖掘、高处作业、吊装、管线打开、临时用电及其他危险作业进行风险辨识的。

（10）无票证从事动火、进入有限空间、挖掘、高处作业、吊装、管线打开、临时用电及其他危险作业的。

（11）未进行可燃、有毒有害气体、氧含量分析，擅自动火、进入有限空间的。

（12）危险作业时间、地点、人员发生变更，未履行变更手续的。

（13）擅自拆除、挪用安全防护设施、设备、器材的。

（14）擅自动用未经检查、验收、移交或者查封的设备的。

（15）违反规定运输民爆物品、放射源和危险化学品的。

（16）未正确履行安全职责，对生产过程中发现的事故隐患、危险情况不报告、不采取有效措施积极处理的。

（17）按有关要求应当履行监护职责而未履行监护职责，或者履行监护职责不到位的。

（18）未对已发生的事故采取有效处置措施，致使事故扩大或者发生次生事故的。

（19）违章指挥、强令他人违章作业、代签作业票证的。

（20）其他违反安全生产规定应当纳入“黑名单”的行为。

7. 清退

承包商存在下列情形之一的，由承包商主管部门按照有关规定予以清退，从合格承包商名录中剔除，并及时公布承包商安全业绩情况及生产安全事故情况：

（1）提供虚假安全资质材料和信息的。

（2）现场管理混乱、隐患不及时治理，不能保证生产安全的。

（3）一年以内，施工或监理项目被处三次以上（含三次）停工处理的。

（4）违反国家有关法律、法规、规章、标准及集团公司有关规定，拒不服从管理的。

（5）承包商 HSE 绩效评估结果为不合格的。

（6）发生一般 B 级及以上工业生产责任事故的，或发生较大环境污染事故和生态破坏事故的。

（五）HSE 业绩关

1. 日常 HSE 评估

（1）建设单位应当根据合同约定，对承包商日常 HSE 工作进行检查，定期评估，并将评估结果及时通报承包商。

（2）对于日常安全工作中的不合格项，责令承包商限期整改。

2. 项目结束评估

（1）建设单位项目管理部门负责开展承包商安全绩效评估，把承包商安全保障能力、施工作业过程监督检查结果作为安全绩效评估的重要条件。

评估内容主要包括：HSE 承诺履行、人员安全履职能力、设备设施本质安全性能、现场文明施工（现场标准化）、日常安全管理、HSE 作业计划书执行、安全教育培训落实、安全生产施工保护费用使用、“三违”查处和事故隐患整改、事故（事件）管理、奖惩等情况。

根据承包商年度安全绩效得分情况，将承包商分为优秀、合格、观察使用和不合格四个等级，并公开评估结果。得分率 90% 及以上的为“优秀”，得分率 90% 以下、70% 及以上的为“合格”,得分率70%以下、60%及以上的为“观察使用”,得分率60%以下为“不合格”。

(2)建设单位应当将承包商HSE绩效评估结果作为选用的依据,优先选择HSE绩效良好的承包商。

对评级为“观察使用”的承包商给予黄牌警示,自黄牌警示公告日起一年内或在其整改合格并通过评估验收前不得允许其参与投标。

对评级为“不合格”的承包商及其主要负责人、项目主要负责人纳入“黑名单”并取消准入资格,自“黑名单”公告日起两年内不得允许其重新申请准入,且不得以任何其他方式在集团公司系统施工作业;属于内部承包商的,按照集团公司有关规定追究其单位和负责人责任。

三、承包商的考核与奖惩

集团公司将建设单位承包商安全监督管理工作作为年度安全生产考核的重点内容,考核结果作为评选集团公司安全生产先进企业的依据。

各专业分公司应当定期组织对业务归口企业承包商安全监督管理工作进行检查考核,对于承包商安全监督管理工作成绩显著的单位和个人,给予表彰奖励。

建设单位应当对在承包商安全监督管理工作中成绩显著的单位和个人,给予表彰奖励。

建设单位准入管理部门、招标管理部门、合同承办部门、项目管理部门、安全管理部门和安全监督机构及其工作人员不作为,或者玩忽职守、徇私舞弊、滥用职权造成事故的,按照集团公司有关规定追究责任。

第六节　特种设备管理

一、特种设备概念

特种设备是指对人身和财产安全有较大危险性的锅炉、压力容器(含气瓶)、压力管道、电梯、起重机械、客运索道、大型游乐设施、场(厂)内专用机动车辆。特种设备广泛应用于集团公司所属企业,具有种类全、分布广(遍布勘探开发、炼油化工、销售、天然气与管道、工程建设、工程技术、装备制造领域)、数量多、风险高、连续作业等特点。常用的特种设备包括蒸汽锅炉、热水锅炉、有机热载体锅炉、电站锅炉、储气罐、分离器、反应釜、长管拖车、气瓶、长输管道、工业管道、客货电梯、杂物电梯、桥式起重机、门式起重机、流动式起重机、叉车等。

二、特种设备风险

特种设备具有在高温、高压、高空、高速条件下运行的特点,是企业生产中广泛使用的具有潜在危险的设备,有的在高温高压下工作,有的盛装易燃、易爆、有毒介质,有的在高空、高速下运行，一旦发生事故，会造成严重人身伤亡及重大财产损失。

1. 特种设备安全隐患

使用过程中人的不安全行为包括特种设备操作人员未取得特种作业操作资格证书；不按规定的方法操作，如违反操作规程，关闭安全保护装置或人为造成失效，未按规定要求办理作业许可票等。物的不安全状态包括安全附件失效或未按规范要求安装使用；承压设备本体腐蚀减薄；工作压力超出规定值；电器设备漏电；设备高处缺少防护栏等。管理缺陷包括未按规定设置安全管理机构；使用单位未设特种设备安全管理人员、特种设备作业人员缺少培训；未制订特种设备专项应急预案；未对特种设备进行注册登记或未开展定期检验等。环境缺陷包括温度、灰尘、照明等不满足规范要求，如电梯轿厢或机房照度不够等；安全距离不足，如门式起重机械运动部分与物体间最小安全距离小于 0.5m 等。

2. 特种设备主要风险

锅炉的主要风险是炉膛闪爆、锅炉爆炸等，锅内缺水、锅内满水、锅炉超压、锅炉超温、尾部烟道二次燃烧、爆管等都会严重威胁锅炉的安全运行；压力容器的主要风险是爆炸、泄漏等，容器的过度变形、膨胀、严重腐蚀、较大裂纹等会严重威胁压力容器的安全运行；压力管道的主要风险是管道泄漏、着火爆炸等，超压、超温、腐蚀、压力温度异常脉动等会严重威胁压力管道的安全运行；起重机械的主要风险是挤压碰撞、触电、高处坠落、吊物(具)坠落砸人、起重机失衡倾覆、超载起吊导致折臂等；电梯主要风险是困人、火灾、电击、剪切、挤压、坠落、撞击等；厂(场)内机动车辆的主要风险是碰撞、超载翻车、侧翻、前翻、货物掉落等；大型游乐设施的主要风险是挤压、剪切、缠绕、触电等。

三、使用单位监督

(一)特种设备管理监督

主要内容包括特种设备法规标准所要求的机构人员设置、管理制度建立执行、安全生产责任制落实、作业人员安全培训及风险管理等情况。

1. 机构设置要求

特种设备安全管理机构的职责是贯彻执行特种设备有关法律、法规和安全技术规范及相关标准，负责落实使用单位的主要义务；承担高耗能特种设备节能管理职责的机构，还应当负责开展日常节能检查，落实节能责任制。符合下列条件之一的特种设备使用单位，应当根据本单位特种设备的类型、品种、用途、数量等情况，设置特种设备安全管理机构，逐台落实安全责任人。

(1)使用电站锅炉或者石化与化工成套装置的。

（2）使用为公众提供运营服务的电梯的，或者在公众聚集场所使用30台以上（含30台）电梯的。

（3）使用十台以上（含十台）大型游乐设施的，或者十台以上（含十台）为公众提供运营服务，非公路用旅游观光车辆的。

（4）使用客运架空索道，或者客运缆车的。

（5）使用特种设备（不含气瓶）总量大于50台（含50台）的。

2. 人员设置要求

特种设备使用单位，应当根据本单位特种设备的数量、特性等配备适当数量的安全管理员。按照要求设置安全管理机构的使用单位及符合下列条件之一的特种设备使用单位，应当配备专职安全管理员，并且取得相应的特种设备安全管理人员资格证书。

（1）使用额定工作压力大于或等于2.5MPa锅炉的。

（2）使用5台以上（含5台）第Ⅲ类固定式压力容器的。

（3）从事移动式压力容器或者气瓶充装的。

（4）使用10km以上（含10km）工业管道的。

（5）使用移动式压力容器，或者客运拖牵索道，或者大型游乐设施的。

（6）使用各类特种设备（不含气瓶）总量20台以上（含20台）的。

3. 规章制度要求

特种设备使用单位建立特种设备管理制度，至少包括以下内容：

（1）特种设备安全管理机构（需要设置时）和相关人员岗位职责。

（2）特种设备经常性维护保养、定期自行检查和有关记录制度。

（3）特种设备使用登记、定期检验、锅炉能效测试申请实施管理制度。

（4）特种设备隐患排查治理制度。

（5）特种设备安全管理人员与作业人员管理和培训制度。

（6）特种设备采购、安装、改造、修理、报废等管理制度。

（7）特种设备应急救援管理制度。

（8）特种设备事故报告和处理制度。

（9）高耗能特种设备节能管理制度。

4. 注册登记要求

《中华人民共和国特种设备安全法》第三十三条要求："特种设备使用单位应当在特种设备投入使用前或者投入使用后30d内，向负责特种设备安全监督管理的部门办理使用登记，取得使用登记证书。登记标志应当置于该特种设备的显著位置"。特种设备注册登记是合法合规使用的最基本条件。

5. 建立安全技术档案要求

特种设备安全技术档案是特种设备重要的资料文件，对设备检验检测、维修改造、应急处置、操作规程制订等具有非常重要的作用。因缺少档案管理制度或未集中建立特种设备安全技术档案而使设备出厂资料丢失、缺少管理过程记录的现象成为特种设备管理中存在的普遍问题。监督过程中，重点抽查特种设备安全技术档案是否按照要求的内容建立，是否制订了确保档案保存完好的管理要求（存档、借阅、移交、记录等）。

特种设备使用单位应当建立特种设备安全技术档案。安全技术档案应当包括以下内容：

（1）特种设备的设计文件、产品质量合格证明、安装及使用维护保养说明、监督检验证明等相关技术资料和文件。

（2）特种设备的定期检验和定期自行检查记录。

（3）特种设备的日常使用状况记录。

（4）特种设备及其附属仪器仪表的维护保养记录。

（5）特种设备的运行故障和事故记录。

不同类别的特种设备安全技术档案内容会存在个别的不同，具体可依据相关技术规范或设备实际情况确定。

6. 停用报废特殊要求

特种设备拟停用 1 年以上的，使用单位应当采取有效的保护措施，并且设置停用标志，在停用后 30d 内告知登记机关。特种设备存在严重事故隐患，无改造、修理价值，或者达到安全技术规范规定的其他报废条件的，特种设备使用单位应当依法履行报废义务，采取必要措施消除该特种设备的使用功能，并向原登记的负责特种设备安全监督管理的部门办理使用登记证书注销手续。对于上述以外达到设计使用年限可以继续使用的，应当按照安全技术规范的要求通过检验或者安全评估，并办理使用登记证书变更，方可继续使用。允许继续使用的，应当采取加强检验、检测和维护保养等措施，确保使用安全。

（二）安全生产条件监督

主要包括设备本体符合法规标准情况、安全防护设施和安全附件齐全完好情况、设备维修保养情况及作业环境满足安全生产要求等情况。

承压类特种设备常用安全附件除了安全阀、压力表、温度计在各类设备上普遍应用之外，各类特种设备还附设一些专用的安全附件，如锅炉常用的安全附件有水位表、水位保护装置、防超压及超温联锁保护装置、熄火保护装置及防爆门等；压力容器常用的安全附件有液位计、爆破片、易熔塞、紧急切断装置、快开门式压力容器的安全联锁保护装置等；压力管道常用的安全附件有止回阀、阻火器、防静电装置和紧急切断装置等。

电梯安全保护装置及安全附件包括限速器、安全钳、缓冲器、上行超速保护装置、安全联锁保护开关等；自动扶梯和自动人行道还包括，梯级断链保护装置、扶手带入口保护装置、梯级（踏板）下陷保护装置、梳齿板保护装置、超速保护装置、防逆转装置等。

起重机械安全保护装置及安全附件包括起重量限制器、起重力矩限制器、速度限制器、位置和幅度回转限制、防风装置、变幅小车的保护装置、防碰撞装置、安全钩支腿回缩锁定装置、紧急断电开关、联锁保护装置、防松绳和断绳保护、手动安全装置等。

大型游乐设施的安全保护装置包括安全带、安全压杠、制动装置、止逆装置、限位装置、限速装置、缓冲装置等。

场（厂）内专用机动车辆的安全保护装置及安全附件包括安全阀、限位装置、防脱钩装置、警示装置、紧急断电开关等。

电梯、客运索道、大型游乐设施的运营使用单位应当将安全使用说明、安全注意事项和警示标志置于易于引起乘客注意的位置。其他特种设备应当根据设备特点和使用环境、场所，设置安全使用说明、安全注意事项和警示标志。

（三）生产使用活动监督

主要内容包括规范操作、作业人员持证上岗、日常检查、检验检测等。

使用单位应当根据所使用设备运行特点等，制订操作规程。操作规程一般包括设备运行参数、操作程序和方法、维护保养要求、案例注意事项、巡回检查和异常情况处置规定及相应记录等。特种设备使用过程中，规范、实用的操作规程对于保证设备安全使用至关重要，但部分使用单位制订的操作规程内容不规范、缺少可操作性，在生产过程中不能起到指导与规范操作的作用。

使用锅炉及以水为介质产生蒸汽的压力容器的单位，应当做好锅炉水（介）质、压力容器水质的处理和监测工作，保证水（介）质质量符合相关要求。监督检查重点进行现场水质量化验，验证操作规范性及化验数据的准确性。

特种设备使用单位发现事故隐患应当及时消除，待隐患消除后方可继续使用。检验检测中发现隐患问题也应立即组织整改，允许监控运行的要制订切实可行的防范措施，以确保特种设备安全运行。

在使用特种设备时应当保证每班至少有一名持证的特种设备作业人员在岗。

特种设备使用单位应当根据所使用特种设备的类别、品种和特性进行定期自行检查。定期自行检查的时间、内容和要求应符合有关安全技术规范的规定及产品使用维护保养说明的要求。

（四）安全应急准备监督

主要包括应急组织建立、特种设备专项应急预案的制修订、应急物资储备、应急培训和应急演练开展等情况。

设置特种设备安全管理机构和配备专职安全管理员的使用单位应当制订特种设备事故应急专项预案，每年至少演练一次，并且做出记录。其他使用单位可以在综合应急预案中编制特种设备事故应急的内容，适时开展特种设备事故应急演练，并且做出记录。

四、施工过程监督

（一）施工资质

审查特种设备施工单位资质、人员资格、安全合同、安全生产规章制度建立和安全组织机构设立、安全监管人员配备等情况。

特种设备施工主要包括安装、改造、维修、化学清洗等，按照法规要求，施工单位需要取得相应资质后方可从事资质范围内的施工。因这些施工涉及吊装作业、电气焊操作、检验检测等，因此相应人员资质情况也是监督检查范围。施工单位资质监督重点为施工单位具备相应资质及在资质范围内施工。

锅炉制造资质范围参见表3–5。

表3–5　锅炉制造资质范围

级别	制造锅炉范围
A	不限
B	额定蒸汽压力小于或等于2.5MPa的蒸汽锅炉（表压，下同）
C	额定蒸汽压力小于或等于0.8MPa且额定蒸发量小于或等于1t/h的蒸汽锅炉； 额定出水温度小于120℃的热水锅炉
D	额定蒸汽压力小于或等于0.1MPa的蒸汽锅炉； 额定出水温度小于120℃且额定热功率小于或等于2.8MW的热水锅炉

锅炉安装、维修、改造资质范围参见表3–6。

表3–6　锅炉安装、维修、改造资质范围

级别	许可安装改造锅炉的范围
1	参数不限
2	额定出口压力不超过2.5MPa的锅炉
3	额定出口压力不超过1.6MPa的整（组）装锅炉； 现场安装、组装铸铁锅炉

压力容器制造、安装、维修、改造资质范围参见表3–7。

表3–7 压力容器制造、安装、维修、改造资质范围

级别	制造压力容器范围	代表产品
A	超高压容器、高压容器（A1）；第三类低、中压容器（A2）；球形储罐现场阻焊或球壳板制造（A3）；非金属压力容器（A4）；医用氧舱（A5）	A1应注明单层、锻焊、多层包扎、绕带、热套、绕板、无缝、锻造、管制等结构形式
B	无缝气瓶（B1）；焊接气瓶（B2）；特种气瓶（B3）	B2注明含（限）溶解乙炔气瓶或液化石油气瓶。B3注明机电车用、缠绕、非重复充装、真空绝热低温气瓶等
C	铁路罐车（C1）；汽车罐车或长管拖车（C2）；罐式集装箱（C3）	
D	第一类压力容器（D1）；第二类低、中压容器（D2）	

电梯安装、维修、改造资质范围参见表3–8。

表3–8 电梯安装、维修、改造资质范围

设备类型	级别	施工类别	各施工等级技术参数
乘客电梯、载货电梯、液压电梯、杂物电梯、自动扶梯、自动人行道	A	安装、改造、维修	技术参数不限
	B	安装、改造、维修	额定速度不大于2.5m/s、额定载重量不大于5t的乘客电梯、载货电梯、液压电梯、杂物电梯，以及所有技术参数等级的自动人行道和自动扶梯
	C	安装、改造、维修	额定速度不大于1.75m/s、额定载重量不大于3t的乘客电梯、载货电梯，及所有技术参数等级的杂物电梯、自动人行道和提升高度不大于6m的自动扶梯

（二）施工交底

检查特种设备施工项目安全技术措施、施工方案、人员安全培训、施工设备和安全设施、技术交底、开工证明和基本安全生产条件、作业环境等。

特种设备施工方案应包括项目概况、机构职责、施工内容、施工流程、人员资质、安全措施、施工要求等内容，其中安全措施是针对辨识出的风险所制订的防范措施。特种设备重大修理及改造还应满足相关规范要求，如锅炉改造方案应包括必要的计算资料、设计图样和施工技术方案；蒸汽锅炉改为热水锅炉或者热水锅炉受压元件的改造还应当有水流程图、水动力计算书；安全附件、辅助装置和水处理措施应当进行技术校核。

（三）措施落实

检查现场施工过程中安全技术措施落实、规章制度与操作规程执行、作业许可办理、设计与计划变更等情况。

现场监督检查施工方案的执行情况、作业许可办理情况等，重点监督检查确认安全技术措施的落实情况。

（四）隐患整改

检查施工单位事故隐患整改、违章行为查处、安全费用使用、安全事故（事件）报告及处理情况。

监督检查历次监督检查中发现问题的整改情况，同时也要重点检查施工单位内部是否开展安全检查，对违章行为是否进行查处，有无安全专项费用等。

（五）施工质量

检查施工单位是否按照标准规范进行施工、施工质量是否满足要求、是否存在影响设备安全运行的隐患问题等。

特种设备的施工质量对后期的设备安全运行非常重要，如卧式压力容器基础不满足规范要求或未进行固定，会造成容器发生位移，产生应力，或地震时发生泄漏或爆炸；安全装置未按设计安装会造成后期整改困难等。因此，施工过程的质量问题应及时进行整改，以确保后期特种设备安全运行。

五、检验检测监督

（一）人员持证

检验检测、校验人员持证情况。

特种设备的检验检测需要行政许可，即特种设备检验检测人员考核。现场对相关人员持证情况进行确认，包括从事无损检测、安全阀校验等相关作业人员。

（二）规范执行

安全技术规范、现场管理规定等执行情况。

监督检查检验检测单位是否执行标准规范，并按规范要求在现场作业中落实。

（三）安全措施

作业许可办理和安全措施落实情况。

检验检测过程中存在着诸多风险，如有的检验人员在进入锅筒、炉膛或容器内部检验时因通风不良而导致窒息或中毒死亡；有的在检验液化石油气储罐等易燃易爆介质容器时因清洗置换不彻底,未进行蒸汽吹扫或违章动火而发生爆炸、起火致人伤亡等。所以作业许可办理和安全措施落实情况的监督检查是确保检验检测工作安全开展的重要内容。包括检验前准备工作是否充分,是否按照规定要求办理作业许可,以及是否按照检验计划落实了各项安全措施。检验检测过程中涉及的作业许可主要包括动火作业、进入受限空间、临时用电等。

第七节 作业许可

一、作业许可管理系统的目的和意义

作业许可是一项“控制生产现场作业活动过程中产生的风险”的管理工具;实施作业许可的目的,是经过事前策划及做好各种准备工作,然后按照要求开始作业,将作业活动过程中的风险控制在可接受的范围内,避免事故的发生;同时,通过作业许可的实施和不断完善,让管理层、操作层员工都能养成按照标准、规则做事的良好行为习惯,逐步形成良好的安全文化氛围。

二、作业许可的管理范围

作业许可管理主要针对生产或施工作业区域内管理规程未涵盖到的非常规作业,同时包括专门程序规定的高危作业。基层作业活动分为三类:常规作业、非常规作业和应急作业,每一类作业活动中控制风险的方法都有所不同。

常规作业过程中的风险依靠各类规程进行控制,包括岗位规程、作业规程、设备操作规程等;应急作业过程中的作业风险依靠应急预案、处置程序等加以控制;只有非常规作业过程中的风险,依靠作业许可加以控制;不同性质的生产单位对于常规作业与非常规作业的判定有所不同,中国石油勘探与生产分公司作业许可管理规定中,将非常规作业活动给出了如下的范围:

在所辖区域内或已交付的在建装置区域内,应实行作业许可管理、办理“作业许可证”的工作包括但不限于:

(1)非计划性维修工作(未列入日常维护计划或无规程指导的维修工作)。

(2)非常规承包商作业。

(3)偏离安全标准、规则、程序要求的工作。

(4)交叉作业。

(5)油气处理储存设备、管线带压作业。

(6)缺乏操作规程的工作。

(7)屏蔽报警、中断连锁和停用安全应急设备。

(8)对不能确定是否需要办理许可证的其他高风险作业。

如果工作中包含以下高风险作业(高风险作业是指从事高空、高压、易燃、易爆、剧毒、放射性等对作业人员产生高度危害的作业),还应同时办理专项作业许可证:

(1)进入受限空间。

(2)挖掘作业。

(3)高处作业。

(4)移动式吊装作业。

(5)管线与设备打开。

(6)临时用电。

(7)动火作业。

各企业应结合企业作业活动特点、风险性质,明确需要实行作业许可管理的范围、作业类型,并建立作业许可工作范围清单。可根据作业风险大小实施分类分级管理,明确各级审批的流程和权限,指导现场作业许可规范实施,确保对所有高风险的、非常规的作业实行作业许可管理。

由此可以看出,作业许可主要针对两大类作业活动;非常规作业和高危作业;在进行非常规作业前按规定办理作业许可(大许可),如果作业活动过程中涉及高危作业,同时办理专项许可(小许可)。

三、作业许可的管理流程

作业许可管理流程主要包括作业申请、作业审批、作业实施和作业关闭等四个环节。

(一)作业申请

作业申请由作业单位负责人提出,作业单位参加属地单位组织的风险分析,根据提出的风险管控要求制订并落实安全措施。

1. 作业前准备

(1)属地单位应与作业单位到作业现场,就工艺、设备、环境、工作任务及内容进行充分沟通与交流,现场情况不明或作业过程中可能有较大风险的,应到作业现场逐一落实。

(2)属地单位应针对每份许可证组织相关人员对作业内容、作业环境等进行危害识别和风险评估,作业单位应参加危害识别和风险评估,并根据其结果制订相应控制措施。作业必须编制安全工作方案(HSE作业计划书),将风险控制到可接受范围内。危害识别和风险评估采用工作前安全分析的方法,其结果应向作业人员、监护人员、相关方人员等进行充分沟通。

(3)对于一份作业许可证涵盖的多种类型作业,可统筹考虑作业类型、作业内容、交叉作业界面、作业时间等各方面因素,统一完成作业危害识别和风险评估。

2. 作业许可证申请

（1）作业前申请人应提出申请，填写作业许可证并准备好相关资料，包括但不限于：

① 作业许可证（应有编号）。

② 作业内容及程序说明。

③ 相关附图，如作业环境示意图、工艺流程示意图、平面布置示意图等。

④ 危害识别和风险评估结果（工作前安全分析表）。

⑤ 安全工作方案（HSE 作业计划书），包括能量隔离等安全措施。

⑥ 相关人员的资格证书。

（2）作业申请人是现场作业负责人，应由实施作业单位负责人，如项目经理、现场作业负责人或区域负责人担任。作业申请人负责填写作业许可证并向批准人提出申请。

（3）作业申请人应实地参与作业许可证所涵盖的工作，实地考察作业环境、参与作业危害识别和风险评估、制订风险消减措施，否则作业许可不能得到批准。不同的作业单位应分别办理作业许可。

（4）作业申请人应参与作业许可所涉及的所有工作。当作业许可涉及多个作业活动时，相关负责人均应在作业许可证上签字确认。

（5）凡是涉及有毒有害、易燃易爆等作业场所的作业，作业单位均应配备个人防护装备。

3. 能量隔离措施

（1）作业前，应根据辨识出的危险能量和物料及可能产生的危害，编制隔离措施。隔离措施应明确隔离方式、隔离点、隔离实施及解除的操作步骤、隔离有效性的检测、作业区域警戒设置要求等内容，并根据危险能量和物料性质及隔离方式选择相匹配的断开、隔离装置。

（2）能量隔离方法选取的原则应优先选取截断、加盲板等方式实现有效隔离，除此之外的隔离方式应增加有效控制措施并得到批准。

（3）属地单位和作业单位应严格落实风险消减措施。需要系统隔离时，应进行系统隔离、吹扫、置换，交叉作业时需考虑区域隔离。

（4）许可证审批前，凡是可能存在缺氧、富氧、有毒有害气体、易燃易爆气体、粉尘的作业环境，应在安全工作方案（HSE 作业计划书）中注明工作期间的气体检测时间和频次。

（二）作业审批

作业审批分为方案（HSE 作业计划书）审批和现场审批。方案（HSE 作业计划书）审批由批准人组织有关部门和人员对安全工作方案（HSE 作业计划书）进行审查，确认风险可控后，批准方案（HSE 作业计划书）。现场审批由现场作业批准人到作业现场核查安全措施落实情况后，确认具备作业条件，批准现场作业实施。

（1）安全工作方案（HSE 作业计划书）由作业区（大队）级生产单位上传至油田公司危险作业审批系统，按照审批程序分级负责，逐级审批（作业单位以书面方式审批），批准后方可作业。各单位可根据作业风险大小，对高风险、非常规作业实行分级管理，明确各级审批流程和权限。

方案（HSE 作业计划书）审查人、批准人应按照直线责任和属地管理的原则确定。审查人由属地单位专业管理部门中取得相应资格的管理人员或技术人员担任；批准人应具有提供、调配、协调风险控制资源的权限，由属地单位相关领导担任。

（2）方案（HSE 作业计划书）审查通过后，现场作业批准人应组织作业申请人、属地监督、相关方人员到许可证上所涉及的工作区域进行现场核查，确认各项安全措施的落实情况。

现场作业批准人应按照直线责任和属地管理的原则确定，并具有提供、调配、协调风险控制资源的权限。现场作业批准人由属地单位取得相应资格的人员担任，通常为属地单位领导或相关管理、技术人员。现场作业批准人必须亲自到现场逐项核查该项作业是否按照安全工作方案（HSE 作业计划书）落实了安全措施。

（3）方案（HSE 作业计划书）审批和现场核查通过后，现场作业批准人、申请方、作业监护人、属地监督和受影响的相关各方均应在作业许可证上签字。作业许可生效，现场可以开始作业。对于方案（HSE 作业计划书）审查或现场核查未通过的，应对查出的问题记录在案；整改完成后，作业申请人重新申请。

当作业风险、控制措施发生变化，作业人员、监护人员等现场关键人员变更时，应重新经过现场作业批准人的审批；如现场作业批准人不能确认风险可控，应立即中止作业，重新执行审批程序。

（三）作业实施

作业实施由作业人员按照作业许可证的要求，实施作业，监护人员按要求实施现场监护，属地监督按规定监督。

作业实施前应进行安全交底，由作业单位现场负责人和现场作业批准人一起对作业人员、监护人员、属地监督、气体检测人员等所有人员进行安全交底，作业人员应按照作业许可证的要求进行作业。

在作业实施过程中，属地单位和作业单位应按照安全工作方案（HSE 作业计划书）中的要求落实安全措施。如按照检测要求进行气体、粉尘浓度检测，填写检测记录，注明检测的时间和检测结果。凡是涉及有毒有害、易燃易爆作业场所的作业，作业单位均应按照相应要求配备个人防护装备，并监督相关人员佩戴齐全，执行相关个人防护装备管理的要求。

（四）作业延期、取消和关闭

（1）许可证的有效期限一般不超过一个班次。在审查安全工作方案（HSE作业计划书）时，应根据作业性质、作业风险、作业时间，经方案（HSE作业计划书）批准人、现场作业批准人、作业申请人等相关各方协商一致，确定作业许可证有效期限和延期次数。

在许可证审批的有效期内没有完成作业，申请人可申请现场作业延期。所有延期作业前，作业申请人、现场作业批准人及相关方应重新核查作业区域，确认所有安全措施仍然有效，作业条件和环境未发生变化。若有新的安全要求（如夜间工作的照明）也应在申请上注明。在新的安全要求都落实以后，申请人和现场作业批准人方可在作业许可证上签字延期。许可证未经现场作业批准人和申请人签字，不得延期。

（2）当发生下列任何一种情况时，属地单位和作业单位任何人员都有责任告知现场作业批准人，现场作业批准人有权立即中止作业，取消相关许可证，取消作业应由提出人和现场作业批准人在许可证第一联上签字。

① 作业环境和条件发生变化。

② 作业内容发生改变。

③ 实际作业与作业计划的要求发生重大偏离。

④ 安全控制措施无法实施。

⑤ 发现有可能发生立即危及生命的违章行为。

⑥ 现场作业人员发现重大安全隐患。

⑦ 紧急情况或其他作业发生事故影响本作业时。

（3）作业结束后，作业人员应清理作业现场，解除相关隔离设施。经现场作业负责人、作业批准人、属地监督和相关方共同确认无隐患后，并确认其涵盖的相关专项作业许可证均已关闭，方可在作业许可证上签字，关闭作业许可。

四、关键环节

（1）作业许可证本身不能保证安全生产，在办理作业许可的过程中所涉及各项工作的认真、全面、严格落实才能保证安全。因此，不能只关注作业许可证本身填写、办理是否正确，更要关注许可证背后的工作是否落到实处。

（2）作业许可的关键环节包括：危害因素辨识及风险评价是否客观、全面；控制措施的制订是否符合实际且有针对性；各项措施的落实是否完善且符合要求，申请人、批准人、监督监护人等是否按要求履行各自的职责。

第八节　变更管理

一、变更管理的定义及范围

变更管理是指因企业的生产工艺、设备设施、关键岗位人员发生暂时性或永久性的变化，从而给 HSE 体系运行带来新的风险和影响，为消除这些影响，对这些变化加以控制的管理过程。同时，也要考虑组织的重组带来的变更，如收买、合并、新的联合开发和合作方的加入带来的变更，典型的变更包括但不限于：

（1）工艺设备技术变更，主要包括：

① 生产能力的改变。

② 物料、化学药剂和催化剂的改变。

③ 设备设施负荷的改变。

④ 工艺参数的改变；安全报警设定值的改变。

⑤ 仪表控制系统、软件系统的改变。

⑥ 安全装置及联锁的改变。

⑦ 操作规程的改变。

⑧ 设备原材料供应商的改变。

⑨ 运输路线、装置布局、产品质量的改变。

⑩ 设计和安装过程的改变等。

（2）按照变更范围级的不同分为三类：

① 工艺设备变更：工艺技术、设备设施、工艺参数等超出现有设计范围的改变，如压力等级改变，压力报警值改变等。

② 同类替换：符合原设计规格的更换。

③ 微小变更：影响较小，不造成任何工艺参数、设计参数等的改变，但又不是同类替换的变更，即“在现有设计范围内的改变”。

（3）与风险控制直接相关的管理、操作、检维修作业等关键岗位人员的变更，包括永久性变动或临时性承担有关工作，形式有调离、调入、转岗、替岗等。

二、变更管理的程序及要求

变更管理实施分类管理，所有变更按照工艺设备变更、微小变更和同类替换进行分类。微小变更和工艺设备变更要制订变更管理程序，同类替换可不用执行变更管理程序，建立同类替换清单即可。

工艺设备变更应提出申请并得到批准。变更申请人应初步判断变更类型、影响因素、范围等情况，按分类做好变更前的各项准备工作，提出变更申请。应充分考虑健康环境影响，并确认是否需要工艺危害分析，对需要做工艺危害分析的，分析结果应经过审核批准。

变更应实行分级管理，根据影响范围的大小，以及所需调配资源的多少，决定变更审批权限。在满足所有相关工艺安全管理要求的情况下批准人或授权批准人方能批准。

发生人员变更，应对相关人员进行培训和沟通，必要时针对变更制订培训计划，培训计划内容包括变更的目的、作用、程序、变更内容，变更中可能的风险和影响，同类变更中的事故案例等。涉及的人员包括：

（1）变更所在区域的人员：维修人员，操作人员。

（2）变更管理涉及的人员：设备管理人员，培训人员。

（3）承包商、供应商、外来人员。

（4）相邻装置或社区人员。

（5）其他相关人员。

变更所在区域或单位应建立变更工作文件、记录；做好变更过程的信息沟通。

变更实施结束后，应对变更是否符合规定内容，是否达到预期目的进行验证，并完成以下工作：

（1）所有变更相关的工艺技术信息都已更新。

（2）规定了期限的变更，期满后恢复到变更前的状态。

（3）试验结果记录在案。

（4）确认变更结果。

（5）变更实施过程的相关文件归档。

第九节　职业健康管理（作业场所职业卫生监督管理）

“职业健康”，国外有些国家称之为“工业卫生”，有些国家称之为“劳动卫生”，目前较多国家倾向于使用“职业卫生”这一术语。我国自新中国成立以来曾称这门科学为“劳动卫生”与“职业卫生”，国家标准 GB/T 15236—2008《职业安全卫生术语》中明确指出，劳动卫生与职业卫生是同义词。2001 年 12 月，原国家经贸委、国家安全生产局修订《职业安全卫生管理体系试行标准》时，将“职业卫生”一词修订为“职业健康”，并正式发布了《职业安全健康管理体系指导意见》和《职业安全健康管理体系审核规范》（中华人民共和国国家经贸公告 2001 年第 30 号）。目前在我们国家劳动卫生、职业卫生、职业健康三种叫法并存，内涵相同。国家安监总局统一采用职业安全健康一词，简称职业健康。

一、职业卫生定义及其相关名词术语

职业卫生定义及其相关名词术语如下：

（1）职业卫生：对工作场所内产生或存在的职业性有害因素及其健康损害进行识别、评估、预测和控制的一门科学，其目的是预防和保护劳动者免受职业性有害因素所致的健康影响和危险，使工作适应劳动者，促进和保障劳动者在职业活动中的身心健康和社会福利。

（2）职业病危害：对从事职业活动的劳动者可能导致职业病的各种危害。

（3）职业病危害因素：又称职业性有害因素，在职业活动中产生和（或）存在的、可能对职业人群健康、安全和作业能力造成不良影响的因素或条件，包括化学因素、物理因素、生物因素及在作业过程中产生的其他职业有害因素。

（4）职业病：指企业、事业单位和个体经济组织等用人单位的劳动者在职业活动中，因接触粉尘、放射性物质和其他有毒、有害因素而引起的疾病。

（5）职业禁忌：指劳动者从事特定职业或者接触选定职业病危害因素时，比一般职业人群更易于遭受职业病危害和罹患职业病或者可能导致原有自身疾病病情加重，或者在从事作业过程中诱发可能导致对他人生命健康构成危险的疾病的个人特殊生理或者病理状态。

（6）工作场所：劳动者进行职业活动、并由用人单位直接或间接控制的所有工作地点。

（7）工作地点：劳动者从事职业活动或进行生产管理而经常或定时停留的岗位和作业地点。

（8）噪声作业：存在有损听力、有害健康或有其他危害的声音，且 8h/d（或 40h/周）噪声暴露等效声级不小于80dB（A）的作业。

（9）高温作业：有高气温、强烈的热辐射或伴有高气湿相结合的异常气象条件、湿球黑球温度指数（WBGT 指数）超过规定限值的作业。

（10）湿球黑球温度指数：又称 WBGT 指数，指综合评价人体接触作业环境热负荷的一个基本参量。

$$室外_{WBGT}=0.7\times 自然湿球温度（℃）+0.2\times 黑球温度（℃）+0.1\times 干球温度（℃）$$

$$室内_{WBGT}=0.7\times 自然湿球温度（℃）+0.3\times 黑球温度（℃）$$

（11）低温作业：平均气温不高于 5℃的作业。

（12）非电离辐射：波长不小于 100nm，不足以引起生物体电离的电磁辐射。

（13）电离辐射：使受作用物质发生电离现象的辐射，即波长小于 100nm 的电磁辐射。

（14）职业接触限值：职业性有害因素的接触限制量值。指劳动者在职业活动过程中长期反复接触，对绝大多数接触者的健康不引起有害作用的容许接触水平。化学有害因素的职业接触限值包括时间加权平均容许浓度、短时间接触容许浓度和最高容许浓度三类。

（15）时间加权平均容许浓度：以时间为权数规定的 8h 工作日、40h 工作周的平均容许接触浓度。

（16）最高容许浓度：工作地点、在一个工作日内、任何时间有毒化学物质均不应超过的浓度。

（17）立即威胁生命或健康的浓度：在此条件下对生命立即或延迟产生威胁，或导致永久性健康损害，或影响准入者在无助情况下从密闭空间逃生。某些物质对人产生一过性的短时影响，甚至很严重，受害者未经医疗救治而感觉正常，但在接触这些物质后12～72h可能突然产生致命后果，如氟烃类化合物。

（18）个体采样：将空气收集器佩戴在检测对象的呼吸带部位所进行的采样。

（19）定点采样：将空气收集器放置在选定的采样点进行的采样。

（20）8h等效声级：又称按额定8h工作日规格化的等效连续A计权声压级，指将一天实际工作时间内接触的噪声强度等效为工作8h的等效声级标准。

（21）40h等效声级：又称按额定每周工作40h规格化的等效连续A计权声压级，指非每周5d工作制的特殊工作所接触的噪声声级等效为每周工作40h的等效声级。

（22）职业病危害预评价：对可能产生职业病危害的建设项目，在可行性论证阶段，对可能产生的职业病危害因素、危害程度、对劳动者健康影响、防护措施等进行预测性卫生学分析与评价，确定建设项目的职业病危害类别及防治方面的可行性，为职业病危害分类管理提供科学依据。

（23）职业病危害控制效果评价：建设项目在竣工验收前，对工作场所职业病危害因素、职业病危害程度、职业病防护措施及效果、健康影响等做出综合评价。

（24）警示标志：通过采取图形标志、警示线、警示语句或组合使用，对工作场所存在的各种职业危害进行标志，以提醒劳动者或行人注意周围环境，避免危险发生。

（25）个人防护用品：又称个人职业病防护用品，指劳动者在劳动中为防御物理、化学、生物等外界因素伤害而穿戴、配备及涂抹、使用的各种物品的总称。

（26）职业健康监护：以预防为目的，根据劳动者的职业接触史，通过定期或不定期的医学健康检查和健康相关资料的收集，连续地监测劳动者的健康状况，分析劳动者健康变化与所接触的职业病危害因素的关系，并及时地将健康检查和资料分析结果报告给用人单位和劳动者本人，以便适时采取干预措施，保护劳动者健康。职业健康监护主要包括职业健康检查和职业健康监护档案管理等内容。

（27）职业健康检查：通过医学手段和方法，针对劳动者所接触的职业病危害因素可能产生的健康影响和健康损害进行的临床医学检查，以了解受检者健康状况，早期发现职业病、职业禁忌证和可能的其他疾病和健康损害的医疗行为。职业健康检查是职业健康监护的重要内容和主要的资料来源。职业健康检查包括上岗前健康检查、在岗期间健康检查、离岗时健康检查。

二、我国的职业卫生法律框架

2001 年 10 月 27 日，第九届全国人民代表大会第二十四次会议审议通过了《中华人民共和国职业病防治法》，这是我国第一部全面规范职业病防治工作的法律。它是保障劳动者在安全卫生条件下进行生产劳动的行政管理依据，也是国家用法律形式实施职业卫生管理的重要依据。为了贯彻实施《中华人民共和国职业病防治法》，在多年深入调查研究的基础上，我国初步形成了具有中国特色并与国际接轨的，符合依法治国和社会主义市场经济建设要求的，由职业卫生法律、法规、规章、相关技术标准与规范组成的职业卫生法律体系框架。

（一）法律

由全国人民代表大会常务委员会通过的职业卫生法律，包括职业卫生专项法律，如《中华人民共和国职业病防治法》；含有职业卫生条款的相关法律，如《中华人民共和国劳动法》《中华人民共和国安全生产法》等。

（二）行政法规

由国务院制订的职业卫生行政法规，如《使用有毒物品作业场所劳动保护条例》（国务院令 2002 年第 352 号）。

（三）部门规章

卫生部门从规范用人单位职业病防治活动、规范职业卫生技术服务活动、规范卫生行政执行行为、职业卫生防控技术法规 4 个方面建立健全职业病防治法的配套规章，如《职业病分类和目录》（国卫疾控发〔2013〕48 号）《职业病危害因素分类目录》（国卫疾控发〔2015〕92 号）等。

（四）地方性法规及规章

由地方人大常委会或政府制订的法规及规章。

（五）规范性文件

国务院及有关部委发布的各种规范性文件，作为卫生法律、法规和行政规章的重要补充。这些规范性文件常以决定、办法、规定、意见、通知等形式出现。

（六）职业卫生相关标准、规范

标准是“对重复性事物和概念所做的统一规定。它以科学、技术和实践经验的成果为基础，经有关方面协商一致，由主管机构批准，以特定形式发布，作为共同遵守的准则和依据”。

职业卫生标准是以保护劳动者健康为目的的卫生标准，主要包括：职业卫生专业基础标准，工作场所作业条件卫生标准，工业毒物、生产性粉尘、物理因素职业接触限值，职业病诊断标准，职业照射放射防护标准，职业防护用品卫生标准，职业危害防护导则，劳动生理卫生、工效学标准，职业病危害因素检测、检验方法标准9个方面。

三、职业病危害因素分类

职业病危害因素按其来源可概括为生产工艺过程中的有害因素、劳动过程中的有害因素和生产环境过程中的有害因素三类。

（一）生产工艺过程中的有害因素

（1）化学因素：包括生产性毒物、生产性粉尘。

（2）物理因素：包括异常气象条件、生产性噪声、振动、非电离辐射、电离辐射。

（3）生物因素：指细菌、寄生虫或病毒等能引起的与职业有关的病症的生物性有害因素。

（二）劳动过程中的有害因素

（1）劳动组织和制度不合理，劳动作息制度不合理等。

（2）精神（心理）性职业紧张。

（3）劳动强度过大或生产定额不当。

（4）个别器官或系统过度紧张。

（5）长时间不良体位或使用不合理的工具等。

（三）生产环境过程中的有害因素

（1）自然环境中的因素。

（2）厂房建筑或布局不合理。

（3）由不合理生产过程所致危害。

（4）工作环境产生的危害。

（5）劳动组织或劳动休息制度安排不合理。

四、用人单位职业卫生管理

（一）职业卫生管理机构与职责

《中华人民共和国职业病防治法》规定用人单位应当建立、健全职业病防治责任制，加强对职业病防治的管理，提高职业病防治水平，对本单位产生的职业病危害承担责任。用人单位应设置或者指定职业卫生管理机构或者组织、配备专职或者兼职的职业卫生专业人员，负责本单位的职业病防治工作。

1. 职业卫生管理制度

《工作场所职业卫生监督管理规定》（国家安全生产监督管理总局令第 47 号）要求用人单位建立、健全下列职业卫生管理制度和操作规程：

（1）职业病危害防治责任制度。

（2）职业病危害警示与告知制度。

（3）职业病危害项目申报制度。

（4）职业病防治宣传教育培训制度。

（5）职业病防护设施维护检修制度。

（6）职业病防护用品管理制度。

（7）职业病危害监测及评价管理制度。

（8）建设项目职业卫生“三同时”管理制度。

（9）劳动者职业健康监护及其档案管理制度。

（10）职业病危害事故处置与报告制度。

（11）职业病危害应急救援与管理制度。

（12）岗位职业卫生操作规程。

（13）法律、法规、规章规定的其他职业病防治制度。

2. 职业卫生计划与实施方案

用人单位应根据本单位职业病防治的工作特点，编制年度职业卫生工作计划及实施方案。在职业卫生工作计划中，详细写明年度职业卫生工作内容。

用人单位应结合本单位职业病防治工作的实际情况，参照年度职业病防治计划所列的事项，制订本年度职业病防治工作目标，确定本年度职业病防治工作的具体事项。然后，将各项工作事项分解、细化，最后将分解、细化的各项工作纳入时间表，把任务落实到人，实行分工负责，按时完成职业病防治计划的实施方案。

3. 职业卫生培训

《工作场所职业卫生监督管理规定》（国家安全生产监督管理总局令第 47 号）要求用人单位的主要负责人和职业卫生管理人员应当具备与本单位所从事的生产经营活动相适应的职业卫生知识和管理能力，并接受职业卫生培训。用人单位主要负责人、职业卫生管理人员的职业卫生培训，应当包括下列主要内容：

（1）职业卫生相关法律、法规、规章和国家职业卫生标准。

（2）职业病危害预防和控制的基本知识。

（3）职业卫生管理相关知识。

（4）相关主管部门规定的其他内容。

用人单位应当对劳动者进行上岗前的职业卫生培训和在岗期间的定期职业卫生培训，普及职业卫生知识，督促劳动者遵守职业病防治的法律、法规、规章、国家职业卫生标准和操作规程。

用人单位应当对职业病危害严重岗位的劳动者，进行专门的职业卫生培训，经培训合格后方可上岗作业。

（二）职业卫生日常管理

职业卫生日常管理，就是在建立职业卫生管理机构、落实职业卫生管理责任制后，编制年度职业卫生计划和实施方案，对职业卫生工作实行计划—实施—检查—评比的全过程管理，并对本单位的职业卫生工作进行年度总结，以充分了解本单位的职业卫生现状，掌握本单位职业卫生情况和职业危害发展趋势。

1. 作业场所职业卫生要求

（1）职业病危害因素的强度或浓度符合国家职业标准。

（2）有与职业病危害防护相适应的设施。

（3）生产布局合理，符合有害与无害作业分开的原则。

（4）有配套的更衣间、洗浴间、孕妇休息间等卫生设施。

（5）设备、工具、用具等设施符合保护劳动者生理、心理健康的要求。

（6）满足法律、行政法规和国务院卫生行政部门关于保护劳动者健康的其他要求。

2. 职业危害因素识别

为消除、控制职业危害因素，首先必须识别和评价作业场所的职业病危害因素。主要通过生产工艺和生产过程分析、作业场所监测、职工健康监护、职业流行病学调查、实验室研究等方法，分析职业病危害因素对健康的影响、剂量—效应关系、防护措施效果，估测其危险度大小，确定可接受的危险度。识别是一个动态的，不断完善的过程，贯穿职业卫生工作的始终。

针对石油化工行业职业危害因素的特点，识别的基本步骤如下：

（1）生产工艺、生产过程的调查分析：

① 调查、确认作业方式、生产工艺、设备及生产使用的原料、辅料、成品、生产过程中产生的中间物质及其数量、理化性质等。

② 了解职业卫生防护措施和设施的效果及作业场所的气象条件等。

③ 了解劳动者工作组织、作业习惯、体姿和接触危害因素的状况。

④ 了解职业危害防护措施及其他职业卫生有关资料。

（2）初步确认作业场所可能存在的职业危害因素，作用途径、剂量、生物反应特征等。

（3）制订职业危害因素监测方案并实施。

（4）制订职业健康监护方案并实施。

（5）综合分析（3）、（4）过程中获得的数据，进一步确认职业病危害因素。

（6）评估作业场所职业危害的危险度。

（7）改进（3）（4）制订的方案并实施。

3. 职业病危害项目申报

《中华人民共和国职业病防治法》规定用人单位工作场所存在职业病目录所列职业病的危害因素的，应当及时、如实向所在地卫生行政部门申报危害项目，接受监督。

申报时要遵循两项原则：一是及时，即用人单位必须按申报规定和要求及时主动申报；二是如实，即用人单位应将项目的全部情况实事求事地向卫生行政部门申报。

申报内容、申报时限、申报材料按照《职业病危害项目申报办法》（国家安监总局令〔2012〕第48号）执行。

4. 建设项目职业卫生“三同时”管理

《中华人民共和国职业病防治法》规定，新建、扩建、改建建设项目和技术改造、技术引进项目（以下统称建设项目）可能产生职业病危害的，建设单位在可行性论证阶段应当进行职业病危害预评价。职业病危害预评价报告应当对建设项目可能产生的职业病危害因素及其对工作场所和劳动者健康的影响做出评价，确定危害类别和职业病防护措施。

建设项目的职业病防护设施所需费用应当纳入建设项目工程预算，并与主体工程同时设计，同时施工，同时投入生产和使用。建设项目的职业病防护设施设计应当符合国家职业卫生标准和卫生要求。

建设项目在竣工验收前，建设单位应当进行职业病危害控制效果评价。

用人单位应依据《建设项目职业病防护设施“三同时”监督管理办法》（国家安监总局令〔2017〕第90号）的要求，开展建设项目职业卫生“三同时”工作。

5. 职业病危害告知

《中华人民共和国职业病防治法》及相关职业卫生法规对职业危害告知有明确规定。职业危害告知包括用人单位及其相关方双方的权利和义务。

1）用人单位的权利

（1）用人单位购置可能产生职业危害设备的，应当向供货方索取说明书，并查验在醒目位置是否设置警示标志和中文警示说明。警示说明是否载明设备性能、可能产生的职业危害、安全操作和维护注意事项、职业病防护及应急救治措施等内容。

(2)用人单位购置可能产生职业危害的化学品、放射性同位素、含有放射性物质的材料的,应当向供货方索取中文说明书,说明书应当载明产品特性、主要配方、存在的有害因素、可能产生的后果、安全使用注意事项、职业病防护及应急救援措施等内容;查验产品包装是否有醒目的警示标志和中文警示说明。用人单位储存可能产生职业危害的化学品、放射性同位素、含有放射性物质的材料的场所,应当在规定的部位设置危险物品标志或者放射性警示标志。

2)用人单位对劳动者的告知义务

(1)合同告知。

用人单位与劳动者订立劳动合同(含聘用合同,下同)时,应当将生产过程中可能产生的职业危害及后果、职业病防护措施和待遇等如实告知劳动者,并在劳动合同中写明,不得隐瞒;劳动者在已订立劳动合同期间因工作岗位或者工作内容变更,接触与所订立劳动合同中未告知的职业危害时,用人单位应当依照前款规定,向劳动者履行如实告知的义务,并协商变更劳动合同相关条款。告知的内容包括:

① 劳动过程中可能接触职业病危害因素的种类、危害程度。

② 危害结果。

③ 提供的职业病防护设施和个体使用的职业病防护用品。

④ 工资待遇、岗位津贴和工伤社会保险待遇。

⑤ 职业卫生知识培训教育。

⑥ 职业病防治规章制度和操作规程。

(2)作业场所职业危害的告知。

① 产生职业危害的用人单位应当在醒目位置设置公告栏,公布职业病防治的规章制度、操作规程、职业危害事故应急救援措施和工作场所职业病危害因素检测结果。

② 对产生严重职业危害作业岗位,应当在其醒目位置设置警示标志和中文警示说明。

(3)职业危害与健康告知。

① 定期对工作场所进行职业病危害因素检测、评价。检测、评价结果存入用人单位职业卫生档案,定期向有部门报告并向劳动者公布。

② 用人单位应当按照国务院卫生行政部门的规定组织上岗前、在岗期间和离岗时的职业健康检查,并将检查结果如实告知劳动者。

③ 医疗卫生机构发现疑似职业病病人时,应当告知劳动者本人并及时通知用人单位。

6. 职业病危害因素监测系统

《中华人民共和国职业病防治法》规定,用人单位应当实施由专人负责的职业病危害因素日常监测，并确保监测系统处于正常运行状态。用人单位应当按照国务院卫生行政部门的规定，定期对工作场所进行职业病危害因素检测、评价。检测、评价结果存入用人单位职业卫生档案，定期向所在地卫生行政部门报告并向劳动者公布。

职业病危害因素检测、评价由依法设立的取得国务院卫生行政部门或者设区的市级以上地方人民政府卫生行政部门按照职责分工给予资质认可的职业卫生技术服务机构进行。

《工作场所职业卫生监督管理规定》（国家安全生产监督管理总局令第47号）规定，存在职业病危害的用人单位，应当委托具有相应资质的职业卫生技术服务机构，每年至少进行一次职业病危害因素检测。职业病危害严重的用人单位，还应当委托具有相应资质的职业卫生技术服务机构，每三年至少进行一次职业病危害现状评价。

工作场所职业病危害因素的强度或者浓度应符合国家职业卫生标准。

《中国石油天然气集团有限公司工作场所职业病危害因素检测管理规定》（质安〔2017〕68号）明确了工作场所的划分和检测点的设置：

1）工作场所划分原则

根据生产规模、工艺及作业人员等情况划分。

（1）生产作业如同时产生多种职业病危害因素，以主要职业病危害因素来确定场所种类。

（2）在同一厂房（空间）内，存在同一性质的职业病危害因素，作业采取流水方式，且每道工序的作业点及作业人员又相对固定，每道工序为一个工作场所。

（3）在同一厂房（空间）内，存在同一性质的职业病危害因素，生产规模较小，或作业员工同时完成多道工序作业，则以整个厂房（空间）为一个工作场所。

（4）凡能产生职业病危害因素的设备，一般以单台划分场所，多台设备产生同一性质的职业病危害因素而又互相影响时，可划为一个工作场所。

（5）野外作业或作业地点不固定，有相对固定的设备，按职业病危害因素发生源划分场所；没有相对固定的设备，按作业单位划分工作场所。

2）检测点设置原则

职业病危害工作场所必须设检测点，检测点设置应当选择有代表性的工作地点，其中必须包括空气中待测物浓度最高、员工接触时间最长的工作地点。同时，要考虑职业病危害因素种类、性质、尘毒逸散情况、员工接触方式、接触时间、职业病防护技术措施等因素。

（1）同一工作场所（岗位），同一有害因素，同一工种、同类设备或相同操作，至少设1个检测点；同一工作场所（岗位），同一有害因素，不同工种、不同设备、不同工序，须分别设检测点。有多台同类设备时，一般3台以下设1个检测点，4台至10台设2个检测点，10台以上至少设3个检测点；同一工作场所（岗位），不同有害因素，须分别设检测点；仪表控制室或员工休息场所，至少设置 1 个检测点。

（2）移动式有尘毒危害作业，可按经常移动范围长度，10m 以下设 1 个检测点，10m 以上设 2 个检测点，依次类推；皮带输送机应当在机头、机尾各设 1 个检测点，长度在 10m 以上，在中部增加 1 个检（监）测点。

（3）高温检测点确定：工作场所无生产性热源，选择 3 个检（监）测点，取平均值；存在生产性热源的工作场所，选择 3 个至 5 个检测点，取平均值；工作场所被隔离为不同热环境或通风环境，每个区域设置 2 个检测点，取平均值。

（4）噪声检测点确定：工作场所声场分布均匀时，选择 3 个检（监）测点，取平均值；工作场所声场分布不均匀时，应当将其划分若干声级区，同一声级区内声级差小于 3dB（A），每个区域内，应当设置 2 个监测点，取平均值。

（5）在不影响员工工作的情况下，检测点应选择员工巡检地点或操作位，化学有害物质、粉尘检测点应在呼吸带采样；噪声检测应在员工耳部高度进行测量。

3）油田企业工作场所职业病危害因素日常监测周期

高毒危害因素每月至少监测 1 次；矽尘、石棉类危害因素，每半年至少监测 1 次；其他尘、毒职业病危害因素，每年至少监测 1 次。噪声等物理因素监测，按照实际需要至少每季度监测 1 次。工作场所日常监测一年内检测结果均在最低检出浓度内或连续 3 次检测暴露剂量水平低于 1/2 职业接触限值的岗位，监测周期可以延长，至少半年监测 1 次。

7. 职业病危害警示标志

GBZ 158—2003《工作场所职业病危害警示标志》规定了可能产生职业病危害的工作场所、设备及产品设置的警示标志，分为图形标志、警示线、警示语句和文字。

1）警示标志类别

（1）图形标志：分为禁止标志（禁止不安全行为）、警告标志（提醒对周围环境注意）、指令标志（强制做出某种动作或采用防范措施，避免可能发生危险）和提示标志（提供相关安全信息）。

（2）警示语句：一组表示禁止、警告、指令、提示或描述工作场所职业病危害的词语。可单独使用，也可和图形标志组合使用。

（3）警示线：界定和分隔危险区域的标志线，分为红色、绿色和黄色三种。

（4）有毒物品作业岗位职业病危害告知卡：针对某一职业病危害因素，告知劳动者危害后果及其防护措施的提示卡。根据需要，由各类图形标志和文字组合而成。

2）警示标志设置

（1）在使用有毒物品作业场所的显著位置，设置“当心中毒”“穿防护服”“注意通风”等标志。在维护、检修或设备故障时，设置“禁止启动”或“禁止入内”等标志。

（2）在使用高毒物品作业岗位醒目位置设“有毒物品作业岗位职业病危害告知卡”，告知卡是由图形标志和文字组合成的针对某一职业病危害因素，告知劳动者危害后果及其防护措施的提示卡。

（3）在高毒物品场所设置红色警示线。在一般有毒物品作业场所，设置黄色警示线。警示线应设在有毒作业场所外缘不少于30cm处。

（4）根据不同作业场所的危害，设置不同的警告、指令标志。如在产生粉尘的作业场所设置“注意防尘”或“戴防尘口罩”标志；在可引起电光性眼炎的作业场所设置“当心弧光”或“戴防护镜”标志等。

8. 职业卫生档案和职业健康监护

1）职业卫生档案

《职业卫生档案管理规范》（安监总厅安健〔2013〕171号）规定，用人单位职业卫生档案，是指用人单位在职业病危害防治和职业卫生管理活动中形成的，能够准确、完整反映本单位职业卫生工作全过程的文字、图纸、照片、报表、音像资料、电子文档等文件材料。包括以下主要内容：

（1）建设项目职业卫生“三同时”档案。

（2）卫生管理档案。

（3）职业卫生宣传培训档案。

（4）职业病危害因素监测与检测评价档案。

（5）用人单位职业健康监护管理档案。

（6）劳动者个人职业健康监护档案。

（7）法律、行政法规、规章要求的其他资料文件。

职业卫生监管部门查阅或者复制职业卫生档案材料时，用人单位必须如实提供。

2）职业健康监护

用人单位必须依据《中华人民共和国职业病防治法》《用人单位职业健康监护监督管理办法》（国家安全生产监督管理总局令第49号）、GBZ 188—2014《职业健康监护技术规范》等相关法律法规，对接触职业危害的劳动者进行职业性健康检查，应由取得医疗机构执业许可证的医疗卫生机构进行健康检查。职业性健康检查的对象必须是在用人单位从事接触职业病危害因素的作业人员。职业性健康检查分为如下5类：

（1）上岗前职业健康检查：用人单位应安排将从事某种或某些职业危害作业的人员，包括新招工进厂准备安排从事有害作业的人员、从无害岗位准备调到有害作业岗位的人员、从甲种有害作业岗位准备调到乙种有害作业岗位的人员、从事某些特殊作业的人员（如高温作业、潜水作业等），进行上岗前职业健康检查。

上岗前健康检查的目的是发现职业禁忌证者，使其不从事所禁忌的作业，以减少或消除职业危害对劳动者的健康损害。

（2）在岗期间定期职业健康检查：指对已从事接触职业危害的作业人员，即目前已在有害作业岗位的作业人员进行定期职业健康检查。

在岗期间检查的目的是早期发现可疑职业病患者或职业病患者，及时进行医疗观察、诊断、治疗、调换作业岗位、疗养等，防止职业危害的发展。早期发现有职业禁忌证的工人，以便及时调离或安排其他合适的工作；检出高危人群，作为重要监护对象并采取措施防止其他人员健康受损。

（3）离岗时职业健康检查：指从事接触职业危害作业的工人在离岗时的健康检查。包括从事有害作业的离休、退休、调离时的人员。离岗时健康检查的目的是了解劳动者的健康状况，评价劳动者健康变化是否与职业病危害因素有关，明确诊断，对职业病患者依照国家有关规定给予待遇或赔偿。

（4）应急的职业健康检查：指在发生急性职业危害事故时，对遭受或可能遭受急性职业危害的人员进行的健康检查，主要是了解、确定该事故对作业人员的健康是否遭受损害，一旦发现急性职业病病人或观察对象应立即抢救治疗和观察。

（5）对职业病患者与观察对象（疑似职业病病人）的复查、康复和住院诊断观察。

职业健康检查项目、周期及结果按相关办法及规范执行。

3）职业健康监护档案

职业健康监护档案应当包括劳动者的职业史；职业危害接触史，岗前、在岗期间、离岗时的健康体检，职业健康检查结果和职业病诊疗等有关个人健康资料。

职业史是指劳动者的工作经历，记录劳动者既往工作过的用人单位的起始时间、用人单位名称和从事工种、岗位；职业危害接触史是指劳动者从事职业危害作业的工种、岗位及其变动情况、接触工龄、接触职业病危害因素种类、浓度或强度等。

劳动者离开用人单位时，有权索取本人职业健康监护档案复印件，用人单位应如实、无偿提供，并在所提供的复印件上签章。

9. 职业病防护设施和防护用品

《中华人民共和国职业病防治法》规定，用人单位必须采用有效的职业病防护设施，并为劳动者提供个人使用的职业病防护用品。用人单位为劳动者个人提供的职业病防护用品必须符合防治职业病的要求，不符合要求的不得使用。

（1）为保护劳动者的健康，用人单位应当为劳动者提供符合国家职业卫生标准和卫生要求的职业病防护设施和个人使用的防护用品，并做到：

① 提供的职业病防护设施和个人使用的职业病防护用品，必须符合有关标准，符合预防职业病要求。

② 提供职业病防护设施和个人使用的职业病防护用品，能够真正起到预防职业病的作用。

③ 免费为劳动者提供。

④ 不得以货币或其他物品代替应当配备的职业病防护用品。

⑤ 教育劳动者按照使用规则和防护要求，正确使用个人防护用品。

⑥ 用人单位购买的特种职业卫生防护用品，应有专人负责验收，且在使用前应进行必要的检查，看其是否符合防护要求。

（2）职业病防护设备、应急救援设施和个人使用的职业病防护用品应当进行维护、检修、检测，确保保持正常运行、使用状态良好。

（3）不得自行拆除、停止使用职业病防护设备或者应急救援设施。

（4）《用人单位劳动防护用品管理规范》（安监总厅安健〔2015〕124号）规定用人单位应按照识别、评价、选择的程序，结合劳动者作业方式和工作条件，并考虑其个人特点及劳动强度，选择防护功能和效果适用的劳动防护用品。

① 接触粉尘、有毒、有害物质的劳动者，应当根据不同粉尘的种类、粉尘浓度、游离二氧化硅含量和毒物的种类及浓度，配备相应的呼吸器、防护服、防护手套和防护鞋等。具体可参照GB 2626《呼吸防护用品——自吸过滤式防颗粒物呼吸器》、GB/T 18664《呼吸防护用品的选择、使用与维护》、GB/T 24536《防护服装　化学防护服的选择、使用和维护》、GB/T 29512《手部防护　防护手套的选择、使用和维护指南》和GB/T 28409《个体防护装备足部防护鞋（靴）的选择、使用和维护指南》等标准。

② 接触噪声的劳动者，当暴露于80dB≤LEX，8h＜85dB的工作场所时，用人单位应当根据劳动者需求为其配备适用的护听器；当暴露于80dB≤LEX，8h≥85dB的工作场所时，用人单位必须为劳动者配备适用的护听器，并指导劳动者正确佩戴和使用。具体可参照GB/T 23466《护听器的选择指南》。

③ 工作场所中存在电离辐射危害的，经危害评价确认劳动者需佩戴劳动防护用品的，用人单位可参照电离辐射的相关标准及GB/T 29510《个体防护装备配备基本要求》为劳动者配备劳动防护用品，并指导劳动者正确佩戴和使用。

④ 从事存在物体坠落、碎屑飞溅、转动机械和锋利器具等作业的劳动者，用人单位还可参照GB/T 11651《个体防护装备选用规范》、GB/T 30041《头部防护　安全帽选用规范》和GB/T 23468《坠落防护装备安全使用规范》等标准，为劳动者配备适用的劳动防护用品。

同一工作地点存在不同种类的危险、有害因素的，应当为劳动者同时提供防御各类危害的劳动防护用品。需要同时配备的劳动防护用品，还应考虑其可兼容性。

劳动者在不同地点工作，并接触不同的危险、有害因素，或接触不同危害程度的有害因素的，为其选配的劳动防护用品应满足不同工作地点的防护需求。

10. 女工保护

《女职工劳动保护特别规定》(中华人民共和国国务院令第619号)规定:

(1)禁止安排女职工从事矿山井下、国家规定的第四级体力劳动强度的劳动和其他禁忌从事的劳动。

(2)不得安排女职工在经期从事高处、低温、冷水作业和国家规定的第三级体力劳动强度的劳动。

(3)不得安排女职工在怀孕期间从事国家规定的第三级体力劳动强度的劳动和孕期禁忌从事的活动。对怀孕七个月以上的女职工,不得安排其延长工作时间和夜班劳动。怀孕女职工在劳动时间内的产前检查时间算作劳动时间。

(4)女职工生育享受98d产假,其中产前可以休假15d;难产的,增加产假15d;生育多胞胎的,每多生育1个婴儿,增加产假15d。

(5)不得安排孕期、哺乳期女职工从事对本人和胎儿、婴儿有危害的作业。

(6)不得安怀孕的妇女参与应急处理或有可能造成职业性内照射的工作,哺乳期妇女在其哺乳期间应避免接受职业性内照射。

(7)女职工比较多的用人单位应建立女职工卫生室、孕妇休息室、哺乳室等设施。

(8)用人单位应当每2年至少安排1次女职工进行妇女常见病检查,检查时间算作劳动时间。

11. 职业卫生应急与救援

GBZ 1《工业企业设计卫生标准》规定,在生产中可能突然逸出大量有害物质或易造成急性中毒或易燃易爆的化学物质的室内作业场所,应设置事故通风装置及与事故排风系统联锁的泄漏报警装置。

(1)事故通风宜由经常使用的通风系统和事故通风系统共同保证,但在发生事故时,必须保证能提供足够的通风量。事故通风的风量宜根据工艺设计要求通过计算确定,但换气次数不宜小于12次/h。

(2)事故通风通风机的控制开关应分别设置在室内、室外便于操作的地点。

(3)事故排风的进风口,应设在有害气体或有爆炸危险的物质放散量可能最大或聚集最多的地点。对事故排风的死角处,应采取导流措施。

(4)事故排风装置排风口的设置应尽可能避免对人员的影响。

GBZ 1《工业企业设计卫生标准》规定,可能存在或产生有毒物质的工作场所应根据有毒物质的理化特性和危害特点配备现场急救用品,设置冲洗喷淋设备、应急撤离通道、必要的泄险区及风向标。泄险区应低位设置且有防透水层,泄漏物质和冲洗水应集中纳入工业废水处理系统。

对可能发生急性职业损伤的有毒、有害工作场所，用人单位应当设置报警装置，配置现场急救用品、冲洗设备、应急撤离通道和必要的泄险区。

对放射工作场所和放射性同位素的运输、储存，用人单位必须配置防护设备和报警装置，保证接触放射线的工作人员佩戴个人剂量计。

对职业病防护设备、应急救援设施和个人使用的职业病防护用品，用人单位应当进行经常性的维护、检修，定期检测其性能和效果，确保其处于正常状态，不得擅自拆除或者停止使用。

用人单位应当确保职业病危害防护设备、应急救援设施、通信报警装置处于正常使用状态，不得擅自拆除或者停止使用。

生产或使用剧毒或高毒物质的高风险工业企业应设置紧急救援站或有毒气体防护站，其使用面积应符合表 3-9 的规定。

表 3-9　紧急救援站使用面积

职工人数	使用面积，m^2
<300	20
300～1000	30
1001～2000	60
2001～3500	100
3501～10000	120
>10000	200

用人单位应建立、健全职业危害事故应急救援预案（包括救援组织、机构和人员职责、应急措施、人员撤离路线和疏散方法、事故报告的途径方式、预警设施、应急防护用品及使用指南、医疗救护等内容）并进行演练。

第十节　事故事件报告与分析

在工业生产过程中，人们已经认识到，事故的发生是有规律的，绝大多数的事故是可以预防的。对以往发生的事故或未造成严重后果的事件进行系统分析，吸取教训，同时制订可靠的预防和控制措施，采取积极的“事前管理”是防止类似事故再次发生的有效手段，也是现场安全监督工作的核心内容之一。

一、生产安全事故事件的分类与分级

根据《中国石油天然气集团公司生产安全事故管理办法》（中油安字〔2007〕571 号），生产安全事故分为工业生产安全事故、道路交通事故、火灾事件。根据事故造成的人员伤亡或者直接经济损失,事故分为以下等级:特别重大事故、重大事故、较大事故、一般事故(一般事故A级,一般事故B级,一般事故C级)。

根据《中国石油天然气集团公司生产安全事件管理办法》(安全〔2013〕387号)生产安全事件分为工业生产安全事件、道路交通事件、火灾事件和其他事件。工业生产安全事件是指在生产场所内从事生产经营活动过程中发生的造成企业员工和企业外人员轻伤以下或直接经济损失小于1000元的情况。道路交通事件是指企业车辆在道路上因过错或者意外造成的人员轻伤以下或直接经济损失小于1000元的情况。火灾事件是指在企业生产、办公及生产辅助场所发生的意外燃烧或燃爆现象,造成人员轻伤以下或直接经济损失小于1000元的情况。其他事件是指上述三类事件以外的,造成人员轻伤以下或直接经济损失小于1000元的情况。

生产安全事件分为限工事件、医疗处置事件、急救箱事件、经济损失事件和未遂事件五级,具体说明如下:

(1)限工事件是指人员受伤后下一工作日仍能工作,但不能在整个班次完成所在岗位全部工作,或临时转岗后可在整个班次完成所转岗位全部工作的情况。

(2)医疗处置事件是指人员受伤需要专业医护人员进行治疗,且不影响下一班次工作的情况。

(3)急救箱事件是指人员受伤仅需一般性处理,不需要专业医护人员进行治疗,且不影响下一班次工作的情况。

(4)经济损失事件是指没有造成人员伤害,但导致直接经济损失小于1000元的情况。

(5)未遂事件是指已经发生但没有造成人员伤害或直接经济损失的情况。

二、事件的收集与上报

《中国石油天然气集团公司生产安全事件管理办法》(安全〔2013〕387号)规定:任何生产安全事件都应报告和统计分析;生产安全事件发生后,企业所属二级单位或车间(站队)应在5个工作日内将事件信息录入HSE信息系统;所属企业应定期对上报的生产安全事件进行综合统计分析,研究事件发生规律,提出预防措施。

安全监督经常在生产现场工作,对促进企业收集生产安全事件会起到非常积极的作用。安全监督应监督被监督方按相关规定对现场发生的各类事件进行调查、记录、上报。可参考使用《中国石油天然气集团公司生产安全事件管理办法》(安全〔2013〕387号)中"生产安全事件报告单""生产安全事件原因综合分析表"来分析和报送生产安全事件,见表3-10和表3-11。

表 3–10　生产安全事件报告单

<table>
<tr><td colspan="3">报告人：</td><td>报告时间：</td></tr>
<tr><td colspan="4">发生单位或承包商名称：</td></tr>
<tr><td colspan="3">发生时间：</td><td>发生地点：</td></tr>
<tr><td colspan="4">分析人员单位、姓名：</td></tr>
<tr><td colspan="4">事件经过描述：</td></tr>
<tr><td colspan="4">事件的性质：　限工□　医疗□　急救（箱）□　经济损失□　未遂□</td></tr>
<tr><td colspan="4">受伤人员基本信息（有人员受伤时填写）</td></tr>
<tr><td>姓名：</td><td>性别：</td><td>电话：</td><td>出生日期：</td></tr>
<tr><td>工种：</td><td colspan="2">从事目前岗位年限：</td><td>聘用日期：</td></tr>
<tr><td>受伤部位：</td><td colspan="3">治疗情况简述：</td></tr>
<tr><td colspan="4">直接经济损失：</td></tr>
<tr><td colspan="4">原因分析：</td></tr>
<tr><td colspan="4">防范措施：</td></tr>
<tr><td colspan="4">审核意见：
事件单位负责人：
日期：</td></tr>
</table>

表 3-11　生产安全事件原因综合分析表

类别	项目	具体内容		存在此因素(√)
一、人的因素	(一)身体条件	指身体自身存在的且短时间内难以克服的固有缺陷或疾病		
		视力缺陷	上岗前已存在	
			上岗后伤病所致	
			上岗后视力持续下降	
		听力缺陷	上岗前已存在	
			上岗后伤病所致	
			上岗后听力持续下降	
		其他感官缺陷	上岗前已存在	
			上岗后伤病所致	
		肢体残疾	上岗前已存在	
			上岗后伤病所致	
		呼吸功能衰退	原有伤病所致	
			上岗后伤病所致	
		间歇发作且具有突发性质的身体疾病		
		身材矮小		
		力量不足		
		学习能力低(智力障碍)	上岗前已存在	
			上岗后伤病所致	
		对物质敏感		
		因长期服用毒品、药物或酒精导致的能力下降		
		其他因素		
	(二)身体状况	指身体因自身因素或外界环境因素导致的短期的或暂时性的不适、身体障碍或能力下降		
		以前的伤病发作		
		暂时性身体障碍		
		疲劳	因工作负荷过大	
			因缺乏休息	
			因感官超负荷	
		能力(体能、大脑反应速度及准确性)下降	因极限温度	
			因缺氧	
			因气压变化	

续表

类别	项目	具体内容		存在此因素(√)
一、人的因素	（二）身体状况	血糖过低		
		因使用毒品、药物或酒精致使身体能力短期内或暂时性下降		
		其他因素		
	（三）精神状态	指对事故的发生有着直接影响的意识、思维、情感、意志等心理活动		
		注意力不集中	其他问题分散了注意力	
			打闹、嬉戏	
			暴力行为	
			受到药物或酒精的影响	
			不熟悉环境且未收到警告 / 警示	
			不假思索的例行活动	
			其他	
		高度紧张、慌张、焦虑、恐惧等致使反应迟钝、判断失误或指挥不当		
		忘记正确的做法		
		情绪波动(生气、发怒、消极怠工、厌倦等)		
		遭受挫折		
		受到毒品、药物或酒精的影响		
		精神高度集中以致忽略了周围不安全因素		
		轻视工作或工作中漫不经心		
		其他		
	（四）行为	指导者 / 管理者的行为		
		不当的操作	省时省力	
			避免脏、累或不适	
			吸引注意	
			恶作剧	
		操作过程出现偏差	作业时用力过度	
			作业或运动速度不当	
			举升不当	
			推拉不当	
			装载不当	

续表

类别	项目	具体内容		存在此因素(√)
一、人的因素	(四)行为	操作过程出现偏差	其他操作偏差	
		关键行为实施不力	正确的方式受到批评	
			不适当的同事压力	
			不适当的激励或处罚制度	
			不当的业绩反馈	
		习惯性的错误做法		
		冒险蛮干		
		违章操作	个人违章	
			集体违章	
		不采取安全防范措施而进行危险操作		
		不听从指挥		
		偷工减料		
		擅自离岗		
		擅自改变工作进程		
		未经授权而操作设备		
		未经许可进入危险区域		
		指挥者违章指挥		
		指挥者不当的指挥或暗示		
		指挥者不当的激励或处罚		
		误操作		
		其他因素		
	(五)知识技能水平	指对事故的发生和危险危害因素的处置有着直接影响的知识技能水平		
		缺乏对作业环境危险危害的认识		
		没有识别出关键的安全行为要点		
		技能掌握不够	技能基础知识掌握不够	
			技能实际操作培训不足	
			技能操作方法不正确	
		技能实践不足		
		其他因素		

续表

类别	项目	具体内容	存在此因素(√)
一、人的因素	(六)工具、设备、车辆、材料的储存、堆放、使用	指工具、设备、车辆、材料的使用过程中人的不当行为	
		设备使用不当	
		工具使用不当	
		车辆使用不当	
		材料使用不当	
		设备选择有误	
		工具选择有误	
		车辆选择有误	
		材料选择有误	
		明知设备有缺陷仍使用	
		明知工具有缺陷仍使用	
		明知车辆有缺陷仍使用	
		明知材料有缺陷仍使用	
		工具、设备、车辆、材料放置或停靠的位置不当	
		工具、设备、车辆、材料储存、堆放或停靠的方式不正确	
		工具、设备、车辆、材料的使用超出了其使用范围	
		工具、设备、车辆、材料由未经培训合格的人员使用	
		使用已报废或超出使用寿命期限的工具、设备、车辆、材料	
		其他因素	
	(七)安全防护技术、方法、设施的运用	指安全防护技术、方法、设施的运用过程中人的不当行为	
		安全防护技术、方法运用不当	
		安全防护设施使用不当	
		个体防护用品使用不当	
		个体防护用品选择不当	
		未使用个体防护用品	
		明知安全防护设施有缺陷仍使用	
		明知个体防护用品有缺陷仍使用	
		安全防护设施、个体防护用品放置位置不当	
		安全防护设施、个体防护用品的使用超出了其使用范围	
		安全防护设施、个体防护用品由未经培训合格的人员使用	
		其他因素	

续表

<table>
<tr><th>类别</th><th>项目</th><th colspan="2">具体内容</th><th>存在此因素(√)</th></tr>
<tr><td rowspan="17">一、人的因素</td><td rowspan="17">(八)信息交流</td><td colspan="2">同事间横向沟通不够</td><td></td></tr>
<tr><td colspan="2">上下级间纵向沟通不够</td><td></td></tr>
<tr><td colspan="2">不同部门间沟通不够</td><td></td></tr>
<tr><td colspan="2">班组间沟通不够</td><td></td></tr>
<tr><td colspan="2">作业小组间沟通不足</td><td></td></tr>
<tr><td colspan="2">工作交接沟通不足</td><td></td></tr>
<tr><td colspan="2">沟通方式、方法不妥</td><td></td></tr>
<tr><td colspan="2">没有沟通工具或沟通工具不起作用</td><td></td></tr>
<tr><td rowspan="3">信息没有被传达</td><td>被忘记</td><td></td></tr>
<tr><td>人为故意</td><td></td></tr>
<tr><td>设备、网络故障</td><td></td></tr>
<tr><td colspan="2">信息表达不准确</td><td></td></tr>
<tr><td colspan="2">指令不明确</td><td></td></tr>
<tr><td colspan="2">没有使用标准的专业术语</td><td></td></tr>
<tr><td colspan="2">没有“确认 / 重复”验证</td><td></td></tr>
<tr><td colspan="2">信息太长</td><td></td></tr>
<tr><td colspan="2">信息被干扰</td><td></td></tr>
<tr><td></td><td></td><td colspan="2">其他因素</td><td></td></tr>
<tr><td rowspan="11">二、物(设备、材料、技术)的因素</td><td colspan="4">指因设计、制造、施工、安装、维护、检修及设备、材料自身原因所导致的各种事故原因</td></tr>
<tr><td rowspan="10">(一)保护系统</td><td colspan="2">防护或保护设施不足</td><td></td></tr>
<tr><td colspan="2">防护或保护设施缺失</td><td></td></tr>
<tr><td colspan="2">防护或保护设施存在缺陷或失效</td><td></td></tr>
<tr><td colspan="2">防护或保护设施被解除或拆除</td><td></td></tr>
<tr><td rowspan="2">防护或保护设施设置不当</td><td>位置设置不当</td><td></td></tr>
<tr><td>参数设置不当</td><td></td></tr>
<tr><td colspan="2">个体防护用品不足</td><td></td></tr>
<tr><td colspan="2">个体防护用品缺失</td><td></td></tr>
<tr><td colspan="2">个体防护用品存在缺陷或失效</td><td></td></tr>
<tr><td colspan="2">个体防护用品配备不当</td><td></td></tr>
</table>

续表

类别	项目	具体内容		存在此因素(√)
二、物(设备、材料、技术)的因素	(一)保护系统	报警不充分		
		报警系统存在缺陷或失效		
		报警被解除或报警系统被拆除		
		报警系统设置不当	位置设置不当	
			参数设置不当	
		无报警系统		
		其他因素		
	(二)工具、设备及车辆	设备有缺陷		
		设备不够用		
		设备未准备就绪		
		设备故障		
		工具有缺陷		
		工具不够用		
		工具未准备就绪		
		工具故障		
		车辆有缺陷		
		车辆不符合使用要求		
		车辆未准备就绪		
		车辆故障		
		工具、设备、车辆超期服役		
		工具和设备的不当,拆除或不当替代		
		其他因素		
	(三)工程设计、制造、安装、试运行	设计缺陷	设计基础或依据过时	
			设计基础或依据不正确	
			无设计基础或依据	
			凭经验设计或随意篡改设计基础	
			设计计算错误	
			未经核准的技术变更	
			设计成果未经独立的设计审查	

续表

类别	项目	具体内容		存在此因素(√)
二、物(设备、材料、技术)的因素	(三)工程设计、制造、安装、试运行	设计缺陷	设计有遗漏	
			技术不成熟	
			设备选型不对	
			设备部件标准或规格不合适	
			人机工程设计不完善	
			对潜在危险性评估不足	
			材料选用不当或设备选型不当	
			因资金原因删减安全投入或降低安全标准	
			其他因素	
		制造缺陷	未执行或未严格执行设计文件	
			制造技术不成熟	
			制造工艺有缺陷	
			制造工艺未被严格执行	
			材质缺陷	
			焊接缺陷	
			其他因素	
		施工安装缺陷	施工安装设计图纸未被严格执行	
			施工安装工艺未被严格执行	
			施工监督不到位	
			施工安装工艺有缺陷	
			强力安装	
			设备未固定或安装不牢靠	
			焊接缺陷	
			其他因素	
		开工方案有缺陷		
		运行准备情况评估不充分		
		初期运行监督不到位		
		对新技术、新工艺、新装备不熟悉或不适应		
		其他因素		

续表

类别	项目	具体内容		存在此因素(√)
三、环境因素	(一)工作质量受到外在不良环境的影响	火灾或爆炸		
		作业环境中存在有毒有害气体、蒸气或粉尘		
		噪声		
		辐射		
		极限温度		
		作业时自然环境恶劣	风沙	
			雨水	
			雷电	
			蚊虫	
			野兽	
			地形	
			地势	
		自然灾害		
		地面湿滑		
		高处作业		
		维护运行中的带能量设备	机械装置	
			带电设备	
			压力设备	
			高温设备	
			装有危险物质的设备	
		其他因素		
	(二)工作环境自身存在不安全因素	拥挤或身体活动范围受到限制		
		照明不足或过度		
		通风不足		
		脏、乱		
		作业环境中有毒有害气体或蒸气浓度超标		
		设备厂房布局不合理		
		安全间距不足		
		疏散通道设置不合理		

续表

类别	项目	具体内容		存在此因素(√)
三、环境因素	(二)工作环境自身存在不安全因素	消防通道设置不合理		
		疏散指引标志缺失		
		疏散指引标志设置不合理		
		安全警示标志等安全信息缺失		
		安全警示标志等安全信息设置不合理		
		安全控制设施设置位置不合理,难于操作		
		作业位置不在监护的视野或触及范围内		
		其他因素		
四、管理因素	(一)知识传递和技能培训	知识传递不到位	教员资质不合格	
			培训设备不合格或数量不足	
			信息表达不清	
			信息被误解	
		没有记住培训内容	培训内容未能在工作中强化	
			再培训频度不够	
		培训达不到要求	培训课程设计不当	
			新员工培训不够	
			新岗位培训不够	
			评价考核标准不能满足要求	
		未经培训		
		其他因素		
	(二)管理层的领导能力	职责矛盾	报告关系不清楚	
			报告关系矛盾	
			职责分工不清	
			职责分工矛盾	
			授权不当或不足	
		领导不力	无业绩考核评估标准	
			权责不对等	
			业绩反馈不足或不当	
			对专业技术掌握不够	

续表

类别	项目	具体内容		存在此因素(√)
四、管理因素	（二）管理层的领导能力	领导不力	对政策、规章、制度、标准、规程执行不力	
			能力不足	
		管理松懈	明知管理有漏洞而放任之	
			放任违章违纪行为而不制止 / 规章制度不落实	
			处罚力度太轻而不足以遏制违章违纪行为	
			缺乏监督检查	
		对作业场所存在的危险危害因素识别不充分		
		对作业场所存在的事故隐患排查不充分或者发现不及时		
		对作业场所存在的事故隐患不能及时整改或防范		
		作业组织不合理		
		频繁的人事变更或岗位变更		
		不当的人事安排或岗位安排		
		组织机构不健全		
		监管机制不健全		
		奖罚机制不健全		
		责任制未建立或责任不明确		
		国家有关安全法规得不到贯彻执行		
		上级或企业自身的安全会议决定或精神得不到贯彻执行		
		消极管理		
		其他因素		
	（三）承包商的选择与监督	没有进行承包商资格审查		
		资格审查不充分		
		承包商选择不妥		
		使用未经批准的承包商		
		没与承包商签订安全管理协议		
		承包商进入危险区域作业前未对其进行安全技术交底		
		未对承包商的安全技术措施进行审核		
		缺乏作业监管		
		监管不到位		
		其他因素		

续表

<table>
<tr><th>类别</th><th>项目</th><th colspan="2">具体内容</th><th>存在此因素(√)</th></tr>
<tr><td rowspan="29">四、管理因素</td><td rowspan="14">(四)采购、材料处理和材料控制</td><td colspan="2">下错订单</td><td></td></tr>
<tr><td colspan="2">接收不符合订单要求的物件</td><td></td></tr>
<tr><td colspan="2">未经核准的订单变更</td><td></td></tr>
<tr><td colspan="2">未进行验收确认</td><td></td></tr>
<tr><td colspan="2">产品验收不严</td><td></td></tr>
<tr><td colspan="2">材料包装不妥</td><td></td></tr>
<tr><td colspan="2">材料搬运不当</td><td></td></tr>
<tr><td colspan="2">运输方式不妥</td><td></td></tr>
<tr><td colspan="2">材料储存不当</td><td></td></tr>
<tr><td colspan="2">材料装填不当</td><td></td></tr>
<tr><td colspan="2">材料过了保存期</td><td></td></tr>
<tr><td colspan="2">物料的危险危害性识别不充分</td><td></td></tr>
<tr><td colspan="2">废物处理不当</td><td></td></tr>
<tr><td colspan="2">其他因素</td><td></td></tr>
<tr><td rowspan="15">(五)设备维护保养和检修</td><td colspan="2">未按设备使用说明书进行维护保养</td><td></td></tr>
<tr><td colspan="2">无相应的检修规程或参考资料</td><td></td></tr>
<tr><td colspan="2">无检修经验或经验不足</td><td></td></tr>
<tr><td rowspan="6">检维修质量差</td><td>评估不充分</td><td></td></tr>
<tr><td>计划不充分</td><td></td></tr>
<tr><td>技术不过关</td><td></td></tr>
<tr><td>与使用单位沟通不够</td><td></td></tr>
<tr><td>没有责任心</td><td></td></tr>
<tr><td>未严格执行检修规程</td><td></td></tr>
<tr><td colspan="2">未按检修计划进行定期检修</td><td></td></tr>
<tr><td colspan="2">无检修、维护计划</td><td></td></tr>
<tr><td colspan="2">检修过程缺少监护</td><td></td></tr>
<tr><td colspan="2">未与相关单位协调一致</td><td></td></tr>
<tr><td colspan="2">用工不当</td><td></td></tr>
<tr><td colspan="2">其他因素</td><td></td></tr>
</table>

续表

类别	项目	具体内容		存在此因素(√)
四、管理因素	（六）工作守则、政策、标准、规程（PSP）	没有作业规程		
		错误的作业规程		
		过时的作业规程或其修订版本		
		作业规程不完善	缺乏作业过程的安全分析	
			作业过程安全分析不充分	
			与工艺 / 设备设计、使用方没有充分协调	
			编制过程中没有一线员工参加	
			作业规程有缺项或漏洞	
			形式、内容不方便使用和操作	
		作业规程传达不到位	没有分发到作业班组	
			语言表达难于理解	
			没有充分翻译组织成合适的语言	
			作业规程编制或修订完成后没有及时对员工进行培训	
		作业规程实施不力	执行监督不力	
			岗位职责不清	
			员工技能与岗位要求不符	
			内容可操作性差	
			内容混淆不清	
			执行步骤繁杂	
			技术错误 / 步骤遗漏	
			执行过程中的参考项过多	
			奖罚措施不足	
			矫正措施不及时	
		其他因素		

三、事件的统计、分析

安全监督站定期对现场安全监督上报的事件进行统计、分析并上报，为上级管理部门制订安全管理制度、措施提供依据。

（一）按事件发生时工况统计

按采油气作业设备设施工况对发生的事件进行统计、分析，以便有针对性地对事件发生频次较高的工况采取预防控制措施，见表3–12。

表3–12　某单位事件统计表

设备设施		工艺流程设备	抽汲及动力辅助设备	油气分离存储设备	加热设备	计量存储设备	动力外输设备	注输水设备	原油脱水设备	存输油设备	其他辅助设备
数据	起数										
	比例										

（二）按事件发生的原因统计

按事件管理办法，事件产生的原因也可以从以下四个方面进行分析（表3–13）：

（1）人的因素：身体条件，身体状况，精神状态，行为，知识技能水平，工具、设备、车辆、材料的储存、堆放、使用，安全防护技术、方法、设施的运用和信息交流。

（2）物（设备、材料、技术）的因素：保护系统，工具、设备及车辆，工程设计、制造、安装、试运行。

（3）环境因素：工作质量受到外在不良环境的影响和工作环境自身存在不安全因素。

（4）管理因素：知识传递和技能培训，管理层的领导能力，承包商的选择与监督，采购、材料处理和材料控制，设备维护保养和检修，工作守则、政策、标准、规程（PSP）。

表3–13　某单位未遂事件统计表

<table>
<tr><th colspan="3">数据</th><th>起数</th><th>比例</th><th>合计</th><th>比例</th></tr>
<tr><td rowspan="11">原因</td><td rowspan="8">人的因素</td><td>身体条件</td><td></td><td></td><td rowspan="8"></td><td rowspan="8"></td></tr>
<tr><td>身体状况</td><td></td><td></td></tr>
<tr><td>精神状态</td><td></td><td></td></tr>
<tr><td>行为</td><td></td><td></td></tr>
<tr><td>知识技能水平</td><td></td><td></td></tr>
<tr><td>工具、设备、车辆、材料的储存、堆放、使用</td><td></td><td></td></tr>
<tr><td>安全防护技术、方法、设施的运用</td><td></td><td></td></tr>
<tr><td>信息交流</td><td></td><td></td></tr>
<tr><td rowspan="3">物（设备、材料、技术）的因素</td><td>保护系统</td><td></td><td></td><td rowspan="3"></td><td rowspan="3"></td></tr>
<tr><td>工具、设备及车辆</td><td></td><td></td></tr>
<tr><td>工程设计、制造、安装、试运行</td><td></td><td></td></tr>
</table>

续表

数据			起数	比例	合计	比例
原因	环境因素	工作质量受到外在不良环境的影响				
		工作环境自身存在不安全因素				
	管理因素	知识传递和技能培训				
		管理层的领导能力				
		承包商的选择与监督				
		采购、材料处理和材料控制				
		设备维护保养和检修				
		工作守则、政策、标准、规程（PSP）				

（三）按事件类别统计

按事件类别进行统计，见表 3–14。

表 3–14　按事件类别进行统计等级表

序号	事故类别	总起数	伤害	其中：损工事件		其中：限工事件		其中：其他事件	
				起数	人数	起数	人数	起数	人数
总　计									
1	物体打击								
2	车辆伤害								
3	起重伤害								
4	火灾								
5	高处坠落								
6	坍塌								
7	化学爆炸								
8	物理爆炸								
…	…								

（四）按事件发生的原因统计和分析

按事件发生的原因统计，见表 3–15。

表 3-15　事件原因统计表

序号			
事件涉及人数			
事件发生单位			
事故原因	间接原因	技术和设计有缺陷	
		设备设施工具附件有缺陷	
		安全设施警示标志缺少或有缺陷	
		生产场所环境不良	
		作业场所狭窄、杂乱	
		物体存放摆放不当	
		站位不当	
	管理原因	未建立组织机构或不健全	
		职责分工不清 劳动组织不合理	
		安全生产投入不足	
		未制订相关规章制度、操作规程或不健全、违反操作规程或劳动纪律	
		个人劳动防护用品、用具缺乏或有缺陷	
		个人防护用品使用不当	
		员工不具备上岗条件、教育培训不够、缺乏安全操作技能和知识	
		没有或不认真实施事故防范措施	
		对现场工作缺乏检查、指挥错误	
		违章指挥	
		无监督监理监管监护或执行不够	
		无作业资质或资质过期	
		未开展风险分析或不全面	
		应急处置不当	
		物资采购质量问题	

四、事故的报告与披露

事故发生后，事故现场有关人员应当立即向基层单位负责人报告，基层单位负责人应当立即向上一级安全主管部门报告，安全主管部门逐级上报直至企业安全主管部门，由安全主管部门向本单位领导报告。较大及以上事故企业安全主管部门应当向企业办公室通报。情况紧急时，事故现场有关人员可以直接向企业安全主管部门报告。

企业接到事故报告后，应当向集团公司总部机关有关部门报告。

（1）一般事故C级、B级，在事故发生后1h内由企业安全主管部门向集团公司安全主管部门报告。

（2）一般事故A级，在事故发生后1h内由企业安全主管部门向集团公司安全主管部门报告，集团公司安全主管部门应当立即向集团公司分管安全工作的副总经理报告。

（3）较大事故，在事故发生后1h内由发生事故的企业办公室向集团公司办公厅和安全主管部门报告，集团公司办公厅接到企业事故报告后，应当立即向集团公司分管安全工作的副总经理、总经理报告。

（4）重大及以上事故，在事故发生后30min内由发生事故的企业办公室向集团公司办公厅和安全主管部门报告，集团公司办公厅接到企业事故报告后，应当立即向集团公司总经理报告，同时报告集团公司分管安全工作的副总经理。

（5）对承包商发生的生产安全事故，企业应当按上述规定报告。

（6）发生事故后企业在上报集团公司的同时应当于1h内向事故发生地县级以上人民政府安全生产监督管理部门和负有安全生产监督管理职责的有关部门报告。

集团公司办公厅接到较大及以上事故报告后应当按《中国石油天然气集团公司突发事件信息报送工作办法》（中油办字〔2006〕375号）执行。

发生事故应当以书面形式报告情况，特别紧急时，可用电话口头初报，随后书面报告。书面报告至少包括以下内容：事故发生单位概况；事故发生的时间、地点及事故现场情况；事故的简要经过；事故已经造成或者可能造成的伤亡人数（包括下落不明的人数）和初步估计的直接经济损失；已经采取的措施；其他应当报告的情况。

事故情况发生变化的应当及时续报。自事故发生之日起30d内，事故造成的伤亡人数发生变化的应当及时补报。交通事故、火灾事故自发生之日起7d内，造成事故的伤亡人数发生变化的应当及时补报。企业发生事故后的事故信息披露，按照《中国石油天然气集团公司重大敏感信息发布管理暂行规定》（中油办字〔2007〕315号）执行。

五、事故应急

事故发生后，事故单位应当立即启动相应的事故应急预案，组织抢救，防止事故扩大，减少人员伤亡和财产损失。

发生事故后企业或者企业所属事故单位负责人和相关部门负责人，应当立即赶赴事故现场，组织抢险救援，不得擅离职守。

发生较大及以上事故或者已经发生一般事故A级，并可能造成次生事故时，企业主要负责人和相关职能部门负责人应当赶赴事故现场，企业主要领导公出在外时，接到事故报告后，应当立即赶赴事故现场。发生一般事故A级或者已经发生一般事故B级，并可能造成次生事故时，企业业务分管领导或者分管安全工作的领导和其他相关职能部门负责人应当赶赴事故现场。

发生一般事故B级、C级时，企业所属事故单位分管领导和或者分管安全工作领导和相关职能部门负责人应当赶赴事故现场。

发生一般事故A级及以上事故时，集团公司应当派人赶赴现场，协调指挥救援工作。

发生特别重大事故时，集团公司主要负责人和相关职能部门负责人应当赶赴事故现场。发生重大事故时，集团公司业务分管领导或者分管安全工作领导和相关职能部门负责人应当赶赴事故现场。发生较大事故时，集团公司分管业务部门、安全主管部门负责人应当赶赴事故现场。发生一般事故A级时，集团公司分管业务部门、安全主管部门派人赶赴事故现场。事故发生后，事故单位应当妥善保护事故现场及相关证据，任何单位和个人不得破坏事故现场、毁灭有关证据。因抢救人员、防止事故扩大及疏通交通原因，需要移动事故现场物件的应当做出标志、绘出现场简图并做出书面记录，妥善保存现场重要痕迹物证。

六、事故的调查与处理

（一）事故调查的定义

事故调查是指事故发生后为获取有关事故发生原因的全面资料，找出事故的根本原因，防止类似事故的发生而进行的调查。

（二）事故调查的程序

生产安全事故调查一般工作程序为成立事故调查组、勘查事故现场、询问相关人员、开展技术鉴定、进行事故分析、制订防范措施、编制调查报告、资料归档。

1. 成立事故调查组

1）事故调查组的组成

根据《生产安全事故报告和调查处理条例》（中华人民共和国国务院令第493号）按事故严重程度组成的调查组对事故进行调查和分析。特别重大事故由国务院或者国务院授权有关部门组织事故调查组进行调查；重大事故、较大事故、一般事故分别由事故发生地省级人民政府、设区的市级人民政府、县级人民政府负责调查；省级人民政府、设区的市级人民政府、县级人民政府可以直接组织事故调查组进行调查，也可以授权或者委托有关部门组织事故调查组进行调查。未造成人员伤亡的一般事故，县级人民政府也可以委托事故发生单位组织事故调查组进行调查。

自事故发生之日起30d内（道路交通事故、火灾事故自发生之日起7d内），因事故伤亡人数变化导致事故等级发生变化，应当由上级人民政府负责调查的，上级人民政府可以另行组织事故调查组进行调查。特别重大事故以下等级事故，事故发生地与事故发生单位不在同一个县级以上行政区域的，由事故发生地人民政府负责调查，事故发生单位所在地人民政府应当派人参加。

根据《中国石油天然气集团公司生产安全事故调查规则》（安全〔2013〕383号），发生重大及以上生产安全事故时，集团公司主要负责人或其委派的业务分管领导指派事故调查组组长，事故调查组成员由集团公司质量安全环保部、监察部和其他机关职能部门主要负责人，有关专业分公司、安全环保技术研究院主要负责人和技术专家组成。发生较大生产安全事故时，集团公司质量安全环保部主要负责人或其委派的部门副职担任事故调查组组长，事故调查组成员由机关有关职能部门、有关专业分公司、安全环保技术研究院负责人和技术专家组成。发生一般A级事故时，集团公司质量安全环保部确定事故调查组组长，事故调查组成员由机关有关职能部门、有关专业分公司、安全环保技术研究院人员和技术专家组成。发生一般B级和C级事故时，由所属企业参照本规则开展事故调查工作。发生井喷失控着火、炼厂着火爆炸、储油灌区泄漏着火、长输管线火灾爆炸和天然气下游业务爆炸火灾等升级管理的事故时，集团公司质量安全环保部主要负责人或其委派的部门副职担任事故调查组组长，事故调查组成员由机关有关职能部门、有关专业分公司、安全环保技术研究院负责人和技术专家组成。

调查组组长根据事故调查需要，可对调查组的组成和人员进行补充，聘请企业、高校、科研机构相关人员参与事故调查，必要时设置管理、技术、综合等若干小组。

2）事故调查应遵循的原则

事故调查应遵循的具体原则如下：

（1）事故是可以调查清楚的，这是调查事故最基本的原则。

（2）调查事故应实事求是以客观事实为依据。

（3）坚持做到“四不放过”的原则，即事故原因分析不清不放过；事故责任者没有受到严肃处理不放过；群众没有受到教育不放过；防范措施没有落实不放过。

（4）事故调查成员，一方面要有调查的经验或某一方面的专长，另一方面不应与事故有直接利害关系。

3）事故调查组的职责

事故调查组履行下列职责：

（1）查明事故发生的经过、原因、人员伤亡情况及直接经济损失。

（2）认定事故的性质和事故责任。

（3）提出对事故责任者的处理建议。

（4）总结事故教训，提出防范和整改措施。

（5）提交事故调查报告。

2. 勘查事故现场

事故现场勘查工作内容包括：

（1）现场物证：破损部件、碎片、残留物、致害物及位置等。在现场搜集到的所有物件应贴上标签，注明地点、时间、管理者；所有物件应保持原样，不准冲洗擦拭；对健康有危害的物件，应采取不损害原始证据的安全防护措施，明确保管人和保管地点。

（2）事故单位及相关人员情况：事故发生的单位、地点、时间；事故单位的合规性资料；事故现场人员的姓名、性别、年龄、文化程度、健康状况、岗位、技术等级、工龄、本工种工龄、用工方式；事故相关人员岗位资质、接受教育培训情况；事故当天，事故相关人员开始工作时间、工作内容、工作量、作业程序、操作时的动作（或位置）、个人防护状况。

（3）事故发生的证实性资料：事故发生前设备、设施的性能和合规状况；事故现场气候、照明、湿度、温度、通风、声响、色彩度、道路、工作面状况、有毒有害物质取样分析记录及其他可能与事故致因有关的细节或因素；有关设计和工艺方面的技术文件；规章制度、体系文件、操作规程、施工方案、工作指令、作业许可、工艺卡片、应急预案等资料及执行情况；施工记录、运行记录、交接班记录、巡检记录、监督监理记录、相关会议记录等证实性材料；有关合同及其他与事故相关的文件。

（4）图像证据材料：显示物证和伤亡人员位置、可能被清除或践踏的痕迹、反映事故现场全貌的所有照片或影像资料；事故现场示意图、流程图、现场人员位置图等。地方政府调查组在现场取走的物证，事故企业应留有相应的影像资料和纸质复印件等证据材料。

3. 询问相关人员

事故现场应急处置结束后，应开展对有关人员的询问工作，询问笔录格式见表3–16。

表3–16 询问笔录格式

时间：	地点：	
被询问人：	性别：	年龄：
工作单位：	职务：	岗位：
地址：	电话：	邮箱：
询问人：	记录人：	
问＝Q　答＝A；以上笔录与口述无误。		
询问人签字：	被询问人签字：	

（1）根据事故情况确定询问对象，主要包括现场操作人员、当事人、目击者、知情人、管理人员，事故涉及的建设单位、总承包商及设计、采购、施工、安装、监督、监理等单位的相关人员。询问对象可根据情况进行调整。

（2）根据询问的目的和对象，拟定询问提纲，内容一般包括：询问对象的基本情况、事故发生过程、现场目击状况、现场人员状况、异常变化情况、应急处置情况及与事故有关的其他情况。

（3）询问应由 2 名及以上调查人员进行。询问前，调查人员应向询问对象告知其有提供有关情况的义务，并对其所提供情报的真实性负责。询问过程中，应做好相应笔录。

4. 开展技术鉴定

根据需要，开展现场痕迹和物品的分析鉴定工作。现场调查不能完全确定事故原因或性质时，可委托有资质单位对使用的材料、介质、相关产品等进行物理性能、化学性能实验分析或质量性能鉴定，也可委托开展模拟实验，通过技术鉴定进行深入的技术分析。

5. 进行事故分析

1）事故原因的调查分析

事故原因的调查分析包括事故直接原因和间接原因的调查分析。调查分析事故发生的直接原因就是分别对物和人的因素进行深入、细致的追踪，弄清在人和物方面所有的事故因素。明确它们的相互关系和所占的重要程度，从中确定事故发生的直接原因。

事故间接原因的调查就是调查分析导致人的不安全行为、物的不安全状态，以及人、物、环境的失配原因，弄清为什么产生不安全行为和不安全状态，为什么没能在事故发生前采取措施，预防事故的发生。

（1）直接原因。

直接原因是在时间上最接近事故发生的原因，又称为一次原因，它可分为两类。

① 人的原因。指由于人的不安全行为而引起的事故。所谓人的不安全行为是指违反安全规则和安全操作原则，使事故有可能或有机会发生的行为。

② 物的原因。指由于设备不良所引起的，也称为物的不安全状态。所谓物的不安全状态是指使事故能发生的不安全物体条件和物质条件。

（2）间接原因。

间接原因指引起事故原因的原因。间接原因有以下几种。

① 技术的原因，包括主要装置、机械、建筑的设计，建筑物竣工后的检查保养等技术方面不完善，机械设备的布置，工厂地面、室内照明及通风、机械工具的设计和保养，危险场所的防护设备及警报设备，防护用具的维护和配备等存在的技术缺陷。

② 教育的原因。包括与安全有关的知识和经验不足对作业过程中的危险性及其安全

运行方法无知、轻视、不理解、训练不足、坏习惯及没有经验等。

③ 身体的原因。包括身体有缺陷或由于睡眠不足引起疲劳。

④ 精神的原因。包括怠慢、反抗、不满等不良态度,焦躁、紧张、恐怖等精神状况,偏狭、固执等性格缺陷。

⑤ 管理原因。包括企业主要领导人对安全的责任心不强,作业标准不明确,缺乏检查保养制度,劳动组织不合理等。

⑥ 环境原因。指由于环境不良所引起的。

(3)主要原因。

在造成某次事故的直接原因和间接原因中对事故发生起主导作用的原因即为主要原因。值得注意的是,主要原因可以为直接原因也可以为间接原因。

2)事故责任及分析处理

事故责任分析是在查明事故的原因后,分清事故的责任,使企业领导和员工从中吸取教训,改进工作。事故责任分析中,应通过调查和分析事故的直接原因和间接原因,确定事故直接责任者和领导责任者及其主要责任者,并根据事故后果,对事故责任者提出处理意见。

(1)凡因下述原因造成事故,应首先追究领导者的责任:

① 没有按规定对员工进行安全教育和技术培训,或未经公众考试合格就上岗操作的。

② 缺乏安全技术操作规程或制度与规程不健全的。

③ 设备严重失修或超负载运转。

④ 安全措施、安全信号、安全标志、安全用具、个人防护用品缺乏或有缺陷的。

⑤ 对事故熟视无睹,不认真采取措施或挪用安全技术措施经费,致使重复发生同类事故的。

⑥ 对现场工作缺乏检查或指导错误的。

(2)凡因下述原因造成事故,应追究肇事者和有关人员的责任:

① 违章指挥和违章作业、冒险作业的。

② 违反安全生产责任制,违法劳动纪律、玩忽职守的。

③ 擅自开动机器设备,擅自更改、拆除、毁坏、挪用安全装置和设备的。

(3)事故责任者和其他人员,凡有下列情形之一者应从重处罚:

① 毁灭、伪造证据,破坏、伪造事故现场,干扰调查工作或者嫁祸于人的。

② 利用职权隐瞒事故,虚报情况或者故意拖延报告的。

③ 多次不服从管理,违反规章制度或者强令员工冒险作业的。

④ 对批评、制止违章行为、如实反映事故情况的人员进行打击报复的。

事故分析和责任者处理如果不能取得一致意见,安全生产监督管理部门有权提出结论意见；如果仍有不同意见，应当报上级安全生产监督管理部门协商处理；仍不能达到一致意见时，报请同级人民政府裁决，但不得超过事故处理工作结案时限。无伤亡事故处理结案后，应当公开宣布处理结果，并将有关资料存档以备查考。对于触犯法律的由司法机关处理。

（4）事故发生单位应当按照负责事故调查的人民政府的批复，对本单位负有事故责任的人员进行处理。附有事故责任的人员涉嫌犯罪的，依法追究刑事责任。

6. 制订防范措施

事故调查的根本目的在于预防事故。在查清事故原因之后，应制订防止类似事故重复发生的措施，事故发生单位应当认真吸取事故教训，落实防范和整改措施，防止事故再次发生。防范和整改措施的落实应当接受工会和职工的监督。

对企业生产工艺过程中存在的问题，应与先进技术、先进经验对比，提出改进方案；对员工操作方法上存在的问题，应与相关安全技术规程对比，提出改进方案；设备设施及其现有安全装置存在的问题，可进行技术鉴定，及时检修，使其处于安全有效状态，无安全装置的要按规定设置；企业管理上存在的问题，应按有关规定及现代管理要求予以解决，如调整机构人员，建立健全规章制度，进行安全教育等。在防范措施中，应把改善劳动生产条件、作业环境和提高安全技术装备水平放在首位，力求从根本上消除危害因素。

7. 编制调查报告、资料归档

事故调查报告是根据调查结果，由事故调查组撰写的事故调查文件，事故调查组应当自事故发生之日起60d日内提交事故调查报告；特殊情况下经负责事故调查的人民政府批准，提交事故调查报告的期限可适当延长，但延长的期限最长不超过60d，事故调查报告格式见表3-17。

表3-17　事故调查报告格式

一、封面 1. 标题：×××（事故单位）“××·××”（事故日期）××（事故类型）事故调查报告 2. 编写单位：中国石油天然气集团有限公司 ×××（事故名称）事故调查组 3. 编写日期：××××年××月××日 二、事故调查组成员签名页 三、目录页 四、正文 1. 事故简况 事故发生的时间、事故单位、地点、事故类型、事故后果、事故等级。 2. 事故单位概况 事故单位成立的时间、注册地址、所有制性质、隶属关系、经营范围、证照情况、生产能力、劳动组织情况等；事故单位与其他相关单位的关联关系等。 化工、联合站等事故应介绍事故及相关装置生产工艺流程、主要设备设施及生产运行状况。

续表

3. 事故经过 （1）事故发生前，与事故有关的作业过程描述。 （2）事故发生经过的详细描述。 （3）事故应急处置情况。 4. 人员伤亡情况 伤亡人员的详细情况。 5. 事故原因分析 （1）直接原因。 （2）间接原因。 （3）管理原因。 （4）事故性质。 6. 事故责任认定处理建议 7. 防范措施 （1）技术防范措施。 （2）管理防范措施。 （3）其他防范措施。 8. 附件 （1）现场照片。 （2）专家论证结果。 （3）技术鉴定书。 （4）有关示意图。 （5）相关管理资料。 （6）其他资料。

1）事故调查报告的内容

事故调查报告书应当包括下列内容：

（1）事故简要概述（发生时间、地点、单位名称、事故类型、人员伤亡状况、直接经济损失等）。

（2）事故单位及其他相关单位概况（成立时间、注册地址、所有制性质、隶属关系、经营范围、证照情况、生产能力、劳动组织情况等，以及事故单位与其他相关单位的关联关系）。

（3）事故相关生产工艺流程、主要设备设施及生产运行状况。

（4）事故发生经过和事故救援情况。

（5）事故造成的人员伤亡和直接经济损失。

（6）事故原因分析及性质认定。

（7）事故责任的认定及对事故责任者的处理建议。

（8）事故防范和整改措施建议。

（9）附件（与事故直接相关的痕迹和物件的照片，事故现场示意图、工艺流程图、技术鉴定结论、直接经济损失统计表、与事故调查报告有关的其他重要材料）。

事故调查组成员应当在事故调查报告上签名，事故调查报告报送负责事故调查的人民政府后，事故调查工作即告结束。事故调查的有关资料应当归档保存。

根据事故严重与复杂程度，事故调查通常分为专项调查（如管理调查、技术调查等）和综合事故调查。如果事故过程和原因比较简单明确，一般只需提供报告，否则除了提供综合报告外，还需提供专项分析报告。专项调查报告内容主要侧重于事故发生过程、事故鉴定或模拟试验、事故发生原因、事故责任、事故预防措施等。

2）事故报告书的撰写要求

事故报告书的撰写要求如下：

（1）事故发生过程调查分析要准确。

（2）原因分析要明确。

（3）责任分析要明确。

（4）对责任者处理要严肃。

（5）预防措施要具体，调查组成员要签字。

事故调查报告书完成后，企业领导必须及时认真讨论和研究调查报告，并尊重调查组的意见。企业领导不得任意修改调查组报告。为了便于上级准确掌握情况、及时批复，公司、厂级领导对调查报告如有不同意见可以提出，与调查报告同时上报。事故调查结束，企业接到调查报告书批复的处理决定后，要向职工宣布调查处理结果，教育职工吸取教训并落实措施。

事故调查的有关规定和程序，国家和各行业都有明确的规定，如《生产安全事故报告和调查处理条例》（国务院 2007 年第 493 号令）、《国务院关于特大安全事故行政责任追究的规定》（国务院 2001 年第 302 号令）、《火灾事故调查规定》（公安部 1999 年第 37 号令），以及《火灾事故调查规定修正案》（公安部 2008 年第 100 号令）。

事故发生后，企业安全主管部门应当在 5 个工作日内将事故信息录入到 HSE 信息系统。所有事故处理结案后，必须建立事故档案，并分级保存，事故档案应当至少包括事故调查报告及有关证据资料。事故调查归档材料一般包括以下内容：

（1）事故信息快报。

（2）事故调查组织工作的有关材料。

（3）事故调查报告书及附件。

（4）现场勘查过程中形成的材料。

（5）伤亡人员名单及相关证明。

（6）调查取证、询问笔录等。

（7）事故调查工作有关的会议记录或纪要。

（8）政府部门事故处理批复或结案通知。

（9）对事故责任单位和责任人的责任追究落实情况的材料。

一般事故C级事故档案，由企业所属事故单位安全主管部门建立，并送档案室保存，一般事故B级及以上事故档案由企业安全主管部门建立，并送档案馆保存。

3）其他要求

事故调查过程中，事故调查组应及时向集团公司汇报事故调查进展情况。事故调查结束后，向集团公司汇报事故调查结果，及时提交事故调查报告。

事故单位对发生的一般A级及以上事故和升级管理的事故，应制作事故案例专题片，开展事故案例教育活动，认真汲取事故教训，防止类似事故再次发生。

第四章　安全技术与方法

第一节　机械安全

机械安全是指从人的需要出发，在使用机械全过程的各种状态下，达到使人的身心免受外界因素危害的存在状态和保障条件。机械的安全性是指机器在预定使用条件下，执行预定功能或在运输、安装、调整时不产生损伤或危害健康的能力。采油(气)专业的机械安全管理，则是指油气田的开发过程中相关机械设备的安全性能及其安全操作和管理。

一、机械伤害

(一)机械伤害基本知识

1. 机械伤害的概念

机械伤害是指机械输出的功作用于人体而产生的伤害，即机械设备运动(静止)部件、工具、加工件直接与人体接触引起的夹击、卷入、绞、碾、割、刺等形式的伤害。通俗地说，由于机械性能故障或人为操作的失误和违章等所造成的对人体的伤害。

2. 机械伤害的特点

机械伤害的事故后果比较严重，轻则造成人员受伤，重则致残和死亡。伤害的形式也比较惨重，如搅死、挤死、压死、碾死、被弹出物体击打死亡等。当发现有人被机械伤害的情况时，虽然及时紧急停车、关闭设备，但是由于设备的惯性作用，仍可导致操作人员的伤害，乃至死亡。

3. 机械伤害基本类型

(1)引入、卷入或碾轧的危险。引起这类伤害的主要危害是相互配合的运动。例如，啮合的齿轮之间以及齿轮的齿条之间，带与带轮、链与链条进入啮合部位的夹紧点，两个做相对回转运动的辊子之间的夹口引发的引入或卷入，轮子与轨道、车轮与路面等滚动的夹紧点引发的碾轧等。

(2)挤压、剪切或冲击的危险。引起这类伤害的是做往复直线运动的零部件。其运动轨迹可能是横向的,如大型机床的移动工作台、牛头刨床的滑枕、运转中的带链等;也可能是垂直的,如剪切机的压塑装置和刀片、压力机的滑块、大型机床的升降台等。两个物体相对运动状态可能是接近型,距离越来越近,直至最后闭合;也可能是通过型,当相对接近时,错动擦肩而过。做直线运动特别是相对运动的两部件间、运动部件与静止部件产生对人的夹挤、冲撞或剪切伤害。

(3)卷绕、绞缠的危害。引起这类伤害的是做回转运动的机械部件。如轴类零部件,包括联轴器、主轴、丝杠等;回转件上的突出形状,如安装在轴上的凸出键、螺栓或销钉等;旋转运动的机械部件的开口部分,如链轮、齿轮、皮带轮等圆轮型零件的轮辐,旋转凸轮的中空部位等。旋转运动的机械部件将人的头发、饰物(如项链)、手套、肥大衣袖或下摆随回转件卷绕,继而引起对人的伤害。

(4)飞出物击打的危险。由于发生断裂、松动、脱落或弹性储能等机械能的释放,使失控物件甩出或反弹对人体造成伤害。例如,轴的破坏引起装配在其上的带轮、飞轮等运动零部件坠落或飞出;由于螺栓的松动或脱落,引起被紧固的运动零部件由于弹性元件的势能引起的弹射,如弹簧等的断裂;在压力、真空下的液体或气体势能引起的高压流体喷射等。

(5)碰撞、别蹭的危险。引起这类伤害的是机械结构上的凸凹、悬挂部分,如起重机的支腿、吊杆,机床的手柄,长、大加工件伸出机床的部分等,这些物件无论是静止还是运动,都可能产生危险。

(6)切割、擦伤的危险。引起这类伤害的是切削刀具的锋刃、零件表面的毛刺、工件或废屑的锋利飞边,机械设备的尖棱、利角、锐边和粗糙的表面(如砂轮、毛坯)等,无论物体的状态是运动还是静止的,这些形状都会构成潜在的危险。

4. 机械伤害事故的主要原因

(1)检修、检查机械时忽视安全措施。如进入设备(球磨机等)中检修、检查作业,未切断电源、未挂“不准合闸”警示牌、未设专人监护等措施而造成严重后果。也有的因为当时受定时电源开关作用或发生临时停电等因素误判而造成事故。也有的虽然对设备断电,但因未等设备惯性运转彻底停止就开始工作,同样也会造成严重后果。

(2)缺乏安全装置。有的机械传动带、齿轮、接近地面的联轴节、皮带轮、飞轮等易伤害人体的部位没有安全防护装置;还有的投料口、绞龙井等部位缺少应有的防护设施、无警示牌等防护措施,人稍一疏忽而误入这些地方,就会造成伤害。

(3)电源开关布局不合理。一是有了紧急情况却不能及时停车,二是多台机器的机械开关安装在一起,极易造成误开机而引发严重后果。

（4）自制或任意改造机械设备，不符合安全要求。

（5）在机械运行中进行清理、调整、上皮带蜡等作业。

（6）任意进入机械运行危险作业区（采样、干活、借道、拣物等）。

（7）不具操作机械素质的人员上岗或其他人员随意动机械设备。

5. 机械操作中常见的不安全心理状态

在机械安全的管理中，常见到以下八个方面的不安全心理状态，这都是在实际工作中存在危险的心理状态，也是机械安全管理领域里需要通过教育避免的主要心理状态，列举如下。

（1）侥幸心理。

（2）逞能心里。

（3）从众心理。

（4）逆反心理。

（5）惰性心理。

（6）好奇心理。

（7）麻痹心理。

（8）疲劳厌倦心理。

（二）安全色与安全标志

在机械安全管理中，经常使用安全色和安全标志，警示或提示操作人员、管理人员及其他由此经过的人员存在的风险和危害，以避免发生意外伤害或误伤害。

在机械安全的警示颜色中，采用的四种颜色是红、蓝、黄、绿。理解和掌握这四种安全色的含义及其标志的安全内容，明白其表达的信息，可以有效地避免伤害。

（1）红色，用于禁止标志，表示禁止、停止的意思。例如禁止烟火、禁止入内、禁止乘人等标志，如图 4–1 所示。

图 4–1　禁止标志

(2)黄色,用于警告标志,表示注意、警告的意思。例如当心触电、当心火灾、当心机械伤人等,如图 4–2 所示。

图 4–2　警告标志

(3)蓝色,用于指令标志,表示指令、必须遵守的意思,如图 4–3 所示。

图 4–3　指令标志

(4)绿色,用于提示标志,表示通行、安全和提供信息的意思。例如安全出口、疏散方向等,如图 4–4 所示。

多个标志牌在一起设置时,应按警告、禁止、指令、提示类型的顺序,先左后右、先上后下的顺序排列。

安全出口　　　　疏散方向

图 4–4　提示标志

（三）机械伤害事故防范注意事项

根据机械伤害产生的原因、存在的形式和造成的严重后果，分析事故伤害的日常防范措施，认为在防范机械伤害事故中要注意以下几个方面。

（1）按要求着装。要做到领口、袖口、下摆扎好扎紧，长发要放入帽内，切记在有转动部分的机器设备上工作时，绝不可戴手套。

（2）机器运转时，禁止用手调整或测量工件，应停机调整、测量。

（3）运动部件要安装牢固，禁止用手触摸机器的旋转部件。

（4）机器开始运转时，保证作业必要的安全空间。

（5）清理联轴器、连杆等接近危险部位杂物的作业，应使用工具，切勿用手拉。

（6）禁止把工具、量具和工件放在机器或变速箱上，防止落下伤人。

（7）进行清扫、加油、检查和维修保养等作业时，应停机，同时须锁定该机器的启动装置，并挂警示标志。

（8）严禁无关人员进入危险性大的机械作业现场，非本机械作业人员因事必须进入的，要先与当班机械作业者联系，有安全措施方可进入。

（9）操作各种机械人员必须经过专业培训，掌握该设备性能的基础知识，经考试合格，持证上岗。上岗作业必须精心操作，严格执行有关规章制度，正确使用劳动防护用品，严禁无证人员开动机械设备。

(10)确认有危险时,要立即采取紧急停车措施。

(11)切忌长期加班加点、疲劳作业。

二、机械安全

机械系统在各行各业、各个领域应用范围广,而机械伤害又广泛存在,学习和掌握机械安全就显得尤其重要。

(一)机械安全措施

机械安全措施,是在机械操作和使用过程中,为防止和减少机械伤害的发生与损失,而采取的各种防护措施。根据安全措施产生、出现的方式、防护措施作用,将机械安全措施分为直接安全措施、间接安全措施和指导性安全措施三种。

(1)直接安全措施,指在设计机器时,消除机器本身的不安全因素,是机械本质安全的防护措施。如锻造机械的双手操作等。

(2)间接安全措施,指在机械设备上采用、安装各种安全有效的防护装置,克服在使用过程中产生的不安全因素,是机械外加的防护设施。如机械联轴处的“凸”形防护罩等。

(3)指导性安全措施,指制订机器安装、使用、维修保养的安全规程及设置安全标志,是通过规范、提醒、警示操作人员的方式来防止机械伤害的发生。如操作规程、注意事项等。

(二)机械安全措施要求

1. 直接安全措施

直接安全措施产生在机械设计阶段,是从本质上消除机械伤害隐患的存在和伤害的发生,即所谓的机械本质安全。主要要求包括:

(1)防护装置的高度在2m之内。

(2)方便机器的操作维护和维修。

(3)有限位装置(极限位置)。

(4)制动装置。

(5)超压/防漏(气/液传动)。

(6)防松脱网罩(飞出)。

(7)操作位置高于2m,配置围栏/扶手。

(8)紧急停车开关(红色,安装于方便操作位置)。

(9)尘毒的防护。

(10)安全色/标志。

（11）屏护（高温 / 低温 / 强辐射）。

（12）电气设备接地 / 零。

2. 间接安全措施

主要是对设备或设备的局部危险部位设置防护罩、误操作安全防护等，以防护设备对人的伤害。主要包括：

1）机械加工设备自身的防护措施

机械加工设备以从根本上消除运行危险为目标，设置安全设备设施，具体有完全固定、半固定密闭罩，机械或电气的屏障，机械或电气的联锁装置，自动或半自动给料出料装置，手限制器、手脱开装置，机械或电气的双手脱开装置，自动或手动紧急停车装置，限制导致危险行程、给料或进料装置，防止误动作或误操作装置，警告或报警装置等。

2）机械设备的安全防护罩一般要求

机械设备的安全防护罩应结构简单、布局合理、性能可靠（如强度、刚度、稳定性、耐腐蚀性、抗疲劳性），不得有锐利的边缘，与设备运转联锁、安全防护罩或护栏等材料符合 GB/T 8196《机械安全　防护装置　固定式和活动式防护装置的设计与制造一般要求》的规定，设置自身故障报警装置及紧急停车装置。

3）防护屏安全要求

设置的防护屏不能带来新危险，防护屏应符合相关安全规范、安全标准对材料及强度、最小安全距离、合理布局和防护屏的颜色等的要求。

4）联锁防护装置（自动保险装置）

联锁防护装置主要有直接手动开关、机械联锁、凸轮限位开关、限制钥匙、受控钥匙、电磁开关 / 启动磁铁、延时装置、机械障碍物、自动防护装置 9 类。

3. 指导性安全措施

按规定配齐相关的操作手册、操作规程，在机械设备明显的部位张贴安全标志和警示标志等。

三、机械检查

机械检查是保障机械正常、安全运转的常规性措施，是及时发现和消除机械事故隐患的重要措施。

（一）机械设备运转时出现的异常现象

机械设备正常运转时，各项参数均稳定在允许范围内；当各项参数偏离了正常范围，就预示机械设备系统中某一零件、部位出现故障，必须立即查明变化原因，防止事态发展引起事故。常见的异常现象主要体现在异常温升、转速异常、振动和噪声、撞击声、参数异常和内部缺陷 6 个方面。

这些现象都是事故的前兆和隐患。事故预兆除利用人的听觉、视觉和感觉可以检测到一些明显的现场(如冒烟、噪声、振动、温度变化等)现象外,主要应使用安装在机械设备上的控制仪器、测量仪表或专用测量仪器监测。

(二)故障检测

一般机械设备的故障较多表现为容易损坏的零件成为易损件。运动机械的故障往往都是易损件的故障。

运动机械中易损件的故障检测重点包括转轴、轴承、齿轮和叶轮 4 个方面。滚动轴承的损伤现象及故障的探测方法主要两种:损伤现象的探测和检测的参数分析;齿轮的损伤及故障检测,包括损伤、表面疲劳、塑性流动、断裂和有联系的齿轮间的检查。

四、采油(气)机械安全概述

(一)采油(气)主要机械

在采油(气)的专业领域里,涉及的机械设备设施众多,有日常生产的机械设备(如游梁式抽油机、螺杆泵、天然气压缩机),也有油气井维护的常规机械(如修井机),还有围绕油气井正常生产的运输机械(如原油罐车、热洗清蜡车)等。同时,采油(气)专业还大量使用特种设备,如吊车、锅炉、厂内特种车辆等。涉及的种类比较众多,存在的安全风险也比较多。

(二)采油(气)的机械风险及其防护

采油(气)专业是一个复杂的、涉及面广的系统工程,工作面广泛、机械种类众多,机械风险也较多。从井口采油(气)设备(采油树等)开始,油气井的日常维护、日常生产资料的录取、增油气措施的实施,乃至油气计量间的设备设施、控制机械运转的电器及其附件等,都可能存在事故隐患和事故风险。因设备本身缺陷或员工的误操作所造成事故伤害是很多的。

机械设备是油气生产最重要的因素,是员工主要工作对象之一,也是引发事故的导火索。因此,在采油(气)工作中,应遵从机械设备的操作规程,规范操作、正确施工。同时,要及时排查设备设施是否存在隐患,分系统、分专业,逐一检查。应检查机械设备、仪器的完好性、是否存在异常,检查各种设备的安全标志是否完好,检查机械设备的管理、检查、维护、检测、检验是否符合相关规定,防护设施的工艺设计是否符合安全生产要求,防护装置是否健全可靠,各种设计是否完好无缺、指示准确等,确保油气生产相关的各种机械设备的安全性。

第二节 电气安全

石油及石化企业具有高温、高压、易燃易爆的生产性质，其工艺流程较长，工艺生产中大量采用各种电气设备。一旦发生停电事故，必将造成重大影响。石油石化企业曾经发生过因电气安全事故造成油田大面积停电、停工的事故。本着“安全第一、预防为主”的原则，做好石油石化企业的电气安全工作意义重大。

一、变配电系统安全运行与管理

变配电系统作为石油石化企业重要的辅助生产设施，在运行过程中，主要有两个方面的危害：一是系统对自身的危害，如短路、过电压、绝缘老化等；二是系统对用电设备、环境和人员的危害，如电击、电气火灾和爆炸等，尤其以电击和火灾危害最为严重。电气火灾和爆炸事故一旦发生，可能造成人身伤亡和设备损坏，还可能造成较大范围或较长时间的停电，给生产、生活带来巨大损害。

（一）变配电安全

1. 变配电安全保障

变配电安全保障要求如下：

（1）变配电室是供电枢纽，严禁非值班电气人员入内，所有上锁的配电室钥匙至少配备3套，2套由运行班组保管，1套由分厂或车间保管，专供紧急时使用。

（2）外来参观、检查人员必须经本单位指定部门批准并登记方可入内。

（3）电气值班人员要严格执行各项安全工作规程和制度，班前、班中不准饮酒，进入配电室工作，必须精力集中，严禁在室内打闹、逗留、吸烟。

（4）配电室内绝缘用具(手套、胶靴等)，由值班电工负责使用，集中存放并编号，不准滥用，使用前应检查有无破损，要按规定定期试验。

（5）变配电室门窗要严密、完整，且通风良好，挡鼠板按规定装设，并不得随便挪动，电缆沟口要盖严，房顶不能漏雨水，室内严禁存放食物及杂物。

（6）变配电室内所有电气设备及室外瓷瓶，要保持卫生状况良好。

（7）发生电气火灾时要迅速切断电源，扑救带电设备应使用二氧化碳、四氯化碳灭火器（10kV以下）、对注油设备用泡沫灭火器或干燥沙子灭火，不准用水扑救，并及时报告消防部门。

（8）发生事故除积极抢修外，必须及时报告供电部门及其他有关部门。

2. 变配电设备定期巡视检查

为了加强对变配设备的维护和保养，确保电气设备的安全、可靠运行，对变配电设备定期巡视检查时应注意以下几点：

（1）除每日正常巡检外，需要定期巡检静止电气设备，主要包括：高压开关柜、油（真空）开关、变压器、电容器、低压进线开关、高低压母线、高压电缆中间接头及其他电气设备。

（2）巡检内容：接点及设备温度、运行电流、油位及渗漏情况、声音有无异常。

（3）巡检要做到严格、认真、不得有遗漏，不得走过场，定期进行。发现问题要及时汇报给有关领导和技术人员，并做好记录，以便安排进行处理。

3. 变配电设备检修、维护、保养

（1）电力变压器、高压开关柜、低压开关柜、动力配电箱、架空线路、电力电缆、电力电容器要按照本单位电气主管部门下达的年度检修、试验周期计划表执行。

（2）工作负责人应按检修方案中的保养或小修项目，逐项进行检修，检修后填写试验报告或检修验收单，并存档。

（3）当变压器经检查有缺陷或绝缘过低时，应立即进行检修，对淘汰型的变压器（及其他电气设备）应进行更换。

（4）避雷器、避雷针应在每年雷雨季节前进行测试。避雷器、避雷针及其他接地装置，每年春季必须测量一次接地电阻值，并符合规程要求。

（5）检修班长（运行班长）应负责检查检修项目和检修质量。

（6）分管领导、设备员、检修组长应共同对抢修后的设备进行验收并签名，做好记录。

（二）变压器运行管理

1. 变压器电压、绝缘电阻的规定

变压器额定电压变化在 ±5% 范围内，变压器的出力不变，无论调压器分接开关在何位置，只要加于变压器一次侧的最高电压不超过额定值的 105%，则二次侧可全力运行。在用同一等级的摇表测量的绝缘电阻值（MΩ）与上次所测得的结果比较，若低于 70%，则认为不合格。变压器绕组电压等级在 500V 及以下的，用 500V 摇表测量不小于 0.5MΩ，变压器绕组电压等级在 500V 以上者，用 2500V 摇表测量，每千伏不小于 1MΩ。高、低压绕组对地绝缘电阻应用吸收比法测量，若 $R_{60}/R_{15} \geqslant 1.3$，则认为合格。

2. 变压器投用前的准备

检修完毕，收回全部工作票，并经验收合格后，进行送电准备工作。值班人员在投用变压器前，应仔细检查，并确认变压器处于完好状态，具备带电运行的条件，变压器投用前应做检查。

3. 变压器的运行检查与维护

运行人员应定期、定时对运行中的变压器进行巡视检查，以掌握变压器的运行工况，及时发现缺陷，及时处理，保证变压器的安全运行。对检查中发现的问题，应及时汇报并填写在运行记录本或设备缺陷记录本内。

4. 变压器的异常运行及处理

（1）变压器声音异常。

（2）变压器三相电压不平衡。

（3）一、二次接线端子发热。

（4）变压器过负荷或温度过高。

上述四种情况应严密监视负荷及缺陷的变化，并及时做出处理，不能处理的要及时汇报给调度及相关领导。

二、电气线路安全运行与管理

电气线路负担着石油石化企业电能传输的重要任务，电气线路数量多，敷设和安装复杂，分布面广，受自然、腐蚀、机械等外界因素影响大，危险、有害因素多，危害程度大。主要风险有：运行过程中因线路接地造成的间接接触电击和跨步电压触电；线路短路、老化、绝缘击穿、接地故障引发的设备局部过热，引发电击、电伤等。各种风险中，触电事故发生频率最高，对人的危害最大。

（一）架空输电线路的安全运行

1. 保证架空线路安全运行的具体要求

（1）如线路采用水泥杆，水泥电杆应无混凝土脱落、露筋现象。如采用铁塔，铁塔应结构完好，无严重锈蚀。

（2）导线截面和弛度应符合要求，一个档距内一根导线上的接头不得超过一个，且接头位置距导线固定处应在 0.5m 以上；裸铝绞线不应有严重腐蚀现象；钢纹线、镀锌铁线的表面良好，无锈蚀。

（3）金具应光洁，无裂纹、砂眼、气孔等缺陷，安全强度系数不应小于 2.5。

（4）绝缘子瓷件与铁件应结合紧密，铁件镀锌良好；绝缘子瓷釉光滑，无裂纹，斑点，无损坏。

（5）线间距离、交叉距离、跨越距离和对地距离，均应符合规程要求。

（6）防雷、防振设施良好，接地装置完整无损，接地电阻符合要求，避雷器预防试验合格。

（7）运行标志完整醒目。运行资料齐全，数据正确，且与现场情况相符。

2. 危害架空线路的行为

危害架空线路的行为有:

(1)向线路设施射击、抛掷物体。

(2)在导线两侧 300m 内放风筝。

(3)擅自攀登杆塔或在杆塔上架设各种线路和广播喇叭。

(4)擅自在导线上接用电器。

(5)利用杆塔、拉线作起重牵引地锚,或拴牲畜、悬挂物体和攀附农作物。

(6)在杆塔、拉线基础的规定保护范围内取土、打桩、钻探、开挖或倾倒有害化学物品。

(7)在杆塔与拉线间修筑道路。

(8)拆卸杆塔或拉线上的器材。

(9)在架空线廓下植树。

(二)电缆输电线路的安全运行

1. 敷设电缆

在施工过程中,如果过度弯曲电力电缆,就会损伤其绝缘、线芯和外部包皮等。因此,电缆的最小弯曲半径一般为其直径的 6～25 倍。具体的弯曲半径,应根据产品说明书或地区标准确定。无说明书或标准时,橡胶绝缘和塑料绝缘的多芯和单芯电力电缆、铅包铠装或塑料铠装的电力电缆,弯曲半径均为电缆外径的 10 倍(无铠装时为 6 倍)。

2. 电缆穿管保护

为保证电缆在运行中不受外力损伤,在下列情况下应将电缆穿入具有一定机械强度的管内或采取其他保护措施:

(1)电缆引入和引出建筑物、隧道、沟道、楼板等处时。

(2)电缆通过道路、铁路时。

(3)电缆引出或引进地面时。

(4)电缆与各种管道、沟道交叉时。

(5)电缆通过其他可能受机械损伤的地段时。

(6)电缆保护管的内径一般不应小于下列值:

——保护管长度在 30m 以内时,管子内径不小于电缆外径的 1.5 倍。

——保护管长度大于 30m 时,管子内径应不小于电缆外径的 2.5 倍。

3. 电缆线路设标志牌的规定

通常,在电缆线路的下列地点应设标志牌:

(1)电缆线路的首尾端,电缆线路改变方向的地点。

（2）电缆从一平面跨越到另一平面的地点。

（3）电缆隧道、电缆沟、混凝土隧道管、地下室和建筑物等处的电缆出入口。

（4）电缆敷设在室内隧道和沟道内时，每隔 30m 的地点。

（5）电缆头装设地点和电缆接头处。

（6）电缆穿过楼板、墙和间壁的两侧。

（7）隐蔽敷设的电缆标记处。

制作标志牌时，规格应统一，其上应注明线路编号，电缆型号、芯数、截面和电压，起止点和安装日期。

4. 防止电缆终端头套管的污闪事故的措施

（1）定期清扫套管。除在停电检修时进行彻底的清扫之外，在运行中可用绝缘棒刷子进行带电清扫。

（2）采用防污涂料。将有机硅树脂涂在套管表面，特别是在严重污秽地区。

（3）采用较高绝缘等级的套管。严重污秽地区可将电压等级较高的套管降级使用。

5. 运行中的电缆被击穿

电缆在运行中被击穿的原因很多，其中最主要的原因是绝缘强度降低及受外力的损伤，归纳起来大致有以下几种原因：

（1）由于电源电压与电缆的额定电压不符，或者在运行中有高压窜入，使绝缘强度受到破坏而被击穿。

（2）负荷电流过大，致使电缆发热，绝缘变坏而导致电缆击穿。

（3）曾发生接地短路故障，当时未被发现，但运行一段时间后电缆被击穿。

（4）保护层腐蚀或失效。例如，使用时间过久，麻皮脱落，铠装、铅皮腐蚀，保护失效，不能保护绝缘层，最终电缆被击穿。

（5）外部机械损伤，或者敷设时留有隐患，运行一段时间电缆被击穿。

（6）电缆头本身的缺陷或制作质量不佳，或者密封性不好而漏油，使其绝缘枯干，侵入水汽，导致绝缘强度降低，从而使电缆被击穿。

6. 防止电缆线路受外力损坏的措施

统计资料表明，在电缆线路的事故中，外力损坏事故约占 50%。为了防止发生这类事故，应注意以下几点：

（1）电缆线路的巡查应有专人负责，并根据具体情况制订设备巡查的周期和检查项目。对于穿越河道、铁路、公路的电缆线路及装在杆塔、支架上的电缆设备，尤其应作为重点进行检查。

（2）在电缆线路附近进行机械挖掘土方作业时，必须采取有效的保护措施；或者先用人力将电缆挖出并加以保护，再根据操作机械设备和人员的条件，在保证安全距离的情况下进行施工，并加强监护。施工时，专门守护电缆的人员不得离开现场。

（3）施工中挖出的电缆和中间接头应加以保护，并在其附近设立警告标志，以提醒施工人员注意和防止行人接近。

7. 保证电缆线路安全运行的注意事项

要保证电缆线路安全、可靠地运行，除应全面了解敷设方式、结构布置、走线方向和电缆接头位置等之外，还应注意以下事项：

（1）每季进行一次巡视检查，对室外电缆头则每月应检查一次。遇大雨、洪水等特殊情况和发生故障时，应酌情增加巡视次数。

（2）巡视检查的主要内容包括：

——是否受到机械损伤。

——有无腐蚀和浸水情况。

——电缆头绝缘套有无破损和放电现象等。

（3）为了防止电缆绝缘过早老化，线路电压不得过高，一般不应超过电缆额定电压的15%。

（4）保持电缆线路在规定的允许持续载流量下运行。由于过负荷对电缆的危害很大，应经常测量和监视电缆的负荷。

（5）定期检测电缆外皮的温度，监视其发热情况。一般应在负荷最大时测量电缆外皮的温度，并选择散热条件最差的线段进行重点测试。

8. 电力电缆的正常巡视检查项目

对电力电缆进行正常巡视检查时应检查以下各项：

（1）查看地下敷设有电缆线路的路面是否正常，有无挖掘痕迹和线路标桩是否完整。

（2）在电缆线路附近的扩建和新建施工期间，电缆线路上不得堆置瓦石、矿渣、建筑材料、笨重物件、酸碱性排泄物或砌石灰坑等。

（3）进入房屋的电缆沟出口不得有渗水现象；电缆隧道和电缆沟内不应积水或堆积杂物和易燃物。

（4）电缆隧道和电缆沟内的支架必须牢固，无松动或锈蚀现象，接地应良好。

（5）电缆终端头应无漏油、溢胶、放电、发热等现象。

（6）电缆终端瓷瓶应完整、清洁；引出线的连接线夹应紧固，无发热现象。

（7）电缆终端头接地必须良好，无松动、断股和锈蚀现象。

（8）室外电缆头每3个月巡视检查一次，通常可与其他设备的检查同时进行。

三、电气工作安全要求

（一）高压设备工作的基本要求

1. 一般安全要求

（1）电气设备分为高压和低压两种：电压等级在1000V及以上者为高压电气设备；电压等级在1000V以下者为低压电气设备。

（2）运行人员应熟知电气设备。单独值班人员或运行值班负责人应有实际工作经验。

（3）高压设备符合下列条件者，可由单人值班或单人操作：

——室内高压设备的隔离室设有遮栏，遮栏的高度在1.7m以上，安装牢固并加锁者。

——室内高压断路器（开关）的操动机构（操作机构）用墙或金属板与该断路器（开关）隔离或装有远方操动机构（操作机构）者。

（4）高压换流站不允许单人值班或单人操作。

（5）无论高压设备是否带电，工作人员不得单独移开或越过遮栏进行工作；若有必要移开遮栏时，应有监护人在场，并符合表4-1的安全距离。

表4-1　设备不停电时的安全距离

电压等级，kV	安全距离，m	电压等级，kV	安全距离，m
10及以下（13.8）	0.70	750	7.20*
20、35	1.00	1000	8.70
63（66）、110	1.50	±50及以下	1.50
220	3.00	±500	6.00
330	4.00	±660	8.40
500	5.00	±800	9.30

注：表中未列电压等级按高一档电压等级安全距离。

*750kV数据是按海拔2000m校正的，其他等级数据按海拔1000m校正。

（6）10kV、20kV、35kV户外（内）配电装置的裸露部分在跨越人行过道或作业区时，若导电部分对地高度分别小于2.7m（2.5m）、2.8m（2.5m）、2.9m（2.6m），该裸露部分两侧和底部应装设护网。

（7）户外10kV及以上高压配电装置场所的行车通道上，应根据表4-2设置行车安全限高标志。

表 4-2 车辆(包括装载物)外廓至无遮拦带电部分之间的安全距离

电压等级，kV	安全距离，m	电压等级，kV	安全距离，m
10	0.95	500	4.55
20	1.05	750	6.70
35	1.15	1000	8.25
63（66）	1.40	±50 及以上	1.65
110	1.65（1.75）	±500	5.60
220	2.55	±660	8.00
330	3.25	±800	9.00

（8）室内母线分段部分、母线交叉部分及部分停电检修易误碰带电设备的，应设有明显标志的永久性隔离挡板（护网）。

（9）待用间隔（母线连接排、引线已接上母线的备用间隔）应有名称、编号，并列入调度管辖范围。其隔离开关（刀闸）操作手柄、网门应加锁。

（10）在手车开关拉出后，应观察隔离挡板是否可靠封闭。封闭式组合电器引出电缆备用孔或母线的终端备用孔应用专用器具封闭。

（11）运行中的高压设备其中性点接地系统的中性点应视作带电体，在运行中若必须进行中性点接地点断开的工作时，应先建立有效的旁路接地才可进行断开工作。

（12）高压换流站内，运行中高压直流系统直流场中性区域设备、站内临时接地极、接地极线路及接地极均应视为带电体。

（13）高压换流站阀厅未转检修前，人员禁止进入作业（巡视通道除外）。

2. 高压设备的巡视

（1）经批准允许单独巡视高压设备的人员巡视高压设备时，不准进行其他工作，不准移开或越过遮栏。

（2）雷雨天气，需要巡视室外高压设备时，应穿绝缘靴，并不准靠近避雷器和避雷针。

（3）火灾、地震、台风、冰雪、洪水、泥石流、沙尘暴等灾害发生时，如需要对设备进行巡视时，应制订必要的安全措施，并至少两人一组。

（4）高压设备发生接地时，室内不准接近故障点 4m 以内，室外不准接近故障点 8m 以内。进入上述范围人员应穿绝缘靴，接触设备的外壳和构架时，应戴绝缘手套。

（5）巡视室内设备，应随手关门。

（6）高压室的钥匙至少应有三把，由运行人员负责保管，按值移交。一把专供紧急时使用，一把专供运行人员使用，其他可以借给经批准的巡视高压设备人员和经批准的检修、施工队伍的工作负责人使用，但应登记签名，巡视或当日工作结束后交还。

3. 倒闸操作

倒闸操作应根据值班调度员或运行值班负责人的指令，受令人复诵无误后执行。发布指令应准确、清晰，使用规范的调度术语和设备双重名称，即设备名称和编号。发令人和受令人应先互报单位和姓名，发布指令的全过程（包括对方复诵指令）和听取指令的报告时双方都要录音并做好记录。操作人员（包括监护人）应了解操作目的和操作顺序。对指令有疑问时应向发令人询问清楚无误后执行。

倒闸操作可以通过就地操作、遥控操作、程序操作完成。遥控操作、程序操作的设备应满足有关技术条件。

倒闸操作时至少两人进行，一人为监护人，一人进行操作。

倒闸操作要具备以下条件：

（1）具备与现场设备及运行方式一致的模拟图（包括各类电子接线图）。

（2）设备目视化标志（名称、编号、分合指示等）齐全有效。

（3）高压电气设备安装有完善的误操作闭锁装置。

下列情况下要加装机械锁：

（1）未装防误操作的闭锁装置。

（2）电气设备冷备用时，网门闭锁失去作用时的带间隔网门。

（3）设备检修时，回路中的带电侧闸刀操作手柄。

（4）倒闸操作必须执行操作票制度，由倒闸操作人员按规定填写，将关键检查项目填入操作票内。

（二）保证安全的组织措施

在电气设备上工作，保证安全的组织措施有工作票制度、工作许可制度、工作监护制度、工作间断、转移和终结制度。

1. 工作票制度

在电气设备上的工作，应填用工作票或事故应急抢修单。

2. 工作许可制度

工作许可由作业负责人提出，工作许可人会同负责人到现场落实安全措施，签字确认后方可开始作业。

3. 工作监护制度

工作许可手续完成后，工作负责人、专责监护人应向作业人员交代工作内容、人员分工、带电部位和现场安全措施，进行危险点告知，并履行确认手续，作业人员方可开始工作。

4. 工作间断、转移和终结制度

工作间断、转移需按规定重新落实安全措施或由工作许可人、负责人重新检查安全措施是否符合工作票要求。工作完成后,作业人员应清扫、整理、恢复现场,方能终结作业。

(三)保证安全的技术措施

在电气设备上工作,保证安全的技术措施有停电、验电、装设接地线、悬挂标志牌和装设遮栏(围栏)。

1. 停电

作业过程中需要停电的有以下几种情况:检修的设备、与作业人员的安全距离小于标准要求的设备、无绝缘隔板和安全遮栏措施的设备、其他原因需要停电的设备。

2. 验电

验电应使用相应电压等级的接触式验电器,高压验电应戴绝缘手套,确认断电后方可在设备上工作。

3. 装设接地线

验明设备无电压后,应立即接地并三相短路,禁止作业人员擅自移动或拆除接地线,安装和拆卸接地线应做好记录。

4. 悬挂标志牌和装设遮栏(围栏)

在电气设备检修相关部位必须悬挂“禁止合闸”“止步、高压危险”等安全警示牌,禁止作业人员擅自移动或拆除遮栏或警示标志牌。

四、施工现场用电防护

(一)外电线路防护

(1)在建工程不得在外电架空线路正下方施工、搭设作业棚、建造生活设施或堆放构件、架具、材料及其他杂物等。

(2)在建工程(含脚手架)的周边与外电架空线路的边线之间的最小安全操作距离应符合表4–3的规定。

表4–3 在建工程(含脚手架)周边与外电架空线路的边线之间的最小安全操作距离

外电线路电压等级,kV	<1	1～10	35～110	220	330～500
最小安全操作距离,m	4.0	6.0	8.0	10	15

注:上、下脚手架的斜道不宜设在有外电线路的一侧。

（3）起重机严禁越过无防护设施的外电架空线路作业。在外电架空线路附近吊装时，起重机的任何部位或被吊物边缘在最大偏斜时与架空线路边线的最小安全距离应符合表 4–4 的规定。

表 4–4　起重机与架空线路边线的最小安全距离

电压，kV		<1	10	35	110	220	330	500
安全距离，m	沿垂直方向	1.5	3.0	4.0	5.0	6.0	7.0	8.5
	沿水平方向	1.5	2.0	3.5	4.0	6.0	7.0	8.5

（4）施工现场开挖沟槽边缘与外电埋地电缆沟槽边缘之间的距离不得小于 0.5m。

（二）接地

1. 一般规定

（1）在施工现场专用变压器供电的 TN–S 接零保护系统中（图 4–5），电气设备的金属外壳必须与保护零线连接。保护零线应由工作接地线、配电室（总配电箱）电源侧零线或总漏电保护器电源侧零线处引出。

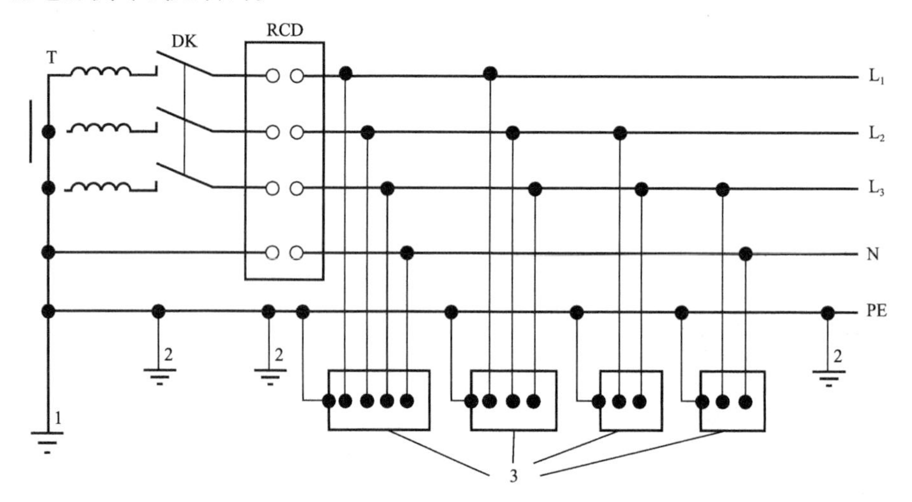

图 4–5　专用变压器供电时 TN–S 接零保护系统示意图

1—工作接地；2—PE 线重复接地；3—电气设备金属外壳（正常不带电的外露可导电部分）；T—变压器；DK—总电源隔离开关；RCD—总漏电保护器（兼有短路、过载、漏电保护功能的漏电断路器）；PE—保护零线；L_1，L_2，L_3—相线

（2）当施工现场与外电线路共用同一供电系统时，电气设备的接地、接零保护应与原系统保护一致。不得一部分设备做保护接零，另一部分设备做保护接地。

采用 TN 系统做保护接零时，工作零线（N 线）必须通过总漏电保护器，保护零线（PE 线）必须由电源进线零线重复接地处或总漏电保护器电源侧零线处，引出形成局部 TN–S 接零保护系统（图 4–6）。

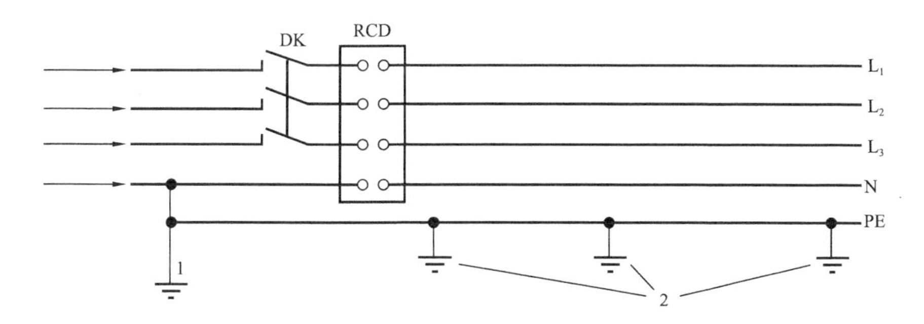

图 4-6　三相四线供电时局部 TN-S 接零保护系统保护零线引出示意

1—NPE 线重复接地；2—PE 线重复接地；L_1、L_2、L_3—相线；N—工作零线；PE—保护零线；
DK—总电源隔离开关；RCD—总漏电保护器（兼有短路、过载、漏电保护功能的漏电断路器）

（3）在 TN 接零保护系统中，通过总漏电保护器的工作零线与保护零线之间不得再做电气连接。

（4）在 TN 接零保护系统中，PE 零线应单独敷设。重复接地线必须与 PE 线相连接，严禁与 N 线相连接。

（5）使用一次侧由 50V 以上电压的接零保护系统供电，二次侧为 50V 及以下电压的安全隔离变压器时，二次侧不得接地，并应将二次线路用绝缘管保护或采用橡皮护套软线。

当采用普通隔离变压器时，其二次侧一端应接地，且变压器正常不带电的外露可导电部分应与一次回路保护零线相连接。

以上变压器尚应采取防直接接触带电体的保护措施。

（6）施工现场的临时用电电力系统严禁利用大地做相线或零线。

（7）PE 线所用材质与相线、工作零线（N 线）相同时，其最小截面应符合表 4-5 规定。

表 4-5　最小截面

相线芯线截面 S，mm^2	PE 线最小截面，mm^2
$S \leqslant 16$	5
$16 < S \leqslant 35$	16
$S > 35$	$S/2$

（8）保护零线必须采用绝缘导线。

配电装置和电动机械相连接的 PE 线应为截面不小于 $2.5mm^2$ 的绝缘多股铜线。手持式电动工具的 PE 线应为截面不小于 $1.5mm^2$ 的绝缘多股铜线。

（9）PE 线上严禁装设开关或熔断器，严禁通过工作电流，且严禁断线。

（10）相线、N 线、PE 线的颜色标记必须符合以下规定：相线 L_1（A）、L_2（B）、L_3（C）相序的绝缘颜色依次为黄、绿、红色；N 线的绝缘颜色为淡蓝色；PE 线的绝缘颜色为绿 / 黄双色。任何情况下上述颜色标记严禁混用和互相代用。

2. 保护接零

（1）在 TN 系统中，下列电气设备不带电的外露可导电部分应做保护接零：

① 电机、变压器、电器、照明器具、手持式电动工具的金属外壳。

② 电气设备传动装置的金属部件。

③ 配电柜与控制柜的金属框架。

④ 配电装置的金属箱体、框架及靠近带电部分的金属围栏和金属门。

⑤ 电力线路的金属保护管、敷线的钢索、起重机的底座和轨道、滑升模板金属操作平台等。

⑥ 安装在电力线路杆（塔）上的开关、电容器等电气装置的金属外壳及支架。

（2）城防、人防、隧道等潮湿或条件特别恶劣施工现场的电气设备必须采用保护接零。

（3）在 TN 系统中，下列电气设备不带电的外露可导电部分，可不做保护接零：

① 在木质、沥青等不良导电地坪的干燥房间内，交流电压 380V 及以下的电气装置金属外壳（当维修人员可能同时触及电气设备金属外壳和接地金属件的除外）。

② 安装在配电柜、控制柜金属框架和配电箱的金属箱体上，且与其可靠电气连接的电气测量仪表、电流互感器、电器的金属外壳。

3. 接地与接地电阻

（1）单台容量超过 100kV·A 或使用同一接地装置并联运行且总容量超过 100kV·A 的电力变压器或发电机的工作接地电阻值不得大于 4Ω。

单台容量不超过 100kV·A 或使用同一接地装置并联运行且总容量不超过 100kV·A 的电力变压器或发电机的工作接地电阻值不得大于 10Ω。

在土壤电阻率大于 1000Ω·m 的地区，当达到上述接地电阻值有困难时，工作接地电阻值可提高到 30Ω。

（2）TN 系统中的保护零线除必须在配电室或总配电箱处做重复接地外，还必须在配电系统的中间处和末端处做重复接地。

在 TN 系统中，保护零线每一处重复接地装置的接地电阻值不应大于 10Ω。在工作接地电阻值允许达到 10Ω 的电力系统中，所有重复接地的等效电阻值不应大于 10Ω。

（3）在 TN 系统中，严禁将单独敷设的工作零线再做重复接地。

（4）每一接地装置的接地线应采用 2 根及以上导体，在不同点与接地体做电气连接。

不得采用铝导体做接地体或地下接地线。垂直接地体宜采用角钢、钢管或光面圆钢，不得采用螺纹钢。

接地可利用自然接地体，但应保证其电气连接和热稳定。

（5）移动式发电机供电的用电设备，其金属外壳或底座应与发电机电源的接地装置有可靠的电气连接。

（6）移动式发电机系统接地应符合电力变压器系统接地的要求。下列情况可不另做保护接零：

① 移动式发电机和用电设备固定在同一金属支架上，且不供给其他设备用电时。

② 不超过 2 台的用电设备由专用的移动式发电机供电，供、用电设备间距不超过 50m，且供、用电设备的金属外壳之间有可靠的电气连接时。

（7）在有静电的施工现场内，对集聚在机械设备上的静电应采取接地泄漏措施。每组专设的静电接地体的接地电阻值不应大于 100Ω，高土壤电阻率地区不应大于 1000Ω。

第三节　防火防爆

油气田的防火防爆管理涉及面广，知识面多。其中包括燃烧和爆炸基础理论，防火防爆的技术措施，生产工艺、设备和设施防火防爆，装置与设备的防爆，建（构）筑物防火防爆及电气防火防爆等多个方面。由于涉及内容较多，下面就几个基础部分做些介绍。

一、燃烧和爆炸的基础理论

燃烧是一种复杂的物理化学反应。光和热是燃烧过程中发生的物理现象，游离基的链式反应则说明了燃烧的化学实质。

按照链式反应理论，燃烧不是两个气态分子之间直接起作用，而是通过自由基团和原子等中间产物瞬间进行的循环链式反应。

（一）燃烧与火灾

（1）燃烧是一种发光、放热的氧化反应。而火灾是在时间和空间上失去控制的燃烧。可燃物质和空气中氧气所起的反应是最普遍的，是火灾和爆炸事故最主要的原因。

（2）氧化与燃烧：氧化反应可以体现为一般的氧化现象和燃烧现象。二者都是同一类化学反应，只是反应速度和发生的物理现象（热和光）不同。

（二）燃烧的类型

1. 点燃与自燃

按着火方式可分为点燃、自燃。点燃是由外部能源与可燃物直接接触引起的燃烧。自燃是指可燃物受热升温或自身发热并蓄热，而不需要明火作用的自行燃烧。自燃分为受热自燃和本身自燃两种类型。本身自燃的起火特点是从可燃物的内部向外炭化、燃烧。受热自燃往往是从外部向内燃烧。植物油的自燃能力最大，其次是动物油。矿物油如果没有废油或掺入植物油是不能自燃的。有些浸入矿物质润滑油的纱布或油棉纱堆积起来亦能自燃。凡是盛装氧气的容器、设备、气瓶和管道等粘附油脂亦容易发生自燃。

2. 闪燃与闪点

闪燃是易燃或可燃液体挥发出来的蒸气分子与空气混合后，达到一定的浓度时，遇火源产生一闪即灭的现象。易燃或可燃液体的闪燃是引起火灾事故的先兆之一。而闪点则是易燃或可燃液体表面产生闪燃的最低温度。在闪点的温度时，燃烧的仅仅是可燃液体所蒸发的那些蒸气，而不是液体自身。

3. 气相燃烧、液相燃烧与固相燃烧

按燃烧物的形态可分为气相燃烧、液相燃烧与固相燃烧。气相燃烧是一种最基本的燃烧形式，多数可燃物在燃烧时呈现气相燃烧。可燃液体的燃烧，先是液体表面受热蒸发为蒸气，然后与空气混合而燃烧。有的可燃性固体，受热熔融再气化为蒸气，或受热解析出可燃蒸气。有的可燃固体不能成为气态物质，在燃烧时则呈炽热状态。

（三）燃烧的条件

可燃物、助燃物和引火源（温度）的同时存在并相互作用是燃烧的三个必要条件。

（四）爆炸及其种类

爆炸是物质在瞬间以机械功的形式释放出大量气体和能量的现象。爆炸发生时压力猛烈增高并产生巨大声响。火灾过程有时会发生爆炸，而爆炸往往又易引发大面积火灾。爆炸分为物理性爆炸和化学性爆炸两类。

（1）物理性爆炸是由温度、体积和压力等因素引起的，爆炸前后物质的性质及化学成分均不变。

（2）化学性爆炸是物质在短时间内完成化学变化，形成其他物质同时产生大量气体和能量的现象。化学反应的高速度、大量气体和大量热量是这类爆炸的三个基本要素。

（五）化学性爆炸物质

（1）简单分解的爆炸物。这类物质在爆炸时分解为元素，并在分解过程中产生热量。

（2）复杂分解爆炸物。复杂分解爆炸伴有燃烧现象，燃烧所需要的氧由这类物质本身分解而产生，如含氮炸药。

（3）可燃性混合物。由可燃物质与助燃物质组成的爆炸物质。实际上是火源作用下的一种瞬间燃烧反应。

（六）爆炸极限

可燃气体、可燃蒸气或可燃粉尘与空气构成的混合物，并不是在任何混合比例之下都有着火和爆炸的危险，而是必须在一定的浓度比例范围内混合才能发生燃爆。混合的比例不同，其爆炸的危险亦不同。

混合物中可燃气体浓度减小到最小或增加到最大，恰好不能发生爆炸时的可燃气体的体积分数分别叫爆炸下限和爆炸上限。爆炸上限和爆炸下限统称为爆炸极限。爆炸下限和爆炸上限之间的可燃气体的体积分数范围叫作爆炸范围。

（七）极限氧浓度

当氧浓度降低到低于某一个值时，无论可燃气体的浓度为多大，混合气体也不会发生爆炸，这一浓度称为极限氧浓度。极限氧浓度可以通过可燃气体的爆炸上限计算。从理论上讲，多数碳氢化合物的反应方程式如下：

$$C_nH_m+（n+m/4）O_2=nCO_2+m/2H_2O$$

其最大允许氧含量的最小值可用如下等式描述：

$$\text{最大允许氧含量的最小值}=\text{爆炸下限}\times（n+m/4）$$

在实际应用中，对极限氧浓度取安全系数，得到最大允许氧含量。天然气的最大允许氧含量可取 10% 。

（八）爆炸极限的影响因素

1. 温度

混合物的原始温度越高，则爆炸下限降低，上限增高，爆炸极限范围扩大。

2. 氧含量

混合物中含氧量增加，爆炸极限范围扩大，尤其爆炸上限提高得更多。

3. 惰性介质

在爆炸混合物中掺入惰性气体，随着比例增大，爆炸极限范围缩小，惰性气体的浓度提高到某一数值，可使混合物不能爆炸。

4. 压力

原始压力增大，爆炸极限范围扩大，尤其是爆炸上限显著提高。如天然气爆炸极限在常压下为 5%～15%。在 1.0MPa 时爆炸极限为 5.9%～17.2%；5.0MPa 时爆炸极限为 5.4%～29.4%。

原始压力减小，爆炸极限范围缩小。在密闭的设备内进行减压操作，可以免除爆炸的危险。

5. 容器

容器直径越小，混合物的爆炸极限范围越小。

（九）爆炸极限的应用

（1）划分可燃气体火灾危险性大小。

（2）评定可燃气体生产、储存场所火灾危险性分类的依据。

（3）确定电气防爆的形式。

（4）确定建筑物耐火等级、层数、面积等。

（5）确定防爆措施和操作规程。

二、防火防爆的技术措施

（一）防火技术基本理论

防止可燃物、助燃物和火源的同时存在或者避免它们的相互作用。

（二）防火基本技术措施

火灾的发展过程先是酝酿期，可燃物在热的作用下蒸发析出气体，出现没有火焰的阴燃阶段；其次是发展期，火苗窜起，火势迅速扩大；再是全盛期，火焰包围整个可燃材料，可燃物全面着火，燃烧面积达到最大限度，放出大量的辐射热，温度升高，气体对流加剧；最后是衰灭期，可燃物质减少，火势逐渐衰落，终至熄灭。根据火灾发展过程特点的分析，在防火上采取以下基本措施：

（1）严格控制火源。

（2）监视酝酿期特征。

（3）控制可燃物：以难燃或不燃材料代替可燃材料；降低可燃物质在空气中的浓度；防止可燃物质跑冒滴漏；隔离和分开存放可燃物。

（4）阻止火焰的蔓延，限制火灾可能发展的规模：将火焰附近的易燃物和可燃物从燃烧区转移走；将可燃物和助燃物与燃烧区隔离开；防止正在燃烧物品飞散，以阻止燃烧蔓延，防止形成新的燃烧条件，阻止火灾范围的扩大；设置阻火器、水封井、防火墙，留足防火间距。

（5）组织训练消防队伍。

（6）配备相应的消防器材。

（三）灭火的基本措施

一旦发生火灾，只要消除燃烧条件中的任何一条，就能将火扑灭。常用的灭火方法有：冷却、隔离和窒息（隔绝空气）、化学抑制法。

(四)防爆技术的基本理论

防止产生化学性爆炸的三个基本条件同时存在,是预防可燃物质化学性爆炸的基本原则。

(五)防爆技术措施

可燃混合物的爆炸虽然发生于顷刻之间,但它还是有个发展过程。

首先是可燃物与氧化剂的相互扩散,均匀混合而形成爆炸性混合物,并且由于混合物遇着火源,使爆炸开始;其次是由于链式反应的发展,爆炸范围扩大和爆炸威力升级;最后是完成化学反应,爆炸力造成灾害性破坏。防爆的基本原则是根据对爆炸过程特点的分析,阻止第一过程的出现,限制第二过程的发展,防护第三过程的危害。其基本原则有以下几点:

(1)防止爆炸混合物的形成。

(2)严格控制着火源。

(3)爆炸开始时及时泄出压力。

(4)切断爆炸传播途径。

(5)减弱爆炸压力和冲击波对人员、设备和建筑的损坏。

(6)检测报警。

三、生产工艺防火防爆

油气田开发是一项复杂的系统工程,由地震勘探、钻井、试油、采油(气)、井下作业、油气集输与初步加工处理、储运和工程建设等环节组成。每一生产环节,因其使用物品、所采取工艺条件和所生产产品的不同,其火灾爆炸危险性亦有所区别。采取的防火防爆措施也不同。下面以石油天然气站场为例,简要说明石油天然气站场应采取的防火防爆措施。

(一)区域安全布局

(1)石油天然气站场宜布置在城镇和居住区的全年最小频率风向的上风侧。在山区、丘陵地区建设站场,宜避开窝风地段。

(2)重点要确定石油天然气站场与周围居住区、相邻厂矿企业、交通线等的防火间距,防止在火灾爆炸事故中相互影响。

(3)火炬和放空管宜位于石油天然气站场生产区最小频率风向的上风侧,且宜布置在站场外地势较高处。火炬和放空管与居民区、公共设施、相邻企业的安防间距不应小于 120m。

火炬放空管放空量小于或等于 $1.2\times10^4m^3/h$ 时，不应小于 10m；放空量大于 $1.2\times10^4m^3/h$ 且小于或等于 $4\times10^4m^3/h$ 时，不应小于 40m。

（二）总平面安全布置

（1）石油天然气站场内可能散发可燃气体的场所和设施，宜布置在人员集中场所及明火或散发火花地点的全年最小频率风向的上风侧。甲、乙类液体储罐，宜布置在站场地势较低处。

（2）石油天然气站场内的锅炉房、35kV 及以上的变（配）电所、加热炉、水套炉等有明火或散发火花的地点，宜布置在站场或油气生产区边缘。

（3）汽车运输油品、天然气凝液等，应布置在站场的边缘，独立成区，并宜设单独的出入口。

（4）确定石油天然气站场内甲、乙类工艺装置、联合工艺装置与外部、装置间的防火间距，减轻在火灾爆炸事故中相互影响。

（三）控制可燃物的安全措施

（1）进出天然气站场的天然气管道应设截断阀，并应在事故状况下易于接近且便于操作。三、四级站场的截断阀应有自动切断功能。进站场天然气管道上的截断阀前应设泄压放空阀。

（2）集中控制室设置非防爆仪表及电气设备时，应位于爆炸危险范围以外；含有甲、乙类油品、可燃气体的仪表引线不得直接引入室内。

（3）油品储罐应设置液位计和高液位报警装置，必要时可设自动联锁切断进液装置。站场内的电缆沟应有防止可燃气体积聚及防止含可燃液体的污水进入沟内的措施。电缆沟通入变（配）电室、控制室的墙洞处，应填实、密封。

（4）甲、乙类液体泵房与变配电室或控制室相毗邻时，变配电室或控制室的门、窗应位于爆炸危险区范围之外。

（5）油罐组防火堤应使用不燃烧材料建造，用砖石、钢筋混凝土等砌筑，但内侧应培土或涂抹有效的防火涂料；防火堤实际高度不应低于 1.0m，且不应高于 2.2m；管道穿越防火堤处，应采用非燃烧材料封实。严禁在防火堤上开孔留洞；油罐组防火堤上的人行踏步不应少于两处，且应处于不同方位。隔堤均应设置人行踏步。

（四）控制引火源的安全措施

（1）储存可燃气体、油品、液化石油气、天然气凝液的钢罐，必须设防雷接地，但装有阻火器的甲 B、乙类油品地上固定顶罐，当顶板厚度大于或等于 4mm 时，不应装设避雷针（线），但必须设防雷接地；压力储罐、丙类油品钢制储罐不应装设避雷针（线），但必须设防感应雷接地；浮顶罐、内浮顶罐不应装设避雷针(线)，但应将浮顶与罐体用2根导线做电气连接。

(2)钢储罐防雷接地引下线不应少于2根，并应沿罐周均匀或对称布置，其间距不宜大于30m。

(3)防雷接地装置冲击接地电阻不应大于10Ω，当钢罐仅做防感应雷接地时，冲击接地电阻不应大于30Ω。

(4)甲、乙、丙A类油品(原油除外)、液化石油气、天然气凝液的泵房的门外、储罐的上罐扶梯入口处、装卸作业区内操作平台的扶梯入口处，应设消除人体静电装置。

(5)每组专设的防静电接地装置的接地电阻不宜大于100Ω。

(6)当金属导体与防雷接地(不包括独立避雷针防雷接地系统)、电气保护接地(零)、信息系统接地等接地系统相连接时，可不设专用的防静电接地装置。

(五)风险消减的安全措施

(1)储罐区和天然气处理厂装置区的消防给水管网应布置成环状，每段内消火栓的数量不宜超过5个。从消防泵房至环状管网的供水干管不应少于两条。其他部位可设支状管道。寒冷地区的消火栓井、阀井和管道等有可靠的防冻措施。消防泵房的位置应保证启泵后5min内，将泡沫混合液和冷却水送到任何一个着火点。消防泵房及其配电室应设应急照明，其连续供电时间不应少于20min。

(2)重要消防用电设备应当采用一级负荷或二级负荷双回路供电时，应在最末一级配电装置或配电箱处实现自动切换。

(3)可燃气体检测仪的安装、标定和检查。安装高度由其密度确定(比空气重的，探头安装高度应距离地面0.3～0.6m；比空气轻的，探头安装高度应高出释放源0.5～2.0m)；每年不少于一次的定期标定；每两周一次外观检查，每周按动报警器自检试验系统按钮一次，检查指示系统运行情况。可燃气体浓度大于25%LEL时报警；当大于50%LEL时报警并启动轴流风机。

(4)硫化氢检测与人身安全防护。在各单井站的高压区、油气取样区、排污放空区、油水罐区等易泄漏硫化氢区域应设置醒目的标志，并设置固定探头。作业人员巡检时应佩戴携带式硫化氢监测仪，进入上述区域应注意是否有报警信号。固定式和携带式硫化氢监测仪的第1级预警阈值均应设置在15mg/m^3，第2级报警阈值均应设置在30mg/m^3；固定式硫化氢监测仪一年校验一次，携带式硫化氢监测仪半年校验一次，在超过满量程浓度的环境使用后应重新校验。在硫化氢浓度较高或浓度不清的环境中作业，均应采用正压式空气呼吸器。

四、灭火器的配置要求

油气站场消防设施的主要作用是及时发现和扑救火灾、限制火灾蔓延的范围，为有效地扑救火灾和人员疏散创造有利条件，从而减少火灾造成的财产损失和人员伤亡。其中灭火器是油气站场最为常见的灭火工具，其借助驱动压力将所充装的灭火剂喷出，从而达到灭火的目的。

（一）油气站场灭火器的选择

油气站灭火器配置场所危险等级划分见表4–6。

表4–6　油气站灭火器配置场所危险等级划分

项目		生产岗位名称
危险等级	严重危险级	输油泵房（区）、天然气压缩机房、阀室、阀组间、计量间、热媒炉区、加热炉区、装卸油泵房、油罐区、输油气装置区、锅炉房、装车栈桥、站控室、油化验室、输气站排污池、污水处理间
	中危险级	输油泵电机间、变电所、配电间、仪表间、材料库
	轻危险级	消防泵房、阴极保护间、维修车间、软化水处理间、汽车库、办公区

按照火灾类型，选择不同类型灭火器。如木材、纸张等A类火灾场所应选用水型灭火器或ABC类干粉灭火；输油泵房（区）、天然气压缩机房、阀室、阀组间、计量间等B类火灾场所以及使用、输送天然气等C类火灾场所应选用ABC类干粉灭火器或BC类干粉灭火器；A类火灾、B类火灾、C类火灾和低压电气设备综合性火灾场所应选用ABC类干粉灭火器或BC类干粉灭火器；输油泵电机间、变电所、配电间等高压电气设备的场所应选用ABC类干粉灭火器或CO_2灭火器；控制室、机柜间、计算机室、电信站、化验室等宜设置气体型灭火器。

天然气压缩机厂房应配置推车式灭火器。

（二）室内、室外不同油气场所最小需配灭火级别

1. 室内最小需配灭火级别

使用ABC型干粉灭火器的室内最小需配灭火级别见下式：

$$Q_A=S/U_A$$

使用BC型干粉灭火器的室内最小需配灭火级别见下式：

$$Q_B=S/U_B$$

式中　Q_A、Q_B——室内最小需配灭火级别（A或B）；

S——室内建筑面积，m^2；

U_A、U_B——单位灭火级别最大保护面积（A或B），m^2。

室内最小需配灭火级别见表 4–7。

表 4–7 室内最小需配灭火级别

<table>
<tr><td colspan="2">项目</td><td>危险等级</td><td>严重危险级</td><td>中危险级</td><td>轻危险级</td></tr>
<tr><td rowspan="4">火灾类型</td><td rowspan="2">A 类</td><td>单位灭火器最小配置灭火级别</td><td>3A</td><td>2A</td><td>1A</td></tr>
<tr><td>单位灭火级别最大保护面积(A), m^2</td><td>50</td><td>75</td><td>100</td></tr>
<tr><td rowspan="2">B、C 类</td><td>单位灭火器最小配置灭火级别</td><td>89B</td><td>55B</td><td>21B</td></tr>
<tr><td>单位灭火级别最大保护面积(B), m^2</td><td>0.5</td><td>1.0</td><td>1.5</td></tr>
</table>

为了保证扑灭初起火灾的最低灭火力量，经建筑灭火器配置的设计与计算后，每个灭火器设置点实配的各具灭火器的灭火级别合计值和灭火器的配置数量不得小于按本公式计算得出的最小需配灭火级别和最少需配数量的计算值，从而也保证了计算单元实配灭火器的数量不小于最少需配数量。

2. 甲、乙、丙类液体储罐区及露天生产装置区灭火器配置

油气站场的甲、乙、丙类液体储罐区当设有固定式或半固定式消防系统时，固定顶罐配置灭火器可按应配置数量的 10% 设置，浮顶罐按应配置数量的 5% 设置。当储罐组内储罐数量超过 2 座时，灭火器配置数量应按其中 2 个较大储罐计算确定；但每个储罐配置的数量不宜多于 3 个，少于 1 个手提式灭火器，所配灭火器应分组布置。

露天生产装置当设有固定式或半固定式消防系统时，按应配置数量的 30% 设置。

（三）单元内灭火器配置数

计算单元内灭火器设置点数与类别依据火灾的危险等级、A 类火灾场所与 B、C 类火灾场所的灭火器最大保护距离合理设置(表 4–8, 表 4–9)，且灭火器最大保护距离应保证任一点都在灭火器的保护范围内。但一个计算单元内配置的灭火器数量不得少于 2 具，且每个设置点的灭火器数量不宜多于 5 具。

露天生产装置设置的手提灭火器保护距离不宜大于 9m。

表 4–8 A 类火灾场所的灭火器最大保护距离

灭火器类型	手提式灭火器, m	推车式灭火器, m
严重危险级	15	30
中危险级	20	40
轻危险级	25	50

表 4–9　B、C 类火灾场所的灭火器最大保护距离

灭火器类型	手提式灭火器，m	推车式灭火器，m
严重危险级	9	18
中危险级	12	24
轻危险级	15	30

（四）灭火器位置设置

（1）灭火器应设置在位置明显和便于取用的地点，且不得影响安全疏散。

（2）对有视线障碍的灭火器设置点，应设置指示其位置的发光标志。

（3）灭火器的摆放应稳固，其铭牌应朝外。手提式灭火器宜设置在灭火器箱内或挂钩、托架上，其顶部离地面高度不应大于 1.50m；底部离地面高度不宜小于 0.08m。灭火器箱不得上锁。

（4）灭火器不宜设置在潮湿或强腐蚀性的地点。当必须设置时，应有相应的保护措施。灭火器设置在室外时，应有相应的保护措施。

（5）灭火器不得设置在超出其使用温度范围的地点。

（五）灭火器维修与报废条件及年限要求

1. 灭火器维修

日常检查中，发现存在机械损伤、明显锈蚀、灭火剂泄漏、被开启使用过，达到灭火器维修年限，或者符合其他报修条件的灭火器，使用管理单位及时按照规定程序报修。

使用达到下列规定年限的灭火器，使用管理单位需要分批次向灭火器维修企业送修：手提式、推车式水基型灭火器出厂期满 3 年，首次维修以后每满 1 年；手提式、推车式干粉灭火器、洁净气体灭火器、二氧化碳灭火器出厂期满 5 年，首次维修以后每满 2 年。

送修灭火器时，一次送修数量不得超过计算单元配置灭火器总数量的 1/4。超出时，需要选择相同类型、相同操作方法的灭火器替代，且其灭火级别不得小于原配置灭火器的灭火级别。

2. 灭火器报废及年限要求

灭火器报废分为 4 种情形，一是列入国家颁布的淘汰目录的灭火器；二是达到报废年限的灭火器；三是使用中出现严重损伤或者重大缺陷的灭火器；四是维修时发现存在严重损伤、缺陷的灭火器。灭火器报废后，使用管理单位按照等效替代的原则对灭火器进行更换。

手提式、推车式灭火器出厂时间达到或者超过下列规定期限的，均予以报废处理：水基型灭火器出厂期满 6 年；干粉灭火器、洁净气体灭火器出厂期满 10 年；二氧化碳灭火器出厂期满 12 年。

灭火器存在下列情形之一的，予以报废处理：筒体严重锈蚀（漆皮大面积脱落，锈蚀面积大于筒体总面积的三分之一，表面产生凹坑者）或者连接部位、筒底严重锈蚀的；筒体明显变形，机械损伤严重的；器头存在裂纹、无泄压机构等缺陷的；筒体存在平底等不合理结构的；手提式灭火器没有间歇喷射机构的；没有生产厂名称和出厂年月的（包括铭牌脱落，或者铭牌上的生产厂名称模糊不清，或者出厂年月钢印无法识别的）；筒体、器头有锡焊、铜焊或者补缀等修补痕迹的；被火烧过的。

符合报废规定的灭火器，在确认灭火器内部无压力后，对灭火器筒体、储气瓶进行打孔、压扁、锯切等报废处理，并逐具记录其报废情形。

第四节　静电及其预防

一、静电概述

自然界的一切物质都是由中性原子组成的，原子又是由带正电的原子核和带负电的绕原子核运动的电子所组成。正常情况下，因为原子核所带的正电与电子所带的负电数量相同互相抵消，所以原子或者说是普通的物体从外面看来是中性的，既不带正电也不带负电，显示不出任何电性。如果电场中存在导体，在电场力的作用下出现静电感应现象，使原来中和的正、负电荷分离，出现在导体表面上，这些电荷称为感应电荷。总的电场是感应电荷与自由电荷共同作用结果。达到平衡时，导体内部的场强处处为零，导体是一个等势体，导体表面是等势面，感应电荷都分布在导体外表面，导体表面的电场方向处处与导体表面垂直。静电感应现象在石油、石化等方面会产生危害，有些危害甚至是巨大的。

二、固体静电的产生

（一）固体接触静电产生原理

电子在通常情况下由于受原子核的约束而不能离开物质表面，若要离开就必须给它一定的能量。固体的接触面上可形成达到某种电势平衡的双（偶）电层，此时分开物体就带有不同符号的静电。

（二）固体静电产生的几种形式

固体静电产生的几种形式如下：

（1）两种金属导体的接触起电。

（2）绝缘体与导体的接触起电。

（3）相同固体材料的摩擦起电。

（4）剥离起电。

（5）电解起电。

（6）感应起电。

三、液体静电的产生

（一）液体起电原理

液体和固体接触时，液体中有一种符号的离子被固体的非静电力吸引并附着在固体表面上，使固体带有一种符号的电荷，而液体带有符号相反的电荷。这就是因固体对液体中离子的选择性吸附形成的偶电层。固液界面处形成偶电层还有一个原因是固体表面吸附一些分子。例如，载荷金属表面吸附有极性分子并使其定向排列，或吸附表面活性粒子、有机分子等而形成偶电层。

（二）液体静电起电的几种形式

与固体产生静电的情况一样，当液体与固体、液体与气体、两种不相混溶的液体之间，由于搅拌、沉降、过滤、摇晃、冲击、喷射、飞溅、发泡及流动等接触、分离的相对运动，同样会在介质中产生静电。

四、气体静电的产生

对气体静电起电，此处仅讨论高压气体喷出产生静电的情况。气体本身没有电荷，也就是说，单纯的气体在通常条件下不会带电。高压气体喷出时之所以带有静电，是因为在这些气体中悬浮着固体或液体微粒。气体中混进的固体或液体微粒与气体一起高速喷出时，会与管壁发生相互作用而带电。

五、人体静电

（一）人体静电的起电方式

人体是活动着的导体，人体活动的起电方式主要有三种，即接触起电、感应起电和吸附起电。

（二）影响人体静电产生的因素

1. 起电速率和人体对地电阻对人体起电的影响

起电速率是单位时间内的起电量。它是由人的操作速度或活动速度决定的。人的操作速度或活动速度越大，起电速率就越大，人体起电电位就越高；反之，起电速率就越小，人体起点电位就越低。

2. 衣装电阻率对人体起电的影响

实践经验告诉我们,在现代化生产和运输所达到的速率下,常常是电阻率高的介质起电量大。

3. 人体电容对人体起电的影响

人体电容是指人体的对地电容。它是随人体姿势、衣装厚薄和材质不同而不同的可变量。人体带电后,如果放电很慢,这时人体电容的减小会引起人体电位升高从而使静电能量增加。

六、静电放电

(一)电晕放电

一般发生在电极相距较远,带电体或接地体表面有突出部分或棱角的地方。因为这些地方电场强度大,能将附近的空气局部电离,并有时伴有嘶嘶声和辉光。此类放电尖端带负电位比带正电位的起晕电位低,放电能量比较小。

(二)刷形放电

这种类型的放电特点是两电极间的气体因击穿成为放电通路,但又不集中在某一点上,而是有很多分叉,分布在一定的空间范围内。此种放电伴有声光,在绝缘体上更易发生。因为放电不集中,所以在单位空间内释放的能量也较小。

(三)火花放电

两电极间的气体被击穿成为通路,又没有分叉的放电是火花放电,这时电极有明显的放电集中点。放电时有短爆裂声,在瞬时内能量集中释放,因而危险性最大。在两个电极均为导体、相距又较近的情况下,往往发生火花放电。

(四)沿表面放电

在带电物体表面附近有接地导体,带电物体表面电位上升被抑制的情况下,带电量非常大时,沿着带电物体表面发生的放电。在接地导体接近带电物体表面时产生了空气中放电,以此为契机,沿表面放电几乎同时产生。

七、静电的危害

(一)静电放电的危害

1. 引发火灾和爆炸事故

静电放电形成点火源并引发燃烧和爆炸事故,须同时具备下述三个条件:

(1)发生静电放电时产生放电火花。

（2）在静电放电火花间隙中有可燃气体或可燃粉尘与空气所形成的混合物，并在爆炸极限范围之内。

（3）静电放电量大于或等于爆炸性混合物的最小点火能量。

为消除静电放电导致的燃烧和爆炸风险，应尽量消除上述三种可能性的发生，特别要注意在静电的三种放电形式中，火花放电及沿面放电最为危险。

2. 造成人体电击

在通常的生产工艺过程中会产生很小的静电量，它所引起的电击一般不至于致人死命，但可能发生手指麻木或负伤，甚至可能会因此而引起坠落、摔倒等致人伤亡的二次事故，还可能使工作人员精神紧张引起操作事故。

3. 造成产品损害

静电放电对产品造成的危害包括工艺加工过程中的危害（如降低成品率）及产品性能损害（如降低性能或工作可靠性）。

4. 造成对电子设备正常运行的干扰

静电放电时可产生频带从几百赫兹到几十兆赫兹、幅值高达几十毫伏的宽带电磁脉冲干扰，这种干扰可以通过多种途径耦合到电子计算机及其他电子设备的低电平数字电路中，导致电路电平发生翻转效应，出现误动作。还可造成间歇式或干扰式失效、信息丢失或功能暂时破坏等。而静电放电结束或干扰停止，仪器设备可能恢复正常，但造成的潜在损伤可能会在以后的运行中造成致命失效，且这种失效无规律可循。

（二）静电力作用的危害

由于静电力作用，其吸引力和排斥力会妨碍生产正常进行，虽然一般情况下物体产生的静电只有每平方米几牛顿，但能对轻细物体产生足够的吸附作用，这对生产环境有较高要求的企业会构成不同程度的危害。

（三）静电感应的危害

在静电带电体周围电场力波及的范围内，与地绝缘的导体与半导体表面上产生感应电荷，其中与带电体接近的表面上带与带电体符号相反的电荷，另一端带与带电体符号相同的电荷。由于与周围绝缘，电荷无法泄漏，故其所带正负电荷由于带电体电场的作用而维持平衡状态，总电量为零。而物体表面正负电荷完全分离的状态，使其充分具有静电带电特性。静电感应使物体带电，既可产生库仑力吸附，又可与其他邻近的物体发生静电放电，可造成两类模式的各种危害。

八、静电的控制和预防

在很多情况下，静电的产生是不可避免的。但产生静电并非危害所在，危险在于静电积蓄，以及由此产生的静电电荷的放电。

控制静电的方法就是在发生火花之前，为彼此分离的电荷提供一条通路，使之毫无危害地中和。为此，常用的方法有：静电的泄漏和耗散、静电中和、静电屏蔽与接地、增加湿度等。

（一）控制静电场合的危险程度

在静电放电时，它的周围有可燃物存在是酿成静电火灾和爆炸事故的最基本条件。因此控制或排除放电场合的可燃物，成为防范静电危害的重要措施。

减少静电荷的产生。静电事故的基础条件是静电荷大量产生，所以可人为控制和减少静电荷产生，便可消除点火源。

（二）减少静电荷的积累

减少静电荷积累的措施有：

（1）静电接地。

（2）增湿。

（3）抗静电剂。

（4）采用使周围介质电离的静电消除器。

（5）抑制静电放电和控制放电量。

九、静电灾害的控制和防护

石油及石化企业近年来发展得较快，伴随而来的静电事故也屡屡发生。值得注意的是，静电往往在罐区里发生，一般易引发油罐爆炸事故。这些事故发生的主要原因是人们缺乏对石油静电知识的基本了解，以致对操作和管理不够科学。油罐区的静电主要存在于输油管线、过滤器、储罐及活动的人体中。

（一）输油管线及其静电

由液体起电机理可知油品在泵及管道中因摩擦而带静电，使油品在泵及管道内产生静电。

（二）过滤器及其静电

由于某些油品质量要求较高，需要经过多道过滤，因而而过滤器是比泵、管线更大的静电源。

1. 过滤器对起电的影响

如果在管线内设置一台过滤器，油品中的静电荷就会大大增加。许多测量表明，精密过滤器产生的静电比同一系统中没有过滤器的情况多 10～200 倍（在过滤器的出口处）。

可将过滤器的滤芯看作是千千万万个浸在油中的平行小管线，它依照管线输油起电原理而起电。关于管线上安装过滤器对起电的影响曾做过较多测试。这里举出一组对装车油面电位影响的数据，见表 4–10。

表 4–10　过滤器对铁路槽车油面电位影响

油品	流速，m/s	有否过滤器	槽车油面电位，V
66 号汽油	4.67	没有	2400
66 号汽油	5.20	有	9300
航煤	4.46	没有	8500
航煤	4.33	有	11000

过滤器的滤芯使用的材料不同，所产生的电位也不同，表 4–11 是不同材质的滤芯产生静电的情况。测量点位于过滤器前后及油车的油面中心点电位。

表 4–11　不同材质滤芯对起电影响

<table>
<tr><th rowspan="2">滤芯类别</th><th colspan="4">测量点的最高电位，V</th></tr>
<tr><th>过滤器前</th><th>过滤器后</th><th>油面电位</th><th>备注</th></tr>
<tr><td>四对毡绸滤芯</td><td></td><td></td><td>22500</td><td rowspan="3">一级过滤器</td></tr>
<tr><td>四对纸质滤芯</td><td>350</td><td>8100</td><td>18000</td></tr>
<tr><td>七对纸质滤芯</td><td>140</td><td>15000</td><td>28000</td></tr>
<tr><td>四对玻璃棉滤芯</td><td>130</td><td>10000</td><td>24000</td><td>二级过滤器</td></tr>
</table>

为了弄清泵、管线和过滤器各部起电情况，有人做了综合运转试验，系统由油罐、泵、过滤器、油罐及连接管线组成，用绝缘法兰使 4 个待测静电电流部分互相绝缘，通过接地的微安表测量出各部分的静电电流，其结果列于表 4–12。4 个待测静电电流部分为：代表油罐至泵的管线 1；代表泵及泵出口管线 2；代表过滤器 3；代表过滤器至油罐管线 4。试验中使用的过滤器滤芯材料为玻璃纤维。

表 4–12　不同部位起电比较

<table>
<tr><th rowspan="2">流量，m^3/min</th><th colspan="4">各部位电流值，μA</th></tr>
<tr><th>1</th><th>2</th><th>3</th><th>4</th></tr>
<tr><td>0.4546</td><td>0.023</td><td>0.028</td><td>1.35</td><td>0.17</td></tr>
<tr><td>0.9092</td><td>0.030</td><td>0.068</td><td>2.45</td><td>0.37</td></tr>
<tr><td>1.3638</td><td>0.085</td><td>0.100</td><td>4.00</td><td>0.80</td></tr>
<tr><td>1.6820</td><td>0.090</td><td>0.220</td><td>5.40</td><td>1.75</td></tr>
</table>

上述各项试验表明，过滤器是一个静电发生源。起电的大小与过滤器结构形式，滤芯的材质有关。

2. 过滤器的形式

过滤器种类很多，大致分精密过滤器和粗过滤器两种。精密过滤器又可分高度精密和一般精密。

粗过滤器的结构形式有两种。一种为固定筒式过滤器，其过滤面积为相应管线截面的3倍，滤网孔眼用$\phi1.4$钢丝编织成4mm×4mm的方格网。另一种为锥台形可拆卸式，其过滤面积也是3倍，滤网用$\phi0.8$钢丝编织，网孔为1.5mm×1.5mm至2mm×2mm的方格。这种粗过滤器一般装设在泵的进出口，仅用作滤出较大的机械杂质。

粗过滤器产生的静电虽然比精密过滤器要小得多，但也不能忽视。例如某油库用100mm直径的管线向4m^3汽油槽车装油，测得槽车油面电位是4kV。若在管线上加一铜过滤网的过滤器，油面电位就上升到7kV。

精密油品过滤器用于保证航空煤油、航空汽油及专用柴油、芳烃等类产品的高质量，在装车、装船时，可以滤除油品中夹带的微小机械杂质、锈污和水分。

精密油品过滤器产生的静电较多，危害较大，决不能忽视。

(三)储油罐中的静电

成品油首先要通过泵、管线送往各种储罐。然后再通过装油栈台或码头装车或装船送到用户手中。油品在管线输送过程中，虽然有静电荷产生，但由于管线内充满油品而没有足够的空气，不具备爆炸着火的条件。如果把已带有电荷的油品装入储罐，则因电荷不能迅速泄掉便积聚起来，使油面具有一个较高的电位。此时若油面上部空间有浓度适宜的爆炸混合气体，那么就十分危险。所以可以认为静电荷主要来源于管线输送系统，积聚和火灾危险则主要在可形成爆炸性混合气体的储罐或槽车中。

1. 储罐的形式

储罐的形式较多，按用途可分为收油罐、发油罐、中间罐和储油罐等，按材质可分为金属油罐和非金属油罐。

(1)金属油罐，包括立式锥顶桁架油罐、无立矩悬链曲线顶油罐、立式圆柱形拱顶油罐、立式圆柱形浮顶油罐、立式圆柱形内浮顶油罐、球形油罐、卧式油罐、地下轻油罐。

(2)非金属油罐，包括装配式钢筋混凝土油罐、浇注式钢筋混凝土油罐。

若从防静电观点分析，可把油罐归纳为3大类：锥顶桁架式油罐、无立矩悬链式曲线顶油罐和浮顶罐。

立式圆柱形拱顶油罐与锥顶桁架式油罐由于罐内电位分布有相同之处，故归为一类。

但两者还有不同之处，那就是桁架式在罐顶安装有与大地连接着的金属桁架结构，而形成突出的接地体。

无力矩悬链曲线顶油罐为单独一类，其特点是罐顶由中心支柱支撑。支柱用钢管制作，顶天立地安装，是一个中心接地体。因此，油罐中的最高电位不在油罐中心，而是在中心与罐壁 1/2 处的圆线上。

另一种是球形罐、浮顶罐，都属于密度型储罐，基本上不存在静电火灾危险。对于浮顶罐仅在顶盖未浮起之前限制流速。

2. 油罐内静电荷的产生

油罐内静电荷大部分产生于进罐前的输送系统，其余部分则是在装罐时新产生的。油品在装罐时产生静电的原因与防止办法分述如下：

1）静电荷的产生与装油方式的关系

装油方式大体分为底部装油（又称潜流装油）与上部装油（又称喷溅装油）。前者是合理的，后者容易产生静电。因为当油品从鹤管内高速喷出时发生液体分离会产生电荷，当油品冲击到罐壁造成喷溅飞沫而产生静电。对同一种油品、电荷产生的多少与装油鹤管直径、油品流速、管端距油面高度及管口形式等有关。

上部装油除因喷溅产生静电荷外还会产生油雾，有时会使油气、空气混合物达到爆炸浓度范围。此外、顶部装油还会使油面局部电荷较为集中、容易发生放电。

底部进油也有可能产生新电荷。当罐底有沉降水，底部进油方式会搅起沉降水从而产生很高的静电电位。

用蒸汽清洗油罐也能产生很高的静电电位，有很多事故被认为是清洗操作造成的。这种静电的起因是由于油和水混合所致。

油罐在装油过程中，油面电位的最大值有时发生在停止装油之后。从注油结束的时刻到最大电位出现的时刻，称为延迟时间。油罐进油到罐容的 90% 停止作业后，实测电位变化曲线延迟时间是 6～7s，8s 之后电位才显著下降。

为了安全，当需要直接测量液位或油温时，应该躲过罐内静电荷的泄漏时间。这个时间被各国规定为安全标准且不尽相同。如有的国家规定按装油深度确定安全测量时间为 1h/m。若装油深度为 10m 则需在注油停止后 10h 才能进行直接测量。又有的国家规定不管罐的容积大小，必须在注油停止 2h 后才可以进行直接测量。日本的静电安全指南按油罐的容积和油品电导率确定静止时间（表 4–13），该表之所以规定较长的时间是因为考虑到油中杂质微粒及水分沉降可能引发静电起电。

2）不同油品相混引起的静电危险

油品相混一般出现在调合、切换两条管线同时向油罐注送不同油品的时候，但另一类危险的混油现象是向底部有汽油或其他轻油的容器注送重油，由此引起的事故在油库及炼厂都有发生。发生这类事故的原因是：除去混油可能增加带电能力外，还因为柴油、灯油、商用航空透平燃料油、燃料油及安全溶剂等都属于低蒸气压油品，其闪点都在 38 ℃以上。在正常情况下，它们是在低于其闪点温度下输送，不会有火灾危险。但是如果将这种油品注入装有低闪点油品的容器内，重质油就会吸收轻质油的蒸气而减少了容器的压力，空气则会乘虚而入，使得未充满液体的空间由原来充满轻质油气体（即超过爆炸上限）转变成合乎爆炸浓度的油气空气混合物。若此时出现火源即可引爆。调合油品是生产需要的一项工作，但必须符合安全要求及采取相应措施。

表 4-13 油品静置时间表

带电液体电导率，S/m	带电体容积，m^3			
	＜10	10～＜50	50～＜500	≥500
10^{-8} 以上	—	—	—	—
10^{-12}～10^{-8}	2h	3h	10h	3h
10^{-14}～10^{-12}	4h	5h	60h	120h
10^{-14} 以下	10h	15h	120h	200h

3. 油罐的安全操作

为了防止静电危险的发生，油罐的安装与操作应采取以下措施：

（1）应尽量避免上部喷溅装油。否则要有相应的安全措施。

（2）加大伸入油中的注油管口径，以使流速减慢，在条件允许的情况下可设置缓和器。进入油罐的管口要向上成 30° 锐角。

（3）伸入油罐中的注油管要尽可能地接近底部，并水平放置，以减少对底部水和沉淀物的搅拌。

（4）尽可能把油罐底部的水除净。

（5）不许使用喷气搅拌器，不许用空气或气体进行搅拌。

（6）油罐注油时罐顶应避免上人。

（7）注油前清除罐底，不许有不接地的浮游导体和其他杂物。

（8）检测和取样等必须在测量井内进行，若未装设专用的测量井，则上述工作必须在油品充分静置以后进行。

（9）检测用卷尺上需装端子或专用夹，并与接地线连接后使用。

（10）浮顶罐在浮顶未完全浮起前其注油速度不应超过 1m/s。

（11）当油品注入油罐前通过过滤器时，应限制注油管流速在 1m/s 以下，最好能使管线长度保证油品有 30s 以上的缓和时间。

4. 油罐区静电的控制与消除

为了防止罐区因静电而引发的火灾与爆炸事故，减少人员伤亡和财产损失，必须对静电进行控制或消除。

1）静电的控制条件

带有静电的带电体上的静电荷总是要泄放掉的。电荷的泄放有两个途径：一是自然逸散，二是不同形式的放电。静电放电是电能转换成热能的过程并将可燃物引燃，成为引起着火或爆炸的火源。

被积聚的静电荷必须同时具备以下几个条件才能构成危害：

（1）积聚起来的电荷所形成的静电场，具有足够大的电场强度。

（2）这个电场强度能形成静电放电。

（3）放电达到能够点燃的能量。

（4）放电必须在爆炸混合物的爆炸浓度范围内发生。

要避免灾害发生，只要消除其中的任意一个或几个条件就可以了。

2）防止静电灾害的条件

防止静电灾害的条件主要有：

（1）防止或减少静电的产生。

（2）设法导走或中和产生的电荷，使它不能积聚。

（3）防止高电场产生的、有足够能量的静电放电。

（4）防止爆炸性混合气体的形成。

油品内杂质是产生静电的重要因素，然而使油品达到高纯度是困难的、也是不经济的。因此，对于防止油品静电灾害来说，不是完全消除静电电荷的产生而是控制各项指标，诸如：产生的电荷量或电荷密度；积聚电荷产生的电位或场强的大小；放电的形式与能量；爆炸混合气体的浓度等。控制它们达不到危险的程度，从而不致发生灾害。

3）控制流速

已知油品在管道中流动所产生的流运电流（或电荷密度）的饱和值与油品流速的二次方成正比，可见控制流速是减少静电荷产生的一个有效办法。然而这种方法与目前石油工业发展的高速装运有矛盾。一些国家和单位进行的研究结果是对最大流速加以限制。

4）控制加油方式

铁路槽车加油分为大鹤管和小鹤管两种。为了减少油流进入槽车产生新的静电荷，应使鹤管伸入到槽罐底部，当采用喷洒装油时，可在鹤管端部加装不同形式的分流头。

对于储油罐应尽力避免顶部注油。

5）控制油面空间的混合气体

为防止爆炸混合气体的形成，在不少场所采用正压通风的办法。然而这个方法对于油面空间就不太好用了，因而往往采用充惰性气体的办法，即在充油容器油面以上空间充以惰性气体。惰性气体可以充满全部空间也可以充装局部空间。按其使用方法可分为密封隔离式和置换稀释式两类。前者是隔离氧气以及抑制混合性气体的形成，后者是降低混合气的浓度，以控制它在爆炸浓度范围以外。一般要求在空间内含氧体积分数不超过8%，这时即使有火源也因氧气不足而不会被引燃。

6）避免水、空气与油品相混及不同油品的相混

当油中含水或不同油品相混并通入压缩空气时，静电的发生量将增大。实验证明，油中含水率5%，会使起电效应增大10至50倍。同时，油品通风调合是十分危险的。

7）加强组织管理

油品静电的控制有各种各样的方法，不论哪种方法都不可能是万无一失的。因为影响静电灾害的因素是错综复杂的，而且大都存在着不可预见的因素。

为控制和消除静电灾害必须加强组织管理工作。一是要使操作人员具有油品静电基本知识；二是要有完整的管理规程和操作规程，应建立如下的组织管理措施：

（1）建立静电安全管理体系：

——编制油品防静电设计准则；

——建立油品静电安全操作规范；

——建立测试方法标准；

——建立油品静电安全标准；

——建立油品静电教育课程；

——建立用于检测、取样及衣、鞋等器具标准；

——建立设备接地及消电器设置等标准。

（2）测定现场安全状况：

——测定现场环境中可燃气体的浓度分布；

——测定静电危险源情况；

——测定接地电阻值。

（3）加强静电安全的宣传教育：

——加强静电研究，包括安全器具和防静电衣服、鞋的研究；

——分析事故进行通报和统计；

——举办灾害预防展览；

——举办技术讲座，普及防静电知识。

8）接地和跨接

（1）静电接地的目的与要求。

静电接地是指将设备容器及管线通过金属导线和接地体与大地连通而形成等电位，并有最小电阻值。跨接是指将金属设备及各管线之间用金属导线相连造成等电位体。显然，接地与跨接的目的是人为地将设备与大地造成一个等电位体，不致因静电电位差产生火花而引起灾害。

管线跨接的另一个目的是当有杂散电流时，给它以一个良好通路，以避免在断路处发生火花而造成事故。这种目的的跨接在正常情况下可以不用，而检修时需事先接好。

（2）油罐的接地与跨接。

一般金属拱顶罐通过外壁良好接地即可；浮顶罐或内浮顶罐除外壁良好接地外，尚需将浮顶与罐体，挡雨板与罐顶、活动走梯与罐顶进行跨接。跨接使用截面积不小于 $25mm^2$ 的钢绞线。为保证接地安全可靠，油罐原则上要求在多个部位上进行接地。其接地点应设两处以上，且应沿设备外围均匀布置，间距不应大于 30m。为消除人体静电，在扶梯进口处应设置接地金属棒，或在已接地的金属栏杆上留出 1m 的裸露金属面。

（3）管线的接地与跨接。

与管线相连的阀门、流量计、过滤器、泵和储罐等设备，应要求它们的每一个连接处都有最小的接触电阻。经测量表明：

——固定螺栓法兰接缝，如果用的是金属螺栓面不是绝缘栓，则它们的接触电阻一般都在 0.03Ω 以下；

——活动接头（没有污垢）的电阻在 $0\sim10^4\Omega$；

——管子支架与管子之间的电阻约为 15Ω。

从以上数值看，在连接处使用金属法兰时，可以不用跨接，但必须防止金属件的锈蚀或油垢污染而使电阻值超过要求。对金属管路中间的非导体管路段，除需做屏蔽保护外，两端的金属管应分别与接地干线相接。非导体管路段上的金属件应跨接、接地。对管线应保证它每一点的对地电阻都不超过 $10^6\Omega$，否则需进行跨接或接地。一般厂内系统管线可每 100～200m 接地一次。当平行管路相距 10cm 以内时，每隔 20m 应加连接。当管路与其他管路交叉间距小于 10cm 时，应相连接地。

如仅仅作为防静电的连接导线，则使用截面大于 $1.25mm^2$ 的铜线即可。鹤管前部的活动套管之间应使用有足够机械强度的可挠纹线。一般使用不小于 $6mm^2$ 的铜绞线。

对于内铠钢丝的橡胶软管，在管子的始、末端均需将钢丝引出进行接地，以增加电容降低电位。

对于接地设施及管线的连接部件，每年需有一次以上的检查。

9）消静电器

消静电器是直接消除油品内流动电荷的器件，它安装在管道末端，不断地向管中注入与油品中电荷极性相反的电荷而达到中和的目的。从电荷注入方式上区分，消静电器可分为外电注入式和感应注入式两种。后者由于结构简单、使用方便及消电效率高，虽自20世纪60年代由美国为解决槽车装车静电安全而研制，但于近几十年来在许多国家获得应用。消静电器主要由三部分组成：接地钢管及法兰部分、内部绝缘管、电离针及镶针螺栓等。

为了均匀地在油内产生相反的电荷，电离针沿长度方向交错布置4至5排，每排沿圆周均匀布置3至4根针。为了方便检查和维修，电离针用螺栓做成，为可拆卸式。

10）缓和器

缓和器又叫张弛器、松弛器、弛张器等，系翻译过来的名词。它是一种结简单且消散电荷效果较好的装置。

缓和器虽然结构简单，效率较高，但需占用一定的空间，这使其应用受到一定的限制。为解决这个矛盾，可将其与某些设备结合起来设计。例如，在过滤器的尾部加大空间，使之变成过滤器—缓和器结合体；或者在加油系统中将所需要的容积分成几个单元容积串接在系统中；或者改进罐体本身达到缓和器的目的。

对于通过过滤器、短管线及绝缘材料管线（如胶管、玻璃钢管等）进入容器的油品，静电消除使用缓和器是适合的。

使用时要求缓和器内各处都要充满油并尽可能把它设置在系统的末端并保证良好接地。为确保油品质量还要顾及维修和清洗的方便。

11）抗静电添加剂

前面的几种方法都需要增加设备及检测与维修工作。设想找一种“抗素”投入油品中便可以抑制静电的产生，这样就省了许多事情。早在1893年里希特提出向油品里加进皂镁等有机杂质可以达到这个目的。这就是今天所说的抗静电添加剂。

（四）人体活动静电的消除

（1）当气体爆炸危险场所的等级属0区或1区，且可燃物的最小点燃能量在0.25mJ以下时，工作人员应穿无静电点燃危险的工作服。当环境相对湿度保持在50%以上时，可穿棉工作服。

（2）在爆炸危险场所工作的人员，应穿防静电（导电）鞋，以防人体带电。地面也应配用导电地面。

（3）禁止在爆炸危险场所穿脱衣服、帽子或类似物。

（4）操作人员徒手或徒手戴防静电手套触摸接地金属物体后方可进入工作场所。

第五节　雷电与防雷保护

一、雷电概述

雷电是自然界中极为壮观的声、光、电现象，它有着划破黑夜长空的耀眼闪光和震耳欲聋的霹雳声。它也给人类生活和生产活动带来很大影响。雷电具有很大的破坏作用，不仅能击毙人畜、劈断树木、破坏建筑物及各种工农业设施，还能引起火灾和爆炸事故。雷电以其巨大的破坏力给人类社会带来了惨重的灾难。尤其是近几年来，雷电灾害频繁发生，给国民经济造成的危害日趋严重。因此，防雷是石油及化工行业一项重要的防火防爆安全措施。企业应当加强防雷意识，与气象部门积极合作，做好预防工作，将雷害损失降到最低限度。

（一）雷电的产生

雷电是雷云之间或雷云对地面放电的一种自然现象。在雷雨季节里，地面上的水分受热变成水蒸气，并随热空气上升，在空气中与冷空气相遇，使上升气流中的水蒸气凝成水滴或冰晶，形成积云。此外，当水平移动的冷、暖气流相遇时，冷气团下降，暖气团上升，在高空凝成小水滴，形成宽度达几千米的峰面积云，当云中悬浮的水滴很多时，就形成了乌云。由于静电感应，带电的云层在大地表面会感应出与云块异性的电荷，当电场强度达到一定值时，即发生雷云与大地之间的放电；当两块异性电荷的雷云之间电场强度达到一定值时，便发生云层之间放电。放电时伴随着强烈的电光和声音，这就是雷电现象。

（二）雷电参数

从雷电过电压计算和防雷设计的角度来看，值得注意的雷电参数有雷电活动频度（雷暴日）及雷暴小时。

各个地区的雷暴日数 T_d 或雷暴小时数 T_h 可有很大的差别，它们不但与该地区所在纬度有关，而且也与当地的气象条件、地形地貌等因素有关。就全世界而言，雷电最频繁的地区在炎热的赤道附近，T_d 平均为 100～150d，最多者达 300d 以上。我国长江流域与华北的部分地区，T_d 为 40d 左右，而西北地区仅为 15d 左右。

（三）雷电的特点

雷电具有以下特点：

（1）冲击电流大。其电流高达几万到几十万安培。

（2）时间短。一般雷击分为 3 个阶段，即先导放电、主放电、余辉放电。整个过程一般不会超过 60μm。

（3）雷电流变化梯度大。有的可达 10kA/μs。

（4）冲击电压高。强大的电流产生的交变磁场，其感应电压可高达上亿伏。

（5）雷灾具有新特点。当人类社会进入电子信息时代后，雷灾出现的特点与以往有极大的不同。

（四）雷电的种类

1. 直击雷

雷云较低时，其周围又没有异性电荷的云层，而地面上的突出物（树木或建筑物）被感应出异性电荷，当电场强度达到一定值时，雷云就会通过这些物体与大地之间放电，这就是雷击。这种直接击在建筑物或其他物体上的雷电叫直击雷。由于受直接雷击，被击的建筑物、电气设备或其他物体会产生很高的电位，而引起过电压，这时流过的雷电流很大，可达几十千安甚至几百千安，这就极易使电气设备或建筑物损坏，甚至引起火灾或爆炸事故。

2. 感应雷

感应雷又称雷电感应，它是由雷电流的强大电场和磁场变化产生的静电感应和电磁感应引起的。当建筑物上空有雷云时，在建筑物上便会感应出与雷云所带电荷相反的电荷，在雷云放电后，云与大地之间的电场消失了，但聚集在屋顶上的电荷不会立即释放，只能较慢地向大地中流散，这时屋顶对地面便有相当高的电位，会造成对建筑物内金属设备放电，引起危险品爆炸或燃烧。

3. 雷电波侵入

如输电线路遭受直接雷击或发生感应雷，雷电波就会沿着输电线侵入变配电所，如防范不力，轻者损坏电气设备，重者可导致火灾、爆炸及人身伤亡事故。此类事故在雷电事故中占相当大的比例，应引起足够重视。

4. 球形雷

球形雷通常被认为是一个炽热的等离子体，它温度极高，为红色、橙色的隙形发光体，可从烟囱、门窗或其他缝隙进入建筑物内部，有时也自行消失，或伤害人身和破坏物体。

二、雷电的危害

雷电的破坏作用是非常巨大的，可造成油气场所内火灾和爆炸事故，引发危险物质泄漏，损坏电气设备，造成大规模停电，并威胁电力系统、计算机系统、控制调节系统等。

（一）电效应

巨大的雷电流流经防雷装置时会造成防雷装置的电位升高，这样的高电位作用在电气线路、电气设备或金属管道上，它们之间产生放电，这种现象叫反击。它可能引起电气设备绝缘被破坏，造成高压窜入低压系统，直接导致接触电压和跨步电压造成事故。

（二）热效应

巨大的雷电流通过雷击点，在极短的时间内转换为大量的热量。雷击点的发热量为500～2000J，弧根会产生很高的温度（3000～6000℃），造成易爆物品燃烧或金属熔化、飞溅而引起火灾或爆炸事故。

（三）机械效应

当被击物遭受巨大的雷电流通过时，由于雷电流产生的温度很高，一般在6000～20000℃，甚至高达数万摄氏度。被击物缝隙中的气体受热剧烈膨胀，缝隙中的水分也急剧蒸发产生大量气体，因而在被击物体内部出现极大的机械压力，使被击物体遭受严重破坏或发生爆炸。

（四）静电感应

当金属物质处于雷云和大地电场中时，金属物体上会感应出大量的电荷。雷云放电后，云与大地间的电场虽然消失，但金属物上所感应聚积的电荷却来不及立即逸散，因而产生很高的对地电压。这种对地电压称为静电感应电压。静电感应电压往往高达几万伏，可以击穿数十厘米的空气间隙，发生火花放电。因此，静电感应对于存放可燃性物品及易燃、易爆物品的仓库是很危险的。

（五）电磁感应

电磁感应是由于雷击时，巨大的雷电流在周围空间产生变化迅速的磁场，使处于变化磁场中的金属导体感应出很大的电动势。若导体闭合，金属物上仅产生感应电流，若导体有缺口或回路上某处接触电阻较大，则由于很大的感应电动势，在缺口处会产生火花放电或在接触电阻大的部位产生局部过热，从而引燃周围可燃物。

（六）雷电波侵入

雷电在架空线路、金属管道上会产生冲击电压，使雷电波沿线路或管道迅速传播。若侵入建筑物内，可造成配电装置和电气线路绝缘层击穿，产生短路，或使建筑物内易燃、易爆物品燃烧和爆炸。

（七）雷电对人的危害

雷击电流迅速通过人体，可立即使呼吸中枢麻痹，心室纤颤或心跳骤停，使脑组织及一些主要器官受到严重损害，出现休克或突然死亡。雷击时产生的电火花还可使人遭到不同程度的烧伤。

（八）防雷装置上的高电压对建筑物的反击作用

当防雷装置受到雷击时，在接闪器、引下线和接地体上都具有很高的电压。如果防雷装置与建筑物内外的电气设备或其他金属管道的距离很近，它们之间就会产生放电，造成反击。反击可能使电气设备绝缘破坏，金属管道烧穿，甚至造成易燃、易爆物品着火和爆炸。

（九）浪涌

也称电涌，最常见的电子设备危害不是由于直接雷击引起的，而是由于雷击发生时在电源和通信线路中感应的电流浪涌引起的。一方面由于电子设备内部结构高度集成化（VLSI芯片），从而造成设备耐压、耐过电流的水平下降，对雷电（包括感应雷及操作过电压浪涌）的承受能力下降；另一方面由于信号来源路径增多，系统较以前更容易遭受雷电波侵入。浪涌电压可以从电源线或信号线等途径窜入电脑设备。

三、雷电的预防

（一）直击雷防护

1. 避雷针

避雷针是我们最熟悉的防雷设备之一，其构造简单，由3个部分组成：

（1）接闪器或叫作“受雷尖端”。它是避雷针最高部分，专门接受雷电放电，一般都是用长1.5～2m的镀锌铁棍或铁管制成，顶部略尖。

（2）引下线。用它将接闪器上的雷电流安全地引到接地装置，使之尽快泄入大地。一般都用35mm^{2}的镀锌钢绞线或者圆钢及扁钢制成。如避雷针支架采用铁管或铁塔形式，可利用其支架作为引下线，无须另设引下线。

（3）接地装置。它是避雷针的最下部分，埋入地下。由于和大地中的土壤紧密接触可使雷电流很好地泄入大地。一般用角钢、扁钢或圆钢、钢管等打入地中，其接地电阻一般不能超过10Ω。

由于避雷针比保护物高出很多，又和大地直接相连，当雷云先导接近时，它与雷云之间的电场强度最强，雷云放电总是朝着电场强度最强的方向发展，因此避雷针具有引雷的作用。

2. 避雷线

避雷线也叫架空地线，它是沿线路架设在杆塔顶端，并具有良好接地的金属导线。一般为35～70mm^{2}的镀锌钢绞线，顺着每根支柱引下接地线并与接地装置相连接，接地装置有足够的截面，接地电阻一般保持在10Ω以下。

避雷线和避雷针一样，将雷电引向自身，安全地将雷电导入大地。采用避雷线主要用来防止送电线路遭受直击雷。如避雷线挂得较低、离导线较近，雷电可能通过进雷线直击导线。因此为了提高避雷线的保护作用，需将其挂得高一些。

不论是避雷针还是避雷线，为了降低雷电通过时感应过电压的影响，都必须与被保护物之间有一定的安全空气距离，一般不小于5m。另外防雷保护用的接地装置与被保护物的接地装置之间也应保持一定的距离，一般不应小于3m。

3. 避雷带、避雷网

避雷带与避雷网是在建筑上沿屋角、屋脊、屋檐等易受雷击部分敷设的金属网格，主要用于保护高大的民用建筑。

（二）雷电感应的防护措施

雷电感应也称感应过电压，它是由于用电设备、输电线路或其他物体遭受雷击而产生静电感应或电磁感应所引起的雷电感应过电压。

雷电感应也能产生很高的冲击电压，引起爆炸和火灾事故。因此，对它也要采取预防措施，如为了防止雷电感应产生的高压，应将建筑物内的金属设备、金属管道、结构钢筋接地。

根据建筑物的屋顶不同，采取相应的防止雷电感应的措施。对于金属屋顶，应将屋顶妥善接地；对于钢筋混凝土屋顶，应将屋面钢筋焊成6～12m网格，连成通路接地；对于非金属屋顶，应在屋顶上加装边长6～12m的金属网格，予以接地。屋顶或其上金属网格的接地不应少于2处，且其间距离应为18～30m。

为防止感应，平行管道相距不到100mm时，每20～30m用金属线跨接；交叉管道相距不到100mm时，也应用金属线跨接；管道与金属设备或金属结构之间小于100mm时，也应用金属线跨接。此外，管道接头（法兰）、弯头等接触不可靠的地方，也应用金属线跨接。

（三）雷电侵入波的防护措施

雷电侵入波造成的雷害事故很多，特别是电气系统占雷害事故的比例较大，所以应采取防护措施。

1. 阀型避雷器

它是保护发、变电设备的最主要的基本元件，主要由放电间隙和非线性电阻两部分构成。当高幅值的雷电波侵入被保护装置时，避雷器间隙先行放电，从而限制了绝缘设备上的过电压值，起到保护作用。

2. 保护间隙

它是一种简单而有效的过电压保护元件，它是由带电与接地的两个电极，中间间隔一定的间隙距离构成的。将它并联接在被保护的设备旁,当雷电波袭来时,间隙被先行击穿,把雷电流引入大地,从而避免了被保护设备因高幅值的过电压而击毁。

3. 管型避雷器

它实质上是一个具有熄弧能力的保护间隙。当雷也波侵入放电接地时,它能将工频电弧很快吹灭,而不必靠断路器动作断弧,保证了供电的连续性。

(四)综合性防雷电

它是相对于局部防雷电和单一措施防雷电的一种综合性防雷电。设计时除针对被保护对象的具体情况外,还要了解其周围的天气环境条件和防护区域的雷电活动规律,确定直击雷和感应雷的防护等级和主要技术参数,采取综合性防雷电措施。将程控交换机、计算机设备安放在窗户附近,安置在建筑物的顶层都不利于防雷,如将计算机房布置在高层建筑物顶层,或者设备所在高度高于楼顶避雷带,都非常容易遭受雷电袭击。

第六节　常用工具方法

一、工作前安全分析

(一)工作前安全分析的含义

工作前安全分析(job safety analysis,简称 JSA)是事先或定期对某项工作任务进行风险评价,并根据评价结果制订和实施相应的控制措施,达到最大限度消除或控制风险的方法。

(二)工作前安全分析范围

下列作业活动可应用工作前安全分析:

(1)新的作业。

(2)非常规性(临时)的作业。

(3)承包商作业。

(4)改变现有的作业。

(5)评估现有的作业。

注:工作前安全分析过程本身也是一个培训过程。

现场作业人员都可以提出需要进行工作前安全分析的工作任务。其中,以前做过分析或已有操作规程的工作任务可以不再进行工作前安全分析,但应审查以前工作前安全分析或操作规程是否有效,如果存在疑问,应重新进行工作前安全分析。在紧急状态下的工作任务,如抢修、抢险等,应执行应急预案。

（三）工作前安全分析步骤

工作前安全分析的步骤如下：

（1）基层单位负责人指定工作前安全分析小组组长，组长选择熟悉工作前安全分析方法的管理、技术、安全、操作人员组成小组。小组成员应了解工作任务及所在区域环境、设备和相关的操作规程。

（2）危害因素辨识。工作前安全分析小组成立后，开始分解工作任务，搜集相关信息，实地考察工作现场，识别该工作任务关键环节的危害因素，并填写工作前安全分析表。识别危害因素时应充分考虑人员、设备、材料、环境、方法五个方面和正常、异常、紧急三种状态。

（3）风险评价。在对存在潜在危害的关键活动或重要步骤进行风险评价后，根据判别标准确定初始风险等级和风险是否可接受。风险评价宜选择半定量风险矩阵法或 LEC 法。

（4）风险防控。工作前安全分析小组应针对识别出的每个风险制订控制措施，将风险降低到可接受的范围。在选择风险控制措施时，应考虑控制措施的优先顺序。

（5）在控制措施实施后，如果每个风险在可接受范围之内，并得到工作前安全分析小组成员的一致同意，方可进行作业前准备。

（四）总结与反馈

作业任务完成后，作业人员应进行总结，若发现工作前安全分析中的缺陷和不足，应及时向工作前安全分析小组反馈。如果作业过程中出现新的隐患或发生未遂事件和事故，小组应审查工作前安全分析，重新进行工作前安全分析。

二、目视化

《中国石油天然气集团公司安全目视化管理规范》（安全〔2009〕552 号）中规定，安全目视化管理是指通过安全色、标签、标牌等方式，明确人员的资质和身份、工器具和设备设施的使用状态，以及生产作业区域的危险状态的一种现场安全管理方法。目的是提示危险和方便现场管理。

各种安全色、标签、标牌的使用应符合 GB 2893—2008《安全色》、GB 7231—2003《工业管道的基本识别色、识别符号和安全标志》等国家和行业有关规定和标准的要求。

（一）人员的目视化管理

企业内部员工进入生产作业场所，应按照有关规定统一着装。外来人员（承包商员工，参观、检查、学习等人员）进入生产作业场所，着装应符合生产作业场所的安全要求，并与内部员工有所区别。

所有进入钻井、井下作业、炼化生产区域、油气集输站(场)、油气储存库区、油气净化厂等易燃易爆、有毒有害生产作业区域的人员,应佩戴入厂(场)证件。

内部员工和外来人员的入厂(场)证件式样应不同,区别明显,易于辨别。

特种作业人员应具有相应的特种作业资质,并经所在单位岗位安全培训合格,佩戴特种作业资格合格目视标签。标签应简单、醒目,不影响正常作业。

(二)设备设施的目视化管理

所有工器具都应做到定置定位,并在设备设施的明显部位标注名称及编号,对误操作可能造成严重危害的设备设施,应在旁边设置安全操作注意事项标牌。

管线、阀门的着色应严格执行国家或行业的有关标准。同时,还应在工艺管线上标明介质名称和流向,在控制阀门上可悬挂含有工位号(编号)等基本信息的标签。

应在仪表控制及指示装置上标注控制按钮、开关、显示仪的名称。厂房或控制室内用于照明、通风、报警等的电气按钮、开关都应标注控制对象。

对遥控和远程仪表控制系统,应在现场指示仪表上标志出实际参数控制范围,粘贴校验合格标签。远程仪表在现场应有显示工位号(编号)等基本信息的标签。

盛装危险化学品的器具应分类摆放,并设置标牌,标牌内容应参照危险化学品技术说明书确定,包括化学品名称、主要危害及安全注意事项等基本信息。

生产作业现场长期使用的机具、车辆(包括厂内机动车、特种车辆)、消防器材、逃生和急救设施等,应根据需要放置在指定的位置,并做出标志(可在周围画线或以文字标志),标志应与其对应的物件相符,并易于辨别。

(三)区域的目视化管理

企业应使用红、黄指示线划分固定生产作业区域的不同危险状况。红色指示线警示有危险,未经许可禁止进入;黄色指示线提示有危险,进入时注意。

应按国家标准和行业标准的有关要求,对生产作业区域内的消防通道、逃生通道、紧急集合点设置明确的指示标志。

应根据施工作业现场的危险状况进行安全隔离。隔离分为警告性隔离和保护性隔离。

警告性隔离适用于临时性施工、维修区域、安全隐患区域(如临时物品存放区域等)及其他禁止人员随意进入的区域。实施警告性隔离时,应采用专用隔离带标志出隔离区域,未经许可不得入内。

保护性隔离适用于容易造成人员坠落、有毒有害物质喷溅、路面施工及其他防止人员随意进入的区域。实施保护性隔离时,应采用围栏、盖板等隔离措施且有醒目的标志。

专用隔离带和围栏应在夜间容易识别。隔离区域应尽量减少对外界的影响，对于有喷溅、喷洒的区域，应有足够的隔离空间。所有隔离设施应在危险消除后及时拆除。

三、上锁挂牌

部分事故事件是由于没有把机器或设备停下来、没有将能源确实切断、没有把压力等残余的能量排除、意外把已关闭的设备开启等原因导致的。为了防止危险能量和物料的意外释放，通过隔离系统或某一设备，保证工作的人员免于安全和健康方面的危险的方法叫上锁挂牌。

在作业时，为避免设备设施或系统区域内蓄积的危险能量或物料的意外释放，对所有危险能量和物料的隔离设施都应上锁挂牌。

（一）上锁步骤

（1）辨识：作业前，为避免危险能量和物料意外释放可能导致的危害，应辨识作业区域内设备、系统或环境内所有的危险能量和物料的来源及类型，并确认有效隔离点。

（2）隔离：根据辨识出的危险能量和物料及可能产生的危害，编制隔离方案，明确隔离方式、隔离点及上锁点清单。

（3）上锁：根据上锁点清单，对已完成隔离的隔离设施选择合适的安全锁，填写警示标牌，对上锁点上锁挂牌。

（4）确认：上锁挂牌后确认危险能量和物料已被隔离或去除。

（二）上锁方式

（1）单个隔离点上锁：单人单个隔离点上锁、多人单个隔离点上锁。

（2）多个隔离点上锁：用集体锁对所有隔离点进行上锁挂牌，所有作业人员和操作人员用个人锁对放置集体锁钥匙的锁箱上锁挂牌。

（3）电气上锁：由电气专业人员上锁挂牌及测试，作业人员确认。

（三）解锁

（1）正常解锁：上锁者本人进行的解锁。涉及多个作业人员的解锁，应在所有作业人员完成作业并解锁后，操作人员按照上锁清单逐一确认并解除集体锁及标牌。

（2）非正常拆锁：上锁者本人不在场或没有解锁钥匙时，其警示标牌或安全锁需要移去时的解锁。应与锁的所有人联系并取得其允许，或经操作单位和作业单位双方主管确认以下情况后方可拆锁：

——确知上锁的理由；

——确知目前工作状况；

——检查过相关设备；

——确知解除该锁及标牌是安全的；

——该员工回到岗位，告知其本人。

四、行为安全观察与沟通

导致事故、造成伤害的主要原因是人的不安全行为。行为安全观察与沟通的重点是观察和讨论员工在工作地点的行为及可能产生的后果。安全观察既要识别不安全行为，也要识别安全行为。

安全观察不替代传统安全检查，其结果不作为处罚的依据，但以下两种情况应按处罚制度执行：

（1）可能造成严重后果的不安全行为。

（2）违反安全禁令的不安全行为，执行《中国石油天然气集团公司反违章禁令》（中油安〔2008〕58号）文件的要求。

每个安全观察小组的人员通常限制在1至3人，有计划的行为安全观察与沟通不宜由单人执行。随机的行为安全观察与沟通可由个人或多人执行。

（一）行为安全观察与沟通六步法

行为安全观察与沟通以六步法为基础，步骤包括：

（1）观察。现场观察员工的行为，决定如何接近员工，并安全地阻止不安全行为。

（2）表扬。对员工的安全行为进行表扬。

（3）讨论。与员工讨论观察到的不安全行为、状态和可能产生的后果，鼓励员工讨论更为安全的工作方式。

（4）沟通。就如何安全地工作与员工取得一致意见，并取得员工的承诺。

（5）启发。引导员工讨论工作地点的其他安全问题。

（6）感谢。对员工的配合表示感谢。

（二）行为安全观察与沟通六步法的要求

（1）以请教而非教导的方式与员工平等交流讨论安全和不安全行为，避免双方观点冲突，使员工接受安全的做法。

（2）说服并尽可能与员工在安全上取得共识，而不是使员工迫于纪律的约束或领导的压力做出承诺，避免员工被动执行。

（3）引导和启发员工思考更多的安全问题，提高员工的安全意识和技能。

（三）行为安全观察与沟通的内容

行为安全观察与沟通应重点关注可能引发伤害的行为，应综合参考以往的伤害调查、未遂事件调查及安全观察的结果。

行为安全观察与沟通内容包括以下七个方面：

（1）员工的反应。员工在看到他们所在区域内有观察者时，他们是否改变自己的行为（从不安全到安全）。员工在被观察时，有时会做出反应，如改变身体姿势、调整个人防护装备、改用正确工具、抓住扶手、系上安全带等。这些反应通常表明员工知道正确的作业方法，只是由于某种原因没有采用。

（2）员工的位置。员工身体的位置是否有利于减少伤害发生的概率。

（3）个人防护装备。员工使用的个人防护装备是否合适，是否正确使用，个人防护装备是否处于良好状态。

（4）工具和设备。员工使用的工具是否合适，是否正确，工具是否处于良好状态，非标工具是否获得批准。

（5）程序。是否有操作程序，员工是否理解并遵守操作程序。

（6）人体工效学。办公室和作业环境是否符合人体工效学原则。

（7）整洁。作业场所是否整洁有序。

附录　采油(气)专业相关法律法规、标准规范、中国石油天然气集团有限公司规章制度目录

序号	名称
一、法律法规、部门规章	
1	《中华人民共和国安全生产法》
2	《中华人民共和国石油天然气管道保护法》
3	《危险化学品安全管理条例》(中华人民共和国国务院令 645 号,2013 年 12 月 7 日施行)
4	《特种设备安全监察条例》(中华人民共和国国务院令第 549 号,2009 年 5 月 1 日施行)
5	《女职工劳动保护特别规定》(中华人民共和国国务院令第 619 号,2012 年 4 月 28 日施行)
6	《危险化学品重大危险源监督管理暂行规定》(国家安全生产监督管理总局令 40 号)
7	《气瓶安全监察规程》(质技监局锅发〔2000〕250 号)
8	《仓库防火安全管理规则》(公安部令第 6 号)
9	《中国石油天然气股份有限公司预防硫化氢中毒事故管理暂行规定》(石油质字〔2003〕30 号)
二、国家标准	
1	GB/T 150.1—2011《压力容器 第 1 部分:通用要求》
2	GB/T 1576—2018《工业锅炉水质》
3	GB 4452—2011《室外消火栓》
4	GB/T 3608—2008《高处作业分级》
5	GB/T 3787—2017《手持式电动工具的管理、使用、检查和维修安全技术规程》
6	GB 3836.1—2010《爆炸性环境　第 1 部分:设备　通用要求》
7	GB 3883.1—2014《手持式、可移动式电动工具和园林工具的安全　第 1 部分:通用要求》
8	GB 4053.1—2009《固定式钢梯及平台安全要求　第 1 部分:钢直梯》
9	GB 4053.2—2009《固定式钢梯及平台安全要求　第 2 部分:钢斜梯》
10	GB 4053.3—2009《固定式钢梯及平台安全要求　第 3 部分:工业防护栏杆及钢平台》
11	GB 5083—1999《生产设备安全卫生设计总则》
12	GB 5908—2005《石油储罐阻火器》
13	GB/T 5972—2016《起重机　钢丝绳　保养、维护、检验和报废》

续表

序号	名称
14	GB/T 6067.1—2010《起重机械安全规程　第1部分：总则》
15	GB 6246—2011《消防水带》
16	GB 7000.2—2008《灯具　第2-22部分：特殊要求　应急照明灯具》
17	GB/T 7144—2016《气瓶颜色标志》
18	GB 7231—2003《工业管道的基本识别色、识别符号和安全标志》
19	GB/T 7251.1—2013《低压成套开关设备和控制设备　第1部分：总则》
20	GB/T 7899—2006《焊接、切割及类似工艺用气瓶减压器》
21	GB 8181—2005《消防水枪》
22	GB/T 10879—2009《溶解乙炔气瓶阀》
23	GB/T 10886—2002《三螺杆泵》
24	GB/T 11638—2011《溶解乙炔气瓶》
25	GB 12142—2007《便携式金属梯安全要求》
26	GB 12158—2006《防止静电事故通用导则》
27	GB 12514.1—2005《消防接口　第1部分：消防接口通用技术条件》
28	GB/T 12602—2009《起重机械超载保护装置》
29	GB/T 13004—2016《钢质无缝气瓶定期检验与评定》
30	GB 13348—2009《液体石油产品静电安全规程》
31	GB 13365—2005《机动车排气火花熄灭器》
32	GB 13495.1—2015《消防安全标志　第1部分：标志》
33	GB 13690—2009《化学品分类和危险性公示　通则》
34	GB/T 13869—2017《用电安全导则》
35	GB 14050—2008《系统接地的型式及安全技术要求》
36	GB 14561—2003《消火栓箱》
37	GB/T 15052—2010《起重机械　安全标志和危险图形符号　总则》
38	GB 15258—2009《化学品安全标签编写规定》
39	GB 15599—2009《石油与石油设施雷电安全规范》
40	GB 15603—1995《常用化学危险品贮存通则》
41	GB/T 16483—2008《化学品安全技术说明书　内容和项目顺序》
42	GB/T 16804—2011《气瓶警示标签》

续表

序号	名称
43	GB 16912—2008《深度冷冻法生产氧气及相关气体安全技术规程》
44	GB 17914—2013《易燃易爆性商品储存养护技术条件》
45	GB 17915—2013《腐蚀性商品储存养护技术条件》
46	GB 17945—2010《消防应急照明和疏散指示系统》
47	GB 18218—2018《危险化学品重大危险源辨识》
48	GB/T 18616—2002《爆炸性环境保护电缆用的波纹金属软管》
49	GB/T 19839—2005《工业燃油燃气燃烧器通用技术条件》
50	GB/T 20262—2006《焊接、切割及类似工艺用气瓶减压器安全规范》
51	GB 22207—2008《容积式空气压缩机　安全要求》
52	GB/T 23721—2009《起重机　吊装工和指挥人员的培训》
53	GB 24161—2009《呼吸器用复合气瓶定期检验与评定》
54	GB 26860—2011《电力安全工作规程　发电厂和变电站电气部分》
55	GB/T 28264—2017《起重机械　安全监控管理系统》
56	GB/T 29021—2012《石油天然气工业　游梁式抽油机》
57	GB 50016—2014《建筑设计防火规范》
58	GB 50029—2014《压缩空气站设计规范》
59	GB 50052—2009《供配电系统设计规范》
60	GB 50053—2013《20kV 及以下变电所设计规范》
61	GB 50054—2011《低压配电设计规范》
62	GB 50057—2010《建筑物防雷设计规范》
63	GB 50058—2014《爆炸危险环境电力装置设计规范》
64	GB 50060—2008《3～110kV 高压配电装置设计规范》
65	GB/T 50065—2011《交流电气装置的接地设计规范》
66	GB 50074—2014《石油库设计规范》
67	GB 50093—2013《自动化仪表工程施工及质量验收规范》
68	GB 50116—2013《火灾自动报警系统设计规范》
69	GB 50128—2014《立式圆筒形钢制焊接储罐施工规范》
70	GB 50140—2005《建筑灭火器配置设计规范》
71	GB 50160—2008《石油化工企业设计防火规范》

续表

序号	名称
72	GB 50169—2016《电气装置安装工程　接地装置施工及验收规范》
73	GB 50171—2012《电气装置安装工程　盘、柜及二次回路接线施工及验收规范 》
74	GB 50183—2004《石油天然气工程设计防火规范》
75	GB 50251—2015《输气管道工程设计规范》
76	GB 50253—2014《输油管道工程设计规范》
77	GB 50254—2014《电气装置安装工程低压电器施工及验收规范》
78	GB 50257—2014《电气装置安装工程爆炸和火灾危险环境电气装置施工及验收规范》
79	GB 50273—2009《锅炉安装工程施工及验收规范》
80	GB 50281—2006《泡沫灭火系统施工及验收规范》
81	GB 50338—2003《固定消防炮灭火系统设计规范》
82	GB 50341—2014《立式圆筒形钢制焊接油罐设计规范》
83	GB 50343—2012《建筑物电子信息系统防雷技术规范》
84	GB 50350—2015《油田油气集输设计规范》
85	GB 50391—2014《油田注水工程设计规范》
86	GB 50423—2013《油气输送管道穿越工程设计规范》
87	GB 50515—2010《导(防)静电地面设计规范》
88	GB 50601—2010《建筑物防雷工程施工与质量验收规范》
89	GB/T 50892—2013《油气田及管道工程仪表控制系统设计规范》
90	GB 50974—2014　消防给水及消火栓系统技术规范》
三、安全生产行业标准(AQ)	
1	AQ 2012—2007《石油天然气安全规程》
2	AQ 2017—2008《含硫化氢天然气井公众危害程度分级方法》
3	AQ 2018—2008《含硫化氢天然气井公众危害防护距离》
4	AQ 3009—2007《危险场所电气防爆安全规范》
5	AQ 3021—2008《化学品生产单位吊装作业安全规范》
6	AQ 3022—2008《化学品生产单位动火作业安全规范》
7	AQ 3023—2008《化学品生产单位动土作业安全规范》
8	AQ 3025—2008《化学品生产单位高处作业安全规范》
9	AQ 3027—2008《化学品生产单位盲板抽堵作业安全规范》

续表

序号	名称
10	AQ/T 6110—2012《工业空气呼吸器安全使用维护管理规范》
四、石油天然气行业标准（SY）	
1	SY/T 0011—2007《天然气净化厂设计规范》
2	SY 0031—2012《石油工业用加热炉安全规程》
3	SY/T 0045—2008《原油电脱水设计规范》
4	SY/T 0077—2008《天然气凝液回收设计规范》
5	SY/T 0081—2010《原油热化学沉降脱水设计规范》
6	SY/T 0515—2014《油气分离器规范》
7	SY/T 4102—2013《阀门的检验与安装规范》
8	SY/T 4122—2012《油田注水工程施工技术规范》
9	SY/T 5225—2012《石油天然气钻井、开发、储运防火防爆安全生产技术规程》
10	SY/T 5536—2016《原油管道运行规范》
11	SY/T 5700—2013《常规游梁抽油机井操作规程》
12	SY/T 5719—2017《天然气凝液安全规范》
13	SY/T 5854—2012《油田专用湿蒸汽发生器安全规范》
14	SY/T 5984—2014《油（气）田容器、管道和装卸设施接地装置安全规范》
15	SY/T 6014—2014《石油地质实验室安全规程》
16	SY/T 6069—2011《油气管道仪表及自动化系统运行技术规范》
17	SY/T 6137—2017《硫化氢环境天然气采集与处理安全规范》
18	SY/T 6277—2017《硫化氢环境人身防护规范》
19	SY 6306—2014《钢质原油储罐运行安全规范》
20	SY/T 6319—2016《防止静电、雷电和杂散电流引燃的措施》
21	SY/T 6320—2016《陆上油气田油气集输安全规程》
22	SY/T 6353—2016《油气田变电站（所）安全管理规程》
23	SY 6503—2016《石油天然气工程可燃气体检测报警系统安全规范》
24	SY/T 6518—2012《抽油机防护推荐作法》
25	SY/T 6636—2005《游梁式抽油机用电动机规范》
26	SY/T 6696—2014《储罐机械清洗作业规范》
27	SY/T 6729—2014《无游梁式抽油机》

续表

序号	名称
28	SY/T 7356—2017《硫化氢防护安全培训规范》
五、石油化工行业标准（SH）	
1	SHS 01001—2004《石油化工设备完好标准》
2	SHS 01013—2004《离心泵维护检修规程》
3	SHS 01016—2004《螺杆泵维护检修规程》
4	SHS 01031—2004《火炬维护检修规程》
5	SH/T 3005—2016《石油化工自动化仪表选型设计规范》
6	SH/T 3413—2019《石油化工石油气管道阻火器选用、检验及验收标准》
六、特种设备安全技术规范（TSG）	
1	TSG 08—2017《特种设备使用管理规则》
2	TSG 21—2016《固定式压力容器安全技术监察规程》
3	TSG G0001—2012《锅炉安全技术监察规程》
4	TSG G5001—2010《锅炉水（介）质处理监督管理规则》
5	TSG G5003—2008《锅炉化学清洗规则》
6	TSG G7002—2015《锅炉定期检验规则》
7	TSG Q0002—2008《起重机械 安全技术监察规程——桥式起重机》
8	TSG Q7015—2016《起重机械定期检验规则》
9	TSG R0006—2014《气瓶安全技术监察规程》
10	TSG RF001—2009《气瓶附件安全技术监察规程》
七、其他行业标准（电力、工程、机械、公共安全等）	
1	CECS 169—2015《烟雾灭火系统技术规程》
2	DL/T 572—2010《电力变压器运行规程》
3	GA 139—2009《灭火器箱》
4	LD 48—1993《起重机械吊具与索具安全规程》
5	JB/T 5320—2000《剪叉式升降台《安全规程》
6	JB/T 9087—2014《油田用往复式油泵、注水泵》
7	JB/T 8644—2017《单螺杆泵》
8	JGJ 46—2005《施工现场临时用电安全技术规范》
9	JGJ 130—2011《建筑施工扣件式钢管脚手架安全技术规范》

续表

序号	名称
10	JTJ 237—1999《装卸油品码头防火设计规范》
11	HG/T 2387—2007《工业设备化学清洗质量标准》
八、企业标准与规章制度	
1	Q/SH 1020 0124—2006《注水泵操作与保养规程》
2	Q/SY 1365—2011《气瓶使用安全管理规范》
3	Q/SY 1368—2011《电动气动工具安全管理规范》
4	Q/SY 1370—2011《便携式梯子使用安全管理规范》
5	Q/SY 1431—2011《防静电安全技术规范》
6	Q/SY 05093—2017《天然气管道检验规程》
7	Q/SY 05074.3—2016《天然气管道压缩机组技术规范　第3部分：离心式压缩机组运行与维护》
8	Q/SY 05129—2017《输油气站消防设施及灭火器材配备管理规范》
9	Q/SY 08240—2018《作业许可管理规范》
10	Q/SY 08243—2018《管线打开安全管理规范》
11	Q/SY 08245—2018《启动前安全检查管理规范》
12	Q/SY 08246—2018《脚手架作业安全管理规范》
13	Q/SY 08247—2018《挖掘作业安全管理规范》
14	Q/SY 08248—2018《移动式起重机吊装作业安全管理规范》
15	Q/SY 08268—2017《油气管道防雷防静电与接地技术规范》
16	《中国石油天然气集团公司临时用电安全管理办法》安全〔2015〕37号
17	《中国石油天然气集团公司高处作业安全管理办法》安全〔2015〕48号
18	《中国石油天然气股份有限公司动火作业安全管理办法》安全〔2014〕66号
19	《中国石油天然气集团公司进入受限空间安全管理办法》安全〔2014〕86号